Sous la direction de
Mokrane Bouzeghoub
Michel Daydé
Christian Jutten

Le calcul à découvert

CNRS ÉDITIONS
15 rue Malebranche - 75005 Paris

Suivi éditorial et conception graphique :
Elsa Godet - www.sciencegraphique.com

ISBN : 978-2-271-15373-9

Table des matières

- Troisième partie -

Des premiers ordinateurs au calcul intensif

- Quatrième partie -

Algorithmique et programmation

- Cinquième partie -

Le calcul pour les Big Data et l'Intelligence Artificielle

- Sixième partie -

Le calcul en modélisation et simulation

- Septième partie -

Impact du calcul sur les avancées scientifiques

- Huitième partie -

Le calcul au service de l'ingénierie

- Neuvième partie -

Nouvelles approches de calcul

- Dixième partie -

Enjeux et impacts sociétaux

- Complément -

DES MACHINES À CALCULER AUX PROCESSEURS HPC, QUELQUES EXEMPLES EMBLÉMATIQUES

Annexes

Page précédente :

Le calcul à l'ère du cloud computing. © fostid7, Freepik. ■

Préface

Antoine Petit, *P.-D.G. du CNRS*

La science s'est construite autour de l'observation de la nature, de l'expérimentation, de l'élaboration de théories et bien sûr du calcul pour donner du sens aux comportements observés ou prédire des événements futurs. Après l'usage de la règle à calcul, des tables de logarithmes et des premières machines à calculer, la science a connu une évolution majeure avec les systèmes mécanographiques programmables, qui ont permis l'accélération et la répétabilité des calculs. L'émergence de l'ordinateur moderne et du calcul intensif a ouvert la voie à la modélisation et la simulation numérique qui permettent l'étude de systèmes complexes. La production massive de données et l'intelligence artificielle (IA), conjuguées avec une puissance de calcul phénoménale, ont ensuite permis des innovations majeures dans tous les domaines scientifiques, avec des applications dans l'ensemble des grands enjeux sociaux, la santé, l'énergie, le changement climatique, l'industrie du futur, etc. Les résultats récents autour de l'ordinateur quantique sont une promesse sérieuse pour limiter la cybercriminalité et sécuriser les systèmes stratégiques. Demain, c'est peut-être le calcul sur ADN qui sera notre quotidien.

Aucune discipline scientifique et aucun secteur industriel ne peuvent se passer du calcul et de la science informatique qui constituent aujourd'hui un puissant moteur de croissance.

Ces progrès scientifiques et technologiques nécessitent un investissement significatif de l'État dans l'acquisition et la mise à disposition des infrastructures de calcul les plus performantes, avec une stratégie de déploiement cohérente aux niveaux national et européen. Le CNRS joue un rôle majeur avec ses deux centres nationaux de calcul – l'IDRIS qui héberge la plateforme nationale Jean Zay pour l'IA et le Centre de Calcul de l'IN2P3 pour ses grandes capacités d'analyse et de gestion de données massives – mais aussi grâce à ses relations étroites avec l'ensemble des méso-centres régionaux de calcul.

Sur le volet sociétal, un débat se cristallise sur la consommation d'énergie des infrastructures de calcul, les ressources en terres rares nécessaires à la fabrication des composants électroniques, les risques que le trading haute fréquence et l'IA font courir à la société. Ce sont là des grandes questions qui animent différentes communautés afin d'éclairer en droit et en éthique les modalités d'usages de ces technologies, et contenir aussi bien les utopistes d'une ère post-humanité que les réactionnaires contestant l'idée de progrès.

Ce nouvel opus de la série « à découvert » s'inscrit dans la volonté du CNRS d'œuvrer à rendre visible au grand public les objets de recherche et les méthodes d'exploration qui ont cours dans nos laboratoires. Cet ouvrage y contribue grâce à l'éclairage de nombreux scientifiques qui ont su rendre ces sujets accessibles en les replaçant dans une perspective historique qui montre la formidable accélération de la discipline en seulement un demi-siècle ainsi que les mutations extraordinaires qu'elle a induites dans la société. Je remercie chaleureusement l'ensemble de ces auteurs et autrices pour leurs contributions et leur talent de vulgarisateurs.

Mais si cet ouvrage existe c'est grâce aux trois coordinateurs, Mokrane Bouzeghoub, Michel Daydé et Christian Jutten, professeurs et anciens cadres de l'institut CNRS Sciences informatiques, qui ont su construire la trame, identifier les contributeurs, relire et homogénéiser les textes. Ils ont été secondés par une éditrice remarquable, Elsa Godet, qui a assuré la gestion du projet, la conception de la maquette et les illustrations du livre. Je les remercie chaleureusement pour leur investissement, leur professionnalisme et la qualité remarquable du résultat.

Ce livre peut être lu classiquement, séquentiellement donc, ou en se promenant de chapitre en chapitre, au gré de la curiosité du lecteur ou de la lectrice, ou de ses centres d'intérêt. Il mérite dans tous les cas une très large audience.

Avant-Propos

Mokrane Bouzeghoub, Michel Daydé et Christian Jutten

Histoire et évolution du calcul

Le calcul s'est développé avec les premières activités humaines pour compter les bêtes, mesurer une surface, ou calculer le prix d'un morceau de tissu ou d'un sac de grains. Pour soutenir cette activité, les humains ont d'abord utilisé des cailloux – la racine latine *calculus* signifie « petit caillou » – des jetons, des cordes avec des nœuds ou des bâtons dans des abaques. Plus tard, le boulier a vu le jour en Asie au XIIe siècle, avant la conception de la première machine à calculer mécanique par Pascal en 1642. L'invention des logarithmes par Napier en 1614 a considérablement modifié l'utilisation des tables numériques, simplifié les calculs, avec un impact très important dans les sciences. Mais il a fallu attendre le milieu du XIXe siècle et la révolution industrielle pour que de nombreuses machines à calculer mécaniques soient fabriquées en grandes séries et vendues dans le monde. Ces machines arithmétiques, adaptées à la comptabilité et à la gestion, se révélaient insuffisantes pour le calcul scientifique. Des machines plus générales ont donc été imaginées, permettant la résolution d'équations plus complexes et même la programmation, basée sur les idées de Charles Babbage et d'Ada Lovelace, puis plus tard celles d'Alan Turing. Des machines analogiques ont aussi vu le jour, comme l'analyseur harmonique de Michelson (1898) et le spectromètre à flamme de Koenig (1907). Elles ont résisté longtemps avant d'être détrônées par les machines mécanographiques programmables dans la première moitié du XXe siècle. Avec le développement de l'électronique et des mémoires de masse, l'ordinateur moderne a couronné cette évolution en offrant des puissances de calcul faramineuses et en ouvrant la voie à une nouvelle société dominée par les sciences de l'information et de la communication. Aujourd'hui, ce sont les calculateurs quantiques qui ouvrent la voie vers une nouvelle ère.

Si le terme calcul est utilisé couramment, encore aujourd'hui, pour désigner l'énumération et l'arithmétique des nombres, son sens a été constamment élargi à d'autres formes de calcul mathématique (calcul algébrique, calcul intégral, calcul matriciel...) et de calcul logique (calcul des propositions, calcul des prédicats...). L'avènement de l'informatique et le développement de l'algorithmique ont encore étendu le champ d'action du calcul à d'autres formes d'objets, telles que les nombres binaires, les chaînes de caractères et d'autres structures de données complexes (files, arbres, graphes, textes, images...). Le calcul quantique complète cette panoplie en se basant sur les propriétés physiques de la matière, liant ainsi le calcul abstrait à la technologie qui le réalise. Pour les experts, l'usage du terme « calcul » renvoie souvent au calcul scientifique, et plus généralement aux ressources offertes par la puissance des ordinateurs. Cependant, dans la langue française et pour le grand public, le terme « calcul » reste lié à son sens originel d'arithmétique des nombres, alors que dans la culture anglo-saxonne son équivalent *computing* (*computer science*) capture mieux cette polysémie.

Les technologies modernes de calcul

Durant les dernières décennies, comme prédit par la loi de Moore, l'industrie des microprocesseurs et des mémoires flash a atteint un niveau d'intégration jamais égalée, permettant de mettre à disposition de tout un chacun (dans des ordinateurs portables, des smartphones et des tablettes) des puissances de calculs dont les coûts auraient nécessité la puissance d'investissement des états dans les années 1970. Le développement de processeurs multicœurs, de processeurs graphiques et du calcul parallèle a conduit à de nouvelles architectures d'ordinateurs ouvrant la voie au traitement massif des *big data* et de l'intelligence artificielle, mais aussi à de nouvelles formes d'interaction humain-machine (interfaces immersives, réalité virtuelle...). Mais, en microélectronique, la loi de Moore (qui prédit la trajectoire de l'intégration des composants électroniques) est mise à mal par des contraintes physiques et économiques et de nouvelles approches basées sur des nanotubes, l'ADN des technologies neuronales ou quantiques émergent. Le développement des ordinateurs et du calcul haute performance s'accompagne de nouvelles innovations dans les sciences informatiques. De nouveaux langages de programmation sont nécessaires pour exprimer le traitement multitâche, l'exécution parallèle et le calcul distribué. De nouvelles méthodes de compilation doivent être inventées pour interpréter ces langages et proposer des approches performantes de génération de code. Au-delà, il faut constamment revisiter les concepts algorithmiques, les techniques de gestion de données et d'interaction avec les humains à la lumière des nouvelles architectures et des nouvelles capacités de calcul.

Impact de la puissance de calcul sur la science et l'industrie

Plusieurs découvertes scientifiques et innovations technologiques n'ont été possibles qu'avec le développement de la puissance de calcul et des méthodologies informatiques. En physique, en chimie, en astrophysique, en biologie, en médecine, dans les sciences de l'environnement, elles ont été à l'origine de découvertes majeures, grâce notamment à la modélisation et la simulation numériques, au traitement massif de données et à l'apprentissage. Dans l'industrie, ordinateurs et calcul ont été le principal moteur de la croissance depuis trente ans. Une multitude d'innovations a été réalisée pour contrôler et optimiser les chaînes de production, surveiller les centrales nucléaires, construire et contrôler avions, satellites et véhicules autonomes, mettre au point des équipements médicaux miniaturisés ou jamais égalés dans la précision, etc. Dans l'économie, c'est grâce au calcul intensif que des milliards de transactions par seconde sont traitées entre les banques et dans le commerce électronique. Et c'est sur la base des *big data* et de techniques algorithmiques que s'appuie l'aide à la décision. L'apprentissage automatique et l'intelligence artificielle en général, dont les succès sont dus à l'existence de données massives, sont en passe de devenir le quatrième pilier de la science, en complément de l'observation, de la théorie et de la simulation.

Impact sur la société

Ces progrès technologiques ont généré un effet rebond, lié à la quantité exponentielle d'ordinateurs, de tablettes et d'objets connectés vendus. Ainsi, la consommation énergétique de tous ces objets numériques concurrence désormais les autres industries, et induit le problème difficile du recyclage des déchets issus du renouvellement accéléré des équipements. L'informatique verte est désormais un enjeu de société intimement lié à l'environnement et à l'écologie. Au-delà, la multiplicité des capteurs dans la ville et dans les équipements domestiques, l'ubiquité des applications et des services numériques, la collecte et le traitement intensif des données personnelles posent des questions cruciales pour la société : préservation de la vie privée, sécurité dans les véhicules autonomes, usurpations d'identité ou harcèlement dans le cyberespace, utilisation frauduleuse de données ou fabrication de données fictives ou fallacieuses... Le profilage et le pistage des individus conjugués avec l'accélération des décisions peuvent conduire à l'arbitraire et l'injustice.

Buts de l'ouvrage

Cet ouvrage retrace l'évolution extraordinaire du calcul et de l'ordinateur au travers d'articles d'accès facile, illustrant les nombreuses facettes de son histoire, les inventions, les résultats, les actrices et acteurs qui en ont posé les principales pierres, et son impact sur notre quotidien. Une attention particulière est portée aux architectures de calcul les plus récentes et aux nouvelles applications qu'elles permettent. Toutes les disciplines scientifiques y sont questionnées sur les évolutions emblématiques que l'ordinateur et le calcul ont pu leur apporter. Des spécialistes des sciences humaines et sociales analysent les impacts positifs et négatifs sur la société et la planète. Des experts de premier plan sont interrogés sur les perspectives et les risques futurs. Le CNRS, organisme pluridisciplinaire et acteur majeur dans le pilotage des plus grandes infrastructures de calcul, se doit de porter à la connaissance d'un très large public les innovations les plus récentes dans le domaine, l'impact qu'elles ont eu sur les autres sciences et sur l'industrie ainsi que dans notre vie courante avec les questions légitimes qui traversent la société sur le sujet.

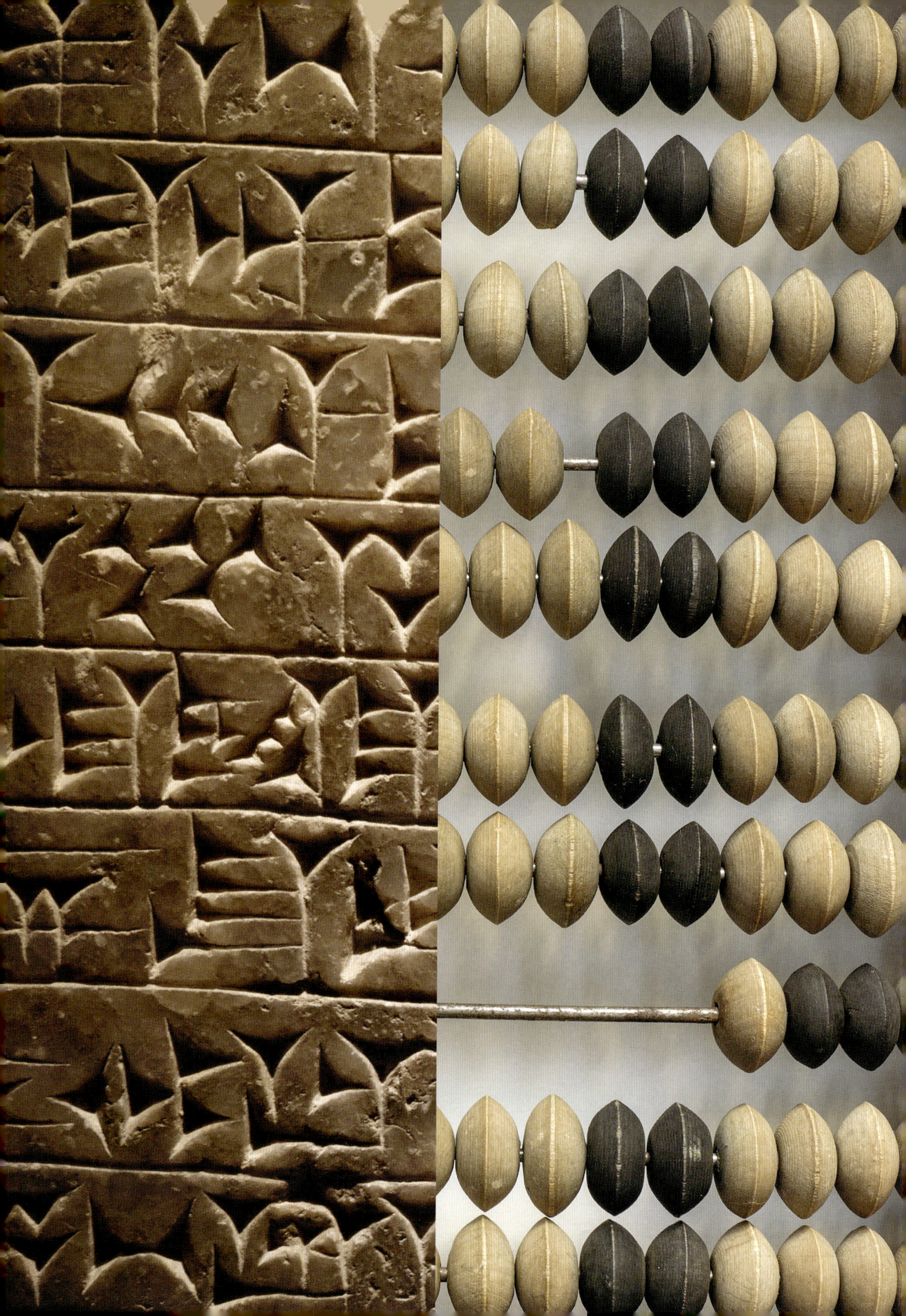

- Première partie -

Historique

Page précédente :

Détail d'une inscription cunéiforme sur un vestige assyrien. © baronizan2, Freepik. ■

Introduction

Christian Jutten

La perception d'un nombre est-elle innée ? Est-elle est l'apanage de l'humain ou, plus largement, une faculté partagée avec certains animaux ? Avant de relater l'histoire du calcul, il est important de s'attacher à comprendre les mécanismes cognitifs à l'œuvre dans la construction de l'« esprit mathématique ».

L'histoire nous aide ensuite à placer chaque découverte et avancée dans une perspective évolutive. Pour aller au-delà des limites de leurs facultés innées, les humains ont commencé par représenter les nombres à l'aide d'entailles sur des os ou des morceaux de bois, avec des cailloux ou des nœuds sur des cordelettes. Le mot calcul vient du latin calculus, qui signifie caillou. Dans de nombreux pays, les peuples ont également utilisé les doigts des mains et des pieds, les phalanges, voire d'autres parties du corps pour représenter des nombres. Avec ces outils très simples, les sociétés humaines ont commencé à dénombrer : le chasseur pour représenter son palmarès, l'éleveur pour vérifier qu'il ne manquait pas de bêtes dans son troupeau, le général pour évaluer ses pertes après une bataille...

Ensuite, le calcul s'est développé autour d'activités humaines très variées : dans les sciences, et en particulier l'astronomie, dans l'arpentage pour la mesure des surfaces, dans le commerce et la banque. Pour cela, les humains ont utilisé des bouliers, des tables numériques, des bâtons de Neper et, plus tard, des machines. Mais, pour passer du simple dénombrement au calcul, il faut imaginer une représentation des nombres plus compacte qu'un ensemble exhaustif de cailloux ou d'entailles. L'élaboration d'un système de numération est devenue nécessaire. Compter sur les doigts des deux mains est certainement à l'origine de la numération décimale qui a été utilisée très tôt, un peu partout. Un autre système de numération, le système sexagésimal (en base 60) est toujours utilisé de nos jours pour les représentations des angles et du temps. Et ce système n'est pas sans créer des difficultés aux écoliers ! Plusieurs hypothèses le justifient. Tout d'abord, le nombre 60 possède un très grand nombre de diviseurs, ce qui est très pratique pour calculer des fractions. Ensuite, une année comptant environ 360 jours, un tour de la Terre autour du Soleil est alors associé à 360 degrés.

Les articles de ce chapitre abordent quelques-unes de ces questions. Avec les deux premiers articles, vous découvrirez les capacités innées étonnantes des animaux et des bébés pour percevoir et dénombrer des petites quantités, pour faire la différence entre des petits paquets d'objets, même sans apprentissage. Le troisième texte montre la diversité des systèmes de numération, selon les âges et les pays, et le long chemin pour arriver au système de numérotation décimale actuel. Le quatrième article explique comment les marchands mésopotamiens calculaient et facturaient en utilisant un système positionnel sexagésimal (en base 60 !).

Le calcul a aussi joué un rôle fondamental dans le développement des sciences. Le cinquième article explique comment les besoins de calculs en astronomie ont été une source d'innovation.

Enfin, le dernier texte montre combien l'arpentage et la mesure de la Terre, par exemple de l'aplatissement aux pôles, ont été demandeurs et innovants pour les méthodes de calcul.

Tablettes cunéiformes découvertes dans la maison d'un marchand assyrien détruite par un incendie, Kültepe (Turquie), XIXe siècle av. J.-C. © C. MICHEL ■

1. Évolution des capacités de calcul chez les enfants

Maria Dolores de Hevia et Arnaud Viarouge

Dès la naissance, les humains peuvent percevoir et se représenter des quantités numériques (appelées « numérosités* ») afin de maintenir l'attention sur des ensembles d'objets (visuels, auditifs ou tactiles), de les comparer et de les ordonner. Cette capacité est ancienne et partagée par d'autres espèces, des grands singes aux insectes, tels que l'abeille. Extraire la numérosité d'un ensemble est donc une capacité cognitive de base, utile à la survie, aux origines phylogénétiques*. Par opposition aux chiffres arabes ou aux noms de nombres, le format de ces représentations numériques est dit « non-symbolique ». Les ensembles d'objets peuvent être appréhendés tout d'abord de manière automatique, exacte et sans comptage pour les petits ensembles (jusqu'à trois ou quatre objets). Par exemple, nous pouvons percevoir exactement trois objets sans compter et remarquer si l'un de ces trois objets se déplace ou disparaît. Ils peuvent également être appréhendés de manière approximative, sans limite connue, via un processus d'estimation connu sous le nom de « sens du nombre* », pour les grandes quantités d'objets. Ainsi, dans une pièce avec 100 personnes, il est possible d'estimer, sans compter, le groupe à environ 80. L'imprécision du « sens du nombre » croît avec la numérosité. Ce concept étant considéré comme à la base de toutes les connaissances numériques et mathématiques, il a été étudié en détail tout au long de la vie.

Des compétences numériques intuitives

Ces représentations numériques peuvent être manipulées mentalement pour effectuer divers calculs. Au cours de leur première année de vie, les nourrissons peuvent percevoir si des numérosités suivent un ordre croissant ou décroissant, comme les triplets 4, 8, 16 ou 16, 8, 4. Ils peuvent les additionner et les soustraire : ils savent que 5 + 5 est égal à environ 10 et non à 5, et que 10 – 5 est égal à environ 5, et non à 10. Ils peuvent également calculer des rapports numériques et ont une intuition des probabilités numériques. Si un récipient contient 10 boules bleues et 2 boules rouges, les nourrissons s'attendent à ce qu'un tirage au sort ait plus de chances d'aboutir à une boule bleue. Bien que ces calculs soient approximatifs, les enfants peuvent également effectuer des calculs exacts avec leurs représentations des petites numérosités. Ainsi, ils peuvent comprendre que 1 + 1 et 3 – 1 sont tous deux exactement égaux à 2, et non à 1 ni à 3. Ces représentations et calculs numériques sont étroitement liés à d'autres domaines cognitifs. Les nouveau-nés, les nourrissons, les enfants et les adultes utilisent l'espace pour représenter les nombres. Ils associent les nombres à des éten-

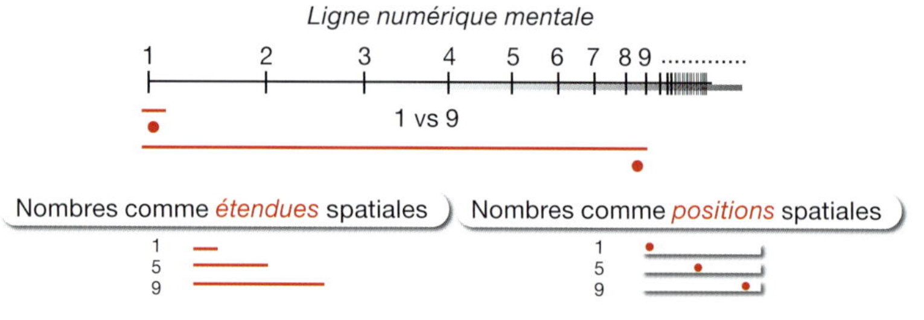

Fig. 1 – **Selon le modèle de la « ligne numérique mentale », les nombres sont représentés sous forme analogique le long d'un continuum orienté horizontalement.** Cette représentation comprendrait deux types de liens entre les nombres et l'espace, l'un où, par exemple, 1 est associé à une longueur plus courte que 9 ; et l'autre où, par exemple, 1 est associé à la gauche et 9 à la droite de l'espace. Figure adaptée de de Hevia, 2021, Child Development Perspectives, 15, 44-50 ■

dues spatiales correspondantes : les petits nombres à de petites tailles et les grands nombres à de grandes tailles. Ils associent également les nombres à des localisations dans l'espace : les petits nombres à gauche et les grands nombres à droite de l'espace. Cette représentation spatiale est connue sous le nom de « ligne numérique mentale* ». Les êtres humains l'activent automatiquement, quel que soit leur âge, lorsqu'ils pensent aux nombres ou lorsqu'ils effectuent divers calculs numériques (comparaison, classement par ordre, addition, soustraction). Le lien entre les nombres et l'espace, présent dans plusieurs espèces, favoriserait le traitement de la quantité et de l'ordre (figure 1).

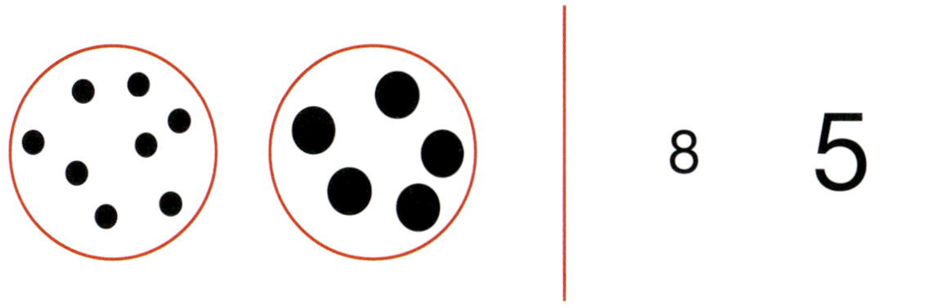

Fig. 2 – **Exemples de comparaisons numériques non-symboliques (à gauche) et symboliques (à droite) présentant une incongruence entre les grandeurs numériques et physiques** ■

L'acquisition du nombre entier exact

Grâce au langage et aux connaissances symboliques, les êtres humains peuvent dépasser les limites intrinsèques de l'estimation, acquérir des représentations numériques symboliques* exactes pour l'ensemble des nombres, et affiner leur « sens du nombre ». Cette acquisition marque la présence d'un nouveau répertoire conceptuel*, uniquement présent chez les humains. Dès l'âge de 2 à 3 ans, les jeunes enfants commencent à compter et à utiliser les noms de nombres pour établir la valeur numérique exacte d'un ensemble, ainsi que pour additionner et soustraire. L'acquisition du comptage est un processus long, qui s'étend sur un à deux ans, et qui progresse de manière ordonnée : généralement, les enfants acquièrent d'abord la signification de « un », puis de « deux », puis de « trois », et lorsqu'ils acquièrent enfin la signification de « quatre », ils découvrent le fonctionnement du comptage. Ce processus cognitif laborieux impliquant le langage permet aux humains d'effectuer des calculs qui dépassent les limites des systèmes numériques hérités de l'évolution. La question de savoir dans quelle mesure ces premiers systèmes numériques non symboliques* sont impliqués dans cette acquisition fait l'objet d'un débat.

Collision des connaissances sur l'intuition

Lorsque les enfants apprennent les mathématiques à l'école, certaines des connaissances nouvellement acquises s'alignent sur leurs représentations numériques intuitives, tandis que d'autres interfèrent avec elles. En effet, les propriétés des représentations numériques précoces continuent tout au long de la vie d'influencer le système symbolique exact nouvellement acquis, en particulier pendant les premières années d'école. Par exemple, les étendues spatiales, comme la taille des objets ou l'espace qu'ils occupent, impactent les compétences numériques non-symboliques des enfants. Entre un ensemble de cinq points et un ensemble de huit points, les enfants auront plus de difficultés à déterminer lequel contient le plus grand nombre de points si ce dernier contient des points plus petits (figure 2, gauche). Une influence similaire est observée dans le domaine symbolique, par exemple lorsqu'il s'agit de comparer deux chiffres arabes de tailles physiques différentes (figure 2, droite). Les enfants peuvent considérer à tort qu'un nombre décimal tel que 0,657 est plus grand que 0,73. Cette erreur peut être attribuée à l'application incorrecte de règles apprises pour les entiers (657 est plus grand que 73), mais aussi à une association plus intuitive avec la longueur physique (0,657 occupe plus d'espace que 0,73). Des capacités cognitives générales sont nécessaires pour que les enfants surmontent ces biais*. Il peut s'agir de capacités attentionnelles, ou de capacités à inhiber/bloquer des informations non pertinentes (la longueur physique lors de la comparaison de nombres décimaux). Ces recherches soulignent l'importance d'étudier les multiples processus mentaux, spécifiques aux mathématiques et plus généraux, sur lesquels les enfants s'appuient pour jongler entre leurs capacités numériques intuitives précoces et les concepts mathématiques formels, ce qui pourrait s'avérer utile pour l'apprentissage et l'enseignement des mathématiques.

Références bibliographiques

- M. D. DE HEVIA – *Core mathematical abilities in infants: Number and much more*, Progress in Brain Research, 2016.
- A. VIAROUGE – *Chapitre 5. Le nombre et l'arithmétique*, In *Neurosciences cognitives développementales*, DeBoeck Supérieur, 2020.

2. Les animaux et les nombres

Aurore Avargues-Weber

Nos compétences mathématiques sont certainement l'un des exemples les plus marquants de la discontinuité entre l'intelligence humaine et animale. Cependant, notre faculté de raisonnement mathématique, bien qu'acquise culturellement, repose sur des capacités naturelles partagées entre nos jeunes enfants et les primates non-humains. Ces bases ancestrales sont ainsi considérées comme les racines biologiques des mathématiques.

Savoir compter

La définition la plus stricte du « savoir compter* » implique de savoir identifier un nombre donné d'objets ou d'événements, quelles que soient leurs propriétés physiques et dans n'importe quel contexte : trois pommes équivalent ainsi à trois arbres, voire à trois sons. Il faut aussi pouvoir compter au-delà de cinq objets, ordonner les quantités linéairement et pouvoir les remplacer par des symboles*. Cette définition stricte rend donc cette capacité uniquement accessible qu'aux humains.

Néanmoins, une grande partie des spécialistes s'accorde pour considérer que posséder une représentation abstraite des nombres, indépendante de toute autre propriété des objets, est suffisante pour parler de « capacité à compter ». En effet, il faut avoir conscience que posséder un concept abstrait de nombre est loin d'être nécessaire pour pouvoir évaluer des quantités dans des situations écologiques. Par exemple, plus on augmente une quantité d'objets, plus l'ensemble va avoir tendance à être dense et à occuper un volume plus important. De même, la quantité de mouvement ou le volume sonore généré par un groupe d'animaux peut être un bon indicateur de leur nombre. Des groupes de lions peuvent ainsi évaluer s'ils sont plus ou moins nombreux qu'un autre groupe, uniquement par les rugissements émis par les autres lions, ce qui sera un signe qu'il faut s'éloigner !

Pour montrer qu'un animal sait réellement compter, il est donc nécessaire de s'affranchir de tous ces paramètres naturellement corrélés aux quantités. Cela nécessite généralement de placer les animaux dans des conditions artificielles (figure 1), où ils devront apprendre à utiliser des règles basées sur leur capacité à compter pour obtenir des récompenses alimentaires. Par exemple, des corbeaux ou des macaques peuvent être entraînés au laboratoire à toucher avec leur patte ou leur bec une image sur un écran présentant un nombre de points défini par l'expérimentateur pour obtenir une récompense : morceau de fruit, jus... Un rat peut être aussi conditionné à appuyer sur un levier un certain nombre de fois pour obtenir de la nourriture. Chez les poissons, la récompense sera plutôt de choisir la porte dans l'aquarium avec le bon nombre de points dessinés dessus pour pouvoir rejoindre ses congénères. Pour les abeilles ou les fourmis, il est possible de les entraîner à trouver une source de nourriture dans un tunnel après un nombre fixe de repères visuels. Le plus important pour démontrer que l'animal peut compter, c'est de lui faire reconnaître un même nombre avec des objets ou des images très différentes de ceux utilisés lors de l'entraînement avec récompense et en s'assurant qu'aucun autre paramètre ne puisse leur permettre de prédire la localisation de la récompense. En cas de succès, les chercheurs admettent que l'animal possède un « sens du nombre », c'est-à-dire une représentation abstraite des quantités en tant que telles.

Par ce type de méthodes, appliquées à un nombre grandissant d'espèces, la communauté scientifique

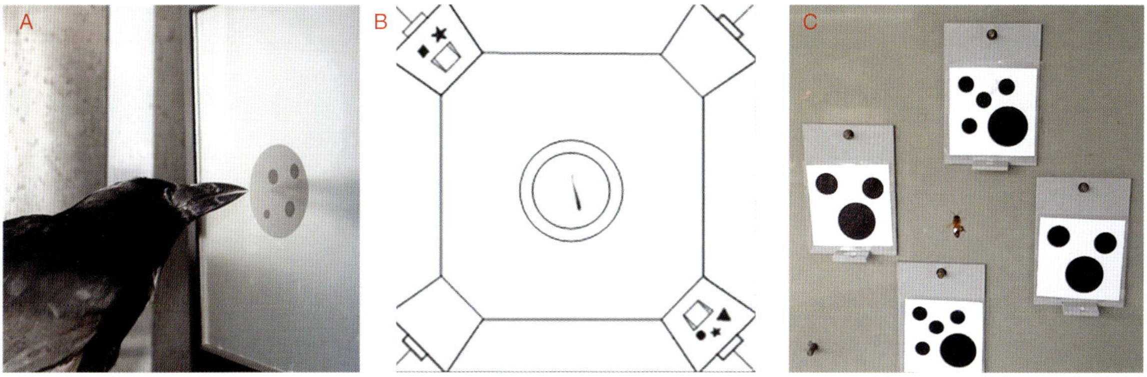

Fig. 1 – **Photographies et illustrations d'expériences sur les capacités des animaux à compter.** A. Des corvidés apprennent à choisir l'image présentant un nombre donné de points sur un écran tactile. B. Un poisson doit choisir la porte avec le bon nombre d'objets pour pouvoir rejoindre ses congénères. C. Des abeilles peuvent être entraînées à choisir l'image présentant un nombre donné d'objets pour obtenir une goutte d'eau sucrée voire choisir le plus petit ou le plus grand nombre démontrant ainsi une représentation ordonnée des quantités. Crédits photo : A : Prof. Andreas Nieder. B : Reproduit de C. AGRILLO *et al.* – *Use of Number by Fish*, 2009. C : Dr Scarlett Howard ■

a pu montrer que les macaques, les corbeaux, les poussins, les poissons archer, les ours, les dauphins, ou encore… les abeilles peuvent compter. Ce dernier exemple suggère que cela pourrait être une capacité quasi-universelle ! Cependant, les animaux ne peuvent généralement compter sans erreur que jusqu'à 4 ou 5. Au-delà, les quantités sont estimées et le taux d'erreur dépend de la distance entre les quantités (il est, par exemple, plus simple de discriminer 10 de 5 que de 8) ainsi que de la magnitude* (5 et 7 sont plus simples à différencier que 10 et 12). La perception des quantités suit donc la loi de Weber*, dépendante du ratio entre les nombres à différencier. Les humains sont donc les seuls animaux connus pour savoir dénombrer sans erreur de grandes quantités de façon exacte en grande partie avec l'aide du langage. Cependant, si nous devons estimer un nombre d'objets sans prendre le temps de les compter un à un, nous aurons des performances très similaires à celles des animaux, en utilisant ce que certains spécialistes appellent notre « sens du nombre », dont nous avons probablement hérité les fondements biologiques.

Représentation symbolique des nombres

Notre capacité de langage abstrait par laquelle des symboles (mots) se substituent aux objets qu'ils représentent est inégalée au sein du règne animal. Les symboles sont omniprésents dans notre mode de communication mais ils jouent aussi un rôle déterminant dans la structuration de notre pensée. Ainsi, sans symbole, les mathématiques n'auraient certainement jamais émergé. Certaines espèces, comme les singes vervets, ont une forme de langage référentiel, c'est-à-dire qu'un « mot » peut indiquer une menace particulière, un son différent indiquant si elle vient du ciel ou du sol. Mais, il ne semble pas exister à l'état sauvage d'espèces ayant développé un mode de communication autour des quantités.

Cependant, au contact de l'humain et après de longues séances d'apprentissage, des animaux en captivité se sont montrés capables d'utiliser des symboles, tels que des lexigrammes* (singe, chien, dauphin…), un langage des signes simplifiés (grands singes) ou encore des mots (oiseaux) pour communiquer avec leur entourage humain. Parmi eux, deux animaux sont devenus particulièrement célèbres, entre autres pour leur compétence dans l'utilisation de symboles pour représenter des chiffres : Ai, une femelle chimpanzé du laboratoire de Tetsuro Matsuzawa au Japon et Alex, un perroquet gris mâle du Gabon du laboratoire d'Irene Pepperberg aux États-Unis (figure 2). Grâce à l'utilisation d'écrans tactiles et de récompenses, Ai a ainsi appris progressivement à associer les chiffres arabes aux quantités qu'ils représentent. Elle a pu apprendre les chiffres de 1 à 9. Après de longues années d'entraînement, elle semblait considérer équivalent ces chiffres et les quantités associées et pouvait ainsi passer de l'une ou l'autre représentation sans difficulté ainsi que classer les chiffres symboliques en ordre croissant avec une rapidité et une acuité bien supérieure à la nôtre ! D'autres femelles du laboratoire ont pu aussi être entraînées avec un certain succès mais sans égaler les compétences d'Ai. Bien que le caractère artificiel et non écologique de cette procédure puisse être discuté, les scientifiques touchent ici à une limite de la représentation symbolique que peuvent atteindre les chimpanzés. Cependant, là où les jeunes enfants, une fois les premiers symboles appris, s'avèrent capables de généraliser cette représentation symbolique à de nouveaux symboles très rapidement, ce qui leur permet d'accéder à une représentation de l'ensemble des nombres, Ai a éprouvé autant de difficultés à chaque nouveau symbole introduit dans son apprentissage.

Alex, quant à lui, grâce à ses capacités vocales d'imitation, fut entraîné à utiliser des mots anglais. Il pouvait ainsi répondre « 4 » quand on lui demandait « combien y a-t-il de cubes verts ? » en lui présentant un ensemble de cubes de différentes couleurs (figure 2). Il savait utiliser les mots correspondants aux chiffres jusqu'à 6 et les utilisait sans difficulté avec justesse quels que soient les objets à dénombrer.

Bien que ces exemples permettent de mettre en évidence notre compétence exceptionnelle à l'utilisation de symboles, ils suggèrent que nos ancêtres communs avec les grands singes auraient possédé le fondement cognitif de l'association entre un symbole et un objet ou un concept. Concernant l'émergence de capacités similaires chez des oiseaux, une des explications serait une évolution convergente, indépendante de celle des primates, liée au développement d'une communication vocale sophistiquée. Cette hypothèse est difficile à vérifier en l'absence d'information sur la capacité d'utilisation de symboles chez un nombre beaucoup plus important d'espèces.

Une de nos études chez l'abeille démontre que la base d'une représentation symbolique, c'est-à-dire l'association entre un stimulus neutre et un objet réel ou ici, un concept de quantité, pourrait tout de même être accessible à une vaste majorité d'espèces. Ainsi, des abeilles ont été entraînées, dans un dispositif en Y, à associer un symbole (une lettre) à une quantité de points sur une image (2 ou 3) (figure 1D). L'abeille devait ainsi choisir la branche du Y présentant l'image avec le nombre de points correspondant au symbole présenté à l'entrée du Y pour obtenir une récompense sucrée. Un autre groupe d'abeilles a été entraîné à la situation inverse : choisir le bon symbole après avoir vu une quantité donnée de points à l'entrée. Les abeilles ont parfaitement réussi cette tâche, mais elles ont échoué à montrer une association symétrique, car les abeilles entraînées à choisir les symboles n'ont pas su choisir la bonne quantité de points lorsqu'on leur présentait un symbole connu à l'entrée et vice-versa pour l'autre groupe. Cela semble être une limitation sérieuse

Fig. 2 – **Photographies d'Ai et Alex en train de tester l'association entre un symbole et une quantité.** Crédits photo : Primate Research Institute of Kyoto University & Arlene Levin-Rowe ■

sur le chemin d'une représentation symbolique. Néanmoins, il n'est pas à exclure que cela reste accessible aux abeilles avec une procédure d'entraînement dans les deux directions, telle qu'on l'applique à nos enfants. Il resterait encore à démontrer qu'elles puissent aussi extrapoler, généraliser cet apprentissage à de nouveaux symboles : par exemple, si on leur présente un nouveau symbole inconnu et une autre quantité de points (par exemple 4), vont-elles spontanément les associer par déduction ? Cela semble peu probable étant donné les limites observées chez les chimpanzés.

Bien que nos connaissances restent limitées à quelques espèces dans ce domaine, il semble qu'il existe un fondement biologique partagé avec d'autres espèces à l'origine de notre capacité à une utilisation intensive de symboles dans le domaine des mathématiques. Cependant, contrairement à la faculté à compter, l'intérêt écologique pour un animal, hors d'une communication possible avec ses pairs sur une quantité de nourriture ou de compétiteurs par exemple semble limitée.

Arithmétique

Posséder un concept de nombre permet-il d'accéder à une capacité de manipulation mentale de ces nombres et de faire ainsi des opérations, telles que des additions et des soustractions ? Sur cette question aussi, le nombre d'études chez l'animal est malheureusement très limité. Il est en effet difficile de concevoir un protocole simple permettant de tester cette capacité chez l'animal. Une option, la plus répandue, consiste à ajouter ou enlever des objets d'un ensemble caché (par exemple dans un gobelet) sous les yeux de l'animal, puis d'observer son choix : saura-t-il choisir le gobelet avec le plus grand nombre de grains de raisins s'il a bien suivi les additions et les soustractions effectuées ? Les singes, mais aussi les poussins, font preuve de capacités correctes au-delà du hasard quand ils sont confrontés à des petits nombres, même si le taux d'erreur reste important. Dans cette méthodologie, l'animal doit comprendre la notion de « permanence de l'objet » même lorsqu'il disparaît de la vue, or cette faculté cognitive est loin d'être à la portée de tous les animaux. Les difficultés rencontrées par les animaux pourraient n'être que le reflet de la complexité du protocole et non d'une limitation dans les capacités à effectuer des additions. Une autre option consiste à leur demander une opération incrémentale. Dans une expérience, des abeilles devaient choisir dans un dispositif en forme d'Y, la branche contenant le nombre de points présenté à l'entrée du Y « +1 » exactement. Si elles voyaient une image avec 2 points à l'entrée du dispositif, elles devaient donc choisir l'image avec 3 points, et non celle avec 4 ou avec 1, pour obtenir une récompense. Elles se sont non seulement avérées capables de cette opération mentale mais aussi d'utiliser un code, marqueur de l'opération à effectuer. La règle était vraie lorsque les images présentaient des points jaunes, mais lorsque c'étaient des points bleus, il fallait alors effectuer l'opération « –1 » !

Conclusion

Les capacités mathématiques des animaux, a minima de nos cousins les plus proches, les grands singes, égalent celles de nos jeunes enfants. Cependant, il semble impossible d'aller plus loin chez les animaux, même après un entraînement intensif sur plusieurs années. Il y a donc eu un réel saut cognitif chez notre espèce qui semble reposer sur notre facilité à manipuler des symboles. Les compétences découvertes chez les animaux répondent certainement à leurs besoins écologiques. Il y a peu de situations pour lesquelles il est vraiment important de distinguer précisément 14 de 15, mais passer de 1 à 2 peut faire toute la différence dans un conflit. Ces compétences, largement répandues dans les différentes branches du règne animal, reposent certainement sur des mécanismes neurobiologiques similaires, hérités d'un ancêtre commun ou issus d'une évolution convergente permettant de résoudre un défi identique avec des cerveaux reposant sur une communication entre neurones dont les propriétés sont largement conservées au cours de l'évolution. Porter notre regard sur la cognition des animaux, au-delà des primates non-humains éclairant l'évolution de l'humain et ses fortes racines biologiques, nous offre donc des perspectives fascinantes pour une meilleure compréhension des paramètres écologiques, neurobiologiques ou phylogénétiques ayant permis le développement de l'intelligence animale.

Références bibliographiques

- M. REGERT – *Abeilles : une histoire intime avec l'humanité*, Le Cherche-Midi, 2019.
- A.-S. DARMAILLACQ, L. DICKEL, A. AVARGUÈS-WEBER, J. DUBOSCQ et C. JOZET-ALVES – *Cognition animale : Perception, raisonnement et représentations*, Dunod, 2018.
- A. AVARGUÈS-WEBER et M. GIURFA – *Le savoir des abeilles*, In *Révolutions Animales*, Arté Editions, 2016.
- A. AVARGUÈS-WEBER – *L'intelligence des abeilles*, Pour la Science, 2013.

3. Sur les origines de la diversité des numérations

Karine Chemla

Nous avons l'habitude de penser l'histoire des nombres « pays par pays » ou « langue par langue ». Il nous paraît, en effet, naturel de parler du « système sexagésimal babylonien », des « fractions égyptiennes » ainsi que des chiffres « arabes » ou « romains ». La plupart des spécialistes du domaine divisent, eux aussi, leurs histoires de cette manière. Mais est-ce la meilleure manière d'appréhender l'histoire du calcul et des systèmes de numération ? Tel n'est pas le cas ! Et donc pourquoi semble-t-il si naturel de le faire ?

Des chiffres pour écrire la langue et des chiffres pour calculer

L'ouvrage *Histoire comparée des numérations écrites*, de Geneviève Guitel, fournit un élément de réponse à cette question. L'auteure place, en effet, son histoire des signes numériques sous l'égide des « numérations écrites », dont la fonction première serait, à ses yeux, d'écrire « une numération parlée ». Or, dès que nous acceptons de placer les « numérations écrites » en ce sens au cœur de l'histoire des nombres, nous admettons implicitement que la langue parlée par les utilisateurs de signes numériques ainsi que l'énonciation des nombres qui lui est attachée sont au fondement de tout système de numération* qu'une histoire devrait prendre en considération. Cette hypothèse se retrouve dans la plupart des histoires des nombres, et elle éclaire la structure que leur présentation adopte. Si cette hypothèse était recevable, alors, bien sûr, les langues et leur écriture constitueraient des éléments centraux de cette histoire, et les collectifs linguistiques en seraient les acteurs naturels. Mais sommes-nous sûrs de sa validité ?

Un extrait de l'ouvrage *Écrits mathématiques en neuf chapitres*, que Qin Jiushao achève en 1247, éclaire pourquoi cette hypothèse est injustifiée (figure 1). Dans cette page, l'auteur utilise deux systèmes de numération. Dans le discours, il emploie les caractères chinois qui permettent d'écrire la langue pour représenter ce que nous pouvons traduire par « quatre-vingt-un » : il s'agit bien là d'une « numération écrite* ». Mais, dans les espaces où il illustre les calculs, Qin utilise exclusivement un autre système de numération, positionnel décimal, comparable à notre notation « 81 », mis à part le fait que le dessin des chiffres diffère de ceux que nous employons. Le point clef, c'est que, dans cet ouvrage, comme dans tous les documents en chinois où il apparaît, le système de numération positionnel décimal* n'est jamais utilisé pour écrire la langue : ce n'est donc précisément pas une « numération écrite ». Il est strictement confiné aux espaces liés au calcul et, si, dans d'autres textes, il se trouve dans les colonnes de textes, c'est uniquement dans les parties des énoncés dédiées à l'énoncé du résultat d'un calcul. En ce sens, l'usage de ce système est différent de ce à quoi nous sommes habitués : si nous voulions formuler une phrase portant sur un certain nombre de poulets, nous aurions le choix entre écrire le montant « quatre-vingt-un » ou comme « 81 ». Ce n'est le cas dans aucun document chinois.

Cette dissociation des systèmes de numération n'est pas propre aux écrits chinois. D'autres systèmes de numération positionnels décimaux de ce type sont décrits dans des textes en sanskrit à partir du Ve siècle, puis, à partir du IXe siècle, dans des textes en arabe (qui y renvoient en parlant de « calcul indien »). De plus, à partir du

XIIe siècle, des textes en arabe portant sur le sujet sont traduits en latin et introduisent ce que nous appelons aujourd'hui les « chiffres arabes ». Or, la même remarque s'applique à tous ces textes : quand les nombres écrits à l'aide de ces systèmes de numération y sont représentés, ils figurent systématiquement dans des espaces séparés. Ils ne sont jamais utilisés pour écrire des énoncés de la langue. Tout se passe comme si, dans ces documents mathématiques, qu'ils soient en chinois, en sanskrit, en arabe, ou en latin, les systèmes de « numération écrite » – ceux qui écrivent la langue – étaient systématiquement opposés au système de numération employé pour effectuer les calculs et représenter leurs résultats.

Des chiffres pour calculer et l'histoire du symbolisme mathématique

Cette remarque va de pair avec un autre fait remarquable : les numérations écrites ne circulent pas hors des espaces linguistiques où les langues sont parlées, mais il n'en va pas de même des systèmes positionnels décimaux. Malgré le fait que les chiffres dont témoignent des textes en chinois, en sanskrit, en arabe et en latin diffèrent, des systèmes positionnels décimaux apparaissent dans des textes mathématiques de l'ensemble de ces zones linguistiques. Le dessin des chiffres d'un système positionnel décimal importe donc moins que le principe sur la base duquel les nombres sont représentés.

Par ailleurs, dans tous ces textes, les chiffres sont mis en œuvre dans des algorithmes comparables – partout d'abord pour la multiplication et les opérations apparentées à la division, et, en général, seulement bien plus tard pour l'addition et la soustraction. De plus, quelle que soit la langue dans laquelle ces documents anciens étaient écrits, les nombres représentés à l'aide des systèmes positionnels décimaux figurent toujours, comme chez Qin Jiushao, dans des plages de texte de même type, séparées du discours à proprement parler. Il semblerait donc que ce système mathématique ait été largement partagé au terme d'une circulation translinguistique.

Comme le remarque l'historien Charles Burnett, « les notations mathématiques sont indépendantes du langage. Elles sont symboliques et ne représentent pas les sons. Par suite, il n'y avait pas besoin d'utiliser différentes notations pour différentes langues, même si elles étaient écrites à l'aide d'écritures différentes ». Clairement, les formules qui caractérisent les textes mathématiques relèvent de cette description. Pour Burnett, cet énoncé s'applique aussi précisément au système positionnel décimal, et il s'agit donc d'un des premiers langages

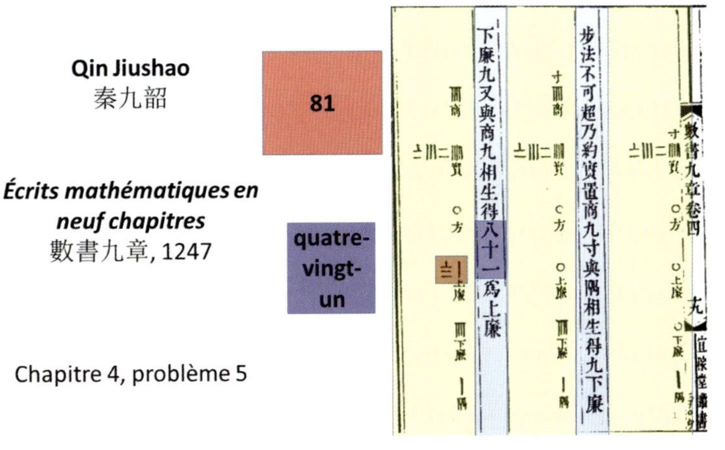

Fig. 1 – **La page se lit de droite à gauche et de haut en bas. Elle est divisée en zones de deux types : le discours en chinois figure dans des colonnes de texte coloriées en bleu, et il alterne avec des plages de calcul, qui sont présentées dans des colonnes plus larges, coloriées en jaune.** Pour représenter les nombres, Qin Jiushao emploie deux systèmes de numération. Dans le discours, il utilise une « numération écrite », à savoir : les caractères chinois qui écrivent la langue, pour figurer ce que nous pouvons traduire de façon comparable par « quatre-vingt-un » (ce sont les trois caractères surlignés en bleu plus soutenu). Cependant, dans les plages en jaune, Qin Jiushao emploie exclusivement un autre système de numération, positionnel décimal : les signes surlignés en marron correspondent à ce que nous écrivons « 81 », à la différence près qu'ici les chiffres sont représentés avec des baguettes. Le signe pour 8, à gauche, s'écrit avec une baguette verticale pour 5 (dizaines) et trois baguettes horizontales pour 3 (dizaines), tandis que pour le signe suivant, à droite, l'orientation des baguettes est inversée : le signe pour 1 (unité) est une baguette verticale. Les centaines, à gauche des dizaines, reprendraient l'orientation des unités, et les milliers celle des dizaines, et ainsi de suite. La page illustre trois étapes d'une extraction de racine quatrième : la racine figure dans la ligne supérieure, le nombre dont on extrait la racine dans la ligne suivante, et les lignes inférieures consignent les intermédiaires de calcul. Qin Jiushao. *Écrits mathématiques en neuf chapitres*. Chapitre 4, problème 5 ■

mathématiques ayant circulé par-delà les frontières linguistiques.

De façon étonnante, les mêmes remarques s'appliquent au système sexagésimal positionnel* (cf. p. 28) qu'attestent des tablettes mathématiques scolaires produites en Mésopotamie au début du second millénaire avant notre ère (figure 2). Et, au Proche-Orient, ce sont aussi les systèmes de numération positionnels sexagésimaux, liés au calcul, qui circuleront, puisqu'ils apparaissent dans les textes astronomiques séleucides* des derniers siècles avant notre ère, puis dans des textes de sciences astrales en grec, en arabe et enfin en latin. Là encore, l'opposition entre systèmes de numération écrite et systèmes dédiés au calcul est fondamentale, et seuls ces derniers signes numériques circulent.

L'analyse des documents anciens atteste donc de l'existence et de l'emploi simultané de systèmes de numération de nature profondément différente, et non pas seulement de « numérations écrites ». Imposer à l'histoire des nombres un carcan qui la découperait en zones linguistiques ou en pays masque les différences que présentent ces divers systèmes de numération les uns avec les autres en matière de circulation. C'est, sans doute, ce qui nous a empêchés de saisir en quoi les systèmes positionnels de numération s'inscrivaient à part entière dans l'histoire du symbolisme mathématique.

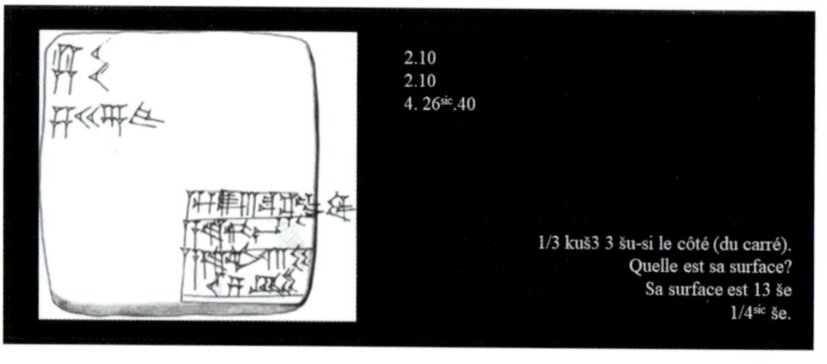

Fig. 2 – **La tablette sur cette figure illustre un exercice de calcul d'aire réalisé dans une école de Nippur.** L'élève apprend à écrire systématiquement le texte du problème – le discours – dans le coin inférieur droit de la tablette, en employant, pour représenter les quantités, des systèmes de « numération écrite », attachés à l'inscription de la langue. Par contraste, dans le coin supérieur gauche, il fait figurer les nombres qui correspondent à ces quantités à l'aide du système positionnel sexagésimal : ce sont sur ces nombres que le calcul sera effectué. Comme pour les systèmes positionnels décimaux les plus anciens, à l'époque où la tablette est inscrite, le système sexagésimal positionnel paraît n'être utilisé que pour la multiplication et les opérations liées à la division. Attention, cependant : le mot « positionnel » renvoie à des arithmétiques différentes pour les systèmes décimal et sexagésimal. Pour savoir, dans le contexte de Nippur, si le nombre qui s'écrit en positionnel sexagésimal 1.40 a un inverse ou pas, on regarde son dernier chiffre : il est divisible par 20, et donc 1.40 l'est également (car 60, la base, l'est). Multipliant 1.40 par l'inverse de 20 (soit 3), on trouve 5 : il suffit de multiplier l'inverse de 5 (soit 12 en base 60) par l'inverse de 20, et l'on obtient l'inverse de 1.40 (cf. p. 28). Autrement dit, il semble qu'à l'époque, les opérations exploitaient d'abord et avant tout les propriétés de divisibilité de la base 60. Par contraste, les algorithmes portant ailleurs sur un système positionnel décimal sont indépendants de la valeur de la base. Tablette Ni 18, Musée d'Istanbul, publiée dans Proust, Christine. 2010. Mesopotamian Metrological Lists And Tables : Forgotten Sources. In *Looking at it from Asia : the processes that shaped the sources of history of science*, ed. Florence Bretelle-Establet, 245-276. Dordrecht : Springer, p. 271 ■

La pratique des calculs et leurs inscriptions

Si nous pouvons faire remonter l'emploi d'un système positionnel décimal en Chine au Ier siècle de notre ère, son usage pour représenter des nombres dans les écrits n'est attesté que vers le Xe siècle. Avant cette date, à ce que les documents connus nous permettent d'établir, ce système était purement matériel : les nombres étaient représentés, et les calculs effectués à l'aide de vraies baguettes, sur une surface dont nous ignorons la nature. Pour cette période, les historiens doivent donc exploiter tous les indices que les écrits fournissent sur les calculs pratiqués matériellement afin de reconstituer ce système de numération. Même si ces savoirs n'apparaissent que de manière indirecte dans les écrits anciens, nous ne pouvons les ignorer, car les notations comme les manières de calculer dont les sources mathématiques ultérieures témoignent sont dans le droit prolongement de ces pratiques matérielles.

Il en va de même pour les textes en sanskrit ou en arabe : avant le IXe siècle, l'écriture des nombres à l'aide de systèmes positionnels décimaux et les calculs effectués sur cette base paraissent avoir également été purement matériels. Par exemple, les textes en arabe évoquent des calculs à l'aide d'un système positionnel décimal sur la poussière. Ici encore, même si la nature du support matériel de l'écriture des nombres diffère selon les contextes, le principe de leur représentation, la nature de l'arithmétique, et le fait que les calculs soient éphémères sont des caractéristiques partagées. Pour ces époques et ces contextes, les historiens en sont donc réduits à chercher les indices que les écrits donnent sur la pratique matérielle de l'écriture des nombres et des calculs pour les reconstituer. Dater la première apparition d'un système positionnel décimal relève de la gageure, et chercher une réponse à cette question, dans les inscriptions, paraît voué à l'échec pour des raisons liées à la nature même de cette écriture dans ses usages les plus anciens. La seule observation indéniable, c'est que des systèmes positionnels décimaux sont attestés dans les textes en chinois, en sanskrit et en arabe avant que les notations n'apparaissent dans les écrits. Par ailleurs, tout comme en Chine, ce n'est qu'au IXe ou au Xe siècles que les écrits mathématiques en sanskrit et en arabe commencent à représenter ce qui, auparavant, était une écriture des nombres et des calculs purement matérielle. L'ensemble de ces faits suggère que les praticiens de mathématiques de ces trois régions du monde ont été en contact, et le sont restés, puisque leurs savoirs et leurs pratiques arithmétiques ont évolué de la même façon sur des siècles, par-delà les frontières linguistiques qui pouvaient les séparer.

Conclusion

Cette dernière affirmation est restreinte aux « praticiens des mathématiques », car, contrairement à aujourd'hui, l'observation des documents anciens semble suggérer que seuls des spécialistes utilisaient les nombres écrits dans un système positionnel décimal. Pour évaluer cette conclusion, nous devons nous appuyer sur l'ensemble des sources qui attestent de nombres et de calculs. Selon les zones de la planète, les écrits de ce type qui ont été conservés diffèrent. Pour les documents en chinois, par exemple, il n'existe aujourd'hui aucune source témoignant de comment les marchands calculaient en Chine ancienne. En revanche, nous trouvons, dans les commentaires aux textes classiques liés au Confucianisme*, l'exposé de très longs calculs. Or, leurs auteurs ne recourent jamais à un système de numération positionnel décimal. Par contraste, ils témoignent de pratiques du calcul par des raisonnements, appuyées sur le système de numération écrite qu'offre la langue chinoise. Par suite, leur manière de calculer leur permet de ne jamais perdre de vue le sens des opérations au long du calcul. Le contraste est intéressant car il éclaire, par différence, que les calculs réalisés sur un système positionnel décimal sont « formels » — un autre trait que ces notations partagent avec les formules mathématiques. Le calcul, loin d'être systématiquement aveugle, a donc été pratiqué de façon différente dans divers contextes, probablement en lien avec les valeurs épistémiques variées que plusieurs groupes d'acteurs prisaient. La comparaison entre ces différentes manières de faire nous permet de mieux comprendre la nature et les caractéristiques de chacune des pratiques du calcul. Elle éclaire par ailleurs, sous un autre angle, le fait que, parmi les diverses manières de calculer attestées, seules celles qui furent appuyées sur des systèmes de numération positionnels circulèrent par-delà les frontières linguistiques. Ce ne fut que bien plus tard, sans doute au début du XXe siècle, que furent adoptés partout dans le monde les mêmes dessins pour les chiffres et les mêmes manières d'écrire les formules mathématiques. Mais c'est une histoire qui reste encore largement à écrire.

Références bibliographiques

• C. BURNETT – *Indian Numerals in the Mediterranean Basin in the Twelfth Century, with Special Reference to the Eastern Forms*, in C. Burnett, *Numerals and Arithmetic in the Middle Ages*, Ashgate Variorum, Farnham & Burlington, 2010.

• K. CHEMLA – *Histories of numbers. Transcript of the Annual British Society for the History of Mathematics Gresham College Lecture*, 20 octobre 2021.

• K. CHEMLA, A. KELLER et C. PROUST (éds.) – *Cultures of computation and quantification in the ancient world. Numbers, measurements, and operations in documents from Mesopotamia, China and South Asia*, Book series: *Why the Sciences of the Ancient World Matter*, Springer Nature, 2022.

• G. DOWEK – *Ce dont on ne peut parler il faut l'écrire. Langues et langages*, Le Pommier, 2019.

• G. GUITEL – *Classification hiérarchisée des numérations écrites. Annales Économies, Sociétés, Civilisations*, 1966.

• G. IFRAH – *Histoire universelle des chiffres*, Robert Laffont, 1994.

• C. PROUST – *Quantifier et calculer. Usage des nombres à Nippur, Revue d'histoire des mathématiques*, 2008.

• C. PROUST – *Interpretation of reverse algorithms in several Mesopotamian texts*, in K. CHEMLA (éd.), *The History of Mathematical Proof in Ancient Traditions*, Cambridge University Press, 2012.

4. Commerce et calcul en Mésopotamie au début du IIe millénaire av. J.-C.

Cécile Michel

En Mésopotamie (entre le Tigre et l'Euphrate, et plus largement en Irak et en Syrie), entre le IIIe et le Ier millénaire av. J.-C., les marchands étaient des professionnels qui, selon les lieux et les périodes, travaillaient pour le palais ou pour leur propre compte. Au début du IIe millénaire av. J.-C., en Babylonie, dans le sud de l'Irak, les archives institutionnelles documentent les activités des administrateurs et des marchands travaillant pour le palais, tandis que dans le nord de l'Irak, des Assyriens commerçaient à titre privé avec l'Anatolie centrale (Turquie). Des milliers de tablettes cunéiformes*, découvertes dans plusieurs sites d'Irak, de Syrie et de Turquie illustrant les pratiques de calcul des marchands, montrent que celles-ci varient selon les lieux et les milieux. Cette diversité des cultures mathématiques est confirmée par les textes produits par les apprentis-scribes en contexte scolaire dans ces mêmes lieux (figure 1).

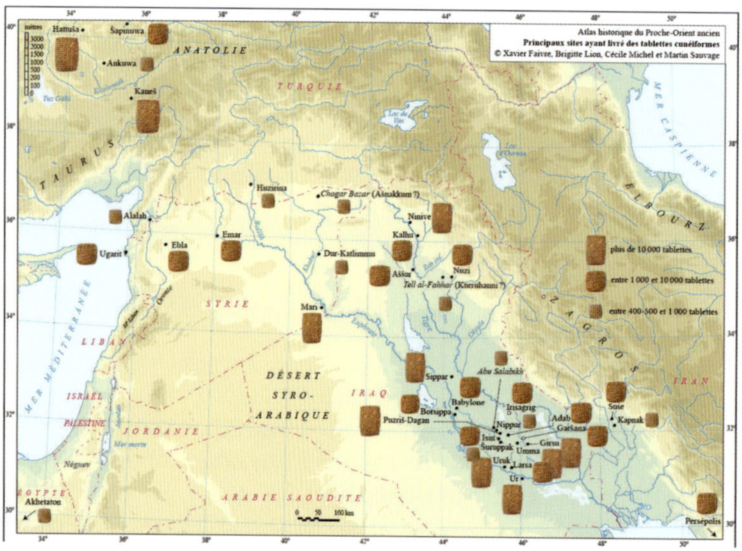

Fig. 1 – Carte de la Mésopotamie avec répartition des tablettes cunéiformes découvertes ■

Aux débuts de l'écriture en Mésopotamie, vers 3 400 av. J.-C., il existait une grande variété de signes pour noter des nombres. Ainsi, le chiffre « 4 » de « 4 moutons » et le chiffre « 4 » de « 4 mesures de grain » ne s'écrivaient pas de la même manière. Un changement important s'est opéré au cours du IIIe millénaire avant notre ère, alors que l'écriture devenait cunéiforme (« en forme de clous ») : les marchands utilisaient désormais les mêmes chiffres pour les décomptes d'objets et les mesures de poids. À partir du XXIe siècle av. J.-C., une nouvelle notation positionnelle en base soixante se distingue du système, permettant d'exprimer des quantités (encadré 1).

Textes mathématiques paléo-babyloniens

Le système en base soixante a été retenu car le nombre « 60 » possède beaucoup de diviseurs, ce qui facilite les calculs. Il était enseigné aux futurs administrateurs babyloniens amenés à négocier des denrées pour le palais. Après avoir mémorisé les mesures de capacité,

Fig. 2 – Texte paléo-babylonien mathématique comportant 17 problèmes : BC.018743 [YBC 4678], face. Yale Peabody Museum, Babylonian Collection. Photo : Klaus Wagensonner ■

> ENCADRÉ 1 – **Notation positionnelle en base soixante**
>
> Les nombres sont exprimés à l'aide de deux signes cunéiformes : 1 (𒁹) et 10 (𒌋).
>
> La numération sexagésimale est basée sur 59 « chiffres » écrits de manière additionnelle, en répétant ces deux signes, rangés par groupes de trois pour en faciliter la lecture : 𒐐𒐝 =59
>
> Cette numération est sexagésimale et flottante car il n'existe pas de signe pour le zéro*. Par conséquent le signe 𒁹 peut se lire 1/60, 1, 60, 60×60...
>
> La notation est positionnelle : le 𒁹 de chaque position vaut soixante fois plus que celui placé à droite.
>
> 𒌋𒁹 = 11 (10+1), 𒁹 𒌋𒁹 transcrit 1:11 correspond à 71 (60+10+1), 𒈫 𒌋𒐊 transcrit 2:15 correspond à 135 (2×60+15). La transcription adoptée (2:15) rappelle l'écran d'une montre digitale (2 heures et 15 minutes).

poids, surface et longueur, les tables métrologiques, et les tables numériques (inverses, multiplications, carrés, etc.), les apprentis-scribes s'exerçaient à des calculs simples, tandis que les plus avancés résolvaient des problèmes de géométrie et d'arithmétique (encadré 3). Ceux-ci portaient surtout sur les mesures de champs, les travaux de construction ou d'excavation de canaux, etc. Mais quelques-uns traitaient de questions économiques. Le texte YBC 4698 découvert en Mésopotamie centrale contient 17 énoncés de problèmes portant sur les taux d'intérêt, les prix et les profits (figure 2). Les prix sont généralement calculés en poids d'argent. Le seizième problème de la tablette propose par exemple l'énoncé suivant : « J'ai pesé l'argent à hauteur du prix du plomb et j'ai acheté le plomb. J'ai pesé ensemble argent et plomb (de poids égaux) : 7 *mana*. Quel est le prix de l'argent et celui du plomb ? » Le poids du plomb acheté et celui de l'argent qui a servi à l'acquérir sont additionnés et totalisent 7 *mana*. 7 *mana* correspond à 7 en « nombre abstrait » d'après la table métrologique des poids. Le poids du plomb et celui de l'argent sont identiques, donc chacun pèse 3 1/2 *mana*. En « nombres abstraits » 3 *mana* correspond à 3 et 1/2 *mana* à 30 ; par conséquent 3 et 1/2 *mana* correspond à 3:30. En ce qui concerne l'argent, les prix étant calculés en poids d'argent, le taux de change est bien sûr 1, et donc le prix de l'argent est 3 et 1/2 *mana*. Le taux de change du plomb n'est pas indiqué et ce problème n'a donc a priori pas de solution. Le plomb avait une valeur inférieure à celle de l'argent, et le taux de change doit être un diviseur de 3:30 en base soixante. Le nombre 7 est un bon candidat dans la mesure où 7×30 équivaut à 3:30 en base soixante. D'autres nombres sont possibles, tels que les multiples de 7, comme 14 (car 14×15 équivaut de même à 3:30) ou encore 21 (car 21×10 équivaut aussi à 3:30) ; mais les auteurs des textes mathématiques babyloniens aimaient utiliser le nombre 7 dans leurs problèmes. Le taux de conversion était donc probablement de 7 *gin* de plomb pour 1 *gin* d'argent, et le prix du plomb en argent était de 30 ce qui, dans la table métrologique des poids correspond à 1/2 *mana* d'argent.

Le calcul des administrateurs et marchands du palais

En dehors des textes mathématiques, des milliers de documents administratifs et économiques découverts dans les palais babyloniens et chez les particuliers montrent que quantification et calcul étaient pratiqués quotidiennement par de nombreux acteurs. Ces textes de la pratique n'utilisent

> ENCADRÉ 2 – **Système métrologique pondéral**
>
> 
>
> | *gu* | ← 60 | *mana* | ← 60 | *gin* | ← 180 | *še* |
> |---|---|---|---|---|---|---|
> | ~30 kg | | ~500 g | | ~8,33 g | | ~0,046 g |
>
> Les flèches indiquent les rapports entre les différentes unités, soit : 1 *gu* = 60 *mana* ; 1 *mana* = 60 *gin* ; 1 *gin* = 180 *še*

Fig. 3 – Compte du chef des marchands de Larsa. BC.7473 [YBC 7473], face. Yale Peabody Museum, Babylonian Collection. Photo : Klaus Wagensonner ■

généralement pas le système de notation sexagésimal de position et ne donnent jamais les étapes de calculs. Toutefois, des notations marginales, parfois sur les tranches des tablettes, suggèrent que les administrateurs employaient les « nombres abstraits » pour réaliser leurs calculs. Un compte sur plusieurs années, rédigé par le chef des marchands du roi Rîm-Sîn de la ville de Larsa, dans le sud de la Mésopotamie, et daté de la fin du XIXe siècle av. J.-C., porte sur de la laine des moutons et du sésame avec leur valeur calculée en argent : « 10 *gu* de laine à un taux de 10 *mana* (de laine) par *gin* (d'argent), Son prix en argent est 1 *mana* ». Deux nombres forment une paire d'inverse si leur produit est 1, ce « 1 » représentant n'importe quelle puissance de 60. Ainsi, 30 est l'inverse de 2 car 2×30 équivaut à 1 en base soixante. Lorsqu'une denrée était convertie en argent pesé, si la denrée était plus chère que l'argent, le scribe faisait une multiplication et si la denrée était moins chère que l'argent il multipliait par l'inverse. Le « nombre abstrait » correspondant à 10 *gu* sur la table métrologique des poids est 10, et il en va de même pour 10 *mana* qui correspond aussi à 10. En Babylonie, pour diviser un nombre, il fallait le multiplier par son inverse. Cette division n'est possible que si le diviseur est régulier. Mais, comme l'indique la table des inverses, 7 n'a pas d'inverse en base soixante. Pour revenir au problème, l'inverse de 10 est 6, par conséquent on cherchait le résultat de 10×6, ce qui donne 1 dans le système sexagésimal et correspond à 1 *mana* (figure 3).

Les calculs des marchands assyriens

En dehors des grandes institutions, des marchands agissant à titre privé pratiquaient quotidiennement des calculs. Les habitants d'Assur, sur le Tigre, dans le nord de l'Irak, ont instauré un commerce à longue distance avec l'Anatolie centrale et leurs archives ont été découvertes à Kanesh, non loin de Kayseri, en Turquie, une ville au cœur d'un réseau d'une quarantaine de comptoirs commerciaux assyriens. Près de 23 000 tablettes cunéiformes datant de la première moitié du XIXe siècle av. J.-C. retracent les activités économiques de leurs propriétaires. Ces marchands achetaient à Assur de l'étain et des étoffes qu'ils revendaient à bon prix en Anatolie, parfois via des achats de cuivre et de laine ; et ils rapportaient chez eux de l'or et de l'argent.

Dans le cadre de leurs transactions et de leurs partenariats commerciaux, les Assyriens devaient réaliser divers calculs. Ils utilisaient le système métrologique pondéral pour quantifier les métaux, objets de leurs échanges commerciaux. L'argent pesé servait de moyen de paiement. Les bénéfices tirés du commerce étaient investis dans des prêts pour lesquels ils calculaient les intérêts dus, voire des intérêts sur l'intérêt lorsqu'un garant empruntait à son tour pour rembourser le premier prêt. Certains prêts étaient établis par un marchand anonyme et pouvaient ainsi être cédés, cette

ENCADRÉ 3 – **Tables métrologiques**

Les tables métrologiques ont deux colonnes. La colonne de gauche contient une liste de mesures de capacité, poids, surface et longueur. La colonne de droite donne, pour chaque quantité mesurée, un nombre en notation sexagésimale positionnelle flottante. Les calculs sont effectués à partir de ces nombres « abstraits » et le résultat est converti à nouveau en quantité à l'aide de ces tables. Il faut alors être capable de restituer l'ordre de grandeur.

Extrait de la table métrologique des poids

7 *gin*	7	2/3 *mana*	40	6 *mana*	6	1 *gu* 10 *mana*	1:10
8 *gin*	8	5/6 *mana*	50	7 *mana*	7	1 *gu* 20 *mana*	1:20
9 *gin*	9	1 *mana*	60	8 *mana*	8	...	
10 *gin*	10	...		9 *mana*	9	7 *gu*	7
...		3 *mana*	3	10 *mana*	10	8 *gu*	8
1/3 *mana*	20	4 *mana*	4	...		9 *gu*	9
1/2 *mana*	30	5 *mana*	5	1 gu	1	10 *gu*	10

opération étant sans doute la toute première attestation de « chèque au porteur ». Les créances étaient entourées d'une mince couche d'argile formant une enveloppe et sur laquelle étaient imprimés les sceaux du débiteur et des témoins, ce qui empêchait toute falsification. Ce commerce international reposait sur des traités passés avec les souverains des royaumes anatoliens. En échange de la protection sur les routes, les Assyriens avaient toute une panoplie de taxes à régler au départ, en route et à l'arrivée dans les deux sens. Ces taxes étaient souvent calculées au prorata de la valeur de la marchandise transportée. À Kanesh, certains marchands avaient des comptes au bureau du commerce, sorte de banque de dépôt. L'argent envoyé depuis Kanesh, servait à l'achat des marchandises à Assur, ainsi qu'à celui des ânes pour leur transport. Une lettre était alors envoyée en Anatolie pour détailler les dépenses effectuées. En voici un extrait : « Baziya a apporté ici 2 2/3 *mana* d'or scellé », l'or a été vendu contre de l'argent qui a servi à l'achat des marchandises : « 2 *gu* d'étain scellé à un taux de 14 *gin* (d'étain) par (*gin* d'argent), sa (valeur) en argent est 8 1/2 *mana* 4 1/4 *gin*. » (figure 4).

ENCADRÉ 4 – **Extrait de la table des inverses en base soixante**

(l'inverse, dans la colonne de droite, est toujours dans l'unité positionnelle plus petite)

Les tables métrologiques ont deux colonnes. La colonne de gauche contient une liste de mesures de capacité, poids, surface et longueur. La colonne de droite donne, pour chaque quantité mesurée, un nombre en notation sexagésimale positionnelle flottante. Les calculs sont effectués à partir de ces nombres « abstraits » et le résultat est converti à nouveau en quantité à l'aide de ces tables. Il faut alors être capable de restituer l'ordre de grandeur.

Extrait de la table métrologique des poids

Inverse de 2	30	Inverse de 7	–
Inverse de 3	20	Inverse de 8	7:30
Inverse de 4	15	Inverse de 9	6:40
Inverse de 5	12	Inverse de 10	6
Inverse de 6	10	...	

Les 2 *gu* d'étain ont été achetés à un taux de 14 *gin* d'étain pour 1 *gin* d'argent ; pour calculer leur valeur en argent, une division s'impose. Nous ne savons pas comment les Assyriens procédaient car les étapes de calcul ne sont jamais indiquées. Ils n'utilisaient pas de tables métrologiques comme les Babyloniens. Les calculs étaient très certainement réalisés à l'aide d'un abaque* et les résultats intermédiaires étaient notés sur un support éphémère. Ce calcul opéré avec nos méthodes modernes et en conservant les fractions a pour résultat : 8 1/2 *mana* 4 2/7 *gin*. Les Assyriens n'ont pas de signe pour 1/5, ni pour les inverses n pour n>6, et certainement pas la fraction 2/7 (encadré 5). L'auteur de cette lettre a donc donné une valeur approximative en argent de 8 1/2 *mana* 4 1/4 *gin*, 1/4 étant la fraction la plus proche connue en remplacement de 2/7.

Le calcul au féminin

Les femmes et filles de marchands contribuaient à ce commerce international par la confection d'étoffes destinées à l'exportation. Elles étaient rémunérées en retour, recevant le montant de la vente de leurs étoffes, une fois les taxes déduites. Elles avaient un compte séparé de celui de leur époux et investissaient leurs propres capitaux dans des prêts et des opérations financières. C'étaient de véritables femmes d'affaires qui savaient ce qui leur était dû, comme en témoigne par exemple cette lettre d'une femme à son frère : « Kutallânum t'a apporté 6 étoffes dans son transport précédent. Tu m'as envoyé 1 *mana* 10 *gin* d'argent, mais rien depuis. À qui d'autre que moi tu enverrais seulement 1 *mana* 10 *gin* pour 6 étoffes ? Maintenant, Kutallânum t'apporte six nouvelles étoffes. Si tu es vraiment mon frère, tu ne dois pas m'envoyer moins de 1/3 *mana* par étoffe ! » Certaines de ces femmes sont lettrées, elles écrivent leurs lettres et font leurs comptes comme le suggère un marchand qui spécifie « Obtiens pour moi la tablette relative à 1 *mana* d'argent rédigée par Shat-Ishtar, la femme d'Assur-taklâku ».

Fig. 4 – **Lettre au marchand et à Šu-Belum d'Ah-šalim, Ikuppiya et Baziya**. Kt 93/k 335, Anadolu Medeniyetleri Müzesi, Ankara. Photo : Cécile Michel

Textes scolaires et méthodes de calcul propres aux marchands assyriens

ENCADRÉ 5 – Fractions utilisées par les Assyriens et pour lesquelles il existait des signes cunéiformes

1/6 – 1/4 – 1/3 – 1/2 – 2/3 – 5/6

Ils utilisaient aussi la fraction 3/4 en l'écrivant avec la notation soustractive : 1–1/4

Environ vingt-cinq tablettes scolaires découvertes à Assur et à Kanesh comportent des listes de vocabulaire, de noms propres, une liste métrologique, une table de multiplication, et de nombreux exercices de conversion et calculs de prix. La liste progressive des poids de 1 *gin* à 100 *gu* est rédigée sur quatre colonnes ; elle permet aux élèves de mémoriser la structure du système des mesures pondérales et l'écriture des nombres et unités de mesures. Les exercices de conversion sont parfaitement adaptés aux connaissances que les marchands doivent maîtriser : « 5 1/3 *mana* d'or rouge à un taux de 3 1/3 *gin* (d'argent) par (*gin* d'or), sa valeur en argent est 17 2/3 *mana* 6 2/3 *gin*. » L'élève a opéré ici une multiplication (figure 5).

Une étude systématique des opérations menées par les marchands, de la manière de présenter les énoncés et des erreurs qui apparaissent parfois au cours des calculs donnent des indices sur les méthodes de calculs mises en œuvre. Les taux de conversion sont régulièrement donnés avec des fractions, et parfois avec une notation soustractive comme dans le texte suivant : « 1/3 *mana* 6 1/3 *gin* d'or à un taux de 9 moins 1/6 *gin* (d'argent) par (*gin* d'or) ; sa valeur en argent est 3 5/6 *mana* 2 2/3 *gin* ».

La multiplication était effectuée sur la quantité en *mana* : 1/3×(9-1/6) = 3-1/18 *mana*, puis sur la quantité en *gin* : (6+1/3)×(9-1/6) = 54+3-1-1/18 *gin*. Notons que 1/18 *gin* correspond à 10 še ; le total est donc de 3 *mana* 52 2/3 *gin* – 10 še = 3 5/6 *mana* 2 2/3 *gin* – 10 še. Le scribe a donc arrondi le résultat en faisant disparaître les – 10 še. Le taux de conversion avec la notation soustractive 9 moins 1/6 *gin*, au lieu de 8 5/6 *gin*, facilite le calcul puisque la quantité d'or à convertir est exprimée avec deux fois la fraction 1/3. De manière générale, les erreurs sont rares et correspondent le plus souvent à des arrondis.

Ces exemples montrent qu'au début du IIᵉ millénaire av. J.-C., les Babyloniens et les Assyriens employaient des méthodes de calcul complètement différentes pour résoudre des problèmes mathématiques identiques. Les premiers préféraient utiliser des entiers des unités inférieures et convertissaient les quantités en nombres abstraits pour effectuer les calculs, tandis que les seconds favorisaient l'usage des fractions de l'unité supérieure et effectuaient leurs calculs avec ces fractions sur chaque unité de mesure séparément en partant de l'unité de mesure la plus élevée. Il est intéressant de noter que dans les milieux marchands et banquiers, les fractions se sont imposées très longtemps, malgré l'invention des nombres décimaux par les auteurs arabes du Xᵉ siècle, adoptés seulement au XVᵉ siècle en Europe. À la banque, les fractions ont été remplacées par les nombres décimaux avec l'arrivée de l'informatique.

Fig. 5 – Texte scolaire paléo-assyrien. Ass 13058f; VAT 19588. Vorderasiatisches Museum, Berlin. Photo : Cécile Michel ■

Références bibliographiques

- C. MICHEL – *Correspondance des marchands de Kanesh*, Le Cerf, 2001.
- C. MICHEL – *Les femmes et l'écrit dans les archives paléo-assyriennes*, Topoi. Orient-Occident Suppl. 10, 2009.
- C. MICHEL – *La comptabilité des marchands assyriens de Kaniš (XIXᵉ siècle av. J.-C.)*, Comptabilités 6, 2014.
- C. MICHEL et K. CHEMLA (éd.) – *Mathematics, Administrative and Economic Activities in Ancient Worlds, Why Sciences of the Ancient World Matter*, Springer, 2020.
- R. MIDDEKE-CONLIN et C. PROUST – *Interest, Price, and Profit: An Overview of Mathematical Economics in YBC 4698*, Cuneiform Digital Library Journal, 2014.
- C. PROUST – *Le calcul sexagésimal en Mésopotamie*, CultureMATH, 2005.
- C. PROUST – *Tablettes mathématiques de Nippur*, De Boccard, 2007.

5. Histoire et progression des calculs en astronomie

Matthieu Husson

Aujourd'hui, nous sommes habitués à lire et à faire des petites opérations arithmétiques avec des nombres décimaux écrits en chiffres « arabes ». Ces nombres ont colonisé la plupart des utilisations courantes. Cependant, cette situation singulière est très récente dans l'histoire des mathématiques. Les décimaux sont utilisés en Europe depuis quelques siècles seulement et servent aujourd'hui à représenter l'ensemble des nombres dits « réels* », dont la construction formelle date d'un siècle et demi. Les chiffres « arabes », que les Arabes eux-mêmes ont repris de Perse et d'Inde, sont connus dans le monde latin à partir du xe siècle. Ainsi, quelques brèves remarques historiques suffisent à rappeler que les nombres décimaux tels que nous les utilisons couramment sont une construction mathématique spécifique installée relativement récemment dans notre histoire.

Il existe bien d'autres types de nombres. Par exemple, nos ordinateurs fonctionnent sur un système binaire* que nous représentons à l'aide de « 0 » et « 1 ». Les mathématiciens et les physiciens utilisent pour certaines applications particulières d'autres ensembles, comme « les nombres complexes ». Nous utilisons aussi parfois des fractions d'entiers naturels, et même des nombres sexagésimaux pour les minutes et les secondes lorsque nous lisons nos montres. Il existe donc une grande hétérogénéité des systèmes numériques, qui sont souvent le résultat de longs processus historiques et dont certains sont spécialisés à certains types de problèmes.

Parmi les différentes communautés savantes qui font un usage intensif du calcul à grande échelle, celle des astronomes est certainement l'une des plus importantes depuis les temps anciens jusqu'à nos jours. Ils ont très largement contribué à cette histoire du calcul et des systèmes numériques, voire plus fondamentalement à la confiance que nous donnons aujourd'hui aux nombres et aux données chiffrées.

Les nombres sexagésimaux dans l'astronomie cunéiforme

Durant les cinq derniers siècles avant notre ère, une tradition d'astronomie mathématique riche et avancée s'est développée en Mésopotamie, et plus particulièrement à Babylone. Cette tradition nous est connue aux travers d'un copieux corpus de tablettes d'argile : les *Astronomical Cuneiform Texts* (ACT), étudié par Otto Neugebauer dans les années 1960 et 1970. Ces tablettes contiennent, en écriture cunéiforme*, un ensemble de textes procéduraux et de tables numériques. Ils permettent de calculer un large panel de phénomènes astronomiques observables à l'œil nu : lever et coucher des étoiles, du Soleil et de la Lune suivant les périodes de l'année ; prévision des éclipses solaire et lunaire ; mais aussi prévision de la position de Mercure, Vénus, Mars, Jupiter et Saturne, ainsi que des principaux temps de leur cycle. Cette performance remarquable s'appuie sur une très longue tradition d'observations, sur plusieurs siècles, de ces mêmes phénomènes célestes. Les premières tentatives de modélisation des cycles astronomiques sont attestées par d'autres sources à la fois contemporaines et plus anciennes que celle du corpus ACT. Cette tradition astronomique est aussi l'une des sources importantes de l'astronomie hellénistique qui commence son développement à Alexandrie et dont les représentants les plus emblématiques sont Hipparque et Ptolémée.

La tradition ACT repose sur la division des cycles astronomiques

Fig. 1 – **Tablette donnant les dates et les positions des apparitions successives de Vénus comme étoile du soir pour 24 ans.** ISAC Chicago (CC wikimedia.org) ■

en différentes parties. À l'intérieur de ces parties, des quantités spécifiques sont définies et tabulées, comme la position, ou la variation de cette position pour une journée. Ces différentes quantités et parties de cycles sont ensuite combinées les unes aux autres au sein de procédures pour produire le résultat recherché. Dans un vocabulaire mathématique moderne, les principaux outils utilisés pour modéliser le comportement des différentes quantités astronomiques sont les suites, le plus souvent arithmétiques, parfois géométriques. Les procédures font également usage de différentes opérations arithmétiques, notamment des additions, des soustractions, des multiplications, des divisions, des racines carrées, etc. Cette tradition astronomique est très arithmétique. Il s'agit surtout de manipuler des nombres et des tables numériques dans le cadre de procédures relativement complexes (figure 1).

Cette astronomie utilise le système numérique sexagésimal pour mesurer les quantités temporelles et les distances célestes. Ainsi, une rotation complète du ciel compte 360 degrés regroupés en 12 signes du zodiaque. Chaque degré est ensuite divisé en 60 minutes, puis chaque minute en 60 secondes etc. À chaque niveau de ce système, le nombre de degrés, de minutes ou de secondes est marqué par un chiffre noté dans un système de chevrons verticaux ou horizontaux (écriture cunéiforme). Ce système numérique est une adaptation d'un système numérique sexagésimal bien plus ancien qui date du troisième millénaire avant notre ère (cf. p. 28).

Le système numérique des textes ACT est positionnel, car la signification mathématique d'un chiffre particulier dépend de son rang dans une série précise. Il est donc nécessaire pour le calcul et la notation dans ces systèmes numériques de disposer de méthodes qui permettent de garder la trace et de suivre les modifications de ces positions. Il existe plusieurs manières d'aborder cette question, et c'est d'ailleurs un des points sur lesquels les astronomes d'ACT se démarquent du système numérique sexagésimal utilisé dans les textes mathématiques plus anciens. Ces méthodes reposent souvent sur une manière de marquer et de suivre au cours d'une procédure de calcul les positions « vides » dans les nombres manipulés. Dans le contexte du corpus ACT, ce rôle est attribué à un caractère particulier : un logogramme désigné aujourd'hui par les assyriologues sous le mot sumérien « GAM ». Ce caractère est utilisé comme un marqueur pour des positions vides initiales ou intermédiaires dans un nombre, mais jamais pour les positions finales qui ne sont simplement pas marquées. Malgré tout, cette tradition astronomique était remarquablement précise… Le logogramme GAM ne fait pas partie du même système de signes que ceux utilisés pour les chiffres entre 1 et 59 et connaît des usages comme signe de ponctuation dans différents textes de prose. Lorsqu'une procédure de calcul donnée produit un résultat nul, un autre système d'expressions est utilisé dans les textes procéduraux, si bien que le logogramme GAM, s'il peut être transcrit au moyen du signe « 0 », est vraiment de nature tout à fait différente du nombre 0. Par bien des aspects il est semblable au « point décimal » que nous connaissons aujourd'hui : c'est une sorte de signe de ponctuation utilisé dans le cadre d'une notation numérique.

Ces systèmes numériques sexagésimaux anciens sont, contrairement au système des chiffres romains, destinés à réaliser des calculs souvent complexes et en grandes quantités. Ils sont positionnels et associés à des signes qui peuvent leur attribuer un caractère additif ou soustractif. Ainsi, ils pourraient être utilisés aujourd'hui, tout comme nos nombres décimaux, pour représenter l'ensemble des réels. Mais ils sont aussi fondamentalement différents sur bien des aspects et au-delà du simple fait qu'ils préfèrent une base 60 à une base 10.

Trigonométrie et nombres décimaux

Jusqu'à aujourd'hui, les astronomes continuent de travailler avec des systèmes numériques sexagésimaux. Ils circulent entre les mondes hellénistiques, perses, indiens, puis arabes, chinois et européens. Au contact d'autres types de nombres, comme les fractions unitaires* en Égypte, ou d'autres types de calculs, comme les calculs algébriques ou la trigonométrie*, ces systèmes vont s'enrichir et se transformer de multiples manières dans une histoire où conception du nombre, type de calculs et système de notations sont inextricablement liées. En Europe, au début du XIVe siècle, les astronomes de tradition latine commencent à s'interroger sur la précision de leur outillage numérique et trigonométrique. Dans les années 1320, des astronomes parisiens systématisent l'usage de nombres positionnels flottants (sans ordre de grandeur déterminé) entièrement sexagésimaux, probablement à partir de sources venues de la cour du roi Alfonse X de Castille. Ils abandonnent ainsi les signes traditionnels du zodiaque pour leur préférer des signes de 60° pour les quantités angulaires. Ils mettent également de côté le calendrier Julien* pour les quantités temporelles et adoptent un décompte sexagésimal des jours. Ce système restera en usage pendant près de trois siècles. Au XVe siècle, les astronomes Jean Fusoris, Giovanni Bianchini et Regiomontanus initient un travail mathématique de fond sur les tables trigonométriques, en particulier la table de sinus qui est alors au fondement de la majorité des autres tables astronomiques. Ils produisent des tables plus précises et qui offrent plus de valeurs, afin de mieux contrôler les effets de l'interpolation comme ceux des erreurs de copie manuscrite ou imprimée. Ce travail conduit les astronomes à réfléchir à des questions fondamentales comme celle du calcul du sinus de 1°, mais il s'accompagne aussi d'un travail sur les nombres qui doivent servir à établir et exprimer ces tables plus précises. Giovanni Bianchini et Regiomontanus commencent à dresser des tables de sinus pour des cercles dont le rayon fait 600000 ou 100000 parties. La valeur des sinus étant exprimée comme une fraction du rayon, cela offre la possibilité d'une très grande précision dans les valeurs tabulées et produit, au sein du calcul astronomique, une tendance vers le calcul décimal. Le champion de cette ligne de recherche à la jonction de la trigonométrie et de l'art du calcul est l'astronome Rheticus, disciple de Copernic (ayant joué un grand rôle dans la publication du *De revolutionibus*), qui publie en 1551 un ensemble de tables trigonométriques extrêmement précises utilisant un rayon de 10000000 de parties. Ces tables trigonométriques permettent de s'assurer qu'aucune erreur de nature mathématique, due à l'imprécision inhérente à tout outil de calcul, ne vienne perturber la qualité des prédictions astronomiques. En effet ces erreurs mathématiques sont négligeables par rapport à la précision des observations astronomiques.

Conclusion

L'apparition de ces tables, les besoins de calculs toujours plus grands produits par les évolutions instrumentales et théoriques de l'astronomie vont continuer de stimuler une réflexion mathématique fondamentale sur les nombres et les méthodes de calculs. La manipulation de ces grands nombres, en particulier dans les multiplications et prises de racines, est en effet particulièrement

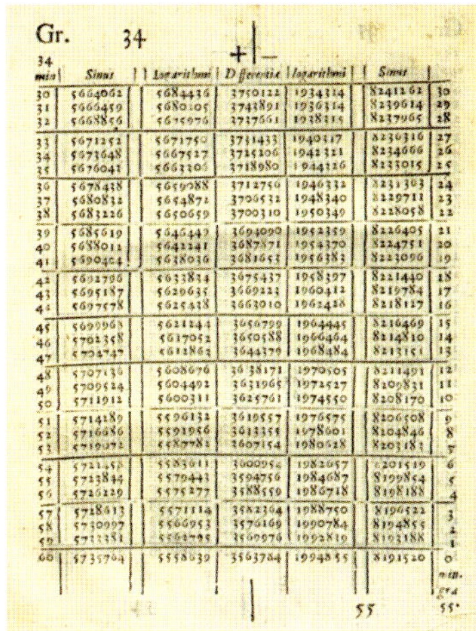

Fig. 2 – Une page de l'ouvrage de Néper, *Mirifici logarithm canonis descriptio*, 1614. (CC wikimedia.org) ■

fastidieuse. C'est dans ce contexte, et spécifiquement pour les calculs de produits de sinus particulièrement fréquent en astronomie sphérique, que Néper propose en 1614 l'utilisation d'une table de logarithmes (figure 2), c'est-à-dire d'un outil qui met en relation suites arithmétiques et géométriques, afin de faciliter ces calculs (cf. p. 48). Dans le cadre de ses travaux sur les logarithmes, Néper systématise l'utilisation du point décimal. Autrement dit, il réfléchit à la fois sur une nouvelle relation entre deux quantités mathématiques et sur le système numérique le plus adéquat à son expression. Les énormes gains en efficacité dans les calculs autorisés par la méthode des logarithmes seront progressivement adoptés dans de nombreux domaines et ils emporteront avec eux l'usage des décimaux. Au XIXe siècle, les nombres décimaux serviront de modèles à l'établissement du système de poids et mesures, aujourd'hui uniformément utilisé en sciences physiques.

Références bibliographiques

- M. OSSENDRIJVER – *Babylonian Mathematical Astronomy: Procedure Texts*, Springer, 2012.
- IREM – *Histoire des logarithmes*, Ellipses, 2006.

6. De la mesure des champs à celle de la Terre

Matthieu Husson et Cécile Michel

Dans l'ancienne Mésopotamie, les terres étaient administrées par les temples ou le domaine royal et la forme des champs était le résultat des méthodes d'irrigation employées. Ils étaient souvent allongés, leur côté le plus petit recevant l'eau du canal d'irrigation (figure 1). Grâce aux textes datant de la fin du IVe millénaire, les historiens savent que la mesure des terres s'effectuait à l'aide de cordes et de bâtons de différentes longueurs.

Fig. 1 – **Tablette cunéiforme babylonienne avec une carte des environs de Nippur montrant les canaux, les villages et les champs dont la forme est définie par le réseau d'irrigation.** Milieu du IIe millénaire, période kassite ■

Arpentage et calcul de surfaces en Mésopotamie et en Égypte

Les archives découvertes à Girsu, dans le pays de Lagash (l'actuelle Irak), datant de 2350 av. J.-C. et appartenant au domaine administré par la reine, illustrent le travail des arpenteurs-géomètres chargés de mesurer les champs et d'estimer la surface cultivée. Ces derniers ne tenaient pas compte de la forme du champ mais procédaient par la mesure des différentes longueurs et par approximations. Ils multipliaient la longueur et la largeur d'un rectangle ou utilisaient les « formules de l'arpenteur », c'est-à-dire le produit de la moyenne des côtés des quadrilatères irréguliers.

À la fin du troisième millénaire, une centralisation accrue du pouvoir fut mise en place par la Troisième Dynastie d'Ur afin de faire face à la gestion de nouveaux territoires. Les scribes procédèrent à un recensement précis des terres arables irriguées. Les archéologues ont découvert de nombreux plans de champs et des cadastres datant de cette période, ainsi que des textes mathématiques du début du IIe millénaire traitant du calcul des surfaces de champs de formes variées. Les tablettes scolaires contiennent de petits exercices, comme le calcul de la largeur d'un champ dont on a la longueur et la surface.

L'Égypte a livré moins de textes mathématiques que la Mésopotamie, mais les représentations permettent de compléter les données. La profession d'arpenteur est sans doute tout aussi ancienne en Égypte, comme le suggèrent des inscriptions hiéroglyphiques autobiographiques découvertes dans les tombes de hauts fonctionnaires travaillant en étroite relation avec le pharaon. Ainsi, sur le mur de la tombe de Metjen, datant du XXVIIe siècle et fouillée à Saqqara (au sud du Caire), figure une biographie du défunt. En tant que gouverneur de la partie orientale du Fayoum, il a reçu du pharaon une douzaine de domaines pour lesquels les superficies des champs sont précisées, ce qui prouve que les Égyptiens savaient déjà calculer les superficies de figures géométriques. La mesure des champs se faisait alors à l'aide de cordes, comme le montre une peinture dégagée dans la tombe de Menna (figure 2), responsable du domaine agricole du palais et du temple à Thèbes (XIVe siècle).

Fig. 2 – **Peinture murale de la tombe de Menna (TT 69) construite dans la Vallée des Rois.** Dans le registre supérieur, des arpenteurs tendent la corde tandis que les contremaîtres surveillent la tension de la corde. Dans le registre inférieur les scribes consignent les données ■

En Égypte, les arpenteurs avaient pour tâche de mesurer et d'estimer la surface des champs bordant le Nil, afin de pouvoir restituer leurs limites après les crues répétées du fleuve. Le calcul de la surface des aires géométriques est bien documenté dans les problèmes mathématiques, comme sur le papyrus Rhind qui date du XVIIe siècle av. J.-C. et qui est conservé en deux bandes d'une hauteur d'une trentaine de centimètres et d'une longueur totale de 5 mètres. Les 64 problèmes et la vingtaine de tables conservés ont en partie été recopiés sur des textes plus anciens. Certains problèmes ont un caractère utilitaire, et parmi eux, quelques-uns sont liés à une formation administrative. Ainsi, les problèmes 48 à 53 dédiés à la géométrie considèrent des formes rectangles, triangles et trapèzes, suggérant des champs et une pratique de l'arpentage. Pour calculer, par exemple, la surface d'un triangle (problème 51), les Égyptiens divisaient la base par 2 pour le transformer en un demi-rectangle, et ensuite ils multipliaient ce résultat par la hauteur.

Les avancées du calcul dans les mondes hellénistique et romain

Parmi les mathématiciens d'Alexandrie, certains, comme leurs lointains prédécesseurs de la Mésopotamie ou de l'Égypte ancienne, donnèrent une tournure résolument pratique à leurs traités et travaux. Il en est ainsi d'Héron d'Alexandrie, qui vécut vraisemblablement au tournant des premier et deuxième siècles de l'ère commune. Sa *Dioptrique* est un texte qui traite d'un instrument : le dioptre. Cet instrument permettait de prendre des mesures d'angles sur le plan horizontal par la visée de points éloignés.

ENCADRÉ – **Formule de Héron pour l'aire d'un triangle quelconque**

Soit un triangle dont les longueurs des côtés a, b et c sont connues.
On calcule d'abord le demi-périmètre du triangle :

$$p = \tfrac{1}{2}(a + b + c)$$

On a alors l'aire A du triangle via la formule :

$$A = \sqrt{p(p-a)(p-b)(p-c)}$$

La *Dioptrique* contient des passages très géométriques. Le chapitre 30 fait ainsi la démonstration de la célèbre « formule de Héron » qui permet de calculer la surface d'un triangle quelconque par la simple donnée de la longueur de ses côtés (encadré). Cette méthode implique le calcul d'une racine carrée, expliquée par Héron dans un chapitre des *Métriques*. Au chapitre 9, la *Dioptrique* présente également des méthodes très simples et concrètes fondées sur l'utilisation de triangles semblables, pour la mesure de distances inaccessibles, comme la largeur d'une rivière ou d'une vallée. En mêlant ces méthodes simples à des procédés mathématiquement plus originaux, la *Dioptrique* montre de manière certaine que les questions de calculs liés à l'arpentage et plus généralement au génie civil et militaire, pouvaient être un point d'ancrage important pour une activité mathématique avancée.

Pour nous renseigner sur les méthodes d'arpentage romaines, il existe, à côté de diverses sources littéraires (Cicéron, Sénèque...), épigraphiques ou même archéologiques, tout un corpus de textes de différentes natures produit à la période impériale entre les Ier et Ve siècles de notre ère et rassemblés, vraisemblablement à des fins pédagogiques à la fin de l'empire. Ce corpus est connu sous le nom de *Gromatici veteres*. Ce nom curieux provient de l'instrument principal utilisé par les arpenteurs romains : la groma. Le principe de cet instrument est très semblable au dioptre, mais à la place du système de visée permettant de mesurer un angle quelconque, c'est une équerre mesurant uniquement des angles droits qui se trouve sur le plan horizontal. Les pratiques romaines sont donc fondées sur la réalisation d'un quadrillage à angle droit, si possible orienté suivant les points cardinaux, et matérialisé sur le terrain à l'aide de bornes : c'est la « centuriation ». Cette méthode très robuste est appliquée à différentes échelles et conduit parfois à diviser des régions entières souvent nouvellement conquises, afin de distribuer ou de vendre les terres aux vétérans et aux citoyens romains. Cette dimension militaire et la vaste échelle des opérations d'arpentages et de mesures caractérisent ces pratiques romaines. Les arpenteurs romains ont conservé des outils et des méthodes mathématiques simples, fondés essentiellement sur des carrés et des rectangles, mais très précises pour de grandes étendues. Plusieurs passages de ce corpus romain font référence à des procédures qui se trouvent également décrites dans la *Dioptrique* de Héron, et les définitions de certaines notions géométriques fondamentales (points, lignes, surfaces, angles droits, parallèles, etc.) semblent aussi utiliser les *Éléments* d'Euclide, dont il constituerait l'une des premières versions latines (figure 3).

Calcul et astronomie dans le monde musulman médiéval et l'Europe moderne

Dans le monde musulman médiéval, les techniques d'arpentage pour de petits espaces restent très similaires à ce qu'elles pou-

Fig. 3 – **En 1949, trois exemplaires de cadastres ruraux de la région d'Orange ont été retrouvés sous la forme de multiples fragments de marbres.** Ils avaient été affichés, sur ordre de l'empereur Vespasien, autour de 77 av. J. C., dans la cité afin d'établir clairement les droits de propriétés. On y distingue les lignes parallèles se coupant à angle droit pour former des centuries* de 50 hectares ■

vaient être dans le monde antique. En revanche, les traités de mathématiques changent. C'est au moyen de l'algèbre et parfois de la trigonométrie que les problèmes de mesure de surfaces et de longueurs sont abordés. La tradition musulmane va cependant développer toute une méthodologie sophistiquée de calcul de directions et de distances sur de très grands espaces, afin que chaque fidèle, où qu'il soit sur la terre musulmane, puisse s'orienter convenablement vers La Mecque. Ces méthodes ont un fondement astronomique et reposent sur la connaissance de la latitude et de la longitude du lieu et sur l'application de procédures de trigonométrie sphérique souvent rendues plus aisées par la compilation de vastes tables numériques. La résolution de ce problème était un « passage obligé » de la plupart des grands traités d'astronomie musulmane. Ainsi al-Battani (xe siècle), al-Biruni (xie siècle), ou al-Kashi (xve siècle) abordent cette question. Si la latitude d'un lieu peut être aisément déterminée par l'observation de l'altitude d'une étoile connue, ou du Soleil au méridien, la détermination des longitudes est notoirement plus complexe. Ainsi, la différence de longitude entre deux lieux était souvent reprise de la *Géographie* de Ptolémée, ou estimée à partir de la distance, en temps de parcours, entre ces deux lieux.

À la fin du Moyen Âge, apparut la nécessité de lier la mesure du temps, l'astronomie et la mesure de distances. Elle devint encore plus présente pour les puissances coloniales européennes modernes qui se disputaient le contrôle de voies commerciales et ressources à l'échelle du globe. En 1671, l'astronome de Louis XIV, Jean Picard proposa de fixer l'étalon de longueur comme étant la longueur du pendule qui bat la seconde. La seconde était alors définie comme la 86400e partie du jour solaire moyen. Cependant, en 1672, Richer fut envoyé à Cayenne afin d'effectuer une mesure de la parallaxe* de Mars qui devait permettre de déterminer la distance entre la Terre et le Soleil. Muni de son pendule à la seconde, il constata que celui-ci battait plus lentement à cette latitude proche de l'équateur. Il lui fallut donc trouver un autre étalon de longueur. Il devait également comprendre de quelle manière les oscillations du pendule variaient en fonction de la latitude. Le vaste chantier de la « figure de la Terre » s'ouvrit ainsi en Europe. Des expéditions furent programmées en différents points du globe pour mesurer précisément la longueur de différentes méridiennes grâce aux méthodes d'arpentages mêlant astronomie, horlogerie et méthodes trigonométriques (cf. p. 48). Picard lui-même se consacra à cette tâche. En les comparant, Pierre Méchain et Jean-Baptiste Delambre parvinrent à établir que la Terre avait une forme aplatie aux pôles. Et le 11 juillet 1792, le mètre fut établi comme la 10 000 000 e partie de la moitié du méridien terrestre mesuré par Delambre et Méchain.

Conclusion

Le mètre est établi comme étalon en 1799 et conservé à l'Observatoire de Paris. Des exemplaires en sont ensuite diffusés et les savants du xixe siècle tentent de le mesurer plus précisément, ce qui conduit à des avancées en physique et en ingénierie, ainsi qu'à des recherches géodésiques plus approfondies. Les instruments de mesures et les méthodes mathématiques pour traiter les incertitudes de ces mesures s'améliorent. Mais cette diffusion n'est pas simplement une question technique et scientifique, elle est aussi politique. Ainsi, l'empire britannique décide de ne pas adopter le système métrique. En 1824 est signé le *British Weights and Measures Act*, qui définit le système de mesures impériales anglais (*foot*, *inch*, *yard* et *mile*). Ce système de mesure sera diffusé dans tout l'Empire colonial britannique, mais le système métrique prendra quand même le dessus dans le reste du monde.

Références bibliographiques

• K. ADLER – *Mesurer le monde - 1792-1799 : l'incroyable histoire de l'invention du mètre*, Flammarion, 2005.

• J.-C. DUCÈNE – *Mesure de distances et arpentage dans le monde musulman médiéval : entre théorie et pratique*, In *Mesure et histoire médiévale : XLIIIe Congrès de la SHMESP (Tours, 31 mai-2 juin 2012)*, Éditions de la Sorbonne, 2013.

• J.-Y. GUILLAUMIN – *Quels rapports entre les agrimensores romains et la science grecque ?* In *Transmettre les savoirs dans les mondes hellénistique et romain*, Presses universitaires de Rennes, 2010.

• M. MICHEL – *Les mathématiques de l'Égypte ancienne. Numération, métrologie, arithmétique, géométrie et autres problèmes*, Éditions Safran, 2014.

• C. PROUST – *Des partages de champs et de l'arithmétique en Mésopotamie*, Images des mathématiques, 2022.

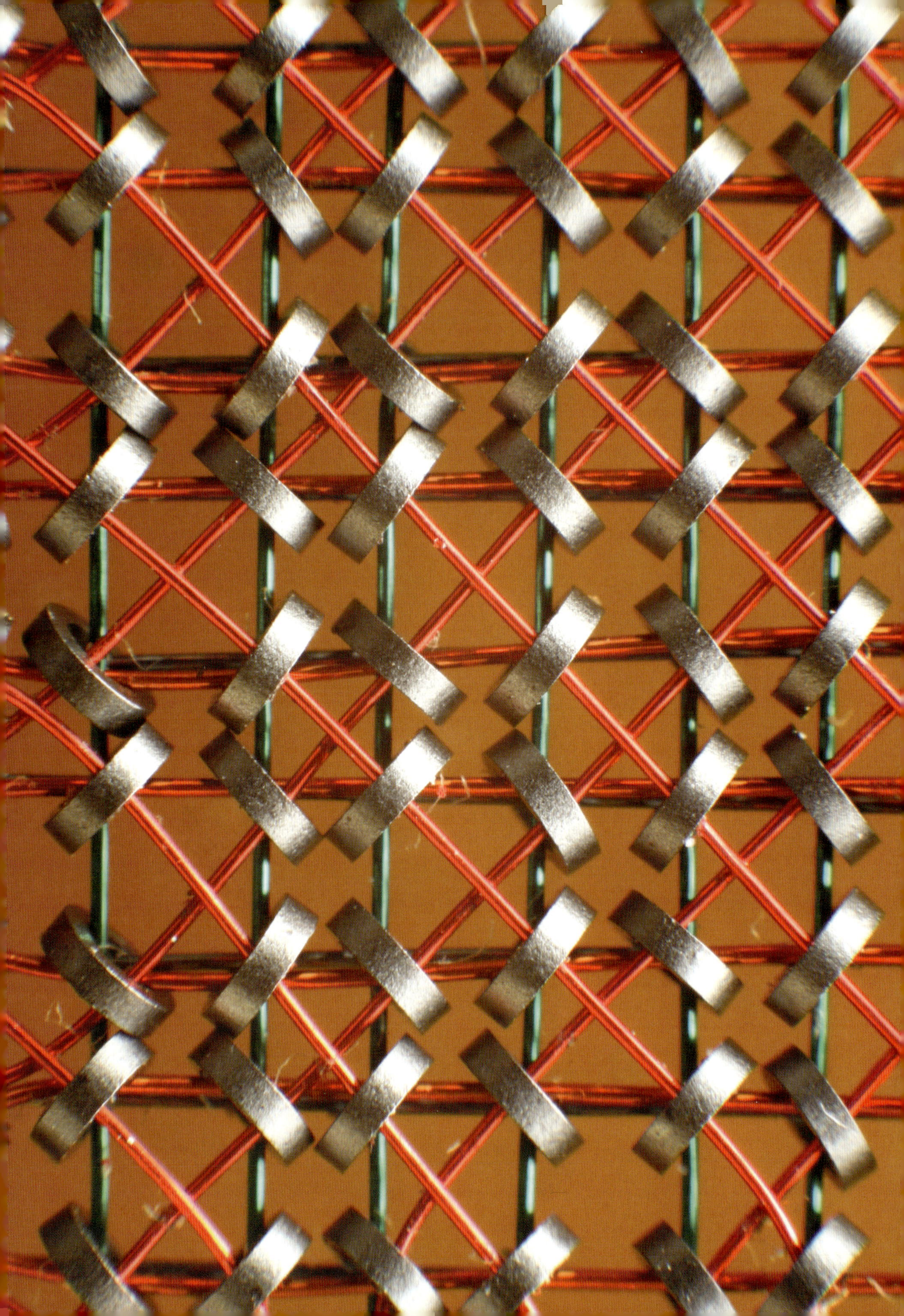

- Deuxième partie -

Mécanisation du calcul

Page précédente :

Section d'une mémoire à tores magnétiques, forme dominante de mémoire vive des ordinateurs de 1955 à 1975.
© Konstantin Lanzet ■

Introduction

Christian Jutten

Très tôt, des machines complexes ont été imaginées par des savants, en particulier pour mesurer le temps. Mais il a fallu attendre le début des années 1600 pour voir l'apparition des premières machines à calculer. Le frein aurait été plus philosophique que technologique : mécaniser le calcul, ne serait-ce pas mécaniser la pensée humaine ?

La première machine mécanique arithmétique, dont il reste encore quelques exemplaires dans des musées, est la Pascaline, conçue par Blaise Pascal en 1642 dans le but de soulager son père dans son travail de percepteur d'impôts. Par la suite, d'autres machines arithmétiques ont été imaginées par des mathématiciens et des ingénieurs, comme Leibnitz, Morland, Buratinni, Grillet, Lépine, etc. Ces machines, souvent uniques, meublaient les cabinets de curiosité ! Puis, la révolution industrielle a permis de produire en série des machines rapides et fiables, notamment pour la propagation des retenues sans blocage. Des machines reposant sur des mécanismes astucieux ont été brevetées, produites et vendues en très grand nombre, et utilisées dans les commerces et les entreprises jusqu'à l'arrivée des calculatrices électroniques et des ordinateurs.

L'invention des logarithmes par John Neper en 1617 a conduit à une simplification des calculs grâce à de nouvelles tables numériques, mais aussi au concept de calcul analogique. La règle à calcul, en ajoutant ou soustrayant des longueurs de réglettes graduées, permet de faire très rapidement les multiplications, les divisions et bien d'autres opérations, quoiqu'avec une précision limitée par les graduations. Plus tard, d'autres machines mécaniques ont été imaginées pour des calculs autres qu'arithmétiques : la machine analytique de Babbage a été à l'origine du concept de « programmation » ; l'analyseur harmonique de Michelson (1898) mécanise l'analyse de Fourier ; le spectromètre à flamme de Koenig (1872) permet de visualiser le spectre de signaux sonores. Avec l'arrivée des transistors et des amplificateurs opérationnels, des machines analogiques électroniques ont été conçues et largement utilisées dans la seconde moitié du XXe siècle, avant d'être occultées par les ordinateurs et le calcul numérique.

Le premier article présente les premières machines à calculer, notamment la Pascaline, et les problèmes rencontrés dans la mécanisation du calcul. Le deuxième article détaille l'impact des logarithmes sur le calcul et les sciences. Le troisième illustre l'essor et la diversité des machines à calculer mécaniques induits par la révolution industrielle. Le quatrième article traite des mécanismes de détection et de corrections d'erreurs dans les ordinateurs, mécanismes qui sont indispensables pour la fiabilité des calculs, à l'ère du Big Data. Le calcul analogique est au cœur du cinquième texte qui montre que ce concept, fortement développé avec les amplificateurs opérationnels dans les années 1970, pourrait revenir en force avec le calcul quantique. Enfin, le dernier article présente la machine de Turing, machine abstraite universelle imaginée en 1936 par ce scientifique remarquable dont les travaux ont tant contribué au développement de l'informatique et même de l'intelligence artificielle.

1. Les machines à calculer avant l'ère industrielle

Matthew L. Jones

En 1640, dans son fameux pamphlet annonçant l'invention de sa machine à calculer, Blaise Pascal exposa ainsi les problèmes inhérents à la pratique de l'arithmétique avec un papier et un crayon : « Avec un crayon, il faut toujours penser à noter les retenues dans les opérations où cela est nécessaire. Or, combien d'erreurs se glissent lors de ce processus fastidieux ! ». La « Pascaline », promettait, elle, de reporter automatiquement toutes les retenues impliquées dans les opérations d'addition et de soulager la mémoire de l'opérateur pendant le processus du raisonnement. Il n'avait plus qu'à saisir les chiffres à ajouter ou à soustraire et il ne se souciait plus du suivi des nombres reportés (figure 1).

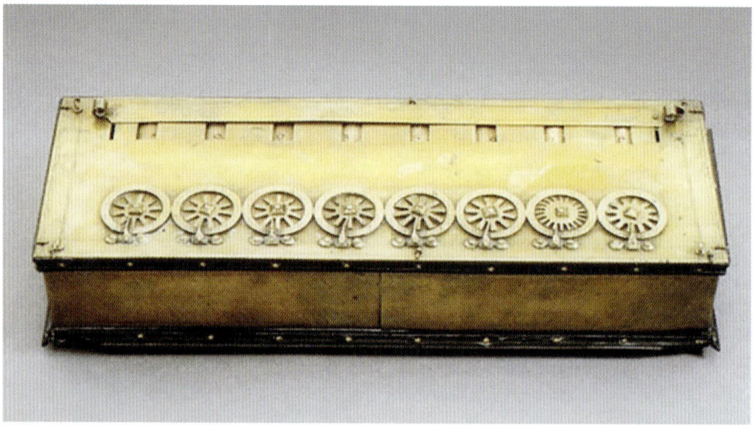

Fig. 1 – La machine arithmétique de Pascal, pour le chancelier Séguier. c. 1645. CNAM, Paris ■

Résoudre le problème de la force suffisante

Les inventeurs du XVIIe siècle étaient confrontés à deux problèmes majeurs pour créer une machine capable de gérer les retenues : premièrement, fournir une force mécanique suffisante pour déplacer les retenues sur une série de digits de droite à gauche ; deuxièmement, convertir les mouvements analogiques en résultats numériques entiers. Pour qu'une machine reporte automatiquement les retenues, il faut que le mécanisme puisse propager toutes les retenues depuis la colonne des unités jusqu'à celle du digit le plus élevé. Un moyen consistait à tourner un cadran, qui, en ajoutant le premier « 1 » dans la première colonne, entraînait les roues suivantes pour effectuer les retenues supplémentaires. Ce mécanisme fut utilisé dans la machine à calculer conçue par l'astronome et géographe Wilhelm Schickard, qui le décrivit dans une lettre adressée à l'astronome Johannes Kepler. Le seul exemplaire de cette machine fut malheureusement détruit dans un incendie. Dans sa machine (figure 2), Schickard ajouta une dent supplémentaire à l'engrenage pour chaque digit : quand un digit atteignait le chiffre 10, cette dent enclenchait un engrenage secondaire, qui faisait ensuite tourner le chiffre suivant dans la machine (si une retenue était nécessaire au-delà de la capacité de la machine, une cloche sonnait). Un tel mécanisme est encore utilisé dans certains compteurs kilométriques et compteurs de gaz. Dans ce type de mécanisme, tourner le cadran des unités pour une addition telle que « 999999+1 » nécessitait considérablement plus de force que tourner

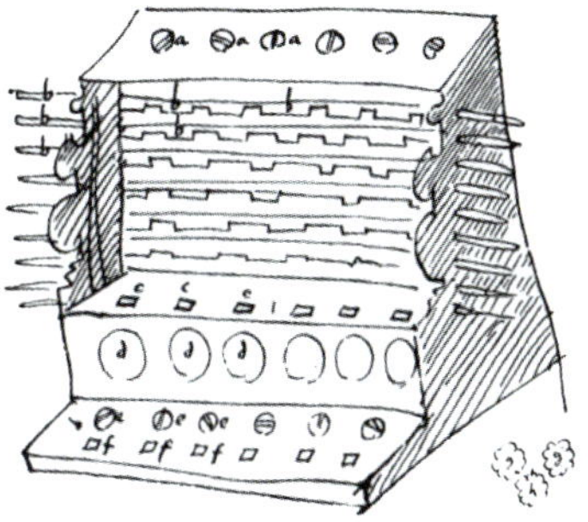

Fig. 2 – **La machine de Wilhelm Schickard (la *Rechenuhr*), avec le détail du mécanisme de transport de la retenue en bas à droite.** Chaque fois que le premier g atteint 10, une dent supplémentaire sur le premier g déplace h, qui à son tour déplace le deuxième g, effectuant ainsi le report ■

le même cadran pour une addition du type « 100 000+1 ». Il fallait donc concevoir une machine qui pourrait disposer d'une « force suffisante » pour enclencher et propager le mécanisme tout au long du calcul. Blaise Pascal proposa de résoudre ce problème à l'aide d'un « sautoir », sorte de fourchette qui se levait lorsque le digit approchait de 10, puis retombait, entraînant ainsi le mécanisme du digit suivant d'un cran (figure 3). Avec ce mécanisme astucieux, Pascal affirmait : « il est tout aussi facile de faire mouvoir dix mille roues à la fois, qu'une seule. »

Résoudre le problème de la conservation numérique

Pour comprendre le deuxième problème majeur lié à l'automatisation de la retenue arithmétique, prenons l'exemple d'un compteur kilométrique mécanique de voiture qui atteindrait le million de kilomètres. Au fur et à mesure que le compteur tourne, les neuf deviennent des zéros. Mais pas tout à fait, du moins pas strictement, car la plupart des digits ne sont ni à 9 ni à 0, mais dans une position intermédiaire. Étant donné que le compteur mesure une quantité continue (la distance parcourue), ce n'est généralement pas un problème. Mais pour une machine dont le but est d'additionner des quantités non continues, comme des nombres entiers, les positions intermédiaires deviennent un problème majeur. Faire une addition doit produire un chiffre comme 8 ou 9, et non pas 8,799. Un être humain corrige facilement cette erreur, car il sait que le résultat doit être lu comme 8 ou 9. Si la machine ne servait qu'à additionner deux nombres, ce problème ne serait pas particulièrement grave : l'utilisateur humain corrigerait automatiquement le résultat. Mais sur une longue série d'additions, même si les erreurs sont minimes, elles s'accumulent jusqu'à créer un fort écart. À chaque addition, les résultats de la machine deviennent donc de plus en plus erronés : c'est le « problème de la conservation des nombres entiers ».

La machine de Leibniz

Avant le XIXe siècle, il était compliqué de trouver une solution au problème de l'automatisation des retenues avec des engrenages, des ressorts et des poids. Malgré ses affirmations, contraires aux yeux de ses contemporains, Pascal n'avait pas trouvé de solution suffisamment robuste, précise et fiable. En 1673, Gottfried Leibniz présenta un modèle de machine arithmétique à la Royal Society de Londres. Son mécanisme reproduisait le modèle des multiplications réalisées à la main. Par exemple, si nous devions multiplier 467 par 245, nous écririons :

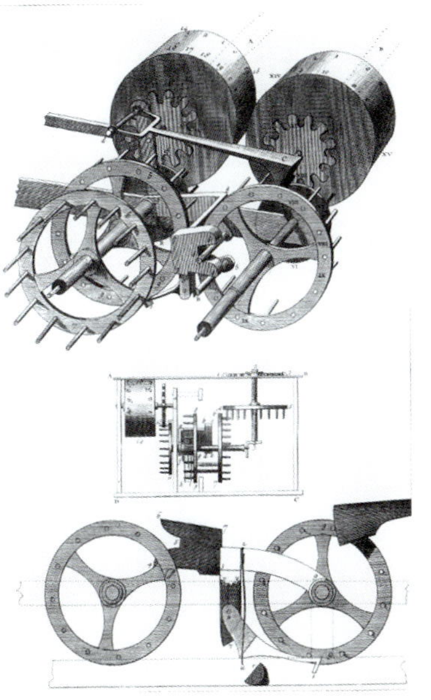

Fig. 3 – **Mécanisme de la machine arithmétique de Pascal, tiré de l'Encyclopédie, art. « Arithmétique ».** Dans la figure 3, tirée de l'article de Denis Diderot sur la machine dans l'*Encyclopédie* du milieu du XVIIIe siècle, le sautoir est la fourchette 456789 ■

$$\begin{array}{r} 4567 \\ \times\ 245 \\ \hline 22835 \\ 18268 \\ +\ 9134 \\ \hline 1118915 \end{array}$$

Nous noterions probablement les étapes intermédiaires, telles que 4567 × 5 = 22835, en utilisant les tables de multiplication que nous connaissons par cœur, comme 7 × 5 = 35. Nous écririons donc 5 et reporterions le 3. Nous pourrions également écrire l'étape intermédiaire en ajoutant 4 567 cinq fois : 4 567 × 5 = 4 567 + 4 567 + 4 567 + 4 567 + 4 567 = 22 835. Ensuite, les sommes de chaque série d'additions (22 835, 18 268, 9 134) seraient ajoutées. Pour créer une machine sur ce modèle, il faut pouvoir mécaniser de multiples additions du même nombre et mécaniser le processus d'ajout de chaque montant intermédiaire à une décimale supérieure (déplacement de ces chiffres d'une colonne vers la gauche). Leibniz devait donc trouver un moyen d'entrer la quantité à ajouter pour chaque valeur de position (ici 4, 5, 6 et 7), puis de faire ajouter ces chiffres cinq fois dans leurs colonnes respectives, sans avoir à composer manuellement chaque chiffre plusieurs fois. Il avait besoin de ce qu'il appelait « une roue de multiplication » qui pouvait être réglée pour ajouter un chiffre donné plusieurs fois.

Leibniz imagina deux solutions pour effectuer ces additions mécaniquement. D'abord à l'aide d'une roue à dents mobiles, aujourd'hui appelée « roue à engrenages variables » (figure 4). Ce mécanisme permettait de faire sortir de la roue autant de dents souhaitées, de 0 à 9, selon le nombre qui devait être multiplié. Cette idée fut brevetée plus tard par Willgodt Theophil Odhner avec sa roue à nombre de dents variables (cf. p. 52). Sa deuxième solution était une roue à dents inégales, aujourd'hui appelée « cylindre cannelé », sorte de cylindre avec neuf dents (les « cannelures ») de longueurs croissantes disposées radialement. Leibniz choisira ce mécanisme pour la construction de sa machine arithmétique. D'après un schéma datant de 1673 (figure 5), Leibniz aurait suggéré à la Royal Society d'utiliser un chariot de multiplication (à l'avant et en bas) qui pouvait se déplacer librement de gauche à droite le long du mécanisme principal d'addition (à l'arrière et en haut). Mais ce schéma ne montre pas le mécanisme d'addition et offre peu d'indications sur la manière dont les retenues étaient effectuées. Cependant, Leibniz n'est jamais parvenu à transformer son modèle en une machine fonctionnelle.

Le perfectionnement des machines

Le fait qu'un génie reconnu en son temps, Leibniz, ne soit pas parvenu à mettre en pratique sa machine ne découragea pas les autres inventeurs, bien au contraire. Malgré les vingt ans passés aux côtés de Leibniz et les sommes considérables engagées, l'horloger Philipp Hahn fut loin d'être dissuadé. Hahn reprit l'idée d'une machine cylindrique, proposée par Jacob Leupold dans son *Theatrum arithmico-geometricum* de 1727. Une conception circulaire ou cylindrique permettait à une manivelle de réaliser à la fois la série d'additions et de fournir la force motrice nécessaire pour permettre les retenues séquentielles.

Au même moment, à Darmstadt en 1783, Johann Müller travaillait sur sa propre machine à calculer. Il apprit que la machine de Hahn produisait souvent des erreurs. Il entreprit donc une campagne de publicité dans l'espoir de vendre ses machines en Europe, et en particulier sur le marché londonien. Mais un célèbre philosophe et physicien de Göttingen, Georg Christoph Lichtenberg, apporta une mauvaise nouvelle : à Londres, un certain Lord Stanhope, aussi appelé « Mahon », avait achevé deux machines à calculer. Stanhope et Müller furent donc considérés comme les premiers concepteurs de la machine à calculer leibnizienne.

Le début d'un marché porteur

À partir du milieu du XIXe siècle, les partisans des machines à calculer réussirent à convaincre certains utilisateurs potentiels que leurs machines fonctionnaient suffisamment bien pour être utilisées. La création de ce nouveau marché incita de nombreuses entreprises concurrentes à apporter une série d'améliorations en matière de conception, de mécanisme et de fabrication.

La première machine à calculer numérique commercialement réussie fut l'arithmomètre de Thomas de Colmar. Mais avant de pouvoir la produire en grand nombre (cent par an dans les années 1870), Colmar dû financer lui-même son développement pendant cinquante ans. Elle connut ses

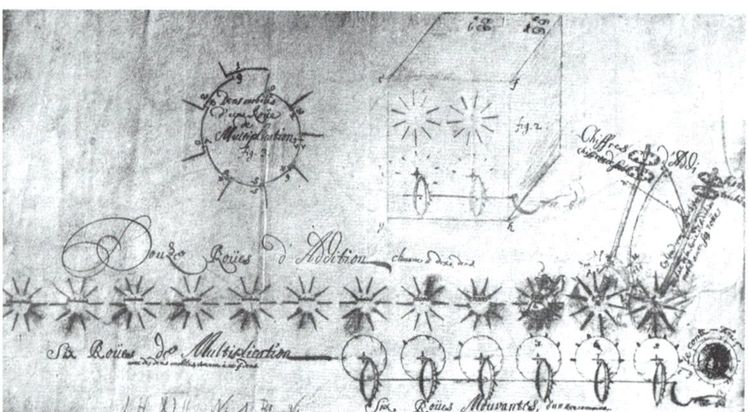

Fig. 4 – Dessin manuscrit de la machine multiplicatrice de Leibniz, avec le mécanisme de la roue dentée variable en haut à gauche. 1673. LH 45, 5, f. 29r ■

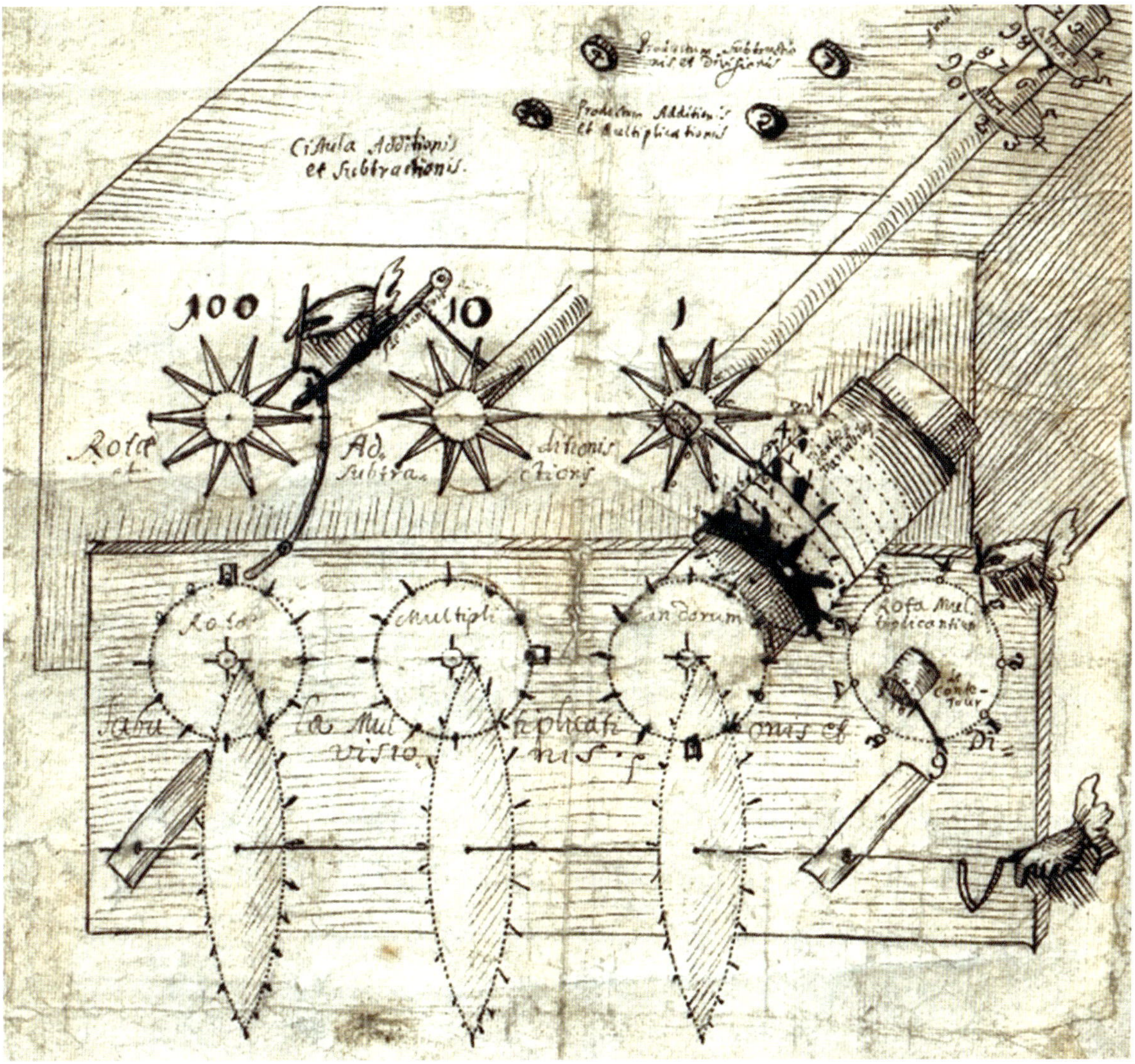

Fig. 5 – **Dessin manuscrit de la machine multiplicatrice de Leibniz, avec le mécanisme du cylindre cannelé à droite et le principe du chariot mobile au premier plan.** c. 1673. LH 42, 5, f. 23r ■

premiers succès auprès des industries de l'assurance et l'actuariat, qui déplorait, cependant, ses défauts : avec l'usure, la machine tombait en panne rapidement, sans doute en raison de la fabrication des pièces, qui étaient en laiton jaune tendre. Malgré cette défaillance, les machines à calculer commencèrent à rencontrer un franc succès et lorsque le marché fut suffisamment conséquent, de nouveaux concurrents commencèrent à tirer parti de l'usinage des métaux plus durs pour créer des machines de meilleure qualité.

Références bibliographiques

- B. PASCAL – *Œuvres complètes*, Desclée de Brouwer, 1964.
- J. MARGUIN – *Histoire des instruments et machines à calculer : trois siècles de mécanique pensante, 1642-1942,* 1994.
- T. BIRCH – *The History of the Royal society of London for Improving of Natural Knowledge, From its First Rise*, London, 1756-7.
- M. HOYAU – *Description d'une machine à calculer nommée arithmomètre*, Bulletin de La Société d'Encouragement Pour l'Industrie Nationale, 1822.
- S. JOHNSTON – *Making the Arithmometer Count.* Bulletin of the Scientific Instrument Society, 1997.
- F. WEST – *Arithmometer Calculating Machine*, English Mechanic and World of Science, 1889.

2. Les tables de logarithmes : l'innovation la plus prodigieuse dans l'art du calcul

Michel Mouyssinat

La publication, en 1614, par l'écossais John Napier (1550-1617), baron de Merchiston (devenu en français Neper), des premières tables de logarithmes dans l'ouvrage *Merifici logarithmorum canonis descriptio*, en révolutionnant l'art du calcul, eut une influence prodigieuse et déterminante sur le développement des sciences, en particulier l'astronomie, au début du XVIIe siècle. Si la fonction logarithme, réciproque de la fonction exponentielle, est bien connue aujourd'hui et très utile dans de nombreuses applications des mathématiques, elle a d'abord été créée dans le but de simplifier les calculs, grâce à ses deux propriétés principales. La première : le logarithme du produit de deux nombres est égal à la somme de leurs logarithmes : $\log(ab) = \log(a) + \log(b)$. La deuxième : le logarithme du quotient de deux nombres est égal à leur différence : $\log(a/b) = \log(a) - \log(b)$. Les tables de logarithmes qui mettent en correspondance les nombres et leurs logarithmes et qui permettent également, à l'inverse, de retrouver un nombre connaissant son logarithme, ramènent donc le produit de deux nombres à la somme de leurs logarithmes et le quotient à la différence de leurs logarithmes. Une troisième propriété permet de ramener le calcul d'une racine carrée à une division par 2. Le logarithme d'un nombre a élevé à la puissance n est égal au produit de n par le logarithme de a : $\log(a^n) = n\log(a)$.

Les premières tables de logarithmes

Au début du XVIIe siècle, la navigation mais surtout l'astronomie, sont les deux domaines ayant le plus recours aux calculs. Les astronomes bénéficient donc pleinement de l'invention des logarithmes, moyens de calcul plus sûrs et plus rapides, avec lesquels les multiplications sont remplacées par des additions et les divisions par des soustractions. À la suite de la publication de l'ouvrage de Neper, l'usage des tables de logarithmes s'est donc très rapidement répandu dans tous les milieux scientifiques en Europe. Les premières tables de logarithmes décimaux des nombres entiers ont été calculées en 1617 par le mathématicien anglais Henry Briggs qui avait rencontré Neper et travaillé avec lui. Les tables de son ouvrage *Arithmetica logarithmica*, publié ensuite en 1624, donnaient les logarithmes décimaux de 30 000 nombres entiers, avec 14 décimales. En 1628, ces tables ont été étendues par l'éditeur hollandais Adriaan Vlacq, pour les nombres de 1 000 à 100 000 avec 10 décimales.

Un siècle et demi plus tard, en 1805, l'astronome et mathématicien Jérôme de Lalande publie des tables d'un grand intérêt. Leur perfectionnement concerne non seulement la précision avec laquelle sont calculés les logarithmes, mais aussi leur « ergonomie », car leur format et leur organisation en facilitent l'usage. Elles sont publiées dans un petit format et leur intérêt réside également dans l'explication que l'auteur donne de l'usage des logarithmes, avec de nombreux exemples d'application, dans différents domaines : l'astronomie, la navigation et la géographie, la géométrie, l'arpentage, les statistiques et les calculs d'intérêts composés.

L'usage des logarithmes pour la géographie

Certains travaux scientifiques n'auraient pu être menés à bien sans l'usage des logarithmes. Alexis Clairaut, brillant mathématicien et astronome s'est d'abord distingué en 1736, dans l'expédition organisée en Laponie, sous la direction scientifique de Maupertuis, astronome, membre de l'Académie des sciences de Paris et Anders Celsius, astronome suédois. Cette mission de deux ans s'était fixé pour objectif, en mesurant un arc de méridien près du pôle, de valider ou d'infirmer la théorie de la gravitation d'Isaac Newton, selon laquelle la Terre était aplatie aux pôles. En parallèle, une autre expédition était organisée au Pérou, sous la direction scientifique de l'astronome Charles de La Condamine, pour mesurer la longueur de ce même arc près de l'Équateur. Cette expédition durera dix ans et donnera lieu à des calculs dont La Condamine rend compte dans son ouvrage : « *Après quatre ans d'une vie errante, dont deux passés sur les montagnes, je revins à Quito le 1er mai 1740, dans le désir d'y tirer à loisir les conséquences de toutes nos mesures et d'en conclure la valeur du méridien, qui était le but de tant d'opérations. Je me sentis effrayé à la vue des longs calculs qu'il me fallait entreprendre et dont les tables insérées dans l'ouvrage suivant, peuvent donner une idée* ». Ces mesures, comparées à celles de Clairaut lors de la mission en Laponie, permirent de vérifier que la Terre était bien aplatie aux pôles, comme l'avait prévu Newton.

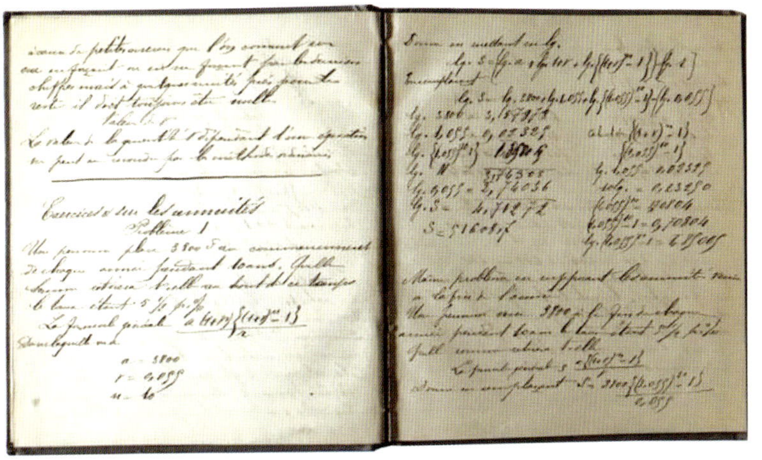

Fig. 1 – Cahier d'écolier sur les logarithmes, 1870 (collection Homo Calculus). Dans ce cahier, on peut lire l'énoncé de l'exercice suivant : « Une personne place 3 800 F au commencement de chaque année pendant 10 ans. Quelle somme retirera-t-elle au bout de 10 ans, le taux étant 5,5 % ? ». Le résultat est obtenu en appliquant la formule générale (donnée au bas de la page de gauche), aux valeurs des variables en utilisant les logarithmes (page de droite). Somme placée : a = 3 800 F, intérêt : v = 0,055, et nombre d'années : n = 10. Le logarithme log(S) de la somme cherchée S est calculé en décomposant la formule de façon à obtenir une somme algébrique de logarithmes (page de droite, 1re ligne) ■

L'usage des logarithmes pour l'astronomie

Clairaut se distingua également dans l'étude de la comète de Halley. En 1705, l'astronome anglais Edmond Halley découvre la comète qui portera son nom. Plus exactement, en utilisant la théorie gravitationnelle d'Isaac Newton, il énonce que les trois comètes aperçues successivement en 1531, 1607 et 1682, sont la même et il prédit son retour fin 1758, début 1759. Clairaut s'est donc fixé pour objectif d'affiner cette prédiction et de refaire les calculs relatifs au mouvement de la comète en prenant en compte des paramètres que Halley n'avait pas retenus, probablement en raison du volume considérable des calculs à réaliser, comme l'effet de l'attraction de Saturne et de Jupiter sur la trajectoire et la vitesse de la comète. Clairaut commença ses calculs en juin 1757, avec l'aide de de Lalande, et le 14 novembre 1758, il annonça à l'Académie des Sciences que la comète de Halley paraîtrait au commencement de janvier 1759 et passerait à son périhélie* (point de sa trajectoire le plus proche du Soleil) vers le 13 avril de la même année, avec une incertitude d'un mois au plus. La comète est réapparue fin 1758 avec un passage à son périhélie le 13 mars 1759. La précision des prévisions de Clairaut est donc étonnante, mais au prix de longues journées de calculs pénibles : « *À la vue des calculs qu'il me restait à réaliser, j'ai eu plusieurs fois le dégoût* ». De Lalande écrit également : « *je travaillai plus d'un an avec tant d'assiduité, que j'en fus malade* ».

L'usage des logarithmes pour les calculs financiers

La pratique du prêt à intérêts est observée et attestée dès la plus haute Antiquité, dans la dernière partie du IVe millénaire avant notre ère, avant même l'invention de la monnaie. Elle est devenue par la suite très courante avec un accroissement des échanges commerciaux après le Moyen Âge et la création des banques. Le calcul des intérêts produits par une somme prêtée à un taux d'intérêt donné sur un certain nombre d'années est relativement simple. En revanche, le principe des intérêts composés, où, à la somme prise en compte pour le calcul des intérêts, viennent s'ajouter les intérêts accumulés sur les périodes précédentes, conduit à des calculs beaucoup plus complexes. Ce sont les calculs des intérêts composés qui ont recours aux logarithmes. Un document datant de la fin du XIXe siècle prouve que les logarithmes étaient enseignés aux écoliers qui devaient résoudre des calculs financiers (figure 1). Très curieusement deux grands mathématiciens se sont intéressés aux calculs d'intérêts. En 1841, la Banque de France présente un curieux rapport à l'Académie des Sciences intitulé *Calculs d'Intérêts réduits à l'addition, relatif à une méthode approuvée par le mathématicien A. Cauchy*. L'un des plus grands mathématiciens du XIXe siècle s'intéressait donc aux problèmes de calculs d'intérêts de la Banque de France. Dans cette méthode, les logarithmes ne sont pas utilisés, mais grâce à la création de tableaux, comme avec l'usage des logarithmes, les multiplications sont ramenées à des additions. Bernoulli, célèbre mathématicien suisse, s'est aussi intéressé aux intérêts composés. Suivons-le dans une démarche qui va conduire à un résultat surprenant. Il fait l'hypothèse d'un capital de 1 F placé à 100 % avec intérêts composés. Au bout d'un an, le capital devient 2 F. Si on calcule les intérêts au bout de six mois, en les rajoutant au capital, il devient au bout d'un an : 2, 25 F. Si l'intérêt est calculé tous les mois : 2, 61 F. Si on réduit les intervalles sur lesquels sont calculés les intérêts : toutes les semaines, tous les jours, etc., on obtient une suite croissante des valeurs du capital dont la limite, obtenue avec des intervalles infiniment petits n'est autre que le nombre e, soit la valeur de log(1) et approchée : 2, 718281828.

Les logarithmes à la base de nombreux instruments de calcul

À partir du XXe siècle, de plus en plus d'instruments de calcul (règles, cercles, cadrans, rouleaux, spirales, hélices, etc.) sont produits en utilisant les échelles logarithmiques. Ils présentent l'avantage, comme la règle à calcul (figure 2), d'être portables et de donner le résultat par simple lecture. Avant l'invention de la règle à calcul en 1624, les navigateurs utilisaient « la ligne de Gunter », du nom de son inventeur, Edmund Gunter, constituée d'échelles logarithmiques, couplées à un compas à pointes sèches pour effectuer les reports.

En 1624, le mathématicien anglais William Oughtred présente une règle avec des échelles coulissantes (dessinées sur des cercles concentriques) La règle à calculer, d'invention anglaise, fut introduite en France, très tardivement, en 1815, par Edme-François Jomard, polytechnicien, qui en confia la fabrication à Etienne Lenoir. Son usage fut ensuite largement diffusé en France grâce au manuel d'utilisation de Philibert Mouzin, publié en plusieurs éditions successives depuis 1825 (figure 3). Le polytechnicien Amédée Mannheim la dotera ensuite d'un curseur pour faciliter la lecture et lui donnera en 1851, avec les nouvelles échelles logarithmiques qui portent son nom, sa forme définitive et moderne.

Les calculatrices électroniques développées dans les années 1970 et 1980 feront très rapidement disparaître la règle à calcul et avec elle, tous les instruments de calcul logarithmiques.

Et aujourd'hui ?

Dans un monde marqué par de fortes croissances il est fait souvent référence à la fonction exponentielle*, via l'expression « croissance exponentielle ». En

a)

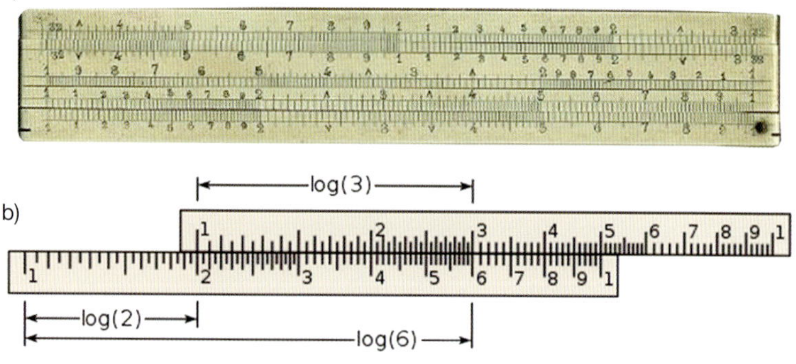

Fig. 2 – a) Règle à calcul de Tavernier-Gravet, 1900 (collection Homo Calculus). b) Principe de la règle à calcul. Elle est représentée ici avec deux échelles logarithmiques. La première échelle, celle du bas est fixe, l'échelle supérieure peut coulisser sur elle. Pour effectuer le produit 2 X 3, on fait coulisser l'échelle supérieure jusqu'à ce que son origine 1 coïncide avec le nombre 2 de la première. Il suffit de lire sur cette dernière en face de la graduation 3 de l'échelle supérieure, le résultat du produit : 6. En effet, on a bien représenté, dans cette position, la somme log(2) + log(3), soit log(6). Remarque : dans cette position, on a tous les produits par 2 d'un nombre pas nécessairement entier, compris entre 1 et 5, par exemple : 2 X 3, 6 = 7, 2 ■

INSTRUCTION
SUR LA MANIÈRE DE SE SERVIR
DE LA
RÈGLE A CALCUL,
DITE
RÈGLE ANGLAISE,
ou Sliding Rule,
INSTRUMENT A L'AIDE DUQUEL ON PEUT OBTENIR A VUE, SANS PLUME, CRAYON NI PAPIER, SANS BARRÊME, SANS COMPTE DE TÊTE, ET MÊME SANS SAVOIR L'ARITHMÉTIQUE, LE RÉSULTAT DE TOUTE ESPÈCE DE CALCUL.
(Avec 25 Planches ou Gravures représentant l'Instrument dans la plupart des opérations.)
PAR PH. MOUZIN.
TROISIÈME ÉDITION, REVUE ET CORRIGÉE.
A PARIS,
CHEZ BACHELIER, LIBRAIRE, QUAI DES AUGUSTINS, N.° 55.
A DIJON,
CHEZ DOUILLIER, LIBRAIRE, IMPRIMEUR EN CARACTÈRES ET EN LITHOGRAPHIE, RUE DES GODRANS, N.° 41.
1837.

Fig. 3 – Manuel d'utilisation de la règle à calcul de Mouzin, 1837. L'édition originale est de 1824. Collection Homo Calculus ■

revanche l'expression « croissance logarithmique » n'est jamais employée. Néanmoins, la fonction logarithme, ou plus précisément les échelles logarithmiques sont également utilisées dans de nombreux domaines. Ainsi l'échelle de Richter, qui mesure de 1 à 9 la puissance des séismes (la magnitude) enregistrée par les sismographes est une échelle logarithmique. La magnitude 5 est 10 fois plus puissante que la magnitude 4. Il en est de même de l'échelle des décibels pour évaluer l'intensité sonore. Dans le domaine de l'informatique, les chercheurs et les développeurs dans les entreprises s'intéressent à l'évolution du temps d'exécution des algorithmes en fonction du volume des données à traiter. Cette question est fondamentale car, en général, les algorithmes sont testés sur un petit volume de données et le passage en vraie grandeur peut réserver des surprises. Elle concerne un pan important du génie logiciel appelé l'« étude de la complexité des algorithmes ».

Un algorithme qui fait une recherche dans une suite linéaire de données s'exécute en un temps proportionnel au volume des données. Si le volume double, le temps d'exécution double. La complexité est donc linéaire (cf. p. 101). Dans l'échelle croissante des complexités, la complexité logarithmique est très intéressante car dans ce cas, le temps d'exécution augmente faiblement par rapport à l'augmentation du volume des données. Optimiser un algorithme consistera donc par exemple, à l'améliorer pour atteindre une complexité logarithmique.

Conclusion

Il est difficile d'évaluer et de quantifier le gain de temps apporté aux scientifiques et ingénieurs par l'usage des logarithmes. Le mathématicien Pierre Simon Laplace écrit dans son *Exposition du système du monde* en 1796, à propos des travaux de l'astronome Johannes Kepler : « *Il eut dans ses dernières années l'avantage de voir naître et d'employer la découverte des logarithmes, due à Neper, baron écossais, artifice admirable et qui, en réduisant à quelques jours le travail de plusieurs mois, double, si l'on peut ainsi dire, la vie des astronomes et leur épargne les erreurs et les dégoûts inséparables des longs calculs* ». L'usage des logarithmes, en moyenne, permet de réaliser les calculs deux fois plus rapidement. Le gain est certainement plus important pour les calculs faisant intervenir de nombreuses racines d'ordre n. Si les logarithmes sont un moyen d'arriver plus vite au résultat de calcul, il faut souligner qu'ils réduisent le risque d'erreur, car le nombre d'opérations élémentaires est moins important.

Maurice d'Ocagne, mathématicien et professeur à l'Ecole Polytechnique au début du XXe siècle, faisait lui aussi la promotion du calcul, au moyen des abaques*, « *Le calcul est l'auxiliaire indispensable de la recherche scientifique, mais il constitue de plus, l'outil même au moyen duquel les principes découverts grâce à cette recherche, peuvent être mis en œuvre dans des applications pratiques* ».

Le calcul constitue le puissant moteur de notre avancée scientifique et technologique et nul doute, comme on vient de le voir, que l'invention de Neper a très fortement contribué à cette avancée pour préparer la Révolution industrielle à la fin du XVIIIe siècle.

Références bibliographiques

- CLAIRAUT – *Théorie du mouvement des comètes. Avec l'application de cette théorie à la comète qui a été observée dans les années 1531, 1607, 1682 et 1759*, Michel Lambert, 1759.
- M. DE LA CONDAMINE – *Journal du voyage fait par ordre du roi à l'équateur servant d'introduction historique à la mesure des trois premiers degrés du méridien*, Paris, imprimerie Royale, 1760.
- *Comptes rendus de l'Académie des Sciences, t. XII, p. 242*, séance du 1er février 1841.
- Homo Calculus, accessible par recherche GOOGLE.

3. L'essor des machines à calculer mécaniques avec la révolution industrielle

Christian Jutten

Les savants ont toujours mis leur intelligence au service des machines les plus ingénieuses. Un siècle avant notre ère, la machine d'Anticythère pouvait déjà calculer la position des astres. Cependant, dans le domaine des machines à calculer, le génie n'a pas suffi. Il fallait une représentation des nombres, c'est-à-dire un système de numération, adapté à la mécanisation du calcul : impossible avec des chiffres romains ! Et surtout, il fallait accepter l'idée qu'il est possible de mécaniser un processus de pensée. Pendant plusieurs siècles, les jetons, les cailloux et les bâtons ont largement suffi aux marchands et aux banquiers.

Les premières machines mécaniques de calcul conçues au début du XVIIe siècle (cf. p. 44) servent principalement à effectuer des additions et des soustractions. À cette époque, les moyens de construction mécanique sont adaptés au développement de prototypes, mais pas à la fabrication en série. Il est, par ailleurs, difficile de concevoir des machines fiables, en particulier pour les mécanismes de report de la retenue. Au XIXe siècle, la révolution industrielle modifie profondément la société. Les manufactures et les usines permettent la fabrication d'objets en série ; les chemins de fer remplacent le transport fluvial et rendent possible la diffusion de produits au niveau national puis international ; et enfin, de nombreux petits commerces s'ouvrent en milieu urbain pour écouler ces

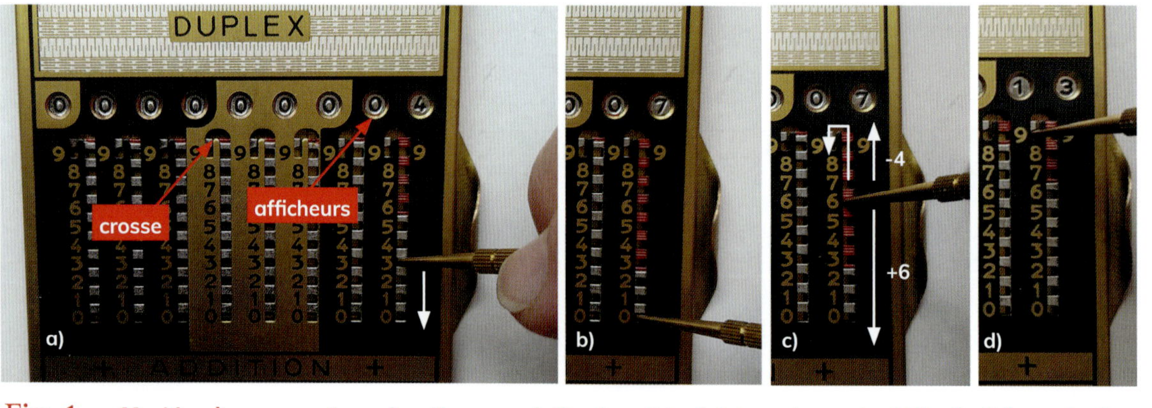

Fig. 1 – **Machine à crosses et son fonctionnement.** En plaçant le stylet au niveau du chiffre écrit à gauche (par exemple) et en actionnant la glissière vers le bas jusqu'à la butée, le chiffre 4 apparaît dans la fenêtre circulaire en haut du digit (figure 1a). Si l'opérateur veut ajouter 3, il suffit de placer le stylet au niveau du chiffre 3 et de baisser la glissière : le chiffre affiché sera 7 (figure 1b). Sur la figure 1b, les dents rouges correspondent aux valeurs 3 à 9, telles que l'addition d'un de ces chiffres au chiffre 7 entraîne une retenue. Si l'opérateur veut additionner à 7 le nombre 6, il place le stylet au niveau du chiffre 6 (c), et il actionne la glissière vers le haut suivant la flèche blanche (c) : ainsi il soustrait 4 = 10 - 6 (car la longueur totale de la crosse est égale à 10 dents) au chiffre affiché, et en suivant la crosse (d), il ajoute une unité (la retenue) au digit suivant. Le principe est très simple et repose sur le fait qu'ajouter 6, c'est la même chose que retrancher 4 et ajouter 10. Pour les soustractions, l'opérateur retourne la machine et utilise l'autre face de la même manière ■

objets. Tous ces acteurs de la révolution industrielle ont alors besoin d'outils pour la comptabilité. Parallèlement à ces développements, le droit associé à la propriété intellectuelle est introduit aux États-Unis en 1790 et en France en 1791. À partir de 1820, de nombreux brevets sur les mécanismes de machines à calculer sont déposés de part et d'autre de l'Atlantique.

Les premières machines à calculer fabriquées dans la première moitié du XIXe siècle, comme l'arithmomètre de Thomas*, sont très chères et ne peuvent être achetées que par les entreprises. Des machines bon marché, accessibles aux commerçants et particuliers, sont fabriquées en grandes séries à la fin du XIXe et au début du XXe siècle.

Fig. 2 – Mécanisme de la roue à nombre de dents variable ■

Les machines à crosses

Le Français Louis Troncet brevète en 1889 le mécanisme de la « calculatrice à crosse ». Ce petit instrument est un objet astucieux, simple et bon marché, commercialisé jusqu'à la fin des années 1970. La machine repose sur un ensemble de glissières dentées, portant les chiffres 0 à 9 (figure 1). Les glissières sont placées à l'intérieur d'une tablette métallique, dans laquelle des ouvertures en forme de crosses donnent accès aux dents, et des petites fenêtres circulaires affichent les résultats du calcul. Chaque glissière, associée à un digit* décimal, est actionnée à l'aide d'un stylet. La remise à zéro de la machine est réalisée à l'aide d'un unique levier qui ramène toutes les crémaillères dans leur position initiale, et tous les chiffres des fenêtres circulaires à 0. L'utilisation de cette machine est expliquée dans l'encadré de la figure 1.

Cette machine permet aussi de faire des multiplications (et des divisions), mais par additions (ou soustractions) successives et décalages. Le principe est facile, mais les manipulations sont longues et fastidieuses.

Les machines à manivelles

Pour pallier les limites des simples additionneuses, plusieurs inventeurs ont imaginé d'autres mécanismes permettant d'effectuer très rapidement des multiplications et des divisions.

La machine d'Odhner

La machine d'Odhner repose sur le principe de la roue à nombre de dents variables, principe qui remonte à Giovanni Poleni (1709) et Antonius Braun (1727). Plus tard, Wilgodt Odhner (1878) brevète une variante de cette idée (figure 2) : en déplaçant l'inscripteur de *n* pas (figure 2a), l'opérateur fait apparaître *n* dents (figure 2b) sur la roue. Dans la machine, il y a autant de roues que de digits. L'opérateur peut donc afficher un nombre très grand à l'aide des inscripteurs. À droite de la machine, une manivelle (figure 3b) permet d'entraîner toutes les roues à nombre de dents variables : un tour de manivelle va ainsi ajouter sur chaque compteur un chiffre égal au nombre de dents de la roue associée au compteur. Le dispositif de report de la retenue est très astucieux : il est obtenu avec une petite dent qui est normalement désaxée (figure 2c), de sorte qu'elle n'a aucune action sur les compteurs. De plus, pour permettre des reports sur différents digits sans bloquer la machine, les dents de report sont décalées sur les roues

Fig. 3 – **Machine Odhner-Original des années 1950.** Pour faire une opération, l'opérateur commence par mettre la machine à zéro avec les petites manivelles (a) de chaque côté du chariot. Pour une addition, il affiche le premier nombre à l'aide des inscripteurs (b) et, avec un tour de manivelle (c), il reporte ce nombre sur le compteur de résultat (d). Il affiche ensuite le second nombre avec les inscripteurs, et, en un tour de manivelle, le nombre choisi est ajouté à celui affiché sur le compteur de résultat (d). Pour faire des soustractions, il suffit de tourner la manivelle principale (c) dans l'autre sens. Les retenues sont encore automatiques. Pour faire des multiplications, on procède par additions successives et décalages. Le chariot qui comporte les compteurs de résultat peut glisser vers la gauche ou vers la droite à l'aide des poussoirs (e). Si l'opérateur veut multiplier 825 par 124, il remet les compteurs à zéro et il place le chariot à gauche. Il affiche 825 sur les inscripteurs, puis tourne 4 fois la manivelle principale : les compteurs affichent le nombre 4 x 825 = 3 300. Il remarque que le compteur de tours (f) sur le chariot affiche le multiplicateur, pour l'instant, 4 dans le digit des unités. Il déplace ensuite le chariot d'un pas vers la droite pour multiplier par le chiffre des dizaines, 2 : il suffit alors de tourner deux fois la manivelle. Les compteurs affichent le résultat : 24 x 825 = 19 800. Enfin, il déplace le chariot d'un pas vers la droite pour multiplier par le chiffre des centaines : en 1 tour de manivelle, il obtient le résultat : 124 x 825 = 102 300. Le nombre de tours de manivelle pour les unités, les dizaines et les centaines, etc. est affiché sur le compteur de tours et mémorise le multiplicateur. Pour effectuer des divisions, l'opérateur procède de façon similaire, par soustractions successives et décalages du chariot ■

pour que les reports soient successifs. Lorsqu'un compteur dépasse 9 (en addition), une petite pièce mécanique en forme de cuillère déplace la dent de report dans l'axe de l'engrenage du compteur du digit suivant, et réalise ainsi la retenue automatiquement. L'encadré de la figure 3 explique comment on réalise les opérations arithmétiques avec ce type de machine. Lorsque le brevet est passé dans le domaine public, les machines Odhner ont été largement copiées, et des millions d'exemplaires de ce type de machines ont été fabriqués jusque dans les années 1970.

La machine Curta

En 1671, Gottfried Wilhelm Leibnitz imagine un autre principe pour réaliser des additions ou des soustractions en un tour de manivelle : le « cylindre cannelé de Leibnitz ». Il est utilisé dans de nombreuses machines, et, notamment, à partir de 1948, par un petit bijou de mécanique de précision, la Curta (figure 4 a) qui ne pèse que quelques centaines de grammes, appelée familièrement « la poivrière » !

Le cylindre cannelé de Leibnitz, représenté schématiquement sur la figure 4b, comporte 9 cannelures de longueurs différentes. Le pignon qui active le compteur de

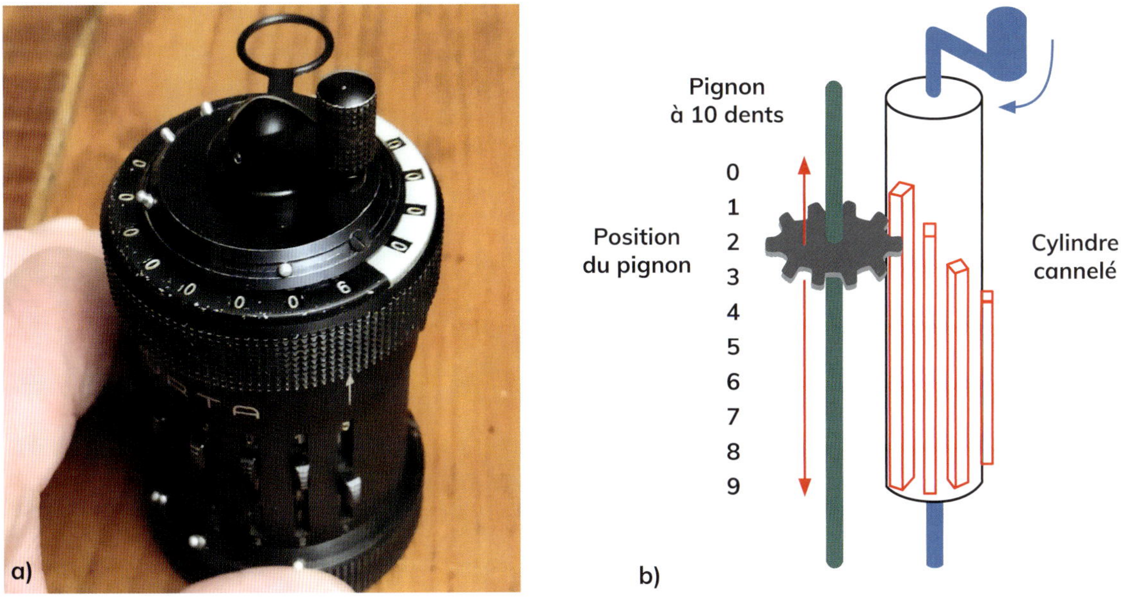

Fig. 4 – Machine Curta (a). Cylindre cannelé de Leibnitz (b). ■

résultat se déplace selon la position de l'inscripteur : lorsqu'il est en face du chiffre n, le pignon se trouve le long du cylindre cannelé à une position où il y a n cannelures. Ainsi, un tour de manivelle du cylindre va entraîner n dents du pignon, et modifier la valeur affichée sur le compteur de n. Dans la Curta, le cylindre cannelé se trouve au centre, et un tour de manivelle fait tourner chaque compteur selon le chiffre affiché sur son inscripteur.

Le Comptomètre

En 1886, Dorr Felt brevète un autre principe de machine, qu'il commercialise sous le nom de « Comptometer ». Dans cette machine à clavier complet (figure 5), chaque digit est associé à une colonne de touches. Pour chaque colonne, le mécanisme comporte un levier qui est déplacé proportionnellement au chiffre indiqué sur la touche appuyée. Lorsque l'opérateur relâche la touche, l'extrémité dentée du levier entraîne un pignon qui additionne au compteur le chiffre affiché sur la touche. Les retenues sont faites automatiquement avec un autre mécanisme situé au niveau des compteurs. L'opérateur peut actionner plusieurs touches de colonnes différentes en même temps, ce qui rend la machine très rapide. La mise à zéro des compteurs se fait avec un simple levier à droite de la machine. Pour faire une addition de deux nombres, il suffit

ENCADRÉ – **Soustractions avec un Comptomètre**

Pour faire des soustractions avec un Comptomètre, la machine utilise la méthode du « complément à 10 ». Calculons 125 – 83 sur une machine dont le compteur de résultat possède 6 chiffres. L'opérateur commence à rentrer 125 : le compteur de résultat affiche 000125. Pour soustraire 000083, il ajoute le complément à 9 de ce nombre (999916) puis 1. Ainsi, il ajoute le complément à 10 du nombre à soustraire, soit 999917 = 1000000 – 83. Le résultat de l'opération est 1000042, mais le chiffre 1 qui déborde de la capacité du compteur de résultat disparaît. Le résultat affiché est donc 000042. Calculer le complément à 10 est facile, car chaque touche du Comptomètre comporte 2 chiffres : un grand chiffre pour l'addition et un petit chiffre, qui est son complément à 9. Pour soustraire un nombre, il suffit donc d'utiliser les petits chiffres et d'ajouter 1. Certaines machines possèdent des petits leviers permettant de bloquer la retenue d'un digit vers le digit à sa gauche. Dans cet exemple, il suffirait de bloquer la retenue du troisième vers le quatrième digit, et d'ajouter 000917 au nombre 000125, ce qui devrait donner 001042. Mais, grâce au blocage de la retenue, l'opérateur obtient 000042. Les divisions sont également possibles mais l'algorithme est plus complexe à expliquer.

Fig. 4 – Machine Curta (a). Cylindre cannelé de Leibnitz (b).

de placer les doigts sur les touches correspondant au premier nombre, d'appuyer et de relâcher : le nombre apparaît sur le compteur totalisateur. L'opérateur répète l'opération pour ajouter le second nombre, et ainsi de suite. Faire une multiplication est extrêmement rapide. Par exemple, pour multiplier 268 par 124, on place 3 doigts sur les touches 2, 6 et 8 sur les digits respectifs des centaines des dizaines et des unités. L'opérateur appuie et relâche 4 fois les touches : le compteur affiche alors 4 x 268 = 1072. Puis il décale les trois doigts d'une colonne vers la gauche (sur les touches 2, 6 et 8 des milliers, des centaines et des dizaines) et il appuie et relâche 2 fois. Le résultat partiel 24 x 268 = 6432 apparaît sur le compteur. L'opérateur décale encore les trois doigts d'une colonne vers la gauche, et il appuie et relâche une fois. Le résultat final est affiché sur le compteur : 33 232.

Cette machine souffre d'un inconvénient majeur : elle ne fait que des additions. Pour faire des soustractions ou des divisions, on utilise le principe du « complément à 10 ». Ainsi, l'opérateur remplace une soustraction qui peut être compliquée (avec des retenues) par une addition que la machine sait parfaitement faire, et une soustraction élémentaire (de 10, 100, ou 1000, etc.). Le principe est expliqué dans l'encadré « Soustractions avec un Comptomètre ».

Autres avancées des machines à calculer

Au-delà des machines arithmétiques simples et populaires présentées dans cet article, des mathématiciens et des ingénieurs ont cherché à les rendre plus performantes et plus rapides, permettant, par exemple, de réaliser une multiplication en un tour de manivelle. C'est le cas de la « machine de Bollée » (1889) conçue de façon très différente à partir de la table de Pythagore. Son principe a conduit à la création de la « Millionnaire », commercialisée à près de 5 000 exemplaires entre 1892 et 1935. La « Madas » permet même de réaliser la multiplication et la division en un tour de manivelle. Mais pour les scientifiques, ces machines arithmétiques avaient peu d'intérêt. Des ingénieurs ont donc cherché à concevoir des machines universelles. Vers 1833, en s'inspirant du métier à tisser de Joseph-Marie Jacquard, Charles Babbage a imaginé une machine « analytique » dans laquelle les données et les instructions sont lues dans des cartons perforés. Cette machine est considérée comme l'ancêtre de l'ordinateur. La mécanisation de calculs plus complexes débouchera sur la mécanographie, qui sera détrônée au début des années 1970 par l'apparition des ordinateurs, des calculatrices électroniques et des microprocesseurs, dont le développement sera fulgurant.

Références bibliographiques

- J. MARGUIN – *Histoire des instruments et des machines à calculer*, Hermann, Editeurs des Arts et des Sciences, 1994.
- C. JUTTEN – *Machines à calculer mécaniques*, https://www.ins2i.cnrs.fr/fr/machines-a-calculer-mecaniques.
- Brevet déposé par Troncet en 1889 pour son arithmographe : http://www.ami19.org/Troncet/1889Troncet/1889Troncet.pdf
- Article sur l'histoire de la Curta, avec une vidéo (en anglais) qui présente de façon très détaillée les mécanismes de cette machine : https://blog.nationalmuseum.ch/fr/2021/12/la-boite-a-chiffres-compter-sur-la-curta/
- A. GUYOT – *Arithmétique mécanique*, www.aconit.org/histoire/calcul_mecanique/documents/Addition_mecanique.pdf
- https://www.youtube.com/watch?v=3C0fRlhWWrw
- www.sedlex.fr/wp-content/uploads/2014/10/loi-du-5-juillet-1844.pdf
- www.aconit.org/histoire/calcul_mecanique/documents/Brevets_machines_de_calcul.pdf

4. Les codes détecteurs et correcteurs d'erreurs pour la fiabilité des calculs

Jean-Guillaume Dumas et Clément Pernet

Initialement développés pour fiabiliser les communications numériques dans des canaux pouvant subir des interférences électromagnétiques, les codes correcteurs sont devenus d'incontournables outils pour la robustesse du calcul haute performance (cf. p. 72).

Principe de la détection et de la correction d'erreurs

Le principe des codes correcteurs consiste à introduire de la redondance dans le message transmis. Pour cela le message sera transformé par une fonction d'encodage*, souvent linéaire, pour produire un mot de code. Ces mots de codes doivent être suffisamment bien répartis dans l'espace, c'est-à-dire qu'ils doivent tous être à une distance les uns des autres, supérieure à un paramètre d appelé « distance minimale* ». Dans un code linéaire de distance minimale d, il est possible de détecter jusqu'à $d - 1$ erreurs et d'en corriger jusqu'à $\lfloor (d - 1)/2 \rfloor$.

Par exemple, le « code de parité » est obtenu en ajoutant à tout message de k bits un bit de redondance calculé comme la somme modulo 2 des bits du message. Il faut ainsi changer au moins 2 bits pour passer d'un mot de code à l'autre et la distance minimale est donc 2. Un autre exemple est le code de 5-répétition qui consiste à répéter 5 fois chaque bit. Il a ainsi une distance minimale de 5 et permet de corriger jusqu'à 2 erreurs par mot envoyé, par un vote de majorité.

Contrôle de l'intégrité des mémoires vives

Ces techniques sont utilisées pour vérifier l'état des données utilisées pendant des calculs importants. En effet, le rayonnement cosmique génère des bombardements de neutrons, rares mais capables de changer l'état d'un bit de la mémoire vive* d'un ordinateur. Une étude à grande échelle a établi un taux entre 1 et 5 erreurs par heure pour 8 Gigaoctets de mémoire. Pour se prémunir contre ces erreurs silencieuses (cf. p. 109) qui peuvent avoir des conséquences critiques sur l'exécution ou la fiabilité des calculs scientifiques, les codes correcteurs sont utilisés à plusieurs niveaux dans les serveurs de calculs : des caches à la mémoire vive en passant par les bus mémoire*.

Concernant la mémoire vive, il s'agit d'ajouter aux barrettes mémoire une capacité de stockage supplémentaire, ainsi qu'éventuellement les circuits logiques permettant la détection et ou la correction, même si cette dernière est le plus souvent gérée au niveau du système. Cela implique donc un surcoût en termes de consommation électrique, mais le temps d'accès n'est pas impacté sur les systèmes actuels, où le circuit détectant les erreurs est intégré aux processeurs.

Le code le plus simple utilisé est le « code de parité » permettant uniquement de détecter la présence d'une erreur par mot binaire. C'est par exemple ce code qui est utilisé pour protéger la mémoire cache* de niveau 1.

En cas de détection d'une erreur, il suffit de recharger la donnée depuis le cache de niveau 2. Les mémoires vives DRAM-ECC reposent sur des codes plus évolués capables désormais de détecter 2 erreurs et d'en corriger une. Ils sont appelés SEC-DED pour (*Single Error Correction – Double Error Detection*).

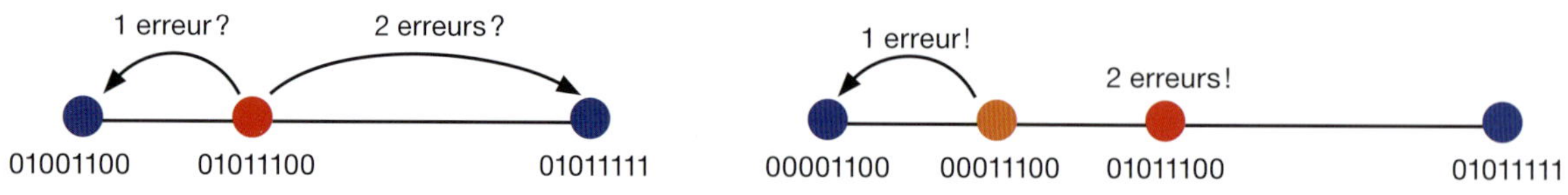

Fig. 1 – **SEC-DED (Single Error Correction - Double Error Detection) : correction d'une erreur et détection de deux erreurs.** Dans un code de distance minimale 3 (à gauche), comme dans un code de distance minimale 4 (à droite) il est toujours possible de corriger une erreur ou de détecter deux erreurs. Mais, dans le premier cas, il est impossible de lever l'ambiguïté entre l'occurrence d'une ou deux erreurs. Au contraire, les codes SEC-DED de distance 4, comme à droite, permettent de détecter tous les cas où il y a exactement deux erreurs et donc de distinguer ces deux situations. Pour cela, il faut que tous les mots de code soient à distance au moins 4 les uns des autres. En effet, dans un code de distance minimale 3, si deux mots de code c1 et c2 (en bleu, respectivement à gauche et à droite) sont à distance 3, alors un mot reçu avec 2 erreurs par rapport à c2, pourrait être à distance seulement 1 de c1, et serait ainsi mal corrigé ■

Calcul tolérant aux pannes

Les erreurs silencieuses ne sont pas les seules pouvant affecter la fiabilité des calculs, en particulier lorsqu'ils sont déployés sur de grandes infrastructures distribuées : le crash de certains nœuds d'un cluster, la déconnexion réseau, etc.

Le modèle d'erreur est ici différent : le travail est découpé en tâches qui sont distribuées, en parallèle, sur plusieurs nœuds de calculs différents et une erreur correspond alors au fait que le résultat attendu de l'un des nœuds est indisponible (panne franche de ce nœud) ou que le résultat fourni est erroné (erreur silencieuse). Ainsi, un traitement des erreurs à un niveau supérieur, celui de l'algorithme parallèle utilisé, peut s'avérer nécessaire. Il s'agit alors d'intégrer des codes correcteurs d'erreurs au sein de l'algorithme du calcul en exploitant le mieux possible ses spécificités. En particulier pour les problèmes linéaires ou multilinéaires, comme le produit de matrices, un encodage par un code linéaire garantit que les sorties seront nécessairement encodées pour ce même code, et ainsi des erreurs dans les sorties pourront être détectées ou corrigées.

Par exemple, pour le calcul d'un produit de matrices $C = A \times B$, si l'on ajoute à la matrice B une dernière colonne de parité calculée comme la somme des colonnes de B, $B' = [B\ Be]$ où $e = [1 \ldots 1]^T$, alors le produit $C' = A \times B' = [C\ Ce]$ doit être obtenu, et la dernière colonne sert de contrôle de parité sur le résultat du calcul, permettant de détecter les lignes dans lesquelles une erreur aurait pu arriver. En appliquant également une ligne de redondance sur les lignes de A, l'erreur peut être localisée précisément et même corrigée. En remplaçant le vecteur e par une matrice de redondance d'un code correcteur linéaire, il devient alors possible de corriger plus d'erreurs et de profiter de l'entrelacement obtenu pour améliorer la capacité de correction. Des techniques plus récentes permettent même de corriger des erreurs sans l'usage de redondance, en exploitant uniquement les relations algébriques de l'objet calculé pour effectuer la correction.

Stockage RAID

Un exemple omniprésent dans nos infrastructures de stockage de données est le système RAID (*Redundant Array of Independent Disks*). Dans ce cadre, PAR-2 est une variante de ce protocole de stockage de fichiers spécialement conçue pour les systèmes distribués ou pair à pair (comme IPFS, pour *InterPlanetary File System*, utilisé pour les blockchains* et les NFT*).

PAR-2 permet de reconstruire un fichier lorsqu'un groupe important de blocs est carrément manquant (un participant ou un serveur est déconnecté, un disque dur complet est en panne, etc.). PAR-2 utilise pour cela un code de Reed-Solomon : chaque fichier à stocker est transformé en une suite de polynômes, et chaque polynôme est évalué en un nombre fixe n d'abscisses, toujours les mêmes, mais en nombre supérieur au degré de chaque polynôme. Ainsi, pour chaque polynôme, la donnée de seulement une partie de ces évaluations permet de reconstruire parfaitement le polynôme initial. L'idée du système PAR-2 est de

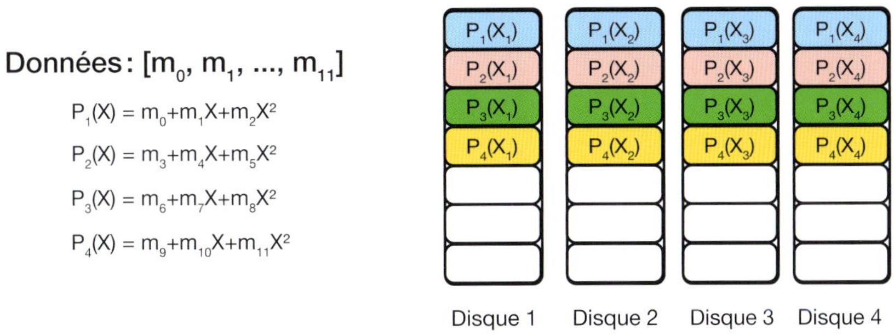

Fig. 2 – **Dans cet exemple d'utilisation du protocole PAR-2, les données sont découpées en quatre blocs considérés comme les coefficients de quatre polynômes.** Même si un disque entier est inaccessible, chacun des polynômes peut être reconstruit par les trois évaluations restantes et l'intégralité des données est préservée ■

stocker chacune des évaluations de chaque polynôme dans un fichier différent : pour un fichier de données initial, n fichiers de sortie sont constitués, chacun stockant les évaluations de tous les polynômes en une seule abscisse. Si chacun de ces fichiers de sortie est stocké sur un disque différent (ou sur des partitions différentes, ou par des utilisateurs différents à différents endroits), il est possible de reconstruire parfaitement chacun des polynômes initiaux, même en cas de destruction totale (ou d'inaccessibilité) de certains de ces disques (figure 2). Dans un système pair à pair, un utilisateur peut ainsi récupérer/télécharger de quoi reconstruire son fichier initial.

Dans l'exemple suivant nous illustrons également la puissance du système PAR-2 en termes de rendement. Alice aimerait stocker un fichier de 30 Go. Elle possède 10 clés USB identiques chacune de capacité supérieure à 5 Go, ayant la même probabilité de défaillance. Alice veut pouvoir récupérer son fichier si 1, 2, 3 ou même 4 clés USB sont défaillantes ! Pour cela elle peut utiliser PAR-2 avec des polynômes de degré 5 (soit 6 coefficients par polynôme), et 10 évaluations de chaque polynôme, réparties sur chacune des 10 clés USB. Par le théorème de l'unisolvance*, pour chaque polynôme de degré 5 il suffit de 6 évaluations correctes pour reconstruire ce polynôme complètement. Même si 4 clés USB tombent en panne, il restera suffisamment d'évaluations pour retrouver l'intégralité des données. Au final, chaque groupe de 6 coefficients du fichier initial sera encodé par 10 évaluations et les 30 Go initiaux seront donc encodés par un total de $(10/6)\times30 = 50$ Go. Avec moins d'une recopie complète des données, ce code tolère ainsi jusqu'à 4 défaillances matérielles simultanées sur 10.

Conclusion

Les codes correcteurs sont des outils incontournables pour fiabiliser les résultats informatiques, et ils sont au cœur des architectures de calcul intensif, du contrôle d'intégrité de la mémoire aux protocoles de stockage de fichiers distribués ou pair à pair, en passant par l'amélioration de la fiabilité des calculs. Dans ce dernier cadre, citons encore la correction d'erreurs quantiques (QEC) qui est un ingrédient fondamental essayant de protéger les informations quantiques contre les erreurs dues à la décohérence et aux bruits quantiques.

Références bibliographiques

• G. BOSILCA, R. DELMAS, J. DONGARRA et J. LANGOU – *Algorithm-based fault tolerance applied to high performance computing*, Algorithm-based fault tolerance applied to high performance computing, 2009.

• J.-G. DUMAS, J. VAN DER HOEVEN, C. PERNET et D. S. ROCHE – *LU factorization with errors*, Proceedings of the 2019 International Symposium on Symbolic and Algebraic Computation, ISSAC'19, 2019.

• J.-G. DUMAS, J.-L. ROCH, E. TANNIER et S. VARRETTE – *Théorie des codes : compression, cryptage, correction*, Dunod, 2018.

• K.-H. HUANG et J. A. ABRAHAM. – *Algorithm-Based Fault Tolerance for Matrix Operations*, IEEE Trans. Comput., 1984.

• D. S. ROCHE – *Error Correction in Fast Matrix Multiplication and Inverse*, Proceedings of the 2018 ACM International Symposium on Symbolic and Algebraic Computation, ISSAC'18, 2018.

• B. SCHROEDER, E. PINHEIRO et W.-D. WEBER – *DRAM Errors in the Wild: a Largescale Field Study*. Proceedings of the Eleventh International Joint Conference on Measurement and Modeling of Computer Systems, SIGMETRICS 09, 2009.

5. Calculateur analogique : machine vintage ou progrès technologique ?

Martina Knoop

Analogique, vous avez dit analogique ? Nous sommes passés depuis longtemps à l'ère digitale, et – en vue des progrès fabuleux faits dans le domaine, dont certains décrits dans ce livre – il peut paraître ringard de consacrer du temps aux inventions du passé. Et pourtant, le calcul analogique (et avec lui les calculateurs analogiques) n'est pas si poussiéreux !

Principe du calcul analogique

Dans l'approche numérique, les valeurs et signaux sont représentés par des niveaux, comme des escaliers. Aussi petites que soient les marches, la progression n'est jamais aussi lisse que sur une rampe, l'équivalent de la représentation continue. Pour illustrer la différence et l'intérêt des valeurs et opérations continues, comparons les deux approches, analogique et numérique, dans les applications de photo. Une image pixélisée est très bien adaptée à la reproduction dans un journal, mais elle ne l'est plus si l'utilisateur souhaite zoomer sur son contenu. Il sera vite confronté au manque de résolution, et à la détection des niveaux discrets (niveaux de gris). De la même manière, une belle symphonie classique, enregistrée et restituée par des moyens numériques (CD, streaming...) a un spectre de fréquence réduit par rapport à l'enregistrement du même morceau sur un disque vinyle. À la restitution, même une oreille non-entraînée peut s'apercevoir de la différence : un morceau enregistré sur vinyle révèle une profondeur et une richesse acoustique, due à un spectre de fréquences plus fourni, non-tronqué par des effets de discrétisation.

Le calcul analogique utilise des valeurs et des méthodes continues. Il repose sur un processus physique, intégrant des paramètres continus et configurables. Ce type de calcul permet de reproduire, modéliser et prédire l'état d'un autre processus, qui, lui, est souvent plus complexe et dont l'espace de paramètres est plus difficile d'accès. Les variables et la méthode de calcul sont continues, il n'existe pas d'arrondis, aussi petits soient-ils. Cela représente un double avantage : d'abord une continuité des paramètres, qui peuvent ainsi prendre n'importe quelle valeur avec une infime résolution, mais aussi une absence d'échantillonnage temporel, puisque la méthode est continue. Dans un ordinateur « classique », la digitalisation introduit nécessairement une réduction de la résolution des valeurs (quantification), puisque chaque nombre ne peut être représenté que par un nombre limité de valeurs discrètes*. Ces valeurs discrètes peuvent avoir une résolution très bonne, normalement décrite par la dynamique du calcul (ou de l'enregistrement). Des systèmes 32 ou 64 bits ont des résolutions très grandes, mais toujours des valeurs discrètes. L'échantillonnage temporel, à intervalle régulier, ne permet pas la distinction de certaines informations fréquentielles, et distord donc le résultat par un effet appelé « repliement de spectre* ».

Fig. 1 – Le mécanisme d'Anticythère est l'un des premiers calculateurs analogiques. Il date du IIe siècle avant notre ère. Un système de 37 roues dentées permettait de calculer des positions astronomiques. © National Archaeological Museum, Athènes ■

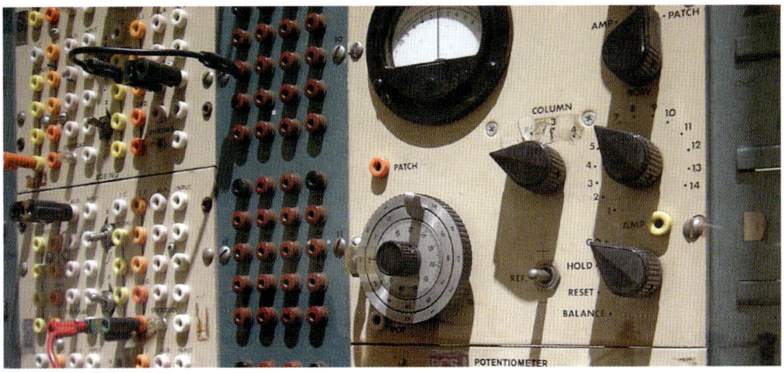

Fig. 2 – **Cette photo illustre un calculateur analogique basé sur des composants électroniques.** Il est ici possible de changer le câblage afin de réaliser des opérations de calculs variées. © Joe Mabel, Museum of History and Industry (MOHAI), Seattle ■

Les premières machines analogiques

Un calculateur analogique utilise des mesures physiques afin de représenter des nombres. En général, ces mesures concernent des quantités mécaniques, électriques ou hydrauliques. La machine d'Anticythère, mécanisme à engrenages (figure 1), et les astrolabes*, sont parmi les premiers calculateurs analogiques. Ils pouvaient prédire certaines quantités astronomiques par la combinaison des techniques géométriques et mécaniques. Quant à la règle à calcul, qui permet des opérations arithmétiques par l'utilisation d'un système de réglettes coulissantes, elle est une forme très basique de calculateur analogique (cf. p. 48).

En 1873, le futur Lord Kelvin, William Thomson, a construit un mécanisme analogique capable de prédire les marées, à partir de relevés physiques (positions de la Lune et du Soleil, forme de la côte, profondeur, etc.). Dans les années 1930, l'analyseur différentiel construit par Vannevar Bush utilisait des intégrateurs mécaniques (engrenages à vitesse variable), afin de résoudre des équations différentielles. Il est considéré comme la première machine de l'ère moderne pouvant s'adresser à un public plus large.

Au milieu du XXe siècle, l'utilisation des différences de potentiels électriques* est au cœur des calculateurs électroniques analogiques. Le composant central est alors l'amplificateur opérationnel qui permet de générer un signal de sortie – une « différence de potentiel » – multiplié par un gain important par rapport au signal d'entrée. La combinaison de plusieurs « ampli-op » et d'autres composants crée des circuits simples de fonctionnement continu, capables d'effectuer des opérations mathématiques de base, telles que l'inversion, la somme, la dérivation ou l'intégration (figure 2). La combinaison de circuits multiples (par câblage) permet alors de simuler un grand nombre d'équations, même complexes comme des équations différentielles.

De nos jours, d'autres voies sont explorées pour implémenter le calcul analogique comme celles fondées sur les réactions chimiques ou la biologie cellulaire. Par exemple, une cellule traite des informations de potentiel chimique, elle peut aussi filtrer du bruit, amplifier du signal, puis mettre en œuvre des décisions de réplication, migration, changement du métabolisme. Les techniques s'enrichissent, et l'avantage clé reste toujours la continuité des valeurs. Quant aux vitesses de calcul, des exemples récents montrent que le processeur analogique peut produire des résultats 100 fois plus vite que son frère numérique (cf. p. 76). Le plus grand inconvénient du calculateur analogique reste l'absence de versatilité : il ne peut pas changer de tâche facilement, chaque opération demandant la mise en place d'un nouveau circuit.

Conclusion

Aujourd'hui, les travaux sur les calculs analogiques sont devenus rares, alors qu'ils permettent de déployer une force de calcul à laquelle le numérique peine à accéder, en particulier en termes de résolution de paramètres. Pourtant, une autre forme de calcul continu prend son essor, le calcul quantique. Les ordinateurs quantiques n'en sont qu'à leurs balbutiements, mais le domaine de la simulation quantique basée sur un nombre très réduit de bits quantiques est aujourd'hui une voie très prometteuse, poursuivie expérimentalement (cf. p. 226).

Références bibliographiques

• O. BOURNEZ – *La revanche du calcul analogique*, blog Le Monde, février 2019.

• F. FARGES et F. MOLINA – *La cellule, un calculateur analogique chimique*, ISTE group 2022.

6. La machine de Turing, un modèle de calcul universel

Yann Strozecki

La machine de Turing a été introduite par Alan Turing en 1936 pour représenter un raisonnement mathématique humain avec un papier et un crayon. Cette machine est uniquement conceptuelle et précède les premiers ordinateurs électroniques d'une dizaine d'années.

Le fonctionnement d'une machine de Turing

La mémoire de la machine Turing est constituée d'une suite de cases. Sur chacune de ces cases peut être écrit un symbole pris dans un alphabet fixé, comme 0 et 1 pour des informaticiens. Une case vide est représentée par un symbole blanc, noté □. Cette suite de cases (ou ruban) est munie d'une tête de lecture qui donne accès au symbole dans la case sur laquelle elle est positionnée. De plus, la machine est dans un état interne appartenant à un ensemble fixé, par exemple « Début » et « Fin » pour la machine de la figure 1. Le fonctionnement d'une machine de Turing est donné par sa « table de transitions », une sorte de programme élémentaire qui spécifie les actions de la machine quand elle lit une lettre dans un état donné. La machine change d'état, modifie la lettre lue et déplace la tête de lecture à droite ou à gauche selon ce qui est spécifié dans la table. Elle commence dans l'état « Début », avec la tête de lecture sur le premier symbole du ruban. Elle applique ensuite les transitions de sa table jusqu'à arriver dans l'état « Fin ». Par exemple, la machine de la figure 1 échange les symboles 0 par des 1 et vice-versa en parcourant sa bande de la gauche vers la droite. Les capacités d'une machine de Turing sont très faibles : elle utilise un ensemble fixé de symboles et d'états, ne fait que des opérations locales élémentaires et ne sait nativement pas faire de simples calculs arithmétiques. À tout instant du calcul, seul un nombre fini de cases du ruban est écrit, même si ce nombre peut être arbitrairement grand pour représenter le fait qu'un humain raisonnant sur du papier peut acheter un nouveau bloc de feuilles s'il a fini celui qu'il utilise. Malgré ses capacités apparemment limitées, il est possible de construire une machine qui réalise une addition, une multiplication, le calcul du meilleur trajet entre deux villes ou même un chatbot. En fait, les machines de Turing sont capables de calculer tout ce qui est calculable par un dispositif physique, c'est-à-dire par n'importe quel ordinateur ou par un humain avec un stylo et un crayon. Cette affirmation est appelée la « thèse de Church », et n'a jamais été contredite. Une machine de Turing qui utilise les symboles 0 et 1, peut ainsi calculer les mêmes choses qu'une machine qui utilise les symboles a, b, c, d ou tout autre alphabet.

État interne	Lettre lue	Nouvel état	Nouvelle lettre	Déplacement
Début	0	Début	1	→
Début	1	Début	0	→
Début	□	Fin	□	→

Fig. 1 – Table de transition d'une machine de Turing échangeant les 0 et les 1 ■

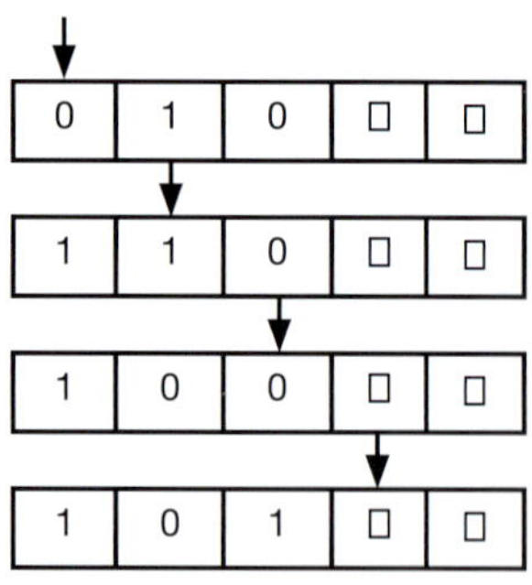

Fig. 2 – États successifs de la mémoire de la machine sur l'entrée 010 ■

De même, les machines de Turing à plusieurs bandes de mémoire ou avec des architectures différentes ne sont pas plus puissantes que le modèle de base. Ce qui est encore plus étonnant, c'est qu'il existe une machine universelle qui peut réaliser tous les algorithmes possibles. Il suffit pour cela de donner à cette machine le code de l'algorithme à exécuter. Si, en entrée, la machine prend l'algorithme de l'addition appris en primaire avec les deux entiers 12 et 23, elle calculera 12+23 = 35. Cela préfigure les interpréteurs et compilateurs : n'importe quel algorithme peut être programmé avec un code dans un langage comme Python et il sera traduit pour qu'un ordinateur puisse l'exécuter.

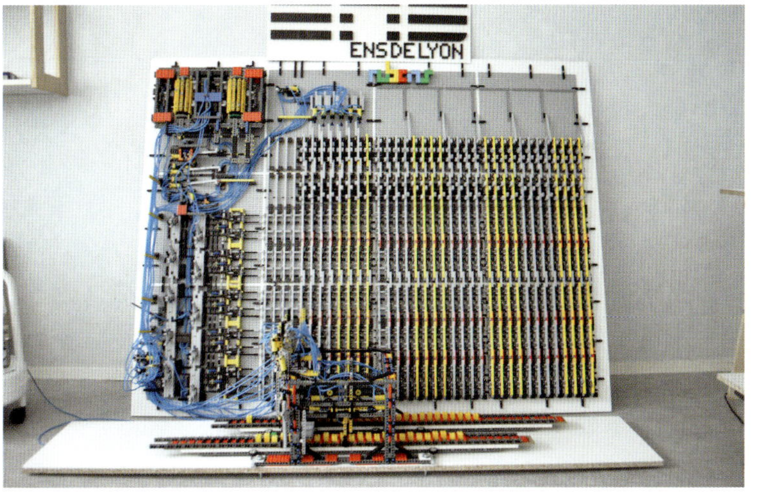

Fig. 3 – Une machine de Turing fonctionnelle construite en LEGO ■

À quoi servent les machines de Turing

La machine de Turing permet de comprendre les capacités des dispositifs de calcul, mais elle permet également de comprendre leurs limites en donnant un sens à la question fondamentale : quels problèmes est-il possible de résoudre par un algorithme ? Cela a permis à Turing de mettre en évidence un problème indécidable, c'est-à-dire qui ne peut pas être résolu par un algorithme. Le problème indécidable le plus célèbre est celui de l'arrêt : il s'agit de vérifier qu'une machine de Turing s'arrête de calculer après un nombre fini d'étapes et qu'elle donne une réponse. Autrement dit, puis-je décider si un programme donné contient un bug ? Par exemple, un opérateur veut tester si le programme qui contrôle les moteurs d'un avion à partir des données de ses capteurs et des entrées du pilote va bien s'arrêter de calculer pour envoyer une commande aux moteurs. Le résultat de Turing montre qu'il est impossible de créer un algorithme capable de résoudre ce problème pour tous les programmes. Cela ne signifie pas qu'il est impossible de vérifier qu'un programme simple de contrôle de moteur fonctionne correctement, mais cela impose une limite théorique à l'automatisation de cette vérification. Les machines de Turing permettent de définir précisément la notion de « temps de calcul d'un algorithme » ou « complexité de l'algorithme ». Ce temps est mesuré par le nombre de transitions entre le début et la fin du calcul. La plupart des modèles de calcul, sauf peut-être l'ordinateur quantique, ont un temps de calcul proche de la machine de Turing, ce qui permet de l'utiliser pour classifier la complexité des problèmes. Néanmoins, pour analyser finement la complexité des programmes qui tournent sur nos ordinateurs, les machines RAM (*Random Access Machine*) sont les plus performantes, utilisées car elles représentent plus fidèlement les processeurs modernes qui peuvent accéder à leur mémoire dans n'importe quel ordre.

Machines de Turing physiques

Les machines de Turing n'ont d'abord pas été construites, car leur mode d'accès à la mémoire est très peu efficace. Les premiers ordinateurs se sont donc plutôt basés sur l'architecture de Von Neumann inspirée de l'EDVAC. Mais, récemment, des amateurs ont implémenté physiquement des machines de Turing en bois ou en Lego (figure 3). Et chacun peut créer facilement sa machine de Turing en utilisant des simulateurs accessibles en ligne.

Références bibliographiques

- A. M. TURING – *On Computable Numbers, With an Application to the Entscheidungsproblem*. J. of Math, 1936.
- J. VON NEUMANN – *First Draft of a Report on the EDVAC*, 1945.
- S. A. COOK et R. A. RECKHOW – *Time-bounded random access machines*, Journal of Computer Systems Science, 1973.
- S. PERIFEL – *Complexité algorithmique*, Ellipses, 2014.
- *Destins d'exception. Alan Turing*, Le Monde – La Vie, Hors série n° 67, mai 2024.

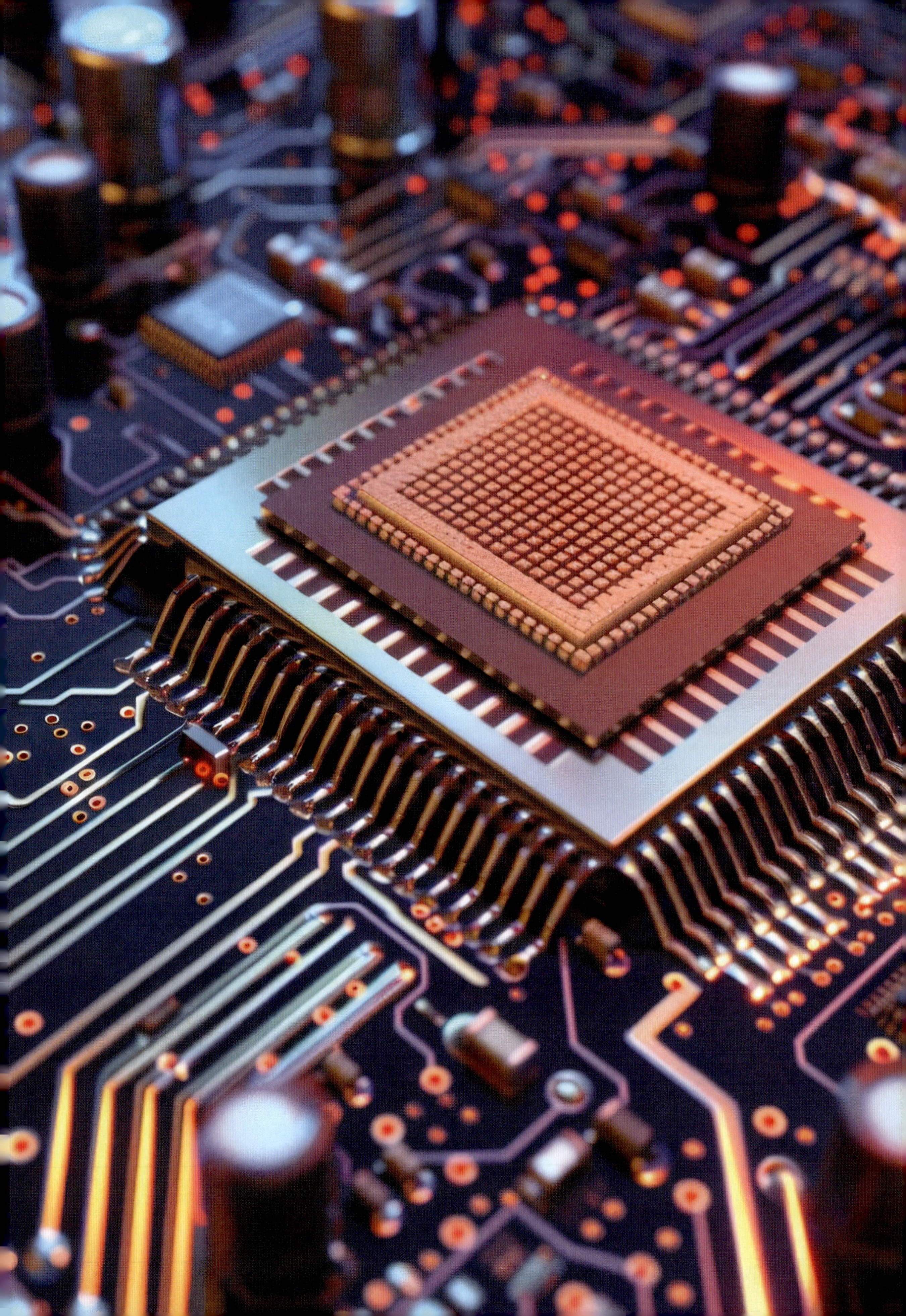

- Troisième partie -

Des premiers ordinateurs au calcul intensif

Page précédente :

Vue d'un microprocesseur intégré dans un circuit imprimé. © Chano_1_Na, Freepik ■

Introduction

Michel Daydé

La capacité à mener des simulations numériques de grande taille, mais aussi l'analyse de données à grande échelle et l'intelligence artificielle (en particulier avec l'apprentissage automatique) nécessitent des calculateurs très puissants et sont devenues un véritable enjeu stratégique pour les avancées de la science, la prévention des catastrophes naturelles, le changement climatique, la compétitivité industrielle… mais aussi la défense. Le calcul humain étant relativement lent et sujet aux erreurs, la mécanisation s'est peu à peu imposée. L'émergence des calculateurs rapides, comme l'ENIAC ou la puissance de traitement requise pour casser les codes secrets nazis engendrés par la machine Enigma s'inscrivent dans le contexte de la Seconde Guerre mondiale.

De nos jours, tous les pays possédant la dissuasion nucléaire sont aussi des leaders dans le domaine du calcul haute performance, car il permet de remplacer les essais d'armements nucléaires par des simulations numériques. Il y a donc une réelle compétition entre les pays majeurs du calcul (États-Unis, Japon, Chine, Europe) dans la maîtrise de ce secteur, ce qui justifie la préoccupation de souveraineté affichée dans les initiatives européennes.

Les évolutions ayant permis d'aller des premiers calculateurs jusqu'aux supercalculateurs actuels sont illustrées dans ce chapitre. Le premier article porte sur l'apparition des premiers ordinateurs à grande vitesse. Le second décrit la course à la performance et ses motivations au fil du temps. Le troisième texte s'intéresse aux grandes évolutions de l'architecture des supercalculateurs du début des années 1960 à nos jours alors que le quatrième examine plus spécifiquement l'architecture des calculateurs les plus récents. Le cinquième article illustre une évolution majeure dans le paradigme du calcul issue de la mise en réseau des ordinateurs dans les années 1960 : l'idée d'exploiter la puissance de plusieurs machines reliées entre elles, afin d'agréger leurs ressources de calcul et de stockage. L'article suivant s'intéresse au rôle important du calcul dans l'avènement de la cryptologie moderne, avec l'utilisation de l'algorithmique et de notions mathématiques liées au calcul. Dans le septième article, cette notion de distribution des traitements s'étend à des objets connectés, grâce à l'*edge computing,* avec des évolutions qui visent à construire un modèle de calcul complètement distribué. Enfin, le dernier article du chapitre porte sur les évolutions indispensables en termes d'infrastructures portées par l'*European Open Science Cloud*, qui se doivent d'accompagner celles des moyens de calcul et de traitement de données.

Le supercalculateur Jean Zay déployé par GENCI à l'IDRIS (centre national de calcul du CNRS) dont une partition constitue la plateforme nationale de calcul pour l'intelligence artificielle ■

1. L'apparition des premiers ordinateurs à grande vitesse

Liesbeth De Mol et Maarten Bullynck

Le discours sur l'évolution des technologies informatiques est souvent accompagné du mot « révolution ». Tout comme la « révolution industrielle », la « révolution numérique » aurait profondément modifié les fondements de nos structures sociétales. Mais toute « révolution » est une construction a posteriori, façonnée par le regard tourné en arrière et souvent coloré par les biais politiques, industriels ou idéologiques, voire individuels. Du point de vue de l'historien, par contre, toute technologie dite « révolutionnaire » s'inscrit dans des continuités historiques et matérialise et poursuit des pratiques plus anciennes. Évolution et révolution sont aussi deux faces d'une même histoire, vues de perspectives différentes. C'est également le cas des « premiers » ordinateurs modernes. Comment déterminer lequel serait « le » premier sachant qu'il n'existe pas de définition claire des propriétés qu'un tel « premier » devrait avoir ? Néanmoins, un consensus désigne l'ENIAC (*Electronic Numerical Integrator and Computer*) comme l'un des premiers ordinateurs à grande vitesse. Par la suite, la conception de l'EDVAC (*Electronic Discrete Variable Automatic Computer*), développé dans le sillage de l'ENIAC, est devenue une sorte de schéma directeur de l'ordinateur moderne.

La première machine électronique à grande vitesse

L'ENIAC s'inscrit dans l'histoire plus large de la mécanisation du travail humain, en particulier des pratiques de calcul. Le calcul humain était laborieux, fastidieux et sujet aux erreurs, et la mécanisation était une solution possible. Dans ce contexte, la machine à différences de Charles Babbage pour le calcul des tables de logarithmes est célèbre comme projet précurseur (1819-1833). Plus tard, d'autres aides mécaniques plus sophistiquées ont été développées, comme l'analyseur différentiel, une machine analogique pour l'intégration n'utilisant pas de nombres discrets mais des quantités continues*.

L'émergence de l'ENIAC s'inscrit dans le contexte de la Deuxième Guerre mondiale. Dans les années 1940, le Ballistics Research Lab (BRL, dans le Maryland) dut répondre au besoin urgent et croissant de tables de tir*. Pour les calculs, le BRL s'appuyait à la fois sur des calculs manuels assistés par des calculatrices de bureau et sur les calculs des analyseurs différentiels. Mais cela ne suffisait plus et l'armée américaine accepta en 1943 la proposition de John Mauchly de construire une machine électronique et discrète à grande vitesse (figure 1).

John Mauchly et Prespert Eckert furent les principaux ingénieurs de ce projet top secret, qui ne vit le jour qu'en 1946. La guerre était terminée et l'ENIAC ne pouvait plus servir ses objectifs initiaux, mais il était toujours utile pour une variété d'applications militaires, scientifiques et mathématiques (notamment pour les calculs de Monte Carlo* qui ont contribué à la conception des armes nucléaires).

L'ordinateur occupait une pièce entière de plus de cent mètres carrés et se composait d'une trentaine de modules différents, dont vingt accumulateurs utilisés pour les soustractions et les additions. Chaque accumulateur pouvait contenir un nombre décimal signé de dix chiffres (figure 2). Certains modules provenaient de dispositifs déjà existants, comme le lecteur et le perforateur de cartes, ou la tabulatrice d'IBM, alors utilisés principalement pour des applications commerciales. L'ENIAC était donc une combinaison unique de techniques, déjà utilisées auparavant, mais désormais réunies dans une nouvelle machine.

Fig. 1 – **Personnes officielles de l'ENIAC.** Prespert Eckert est le premier à gauche et John Mauchly est au milieu (cinquième en partant de la gauche). U.S. Army Photo ■

Les possibilités de l'ENIAC

Le principal avantage de l'ENIAC résidait dans son architecture « discrète* » et, par conséquent, dans l'exactitude de ses calculs, bien meilleure que celle des machines analogiques. Cependant, l'ENIAC n'était pas la seule machine discrète à grande échelle de l'époque. Le Harvard Mark I, par exemple, était également une machine électromécanique discrète, mais elle reposait sur la technologie des relais*. L'ENIAC, en revanche, était électronique et pouvait donc atteindre des vitesses beaucoup plus élevées. Au lieu d'être trois à cinq fois plus rapide qu'un calculateur humain (comme c'était le cas pour les machines électromécaniques), une machine électronique était plusieurs milliers de fois plus rapide.

La technologie du calcul électronique n'était cependant pas entièrement nouvelle. Elle avait déjà été utilisée dans l'ordinateur Atanasoff-Berry (l'ABC) dans l'Iowa pour résoudre des systèmes d'équations linéaires, ou dans le Colossus anglais (gardé secret jusqu'en 1973) construit pour déchiffrer les messages cryptés de Lorenz envoyés entre Hitler et ses généraux. L'ENIAC était cependant beaucoup plus vaste (18 000 tubes à vide contre environ 300 pour l'ABC). En outre, il pouvait être utilisé pour une plus grande variété d'applications. En termes modernes, il était polyvalent, bien que cette caractéristique ait d'abord dû être explorée et découverte par ses utilisateurs.

Pour ce faire, l'exécution et le contrôle automatiques de séquences d'opérations constituaient une exigence essentielle. À l'époque, les grandes calculatrices avaient la capacité de séquencer automatiquement les opérations. Au lieu qu'un opérateur humain règle manuellement la calculatrice pour chaque nouvelle étape de calcul, des séquences entières d'opérations étaient codées sur une bande et exécutées automatiquement en la lisant. Mais le simple séquençage linéaire des opérations ne suffisait pas pour automatiser complètement tous les types de calculs possibles. Pour cela, il fallait également automatiser le branchement entre séquences possibles, c'est-à-dire la possibilité pour la machine de choisir entre différents chemins en fonction des résultats précédents (si x, alors y, sinon z). Les machines électromécaniques, elles, signalaient qu'un point d'embranchement avait été atteint dans leur calcul, et un opérateur humain devait placer manuellement la machine au bon endroit dans sa séquence codée pour poursuivre le calcul.

Dans l'ENIAC, il n'aurait pas été logique d'interrompre le calcul par une intervention humaine, car cela aurait gâché la vitesse élevée du calcul, et le branchement a donc été inclus très tôt dans la conception de la machine. En outre, l'ENIAC était également capable d'exécuter automatiquement des itérations ou des boucles, c'est-à-dire la répétition automatique d'une (séquence d') opération(s) donnée(s) pendant un certain nombre de fois.

Ces trois caractéristiques combinées, le séquençage automatique, les branchements (ou opérateurs conditionnels) et les constructions de boucles, permettaient de programmer l'ENIAC pour un ensemble beaucoup plus large de problèmes.

Les limites de l'ENIAC

Malgré tous ces avantages, l'ENIAC présentait des lacunes fondamentales. Le temps nécessaire pour résoudre un problème sur la machine était disproportionné par rapport à sa vitesse élevée. En effet, au lieu de « programmer » un problème dans une notation codée, l'ENIAC devait être physiquement recâblé pour chaque nouveau problème à configurer. Ce processus était non seulement laborieux et fastidieux, mais aussi source d'erreurs. De plus, la taille d'un problème était fortement limitée par le nombre d'unités disponibles. Enfin, l'ENIAC disposait d'une très petite mémoire électronique et devait compter sur des moyens électromécaniques très lents (les cartes perforées*) pour les données d'entrée supplémentaires.

L'ENIAC avait été construit sous la pression de la guerre et certains compromis de conception avaient dû être faits. John von Neumann, John Mauchly et Prespert Eckert avaient donc déjà commencé à réfléchir à une éventuelle machine suivante qui serait beaucoup moins compromise par le temps. Elle serait dotée d'une grande mémoire électronique vive qui lui permettrait de stocker électroniquement non seulement des données, mais aussi des commandes. Son architecture devait être beaucoup plus simple, avec moins de composants électroniques, afin de la rendre plus fiable et plus facile à entretenir. Le résultat fut la conception de l'« EDVAC », décrite dans le célèbre document de John von Neumann intitulé *The first draft of a report on the EDVAC* (premier projet de rapport sur l'EDVAC), daté du 30 juin 1945.

Fig. 2 – **Aperçu de l'ENIAC au Moore School.** Au milieu, il y a un soldat, Irwin Goldstein, manipulant les tables de fonctions. À droite, on aperçoit Jean Jennings Bartik et Ruth Lichterman Teitelbaum. © U.S. Army Photo ■

L'architecture de l'EDVAC

L'architecture proposée, qui deviendra connue sous le nom d'« architecture von Neumann », se distinguait par sa simplicité. La machine proposée comportait six composants principaux appelés « organes » : la partie arithmétique centrale, le contrôle central, la mémoire, l'entrée et la sortie et, enfin, le support d'enregistrement extérieur. Il s'agissait du modèle de l'ordinateur à programme enregistré. L'idée d'enregistrer des données et des instructions dans la même mémoire électronique était une conséquence immédiate de la technologie à grande vitesse. D'après Von Neumann, « il est évident que pour être efficace, il faut traiter le problème des instructions logiques au même niveau que les autres problèmes de mémoire ». En d'autres termes, il était absurde de stocker des instructions sur une bande de papier ou sur un support électromécanique, car cela aurait ralenti le calcul à grande vitesse. La machine pourrait ainsi modifier ses propres instructions, y compris l'adresse*, une technique clé de la programmation. Cette caractéristique est à l'origine du développement, dans les années 1950, du codage automatique, c'est-à-dire la possibilité d'écrire un programme dans une notation qui n'est pas le code de commande de la machine mais une notation de plus haut niveau automatiquement interprétée ou compilée par la machine elle-même.

La conception de l'EDVAC s'inspirait du concept et de l'expérience de l'ENIAC, mais il ne s'agissait que d'un document de préconisations. Alors que l'ENIAC était encore en construction, le rapport « First Draft » de Von Neumann a largement circulé à l'intérieur et à l'extérieur des États-Unis et est progressivement devenu un modèle pour un certain nombre d'autres ordinateurs à grande échelle. Citons l'EDSAC à Cambridge, une machine utilisée principalement pour des calculs scientifiques mais influente en raison des pratiques de programmation qui se sont développées autour d'elle ; la machine IAS à Princeton, construite sous la supervision de von Neumann et assez proche de la conception originale de l'EDVAC ; la machine LEO au Royaume-Uni, qui est souvent considérée comme le premier ordinateur d'entreprise et qui était modelée sur l'EDSAC ; et enfin, l'UNIVAC, construit par la société nouvellement fondée par Eckert et Mauchly et qui a été le premier ordinateur vendu commercialement aux États-Unis. À partir de là, la conception de l'EDVAC s'est imposée comme le modèle standard de l'ordinateur moderne (même si, aujourd'hui, les GPU, multicœurs ou architectures parallèles s'éloignent de plus en plus du modèle).

Fig. 3 – Robert Oppenheimer et John von Neumann posent devant la machine IAS conçue sur le modèle EDVAC ■

Conclusion

La technologie des années 1940 (les tubes à vide) a été remplacée par les semi-conducteurs, permettant une accélération et une miniaturisation spectaculaires des ordinateurs. Un microprocesseur actuel est environ un million de fois plus performant qu'une puce 4004 d'Intel de 1971 (2 cm^2 et quelques grammes), qui occultait elle-même largement l'ENIAC (170 m^2 et 30 tonnes) tout en étant comparable en puissance de calcul. Cependant, les expériences et les leçons apportées par l'ENIAC – la grande vitesse, la programmation automatisée – nous accompagnent toujours. Elles ont permis d'introduire la simulation numérique dans toutes les branches scientifiques, de la balistique à la météorologie, en passant par la physique nucléaire, l'astronomie, la biologie, la cristallographie ou la théorie des nombres. Par ailleurs, l'ordinateur électronique s'est rapidement intégré dans la gestion et le commerce, afin d'automatiser le traitement de grandes masses de données. La technologie des semi-conducteurs a permis l'essor du logiciel, qui a redéfini l'accès à la machine jusqu'à la rendre presque invisible par les interfaces graphiques. Mais comprendre l'impact de ces expériences sur notre vie reste toujours crucial pour faire face aux défis de l'ère numérique.

Références bibliographiques

- T. HAIGH et P. CERUZZI – *A new history of modern computing*, MIT Press, 2021.
- E.LAZARD et P. MOUNIER-KUHN – *Histoire illustré de l'informatique*, EDP Sciences, 2022.
- P. LÉVY – *L'invention de l'ordinateur*, In M. SERRES (dir.), *Éléments d'histoire des sciences*, Bordas, 1989.
- J. RAMUNNI – *La physique du calcul. Histoire de l'ordinateur*, Hachette, 1989.

2. La course à la performance

Christophe Cerin et Denis Trystram

La course à la performance calculatoire remonte à la mise au point des premières machines à calculer (cf. p. 52), mais le besoin en calcul rapide, dépassant les capacités humaines, date de la Seconde Guerre mondiale. Il était crucial pour les Alliés de casser le cryptage des codes secrets nazis, générés par la machine électromécanique de chiffrement Enigma, et il importait d'aller vite, car la clé de cryptage changeait quotidiennement. Les codes furent décryptés dès 1942 par trois mathématiciens polonais et l'équipe d'Alan Turing à Bletchley Park sur une autre machine électromécanique, la « bombe cryptologique ». Puis, à la fin de la guerre, le mathématicien John Von Neumann développa un modèle conceptuel qui sera à la base de la conception des ordinateurs. Depuis, le calcul à haute performance (HPC) est devenu à la fois un champ disciplinaire et un outil informatique permettant d'exécuter le plus rapidement possible des applications scientifiques. Son histoire est intimement liée à celle des environnements d'exécution, des systèmes d'exploitation, des langages de programmation et des domaines applicatifs.

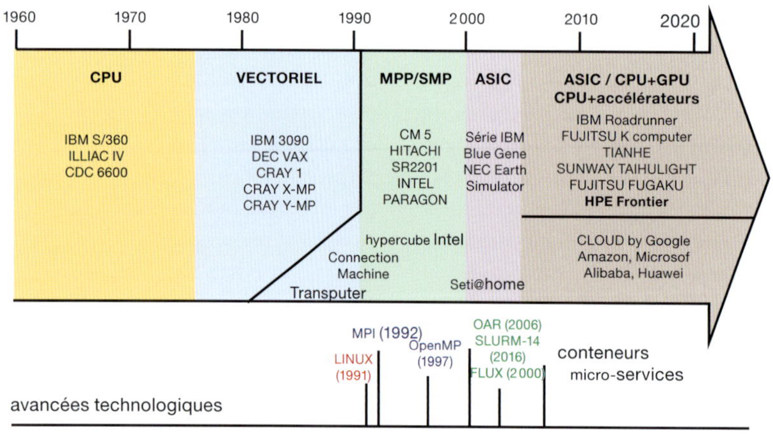

Fig. 1 – **Évolution des architectures depuis les années 1950.** La décennie 1985-1995 a été particulièrement inventive avec l'apparition de machines très variées. À partir des années 2000, on assiste à une convergence vers des architectures de type « clusters », une approche d'architecture distribuée dans laquelle un ensemble d'ordinateurs étroitement connectés qui travaillent ensemble et sont vus comme un seul ordinateur par l'utilisateur. Le bas de la figure mentionne également quelques avancées technologiques importantes qui ont eu des répercussions sur les systèmes HPC ■

Le développement du calcul intensif

L'histoire du HPC a connu plusieurs périodes (figure 1) : l'ère des processeurs vectoriels, des multiprocesseurs massivement parallèles, des *clusters*, des accélérateurs ; et, à partir de 2010, le « HPC dans le Cloud » (technologies du *cloud* pour le HPC) et le « Cloud HPC » (*cloud* qui utilise les technologies HPC).

Un processeur vectoriel met en œuvre un jeu d'instructions conçu pour fonctionner efficacement sur de grands tableaux unidimensionnels. Il peut améliorer considérablement les performances de certaines applications régulières, comme la simulation numérique et l'algèbre linéaire. Les premiers superordinateurs vectoriels ont vu le jour au début des années 1970 chez les grands constructeurs, dont CRAY (cf. p. 80).

À partir des années 1980, la diversité des solutions imaginées devient remarquable. La société Thinking Machines Corporation a, par exemple, proposé une architecture massivement parallèle avec la « Connection Machine » composée d'un très grand nombre de processeurs élémentaires avec une interconnexion entre éléments de calcul organisée en hypercube conçue pour effectuer simultanément la même opération sur de multiples données. La machine comptait 2^{16} (65 536) processeurs élémentaires traitant un bit à la fois. Regroupés par 64 sur la même carte et doté de quelques registres internes, il était possible d'exécuter du calcul flottant, *i. e.* sur des nombres réels, et de faire tourner des applications scientifiques.

Vers le milieu des années 1990, les informaticiens proposent de concevoir des superordinateurs avec du matériel généraliste en grand nombre : le « Cluster Computing ». Puis émerge le calcul « pair-à-pair » (*Volunteer Computing*) : quiconque ayant un PC connecté à Internet pouvait participer à une expérience scientifique en donnant du temps de calcul. Le projet Seti@Home (dont l'un des objectifs était de détecter de la vie intelligente extraterrestre) a alors connu un fort succès. Il a permis de montrer la faisabilité d'un superordinateur dont les nœuds de calcul étaient géographiquement distants et dont l'interconnexion reposait sur un réseau grand public. Sur la période 2000-2005, les machines se sont architecturées autour d'accélérateurs (*application-specific integrated circuit* – ASIC) qui consistaient à confier une fonction spécifique à un coprocesseur dédié pour l'effectuer de façon plus efficace.

Échelle de performance (opérations flottantes / seconde)	Exemples de machine	Puissance (W et kW)	Puissance par mégaflops/s
Mégaflops/s = 10^6 flops/s	Intel 8086/8087, Motorola 68000 vers fin des années 1980	1,35 W à une température ambiante de 25 °C	1,35 W
Gigaflops/s = 10^9 flops/s	CRAY-2 (1985)	150-200 kW	200 W
Téraflops/s = 10^{12} flops/s	ASCI Red (1997)	850 kW	0,85 W
Pétaflops/s = 10^{15} flops/s	IBM Roadrunner (2008)	2 483 kW	0,002483 W
Exaflops/s = 10^{18} flops/s	Frontier (juin 2022)	22 703 kW	0,000022703 W

Fig. 2 – **Performances de calcul de systèmes HPC emblématiques et puissance électrique.** Même si la dernière colonne laisse à penser que les systèmes HPC, au fil du temps, sont de plus en plus efficients d'un point de vue de la puissance électrique par mégaflops, il faut rappeler que les 22 703 kW de puissance pour la machine Frontier représentent la consommation annuelle d'une ville française d'environ 90 000 habitants comme Versailles. La consommation énergétique en France est de 2 223 kWh par personne et par an. La valeur de 90 000 est obtenue en multipliant 22 703 kW par 24h par 365 jours et en divisant par 2 223 kWh. On suppose ici que la machine Frontier fonctionne 24h sur 24 et 365 jours par an ■

Aujourd'hui, tous les processeurs grand public récents intègrent plusieurs unités dédiées. Cela est rendu possible grâce à la gravure toujours plus fine des circuits intégrés, libérant ainsi de la place pour les accélérateurs. Dans les superordinateurs actuels, les accélérateurs sont issus des *Graphical Processor Unit* (GPU), et leur parallélisme poussé les rend très performants pour du calcul matriciel (cf. p. 112). Il peut aussi s'agir d'accélérateurs pour certaines opérations spécialisées en apprentissage automatique comme les *Tensor Processing Unit* (TPU) de Google.

À partir de 2005, une partie des GAFAM (Google, Amazon, Facebook – rebaptisé Meta –, Apple et Microsoft) et des BATX (Baidu, Alibaba, Tencent et Xiaomi) a commercialisé des offres de calcul dans le *cloud*. Il s'agit par exemple des services AWS (Amazon), Azure (Microsoft), GCP (Google) ou encore d'Alibaba Cloud qui sont des offres commerciales « à la demande » selon un mode « *pay-as-you-go* ».

La figure 2 donne les ordres de grandeur des performances des systèmes construits au fil du temps ainsi que la puissance en Watt et la puissance ramenée aux mégaflops.

Principe d'un superordinateur

Un « système » est un ensemble de logiciels qui facilitent l'utilisation des ressources d'un ordinateur pour exécuter des applications. Un « processus » est un ensemble d'instructions en cours d'exécution. Les instructions proviennent d'un programme et l'exécution nécessite du temps calcul, de la mémoire, des fichiers et des périphériques. Le HPC propose aux processus des mécanismes permettant de fédérer et d'agir finement sur les ressources en exploitant au mieux le matériel, ils agissent comme un empilement de couches de services. Cependant, la traversée de chaque couche, entre le processus et ses ressources matérielles, diminue l'efficacité du traitement et l'empilement doit donc être soigneusement pensé avant d'être réalisé. La couche système a en particulier le rôle de masquer à l'utilisateur les détails matériels bas niveau comme la profondeur du pipeline d'exécution (le nombre d'instructions exécutables concurremment par le processeur) et la gestion des accès concurrents à la mémoire qui sont déterminants pour obtenir des performances. Elle favorise l'utilisation généraliste par opposition aux ordinateurs spécialisés dans des tâches dédiées.

Pour être exécuté, un calcul HPC nécessite un super-ordinateur, c'est-à-dire un ensemble de processeurs (performants ou nombreux) qui coopèrent avec une interconnexion rapide pour résoudre un problème. Chaque processeur exécute des instructions bas niveau et leur ensemble forme le jeu d'instructions du processeur. Au début des années 1990 est apparue la notion d'architecture des processeurs reposant sur les notions de « core » (cœur) et de « *thread* » (fil). Un « cœur » est un processeur complet avec décodeur d'instructions et compteur de programme au sens de la machine de Von Neumann. Un « *thread* » est simplement une suite d'instructions, dont l'intérêt réside dans le chevauchement des accès mémoire avec du calcul. Ce concept de *thread* était déjà présent en 1990, avec la machine TERA (256/512 core/threads), où du matériel spécialisé permettait de commuter rapidement entre threads, autorisant l'exécution simultanée d'instructions. Mais la machine n'a pas trouvé son public, car les applications de l'époque ne nécessitaient pas autant de *threads* et les temps d'accès mémoire s'ajoutaient aux temps de calcul.

Fonctionnement d'une machine HPC

Au-delà des performances brutes, une infrastructure HPC fonctionne en soumettant des tâches de calcul à un ordonnanceur qui alloue ces tâches sur les nœuds de calcul en mettant en œuvre une algorithmique multicritère afin de satisfaire au mieux les contraintes exprimées par l'utilisateur comme « terminer au plus tôt » et les contraintes système comme « le type de nœud requis n'est pas entièrement disponible ». L'utilisateur se sert d'un environnement d'exécution (*runtime*) qui offre des services d'exécution de programmes tels que la gestion des entrées-sorties*, l'arrêt des processus, l'utilisation des services du système d'exploitation, le traitement des erreurs de calcul, la génération d'évènements, le débogage*, le profilage*.

Du côté des utilisateurs-programmeurs, le parallélisme s'exprime via un langage de programmation, soit « à mémoire commune », soit par « passage explicite de messages ». Pour le premier modèle (*Open Multi-Processing* ou OpenMP), le programmeur guide la parallélisation en donnant des directives pour la compilation afin d'exprimer, par exemple, que tous les accès à la mémoire des variables présentes dans une suite d'instructions peuvent être faits simultanément. Pour le deuxième modèle (*Message Passing Interface* ou MPI), le programmeur explicite à quel processus il veut envoyer ou recevoir de l'information. Il doit, de plus, contrôler la synchronisation des échanges d'information. Le programmeur d'applications parallèles fait aussi usage de bibliothèques performantes, développées au fil des années par la communauté HPC, par exemple pour l'algèbre linéaire ou encore de patrons de conception plus larges. Cela permet de garantir des niveaux de performance des applications s'exécutant sur des clusters HPC.

Évolution des architectures et des modèles de calcul

En informatique, le concept de parallélisme consiste à traiter simultanément des informations sur des unités de traitements distinctes. Il a pour but de réaliser le plus grand nombre d'opérations en un temps le plus court possible. Par exemple si deux tâches A et B peuvent s'exécuter en même temps, il convient de se doter d'un modèle de cohérence qui va capter l'idée que l'exécution de A suivi de B produit le même résultat que B suivi de A. La cohérence nous renvoie alors à la gestion de la mémoire partagée : il importe d'avoir des mécanismes performants pour synchroniser les tâches et gérer la mémoire distribuée. À la fin des années 1970, en Europe, plusieurs modèles formels de cohérence ont été proposés dans un cadre de mémoire distribuée, comme les algèbres de processus, et le modèle CSP (*Communicating Sequential Process*).

Les architectures informatiques n'ont cessé d'osciller entre des architectures centralisées et décentralisées (figure 3). Le *cloud computing* d'aujourd'hui est une architecture centralisée. Celle qui précédait, le *grid computing*, l'était beaucoup moins, tout comme les architectures *Edge* et *Fog* qui se déploient depuis 2020 pour lesquelles le calcul est effectué en bordure de réseau plutôt que dans un centre de données (cf. p. 88). Cependant, en 2023, les plateformes de calcul HPC des centres nationaux ou régionaux fonctionnent toujours selon une architecture de type *cluster*, c'est-à-dire avec des processeurs et accélérateurs dédiés au HPC et contrôlés par un ordonnanceur de tâches qui alloue les travaux aux nœuds de calcul.

Au fil de l'histoire, les plateformes de calcul ont semblé être de moins en moins spécialisées, laissant la place à des composants matériels et logiciels de plus en plus courants. Le paroxysme de cette histoire a d'ailleurs été atteint avec le *cloud computing* qui considère tous les domaines applicatifs comme des services, y compris le calcul HPC (cf. p. 84). Le *cloud*, défini comme l'accès distant à des ressources partagées, reconfigurables à la demande, sert à orchestrer des processus sur des ressources informatiques en très grand nombre, tout comme le HPC. Cependant, depuis quelques années, la performance globale observée ne dépend plus de la fréquence d'horloge du processeur, mais de la multiplication du nombre de cœurs, ce qui favorise l'idée d'architectures spécialisées et contrebalance l'affirmation initiale.

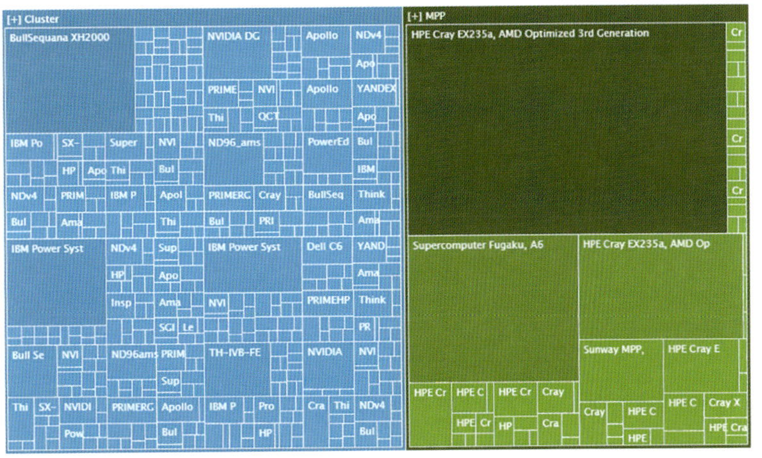

Fig. 3 – **Architectures des machines de la liste du Top500* en juin 2023.** De nos jours, il y a essentiellement deux types d'architecture : une organisation de type « cluster » (en bleu) et une architecture de type « massivement parallèle » (MPP, en vert). La surface des boîtes renvoie à la performance en termes de gigaflops par seconde. Plus la boîte est grande, plus le super-ordinateur est performant. Autrement dit, plus la boîte est grande, plus le système est classé haut dans le Top500 ■

Perspectives

Les utilisateurs de superordinateurs peuvent aujourd'hui programmer et lancer des applications interactives, c'est-à-dire spécialiser les calculs de la machine après une interaction avec les utilisateurs humains. Par ailleurs, depuis quelques années, l'apprentissage automatique est devenu un important consommateur de ressources HPC. Ce domaine se rapproche du HPC, afin d'utiliser la puissance des machines pour traiter et apprendre sur de grandes masses de données.

Depuis les années 2000, avec le développement du *cloud*, la virtualisation (et donc le partage des ressources) est revenue en force. Cependant, les systèmes HPC ne convergeront peut-être pas complètement vers les systèmes de *Cloud* même si la technologie de conteneur* contribue à leurs rapprochements, et en raison de la spécialisation de domaines, comme l'IA. En effet, l'IA est porteuse de transformations importantes du domaine HPC, avec l'émergence d'architectures hyper-spécialisées et de nouvelles méthodes pour le calcul et la simulation numérique. Le projet Bloom (pour la génération de textes multilingues) est un exemple de projet d'intelligence artificielle (IA), dans lequel l'entraînement des modèles est effectué sur la machine HPC nationale française Jean Zay. Aujourd'hui, systèmes HPC ont atteint un niveau de sophistication et d'efficacité très élevé et de plus en plus d'usages et de besoins dépendent de ces systèmes. À l'heure de la crise climatique et de la question des émissions carbone du secteur numérique, la consommation électrique des plateformes HPC devient un enjeu crucial. Certains pensent que la course à la performance va contribuer à trouver des solutions aux défis actuels en matière d'écologie et de niveau de vie, mais des voix de plus en plus nombreuses alertent aussi sur une fuite en avant qui participe à l'accélération incontrôlée, et prônent un ralentissement de la course aux performances.

Références bibliographiques

• D. BARKAI – *Unmatched. 50 years of Supercomputing*, Chapman & Hall, 2023.
• C. SEVERANCE et K. DOWD – *High Performance Computing*, Connexions, Rice University, Houston, 2012.
• D. A. REED – *On Retirement, Gratitude, and the Future*, Blog Reed's Ruminations, 2024.
• E. BORINET *et al.* – *High Performance Computing in Clouds*, Springer, 2023.
• C. ZEITOUN – *Alan Turing et le décryptage des codes secrets nazis*, CNRS Le Journal, 2019.

3. Évolution des supercalculateurs

Michel Daydé et Serge Petiton

Depuis les années 1970, la conception des ordinateurs est basée sur des circuits intégrés avec un accroissement de performance de l'ordre de 25 à 30 % par an. Au début des années 1980, la fabrication des microprocesseurs se généralise et l'un des fondateurs d'Intel, Gordon Moore, prédit alors que le nombre de transistors* dans une puce de microprocesseur, et donc la performance, devrait doubler tous les deux ans. Cette loi s'est révélée juste jusqu'au début des années 2000. Les processeurs actuels incluent un nombre d'unités fonctionnelles et de cœurs toujours croissant mais les limites physiques interdiront sans doute d'aller en dessous d'une finesse de gravure de 4 nm.

Les supercalculateurs sont basés sur les dernières techniques à la pointe en termes de matériel et de logiciel afin de traiter un problème de grande taille. Leur performance de calcul se définit en nombre d'opérations de calcul par seconde sur des nombres réels représentés en virgule flottante (figure 1) : flops en abrégé.

D'après le classement TOP500*, un seul supercalculateur atteindrait en 2023 l'exaflops (10^{18} flops/sec) : la machine « Frontier » aux États-Unis. Des machines développées pour l'intelligence artificielle atteignent aussi cette puissance, mais avec des opérations flottantes en demi-précision, comme la machine Andromeda de la compagnie Cerebras. Aujourd'hui, les supercalculateurs sont devenus très stratégiques, notamment dans les domaines de la prévention des catastrophes naturelles, du changement climatique, de la compétitivité industrielle, de l'intelligence artificielle, ou encore de la défense.

Mégaflops (MFlops)	Gigaflops (GFlops)	Téraflops (TFlops)	Pétaflops (PFlops)	Exaflops (EFlops)	Zettaflops (ZFlops)
10^6 flops	10^9 flops	10^{12} flops	10^{15} flops	10^{18} flops	10^{21} flops

Fig. 1 – **Unités de performance en calcul des supercalculateurs** ■

Les premiers supercalculateurs

L'ILLIAC IV est souvent considéré comme le premier supercalculateur, conçu aux États-Unis à la fin des années 1960. Il devait être fabriqué avec 256 unités de calcul flottant autour de 4 CPU* (*Central Processing Unit*), appelés quadrants, capables d'effectuer un milliard d'opérations par seconde. Un seul quadrant de 64 processeurs fut installé en 1972. Un an après, Seymour Cray développait le « Cray-1 », d'une puissance de 160 mégaflops, utilisant la technologie des processeurs vectoriels. Une instruction vectorielle traite en bloc tous les éléments d'un vecteur de taille plus ou moins longue (64 éléments pour le Cray-1) sur lesquels on effectue à la chaîne et sur plusieurs étages le même traitement.

L'arrivée du parallélisme et des multiprocesseurs

L'exploitation du parallélisme entre des calculs est l'une des voies majeures dans la course à la performance. Il existe plusieurs modes d'exploitation du parallélisme. Dans le *Single Instruction Multiple Data Stream* (SIMD), les processeurs effectuent de façon synchrone la même instruction sur des données

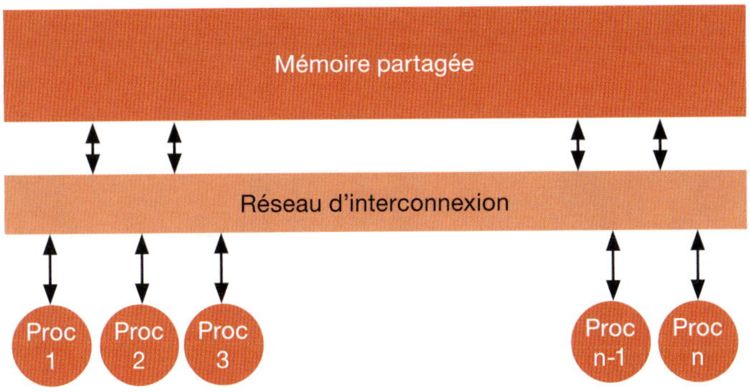

Fig. 2 – **Exemple d'architecture à mémoire partagée.** Les processeurs accèdent à la mémoire partagée au travers d'un réseau d'interconnexion ■

différentes. Pour le *Single Program Multiple Data* (SPMD), un même programme est exécuté sur des données différentes, avec une synchronisation forte à la fin de l'ensemble de ces exécutions. Actuellement, le mode le plus répandu est le *Multiple SPMD* (MSPMD) qui permet d'exécuter en parallèle de façon asynchrone des programmes différents sur des données différentes, en synchronisant l'ensemble des calculs à la fin.

Après les premières générations de supercalculateurs vectoriels monoprocesseurs, sont rapidement apparues des machines vectorielles avec plusieurs processeurs, comme le CDC ETA10, le Cray XMP, le Cray 2, et le Cray YMP (8 processeurs), qui a été le premier à dépasser le gigaflops à la fin des années 1980. Ces machines ont été ensuite supplantées par des architectures basées sur des processeurs scalaires (microprocesseurs*). Mais elles présentaient toutes une difficulté évidente : tous les processeurs, actuellement multicœurs, accédaient à des données stockées dans la même mémoire « partagée » (figure 2). D'où la présence d'une hiérarchie mémoire de plus en plus complexe, avec divers niveaux, tels les caches, de capacité limitée mais plus rapide que les autres niveaux, permettant de masquer la relative lenteur des niveaux inférieurs, pour peu que les accès mémoire soient réguliers.

Cependant, lorsque le nombre de processeurs ou le nombre de cœurs accédant à une mémoire partagée augmente, le réseau les interconnectant devient rapidement trop complexe et il faut répartir les mémoires directement entre les processeurs. Chaque processeur n'accède alors qu'à sa mémoire privée (figure 3) avec un système de communication entre les divers processeurs (comme le transfert de message).

Le parallélisme massif

Le besoin d'augmenter la puissance des supercalculateurs s'est traduit par une très forte croissance du nombre de processeurs au fil du temps. L'un des premiers exemples de ces architectures massivement parallèle a été la « Connection Machine », conçue par la société US Thinking Machine pour les applications de l'intelligence artificielle dans les années 1980. La « CM-1 », construite en 1985, avait 65 536 processeurs extrêmement simples traitant un seul bit à la fois et organisés en un tableau. Les modèles suivants ont intégré des processeurs plus puissants avec des coprocesseurs de calcul vectoriel. En 1991, la CM-5 intégrait 10^{24} processeurs de type SPARCs*, affichant une performance de 131 gigaflops, ce qui en faisait alors la machine de calcul la plus puissante. Mais les supercalculateurs massivement parallèles ayant eu le plus d'impact sont les Cray T3D et T3E (un exemplaire était installé au très grand centre de calcul du CEA entre 1996 et 2001), et les IBM Bluegene/P et Q (dont Babel, en 2008, et Turing ensuite, en 2012, installés au centre national de calcul du CNRS à l'IDRIS).

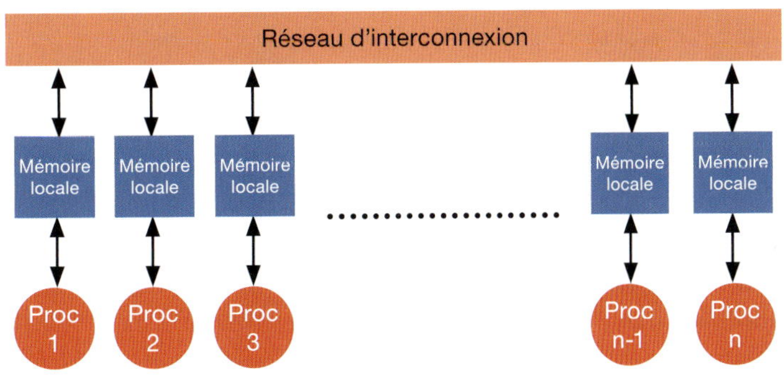

Fig. 3 – **Exemple d'architecture à mémoire répartie (ou à mémoire distribuée).** Les processeurs n'ont accès qu'à leur propre mémoire locale. Les nœuds de calcul (ensemble processeur – mémoire locale) sont reliés par un réseau d'interconnexion permettant d'échanger les données ■

L'avènement des *Graphics Processing Units* (GPUs)

L'utilisation de coprocesseurs permettant d'accélérer les calculs est courante. Dès les années 2000, les chercheurs se sont intéressés aux accélérateurs multicœurs et en particulier aux cartes graphiques utilisées jusque-là pour engendrer les graphiques sur les ordinateurs personnels. Ces GPUs (*Graphics Processing Units*), contrôlés par les CPU, étaient constitués initialement de quelques centaines de cœurs assez élémentaires, calculant en 32 bits et fonctionnant en mode SIMD pour essentiellement les applications de jeux vidéo. Elles furent petit à petit détournées pour le calcul, avec des avancées significatives dans la précision de calcul et les environnements de programmation. Leur rapport puissance/consommation est excellent mais nécessite de pouvoir exploiter un fort niveau de parallélisme SIMD, induisant un travail conséquent d'adaptation des codes. Leur puissance, associée aux grandes masses de données récemment disponibles, fut l'une des principales raisons de l'essor des réseaux de neurones*. Les applications de l'intelligence artificielle ont donc été optimisées pour ces GPUs avec des librairies devenues classiques (TensorFlow, Pytorch...) pour l'apprentissage profond* (le *deep learning*) devenu ainsi l'un des grands utilisateurs des supercalculateurs.

Les architectures réparties massivement parallèles les plus puissantes aujourd'hui, proches de l'exascale, sont donc hybrides, principalement à base d'accélérateurs, en général des GPUs, qui fournissent souvent plus de 90 % de la puissance de calcul (figure 3). Le supercalculateur « Frontier HPE-Cray », le premier à l'exaflops au TOP500, est constitué d'environ 8,7 millions de cœurs dans des processeurs AMD EPYC de 64 cœurs et de GPUs AMD « Instinct » pour une puissance de crête* autour de 1,7 exaflops et une consommation de 22,7 MW.

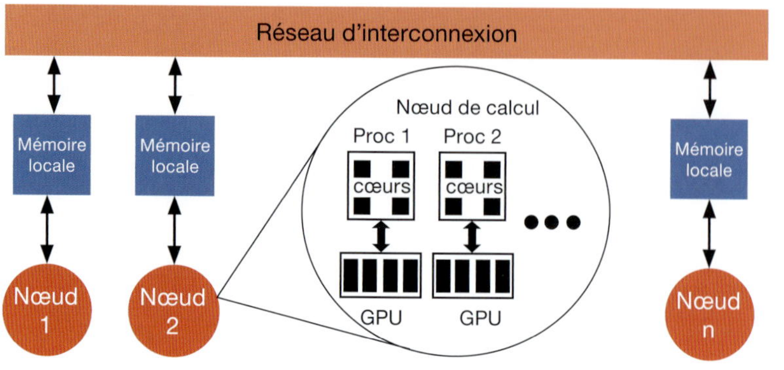

Fig. 4 – **Exemple d'architecture de calculateur exascale.** Les nœuds de calculs sont constitués de processeurs possédant plusieurs cœurs épaulés par des accélérateurs, souvent des GPU qui apportent l'essentiel de la puissance de calcul ■

Néanmoins, lorsque les calculs se font sur des données irrégulières (graphes, matrices creuses, maillages non structurés...), l'utilisation de ces accélérateurs n'est pas toujours efficace, comparée à des supercalculateurs sans accélérateur, mais avec des processeurs différents (comme la machine Fugaku, première devant Frontier pour ce type de calcul dans le classement HPCG). Il existe donc plusieurs architectures actuellement, avec ou sans accélérateurs, dont l'efficacité dépend beaucoup des applications ciblées.

Les tendances actuelles

La convergence entre le calcul haute performance traditionnel (principalement simulation numérique), l'analyse de données à haut débit et l'intelligence artificielle (IA) est l'une des évolutions notables de ces dernières années. L'accroissement des volumes de données expérimentales, observationnelles ou issues de simulations numériques nécessite des moyens de calcul puissants pour les traiter, situation renforcée par l'utilisation conjointe de plus en plus fréquente de l'IA. Par ailleurs, les phases d'entraînement des réseaux profonds nécessitent l'utilisation intensive de supercalculateurs, comme ce fut le cas pendant plusieurs mois pour entraîner le modèle multi-langues Bloom sur la machine Jean Zay installée à l'IDRIS.

L'usage de l'intelligence artificielle (figure 5) favorise l'utilisation de processeurs spécialisés, extrêmement puissants sur des calculs spécifiques en faible précision (16 ou 32 bits) comme les TPU (*Tensor Processing Unit*) de Google annoncés en 2016, ou les systèmes Cerebras dont des clusters* atteignent 1 exaflops sur 16 bits. Ces nouveaux processeurs sont aussi de plus en plus utilisés pour des simulations numériques ne nécessitant pas toujours des calculs en double précision, montrant bien que cette convergence devrait engendrer une évolution importante. Il existe aussi d'autres approches basées sur l'analyse de flots de données et de réseaux reconfigurables, comme celle de la société californienne SambaNova, développée principalement pour le *machine learning*, mais pensée pour faire des calculs matriciels sur des données irrégulières.

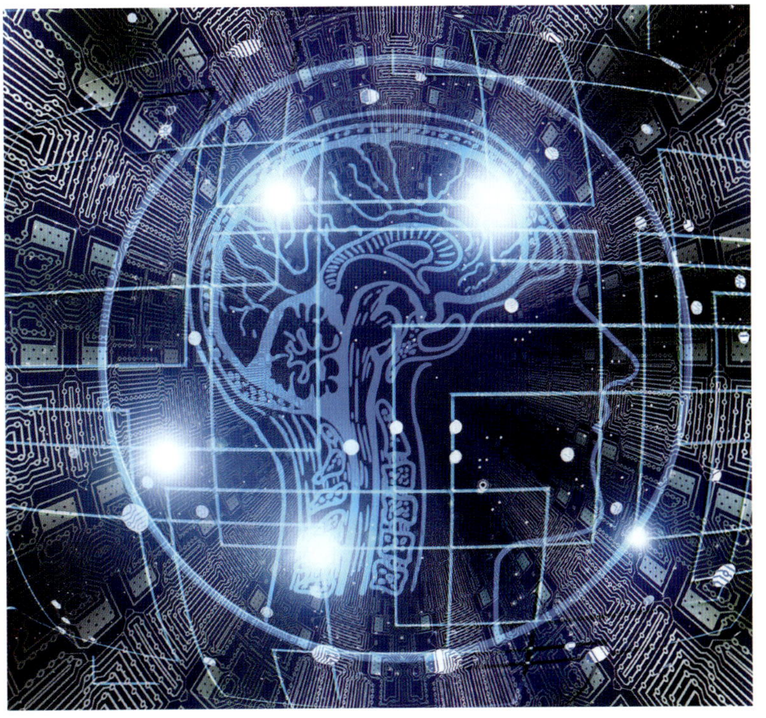

Fig. 5 – **Une représentation symbolique de l'IA et des traitements associées.** © Pixabay ■

Conclusion

L'utilisation et l'évolution des supercalculateurs ont permis des avancées notoires dans de multiples domaines scientifiques. Dans les années 1950, en aérodynamique, le calcul de l'écoulement autour d'un cylindre prenait 18 mois (20 heures par semaine) avec une calculatrice mécanique de bureau. Dans les années 1990, le projet européen PARALLEL AERO a permis d'effectuer la première simulation d'un écoulement autour d'un avion complet en quelques centaines d'heures grâce au supercalculateur CRAY T3E. Des avancées similaires ont été réalisées dans le domaine du changement climatique : aujourd'hui il est possible de faire des simulations de l'atmosphère sur une centaine d'années, contre seulement soixante jours dans les années 1980 (cf. p. 162). Les accroissements récents des volumes de données, des capacités de calculs et de leurs utilisations pour entraîner des intelligences artificielles ouvrent la voie à de nombreuses avancées dans des domaines à forts impacts sociétaux (lutte contre le Covid par exemple).

Cette course aux performances n'est pas près de s'arrêter et le prochain seuil significatif est le zettaflops (10^{21} flops) si tant est qu'il soit atteint un jour, au regard du ralentissement de la croissance des performances dû à la fin de la loi de Moore et à la difficulté à exploiter efficacement les nouveaux processeurs multicœurs et les accélérateurs. L'accès à des puissances de calcul tel l'exaflops, dans une enveloppe énergétique contenue, n'a pu se faire qu'avec des architectures réparties très hiérarchisées avec l'utilisation intensive de processeurs multicœurs et souvent de GPUs qui apportent actuellement plus de 90 % de la puissance de calcul quand ils sont présents.

Cependant, la consommation électrique des supercalculateurs et leur efficacité sur les applications sont également des critères d'évaluation importants. En effet, dans la pratique les performances atteintes par les supercalculateurs ne sont souvent que de l'ordre de 10 à 15 % de la performance de crête, pour des applications pourtant conçues pour une exécution haute performance.

Les progrès en matière de finesse de gravure dans les composants pourraient permettre de mieux intégrer les accélérateurs de calcul dans les processeurs (comme sur le processeur de la machine japonaise Fugaku qui n'a pas de GPU mais des accélérateurs intégrés au processeur), tout en considérant avec intérêt l'apparition d'autres types d'accélérateurs de calcul, comme les accélérateurs quantiques qui apparaissent en tant que prototypes dans les pays leaders du calcul, dont la France.

Références bibliographiques

- P. ZANELLA, Y. LIGIER et E. LAZARD – *Architecture et technologie des ordinateurs*, 6e édition, Cours et exercices corrigés, Dunod, 2018.
- GENCI et CNRS – *Grands Challenges Jean Zay*, 2020.

4. Panorama des architectures modernes de calcul

Pierre-François Lavallée

Depuis les années 1960, les évolutions du calcul haute performance ou HPC pour *High Performance Computing* ont été motivées par une course sans fin à la puissance de calcul afin de pouvoir répondre aux besoins toujours plus importants des applications qui ne cessent de se complexifier. Pour quantifier la puissance d'un système, il existe une métrique simple : le flop par seconde (flop/s), qui représente le nombre d'opérations sur des nombres réels représentés en virgule flottante (additions, soustractions, multiplications et divisions) que le système est capable d'exécuter en une seconde. À cette métrique sont associés des préfixes multiplicateurs classiques : le méga (×1 million), le giga (×1 milliard), le téra (×1000 milliard), le péta (×1 million de milliards) et l'exa (×1 milliard de milliards). La barre du gigaflop/s (10^9 flops) a été franchie en 1988 et celle de l'exaflop/s (10^{18} flops) en 2022, soit une augmentation d'un facteur 1 milliard en 34 ans. Depuis 1993, le TOP500* liste biannuellement les 500 systèmes les plus puissants au monde, reflet des évolutions architecturales majeures du HPC (figure 1).

La bataille entre les architectures vectorielles et parallèles

Le début des années 1980 marque l'ère des machines vectorielles, architectures dédiées à la performance inventées par Seymour Cray, pionnier du HPC. Son idée novatrice réside dans le chaînage des accès mémoire et des calculs, ces derniers étant réalisés dans des unités vectorielles pipelinées* avec des instructions vectorielles. À chaque cycle, deux nombres arrivent de la mémoire et sont injectés dans le premier étage du pipeline alors qu'un

Architecture	1995 (GFlops)	2000 (GFlops)	2005 (TFlops)	2010 (TFlops)	2015 (TFlops)	2020 (PFlops)	2023 (PFlops)
Vectoriel	SX-3/44R (NEC, Japon) 23,2 31e	VPP5000/100 (Fujitsu, Japon) 886 12e	Earth Simulator (NEC, Japan) 35,86 7e	Earth Simulator (NEC, Japon) 122 55e		Plasma Simulator (NEC, Japon) 7,89 33e	AOBA-S (NEC, Japan) 17,22 50e
Scalaire (accélérateurs intégrés)	Numerical Wind Tunnel (Fujitsu, Japon) 170 1er	ASCI White (IBM, USA) 2379 1er	BlueGene/L 280 1er	Jaguar (Cray, USA) 1759 2e	Tianhe-2A (NUTD, Chine) 33862 1er	Fugaku (Fujitsu, Japon) 442 1er	Fugaku (Fujitsu, Japon) 442 4e
Scalaire+GPU				Tianhe-1A (NUTD, Chine) 2566 1er	Titan (CRAY, USA) 17590 2e	Summit (IBM, USA) 148 2e	Frontier (HPE Cray USA) 1194 1er

Fig. 1 – **Performance des diverses gammes d'architectures sous la forme : nom calculateur – performance en GFlops / TFlops ou PFlops au fil du temps – place dans le TOP500.** Lorsqu'une case est vide cela signifie qu'il n'y a pas de représentant de ce type d'architecture classé dans le TOP500. En gras figurent les machines classées en tête du TOP500 ■

résultat sort du dernier étage de ce même pipeline. Accompagné d'un compilateur Fortran performant, le traitement de données régulières atteint des performances inégalées pour l'époque (figure 2). Au fil des années, Cray introduit jusqu'à 16 processeurs vectoriels dans ses machines, chacun ayant accès à une mémoire partagée, c'est le concept d'architecture SMP (*Symmetric multiprocessing or shared-memory multiprocessing*). Leurs performances brutes sont inégalées, mais leur principal défaut est le prix pharaonique de chaque machine qui en limite la diffusion. Face à cette hégémonie, la concurrence s'organise autour d'un nouveau type d'architecture parallèle à mémoire distribuée (cf. p. 76), à base de composants (CPU*, mémoire) plus standards, moins coûteux et certes moins performants, mais disponibles en grande quantité.

Fig. 2 – **Cray YMP NASA Ames.** Premier supercalculateur à dépasser 1 GFlop/s, masse 3 tonnes, surface au sol 10 m², consommation électrique de l'ordre de 120 kW ■

En 1993, ce type de machine prend la tête du TOP500, avec le CM5 et ses 1024 processeurs SuperSparc. Le problème de ces nouvelles architectures parallèles à mémoire distribuée est leur modèle de programmation qui est souvent propriétaire et pas normalisé. Programmer une application pour tourner sur ces machines est extrêmement compliqué, et le travail est à refaire pour chaque nouvelle génération de machine... En 1994, MPI* (*Message Passing Interface*), adresse ce problème de communication entre des nœuds distants et devient très rapidement un standard. Il faudra attendre fin 1998 pour qu'une solution similaire (OpenMP*) voit le jour pour gérer le parallélisme de mémoire partagée à l'intérieur d'un nœud. À partir de cette date, les développeurs ont à leur disposition les outils pour développer des applications parallèles pérennes, portables et performantes. Durant plusieurs années, la bataille fait rage entre les architectures vectorielles promues par de nouveaux constructeurs (Fujitsu, NEC, Hitachi) et les architectures parallèles qui ont vu l'arrivée de la société Cray elle-même. Les puissances de calcul atteignent les 300 gigaflop/s. Fortement distancés dans la course à la performance, les États-Unis lancent en 1992 le programme ASCI (*Accelerated Strategic Computing Initiative*) pour redevenir concurrentiel. Fruit de ce programme, l'ASCI Red est le premier superordinateur parallèle de l'histoire à franchir la barrière du téraflop (téraflop/s : 10^{12} flops/s, soit mille milliards) en juin 1997. Extensible, sa puissance sera régulièrement augmentée pour rester plusieurs années en tête du TOP500. En juin 2001, l'arrivée de l'ASCI White avec une architecture de type « cluster », qui représente aujourd'hui encore une large majorité des machines présentes dans ce classement, est basée sur des serveurs interconnectés par un réseau haut débit. La victoire semble alors avoir choisi son camp avec la quasi-disparition des architectures vectorielles.

Mais en juin 2002, un cataclysme secoue le monde du HPC : le constructeur japonais NEC annonce la mise en service du Earth Simulator, une architecture parallèle et vectorielle qui, avec ses 40 téraflops/s, est cinq fois plus performante que la machine la plus puissante de l'époque. Un investissement estimé à 400 millions de dollars. Ce sera la dernière machine vectorielle majeure dans le TOP500 et elle restera numéro 1 du classement jusqu'en juin 2004, une éternité dans le monde du HPC.

En novembre 2003, un projet singulier voit le jour à l'université Virginia Tech, qui décide de construire un superordinateur bon marché à partir de machines grand public, des PowerMac G5 d'Apple. Sous les noms de code « Big Mac » ou « System X », ce système – mis au point en trois mois pour 5,2 millions de dollars – prendra la troisième place du classement.

La problématique de la consommation énergétique

La course à la puissance s'accompagne inévitablement d'un accroissement exponentiel de la consommation énergétique des superordinateurs (cf. p. 248). Le Earth Simulator consomme plus de 3,2 mégawatts (MW) et l'ASCI White plus de 3 MW, ce qui commence à questionner dans l'optique de machines pétaflopiques (1 pétaflop/s = 1 million de milliards de flops/s). La solution consistant à uniquement tirer parti de l'augmentation de la fréquence du CPU pour gagner en performance n'est plus viable énergétiquement et il devient problématique de dissiper l'énergie produite par le CPU. Il faut donc trouver des ruptures technologiques qui vont permettre de poursuivre ces gains en puissance de calcul, mais dans une enveloppe énergétique contrôlée. L'idée sous-jacente est de diminuer la fréquence pour réduire la consommation électrique et la dissipation thermique, mais d'augmenter le nombre de cœurs pour gagner en puissance de calcul. Cela explique le plafonnement des fréquences ainsi que l'explosion des cœurs de calcul dans les processeurs récents.

L'ère des architectures massivement parallèles

Dans la course au pétaflop, IBM se distingue et imagine une nouvelle architecture extensible, massivement parallèle et optimisant la performance par watt, qui sera mise en service en 2004 sous le nom de Blue Gene/L, en référence au projet de recherche dans le domaine du repliement de protéine dont elle a été issue (cf. p. 138). Ce superordinateur déloge le Earth Simulator de la première place du TOP500 : il atteint la puissance de 280 téraflops/s en ne consommant que 1,2 MW.

Toujours très actif dans le domaine de la recherche, IBM développe aussi le Roadrunner, une machine hybride accélérée qui dépasse le seuil du pétaflop en juin 2008. Tirant l'essentiel de sa puissance des processeurs Cell inaugurés par la PlayStation 3, Roadrunner contient alors 122 400 cœurs de calcul et ne consomme que 2,35 MW, soit une efficacité énergétique de 437 mégaflops/W. Cependant, Roadrunner s'avérera être un véritable casse-tête pour les scientifiques et les développeurs, les modèles de programmation étant complexes et spécifiques.

L'année 2010 marque l'arrivée de la Chine au plus haut niveau avec deux systèmes en tête du TOP500, qui couplent des processeurs standards avec des accélérateurs de type GPU*: GPGPU pour *general-purpose computing on graphics processing units*. Le supercalculateur Tianhe-1A, d'une puissance théorique de 4,7 pétaflops/s, ne consomme que 4 MW.

De son côté, IBM continue sur sa lancée avec la BlueGene/Q, une architecture qui intègre encore plus de cœurs de calcul, plus de mémoire et une fréquence augmentée à 1,6 GHz. Cette machine, bien plus généraliste que ses prédécesseurs, est refroidie à cœur avec de l'eau froide pour optimiser son efficacité énergétique. En juin, 2012, IBM reprend la tête du TOP500 avec son supercalculateur Sequoia, qui développe une puissance de 16,3 pétaflop/s. Son efficacité est remarquable pour une machine homogène ne consommant que 7,89 MW, mais ce modèle sera le dernier de la lignée BlueGene. Plusieurs BlueGene/Q seront installées en France, notamment à EDF ou à l'IDRIS, le centre de calcul du CNRS.

L'avènement des architectures hybrides accélérés GPU

En 2010, Intel lance une alternative aux machines accélérées GPU, dont la complexité de pro-

Fig. 3 – **Cray YMP NASA Ames.** Premier supercalculateur à dépasser 1 GFlop/s, masse 3 tonnes, surface au sol 10 m², consommation électrique de l'ordre de 120 kW ■

grammation pose toujours problème, avec une ligne de processeurs *Many Integrated Core* (MIC) disposant de nombreux cœurs de calcul sur une même puce accédant à une mémoire partagée très rapide. Grâce à l'utilisation de modèles standards de programmation comme OpenMP, ces processeurs sont assez faciles d'accès. En 2013, le Tianhe-2 du *National Supercomputer Center in Guangzhou*, basé sur cette technologie, prend alors la première place du TOP500, avec plus de 3,12 millions de cœurs de calcul et une consommation qui atteint 17,8 MW ! Cette ligne de produit aura cependant un succès limité dû aux difficultés de production d'Intel en finesse de gravure à 10 nanomètres et à des performances limitées en intelligence artificielle, qui poussera Intel à l'abandonner brutalement.

En parallèle, les architectures accélérées continuent de progresser, à l'initiative principalement de Nvidia, qui sort le langage de programmation CUDA en 2006. Il s'agit du premier environnement de développement généraliste de programmation explicite commercial, qui inclue la notion de thread (fil d'exécution) permettant de gérer efficacement le parallélisme interne massif du GPU. Les évolutions du matériel sont régulières, en prenant en compte les remontées et les besoins des scientifiques. À partir de 2010, les GPU ont toutes les fonctionnalités indispensables pour faire du HPC et sont prêts à entrer dans l'arène pour vaincre la concurrence. L'IBM BlueGene, l'Intel MIC en seront les principales victimes. Avec un ratio performance par watt inégalable, c'est la solution privilégiée par de nombreux constructeurs pour fournir de la puissance dans une enveloppe énergétique limitée.

En 2016, suite à l'embargo du gouvernement américain sur le territoire chinois, la Chine développe en un temps record son propre processeur (le ShenWei SW26010) et construit le Sunway TaihuLight composé de 40 960 processeurs, soit 10,6 millions de cœurs de calcul pour une puissance crête de 125 pétaflops/s et une efficacité énergétique de 6 gigaflops/W. Cette machine sera numéro 1 au TOP500 de juin 2016 à juin 2018. Aux États-Unis, après l'arrêt de la ligne BlueGene, IBM se tourne vers les machines accélérées à base de GPU en mixant sa propre technologie de processeur à un accélérateur GPU. En résultent deux machines : Sierra et Summit qui prennent la première et la troisième place au TOP500. Summit, avec ses 27 648 GPU et sa puissance crête de 187 pétaflop/s consomme moitié moins que le Sunway TaihuLight.

En 2020, au Japon, Fujitsu construit le Fugaku, le premier superordinateur basé sur une architecture ARM, intégrant des extensions vectorielles. D'une puissance crête de 537 pétaflops/s provenant de ses 7,63 millions de cœurs, il est trois fois plus puissant que Summit et écrase la concurrence. Avec une consommation de 29,9 MW, il démontre qu'une architecture non accélérée peut aussi être efficace, même si avec 16,9 gigaflops/W elle n'arrive pas au niveau d'efficacité des architectures accélérées, qui culminent à cette époque à 30 gigaflops/W.

Les débuts de l'ère de l'exascale

En 2022, si des rumeurs et des publications scientifiques montrent que la Chine possède déjà plusieurs machines avec des technologies souveraines accélérées dépassant l'exaflop, Frontier est la première machine à dépasser officiellement cette barrière mythique avec 1,68 exaflop/s crête et 1,1 exaflop/s soutenu. Basé sur une architecture accélérée du fabricant AMD, aussi bien pour le processeur que pour l'accélérateur GPU, Frontier est composée de 37 888 GPU pour une consommation de 21,1 MW. Son efficacité atteint les 62,6 gigaflops/W (figure 3).

L'architecture hybride accélérée semble aujourd'hui la seule à même de délivrer une très grande puissance de calcul dans une enveloppe énergétique limitée. Elle est, de plus, parfaitement adaptée aux contraintes et aux spécificités de l'intelligence artificielle, et en particulier du *deep learning*, qui nécessite des ressources de calcul toujours plus importantes pour entraîner les très grands modèles de réseaux de neurones. L'évolution naturelle est donc à la spécialisation des dispositifs de calcul, seule alternative pour augmenter l'efficacité énergétique au-delà des limites actuelles. Bien sûr, d'autres ruptures technologiques, comme le calcul quantique, pourraient un jour venir bouleverser les approches classiques du HPC et de l'intelligence artificielle.

Références bibliographiques

- A. J. VAN DER STEEN – *Overview of Recent Supercomputers*, Stichting Nationale Computer Faciliteiten, 1997.
- Y. GUERRINI – 29 ans de supercalculateurs, une puissance multipliée par 18 millions ! Tom's Hardware, 2022.
- TOP500 – www.top500.org
- GREEN500 – www.top500.org/lists/green500

5. Le partage du calcul pour de meilleures performances

Pierre Sens

Jusqu'au début des années 1960 la programmation des ordinateurs se faisait de manière séquentielle. Un programme était exécuté instruction par instruction sur une seule unité de traitement, un processeur. À partir de 1962, avec le D825 de Burroughs Corporation, sont apparues les premières machines parallèles avec plusieurs processeurs et à la fin des années 1960, avec ARPANET, les machines ont pu être reliées par un réseau informatique. L'idée d'exploiter la puissance de plusieurs machines a alors rapidement émergé, afin d'agréger leurs ressources et d'offrir des capacités de calcul et de stockage plus élevées.

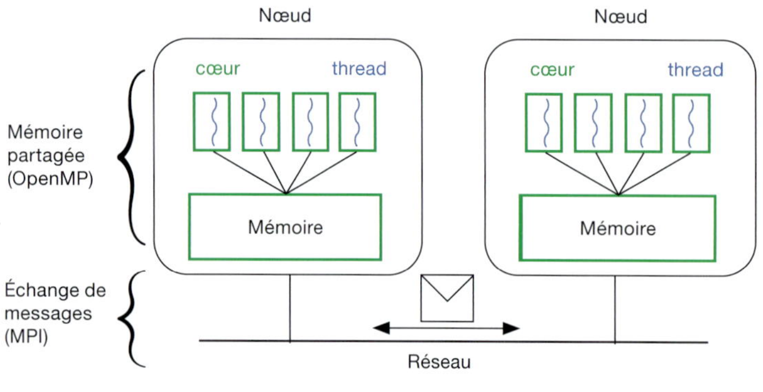

Fig. 1 – Modèle de communication hybride. Les tâches de calcul (*threads*) peuvent partager directement l'information en mémoire au sein d'un nœud de calcul et s'échanger des messages entre les nœuds ■

Modèles d'échange et programmation

Pour qu'un calcul soit « distribué », il faut exécuter un algorithme découpé en tâches sur une architecture répartie où un ensemble de machines, ou nœuds, partagent leurs ressources (mémoire, calcul et stockage). Il y a deux modèles de calculs distribués associé à des architectures différentes. Dans le modèle à mémoire partagée, les tâches d'un même nœud peuvent s'échanger directement de l'information via une mémoire commune. Dans le modèle à base d'échange de messages, les tâches situées sur des nœuds différents s'échangent des informations en envoyant des messages sur le réseau (figure 2).

Pour faciliter la programmation des calculs distribués, des outils ont été développés. Des bibliothèques offrent une interface de programmation (API pour *Application Programming Interface*) pour gérer facilement les échanges d'informations. Ces outils sont souvent spécifiques à chaque type d'application. Pour développer des applications scientifiques à haute performance, les bibliothèques MPI (*Message Passing Interface*) pour la programmation à base d'échange de messages et OpenMP pour la mémoire partagée sont largement utilisées. MPI est utilisée pour échanger des messages entre des tâches s'exécutant sur des nœuds différents, tandis qu'OpenMP est dédiée aux échanges entre les tâches s'exécutant sur une même machine. Les deux bibliothèques peuvent être combinées pour réaliser de la programmation hybride (figure 1).

Pour les applications distribuées de gestion de données (comme le traitement de plusieurs fichiers ou de bases de données), des outils comme Hadoop ou Spark permettent d'enchaîner une série de traitements sur des données en entrées. Les données issues d'un système de stockage sont alors envoyées à une chaîne de traitement dont chaque élément peut être exécuté sur des machines différentes (figure 3).

Modèles de répartition des calculs

Le modèle client-serveur* est un moyen simple pour structurer des applications distribuées (figure 4a). Une machine dédiée, le serveur, exécute un programme qui fournit alors un ensemble de services à des machines distantes, les clients. Les clients envoient des requêtes au serveur et attendent en retour des réponses. Les programmes serveur sont spécialisés en fonction du type de services qu'ils fournissent. Par exemple, un serveur Internet traite les demandes d'accès à des pages Internet issues des navigateurs s'exécutant sur les machines clientes. Dans ce modèle, seules les ressources des machines exécutant les programmes serveur sont exploitées. La gestion est donc centralisée.

Le modèle pair-à-pair* (*peer-to-peer*) (figure 4b) vise à exploiter les ressources de toutes les machines présentes sur le réseau. Les machines, ou pairs, ont toutes le même rôle (à la fois cliente et serveur) et partagent leurs ressources en s'échangeant directement des messages dans un mode de communication d'égal à égal. À partir de 1998, le concept de pair-à-pair a été mis en œuvre par des applications d'échange de fichiers entre utilisateurs, notamment par Naptser, et, à partir de 2000, par des protocoles de transfert de données massives entre pairs tels que BitTorrent. Aujourd'hui, des applications de cryptomonnaies (bitcoin, etc.) utilisent un modèle pair-à-pair pour enregistrer les transactions dans des registres distribués structurés dans une blockchain*.

Architectures pour le calcul à haute performance

Plusieurs types d'applications – pour modéliser le climat, analyser des sous-sols, craquer des codes en cryptographie, faire de la simulation numérique, ou encore entraîner des réseaux de neurones pour l'intelligence artificielle – nécessitent de grandes performances et une utilisation massive de ressources de traitement et de stockage. Ces calculs à haute performance doivent alors se déployer sur des milliers de processeurs. Plusieurs architectures réparties permettent d'exécuter de telles applications.

Les grappes*, ou *clusters*, sont un ensemble de nœuds de calcul reliés entre eux par un réseau rapide afin de construire des supercalculateurs (figure 5). Ces nœuds sont géolocalisés dans un même bâtiment. Le projet Top500 donne la liste des 500 supercalculateurs les plus puissants classés en fonction de leur nombre d'opérations en virgule flottante par seconde* (FLOPS pour *floating-point operations per second*). En juin 2023, le supercalculateur le plus puissant, situé au Oak Ridge National Laboratory

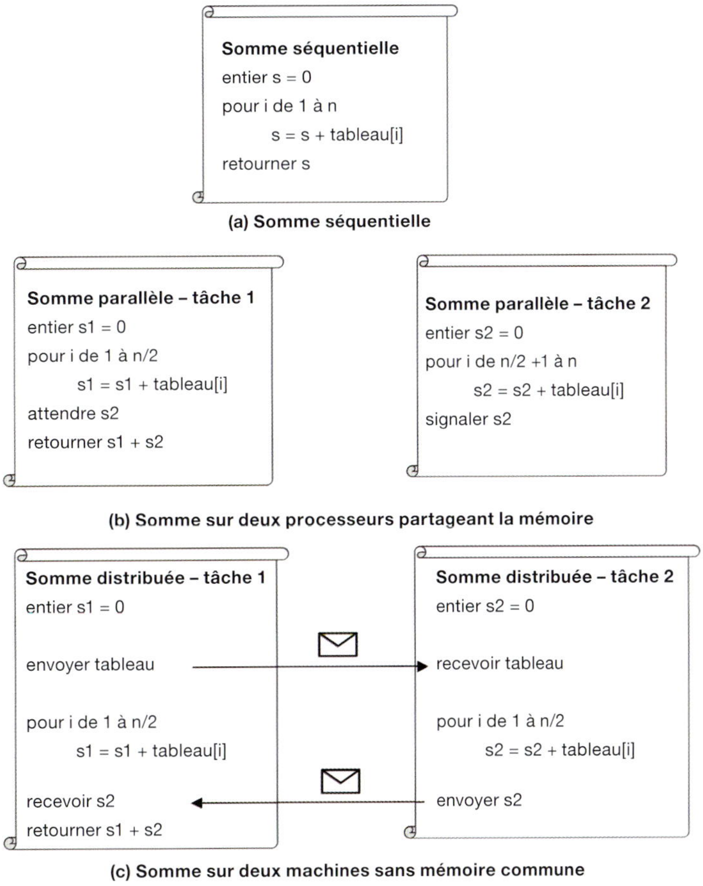

Fig. 2 – **Exemple de calcul distribué.** La somme des éléments d'un tableau d'entiers de taille n pair ■

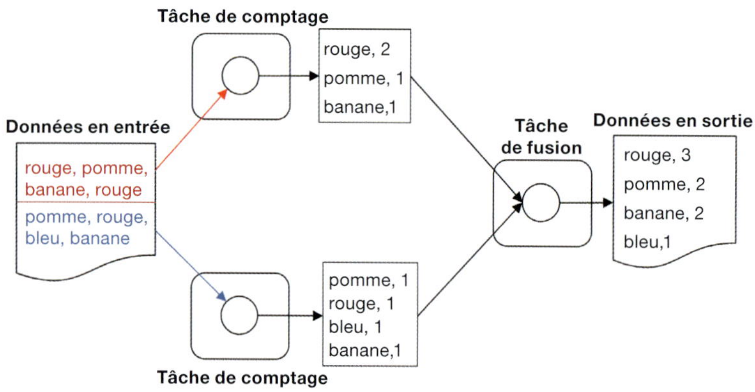

Fig. 3 – Traitement des données distribué pour compter le nombre d'occurrences de mots dans un texte ■

aux Etats-Unis, possède 8 699 904 processeurs et atteint une puissance théorique supérieure à l'exaflops, soit plus de 10^{18} opérations par seconde. Ces supercalculateurs ont généralement un contrôle centralisé où un ordonnanceur* global distribue les tâches de calcul sur les différents nœuds (figure 3).

À la fin des années 1990, la notion de grille informatique*, ou *Grid Computing*, a été introduite par Ian Foster. L'idée est d'exploiter de manière transparente les ressources disponibles réparties sur des sites géographiquement distribués et reliées par un réseau longue distance. Le terme *grid* (grille) est une analogie avec le réseau électrique (*power grid*) où les utilisateurs consomment le courant électrique indépendamment des sources de production.

Il existe plusieurs façons de construire des grilles. Une solution consiste à interconnecter via des liaisons spécialisées rapides un ensemble de grappes. Le contrôle est alors partiellement décentralisé : chaque grappe gère ses propres ressources et se coordonne avec les autres. Un intergiciel* et des outils tels que Globus, offrent alors aux applications la vision d'une organisation virtuelle masquant l'ensemble des grappes constituant la grille.

Une autre façon de construire une grille est d'exploiter les ordinateurs individuels disponibles chez les particuliers. Avec le calcul volontaire (*Volonteer Computing ou DesktopGrid*), les utilisateurs offrent la puissance de calcul de leur machine sur la base du volontariat, par exemple lorsque leur ordinateur est en veille. Dans ce domaine, BOINC (*Berkeley Open Infrastructure for Network Computing*) créé en 2003 par David Anderson est la plateforme la plus utilisée. BOINC est un logiciel libre qui permet d'exécuter des applications découpées en milliers de petites tâches indépendantes réparties sur des ordinateurs connectés à Internet. L'architecture suit un modèle maître-travailleur (*master-worker*) proche d'un client-serveur* : chaque application est associée un serveur centralisé qui distribue les tâches de calcul sur les machines des utilisateurs, lorsque celles-ci les réclament. Le serveur collecte ensuite les résultats des tâches. Dans ce modèle, il n'y a pas de communication directe entre les travailleurs. En juin 2023, le projet PrimeGrid de BOINC, lié à la recherche sur les très grands nombres premiers, a accumulé une puissance de calcul moyenne de 3 téraflops, avec plus 354 000 utilisateurs (cela correspond à la puissance du 242e supercalculateur le plus puissant).

Informatique en nuage

L'informatique en nuage*, ou *cloud computing*, est apparue au début des années 2000. Un nuage informatique met à disposition d'utilisateurs distants des ressources informatiques à la demande. Il s'agit de capacité de stockage de données ou de puissance de calcul issues d'un ensemble de grappes qui peuvent être réparties géographiquement. Amazon a été la première société à mettre en œuvre ce concept en louant les ressources inexploitées de ses centres de calcul et de stockage durant les périodes creuses. La virtualisation est la technique clé pour mettre en œuvre un nuage. Des machines virtuelles (MV) permettent d'émuler un environnement informatique complet, y compris le processeur, la mémoire, le système d'exploitation et les logiciels. Une MV permet ainsi d'exécuter plusieurs systèmes d'exploitation ou applications indépendamment les uns des autres sur une même machine physique. Ces MV

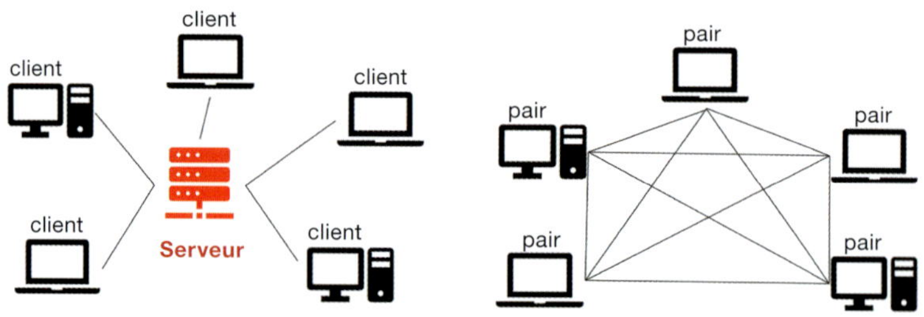

Fig. 4 – Le modèle client/serveur, à gauche, et le modèle pair-à-pair, à droite ■

sont créées à la demande et s'exécutent sur les nœuds de l'infrastructure du fournisseur de nuage. Cette approche est flexible : plusieurs MV peuvent s'exécuter sur le même nœud physique, elles peuvent être suspendues, déplacées au gré des pics de charge ou pour économiser de l'énergie (les MV sont alors regroupées sur un petit nombre de nœuds physiques, permettant d'éteindre une partie de l'infrastructure). Avec les nuages, les calculs d'utilisateurs sont donc externalisés dans les grappes des fournisseurs de nuage. Cette externalisation induit un trafic important dans le cœur du réseau et des temps de réponse accrus.

Le *Fog computing** est une alternative distribuée au modèle des nuages apparue au début des années 2010. Le Fog étend le nuage vers le bord du réseau : des équipements à la périphérie du réseau, souvent des petits centres de calcul de proximité formant une infrastructure de Edge computing, permettent de rapprocher les traitements des utilisateurs et ainsi de réduire la latence* et de limiter les communications sur le cœur du réseau. Les Fogs sont particulièrement adaptés aux traitements des données issues d'objets connectés.

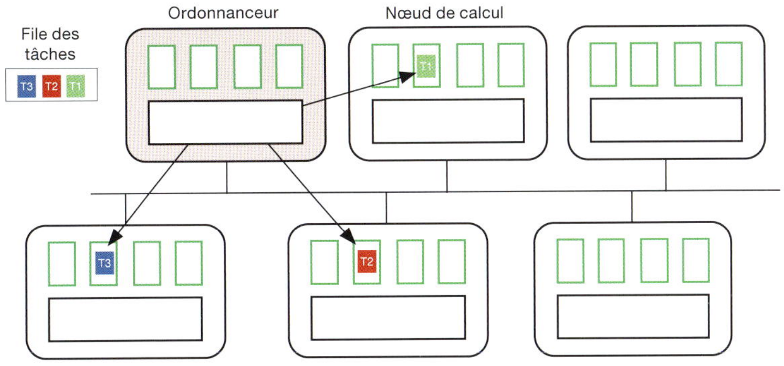

Fig. 5 – Une grappe de calcul. Les nœuds de calcul homogènes sont reliés par un réseau local. Les applications soumettent leurs tâches de calcul à l'ordonnanceur qui les répartit sur les nœuds de calcul ■

Défis scientifiques et évaluation

L'exécution de calculs distribués pose plusieurs défis. Tout d'abord en termes de placement des tâches de calcul : un des problèmes fondamentaux consiste à placer les tâches des calculs sur les nœuds de l'infrastructure. Les algorithmes de placement combinent plusieurs critères qui peuvent être contradictoires, comme la vitesse d'exécution et la consommation énergétique. Pour trouver la solution optimale, les algorithmes ont souvent un temps d'exécution dans le pire des cas exponentiel en fonction du nombre de tâches et de nœuds, et sont donc inexploitables en pratique. Des solutions approchées, ou heuristiques doivent alors être mises en œuvre. Par exemple, les algorithmes gloutons construisent une solution pas à pas sans revenir sur les décisions précédentes. Ils placent les tâches une à une en minimisant un critère, par exemple la vitesse d'exécution, en espérant obtenir un résultat optimum global.

Le second défi concerne la tolérance aux fautes : les calculs scientifiques exécutés sur des supercalculateurs à l'échelle de l'exaflops impliquent des millions de processeurs. À une telle échelle, la probabilité qu'un processeur tombe en panne pendant l'exécution d'une application est très forte. Il faut donc intégrer aux outils de communication comme MPI des techniques pour détecter les défaillances et relancer les tâches à partir d'états préalablement sauvegardés.

Enfin, il reste à relever le défi de l'expérimentation. Pour valider les nouveaux prototypes de recherche en distribué, il est important de pouvoir les évaluer dans des environnements contrôlés et de manière reproductible. En France, les chercheurs en calcul distribué peuvent utiliser la plateforme nationale Grid'5000 qui regroupe 42 grappes réparties sur 9 sites géographiques. Grid'5000 est hautement reconfigurable est permet d'émuler différents environnements distribués. Aux Etats-Unis, des plateformes comme Cloudlab, Emulab ou GENI permettent aux chercheurs de réserver des nœuds physiquement répartis pour émuler différentes configurations de *cloud* et d'infrastructures réparties.

Références bibliographiques

- A. MANCHERON – *Une introduction à la programmation parallèle avec Open MPI et OpenMP*, GNU/Linux Magazine, 2018.
- P. RIGAUX – *Calcul distribué : Hadoop et MapReduce*, Cours.
- L. VIENNOT et O. LAUSECKER – *Les réseaux de pair à pair*, Interstices.info, 2005.
- I. FOSTER, C. KESSELMAN et S. Tuecke – *The Anatomy of the Grid: Enabling Scalable Virtual Organizations*, The International Journal of High Performance Computing Applications, 2001.
- https://www.top500.org/lists/top500/2023/06

6. Le calcul à l'heure des objets connectés

Serge Fdida et Andrzej Duda

L'Internet des objets* (IoT) fait référence à la connexion et à la communication entre des objets physiques grâce à l'utilisation d'Internet. Les objets connectés sont des dispositifs qui intègrent des capacités de communication et de traitement de l'information, leur permettant d'échanger des données avec d'autres objets connectés, des systèmes informatiques et des utilisateurs. Ces objets peuvent être de différentes tailles et formes, allant des petits capteurs portables aux véhicules autonomes et aux villes intelligentes. Les objets connectés sont souvent dotés de capteurs qui leur permettent de collecter des données sur leur environnement. Celles-ci peuvent être liées à des variables telles que la température, l'humidité, la luminosité, la localisation géographique, les mouvements, etc. Les objets connectés peuvent également être équipés d'actionneurs, leur permettant d'effectuer des actions physiques en réponse aux informations qu'ils reçoivent. Au fur et à mesure des progrès technologiques, les objets bénéficient de l'évolution de la puissance de calcul et de la capacité mémoire. Initialement, ils étaient souvent limités en termes de ressources informatiques en raison de contraintes de coût, de taille et d'efficacité énergétique. Aujourd'hui, les puces et les composants électroniques ont connu une miniaturisation et une augmentation de leur puissance de calcul. Les microcontrôleurs, qui sont des unités de traitement de petite taille, ont gagné en puissance et en efficacité énergétique. Cela a permis aux objets connectés de réaliser des tâches de traitement de base (comme la collecte des informations de l'environnement) et d'exécuter des algorithmes simples directement sur l'appareil lui-même, sans le concours de serveurs distants. De plus, les objets connectés ont également bénéficié de l'augmentation de la capacité de stockage : ils peuvent entreposer davantage de données localement et les traiter directement sans les envoyer sur un serveur.

La limitation des capteurs de données

L'évolution de la puissance de calcul et de mémoire des objets connectés a ouvert la voie à de nouvelles applications et possibilités. Les objets connectés peuvent désormais exécuter des algorithmes plus complexes, prendre des décisions plus intelligentes et interagir de manière plus dynamique avec leur environnement et les utilisateurs. Cette évolution a favorisé le développement des grandes « applications verticales », telles que la domotique, la santé connectée, les véhicules autonomes, l'agriculture intelligente, etc. Il convient de noter que même si les objets connectés ont vu une augmentation de leur puissance de calcul et de mémoire, ils restent souvent limités par leurs ressources en raison de contraintes d'énergie, de coût et de taille. Les concepteurs d'objets connectés doivent donc trouver un équilibre entre les fonctionnalités qu'ils souhaitent offrir et les contraintes des ressources disponibles. Ainsi, les objets connectés ont pris une place croissante dans la transformation numérique de la société, via leur mission de collecte des données nécessaires pour fournir les services des grands domaines d'application cités plus haut. Dans un premier temps, les solutions proposées sont construites sur le modèle classique de l'« informatique en nuage », appelé « *cloud** ». Les données sont remontées par des réseaux appropriés vers des centres de traitement massifs appelés « Data Centers » où elles seront traitées. Ce modèle centralisé est simple et donc facile à déployer, mais il présente de nombreuses faiblesses caractéristiques d'une archi-

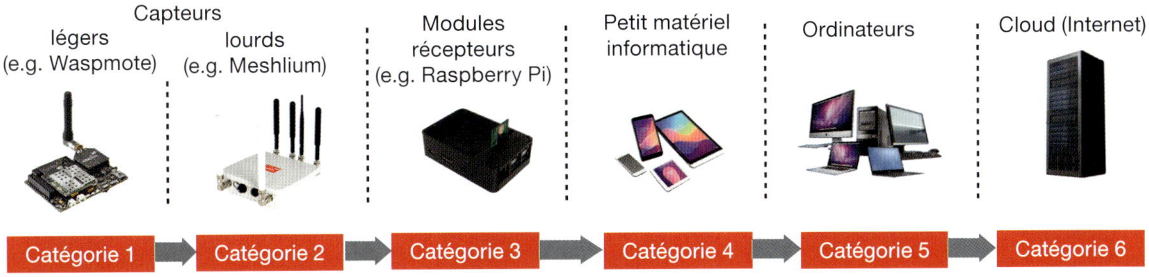

Fig. 1 – Catégorisation des équipements « Internet des objets » (IoT) en fonction de leurs capacités de calcul ■

tecture bâtie sur le *cloud*. Citons, par exemple, le fait qu'une information échangée localement doit traverser l'Internet jusqu'au serveur avant de revenir à proximité, ou que le contrôle via une télécommande, de l'éclairage d'une ampoule dans son foyer, passe par un serveur distant. Cette solution s'accommode également de la faible capacité des capteurs utilisés dans la plupart des applications de première génération. En effet, ces derniers servaient essentiellement à remonter des informations liées à l'environnement avec des faibles débits et volumes, mais présentaient aussi des capacités extrêmement limitées en termes de ressources et d'énergie.

La virtualisation de l'infrastructure requiert néanmoins la recherche du bon niveau d'abstraction en termes de calcul et de distribution des données. En effet, la virtualisation pourrait conduire à penser que la localisation des ressources et des données n'est pas un problème, alors qu'en réalité, la distribution des données et des calculs qui leur seront appliqués est essentielle. En l'occurrence, les services qui présentent des contraintes temporelles demandent que les traitements soient réalisés à proximité des données ou des consommateurs de ces données. C'est le cas, par exemple, pour la voiture autonome. Par ailleurs, l'avènement de l'intelligence artificielle et de ses usages – notamment l'apprentissage automatique ou *machine learning*, consommateur de ces données –, pose le problème de l'intimité numérique (« *privacy* ») indispensable au respect de la confidentialité ou de la régulation. Dans ce cas, certaines données ne pourront tout simplement pas être transmises vers le *cloud*, donnant naissance à des techniques comme le « *privacy-preserving federated learning* ». Enfin, des contraintes de performance et de gestion de la charge font que les réseaux informatiques ont besoin de répartir cette charge sur plusieurs serveurs tout en préservant les débits de transfert.

La révolution de l'*edge computing*

La solution imaginée pour pallier ces limitations, l'« *edge computing* » (ou « informatique en périphérie »), s'inspire du concept de mise en cache du contenu (« *caching* ») ou de distribution des serveurs. Son principe consiste à rapprocher le *cloud* du client grâce à de nombreux petits centres de calcul (« *cloudlets** ») distribués à la périphérie du réseau. Ceci permet de réduire la charge sur le *cloud*, de raccourcir les chemins entre le client et le serveur et de préserver la confidentialité des données. Un concept similaire a été introduit sous le terme de « *Fog Computing* ». La différence principale entre ces deux solutions réside dans la localisation des serveurs ainsi que dans leur capacité de traitement, mais ils concourent tous deux à améliorer les performances et l'efficacité des applications critiques qui présentent des contraintes temporelles. Dans les deux cas, des ressources sont mobilisées à proximité de la source des données, afin de réaliser un prétraitement, d'apporter une réponse plus rapide ou encore d'éviter aux données de franchir un domaine sous le contrôle d'une autre autorité.

Ainsi sont apparues plusieurs propositions d'architectures, telles que celle spécifiée par le groupe ETSI et dénommée MEC* pour *Mobile Edge Computing* ou *Multi-access Edge Computing* adaptée aux réseaux mobiles. Dans cette architecture, par exemple, un drone qui survole une zone géographique sera pris en charge au plus près par des serveurs de périphérie qui suivront sa trajectoire pour interagir avec lui successivement. Cette solution s'accompagne progressivement de l'exploitation d'une capacité accrue en ressources des capteurs (par exemple une voiture qui embarque un calculateur) qui permet d'enrichir le modèle du concept de « *far-edge* », ou « bord éloigné », (infrastructure la plus éloignée du centre du *cloud* et donc la plus proche des utilisateurs) dans lequel il est possible d'envisager des capacités de service encore plus près du terminal, et donc à faible latence et à débit élevé. À l'extrême, le terminal lui-même (un téléphone mobile, par exemple) peut devenir serveur pour d'autres terminaux, en utilisant le principe des services de proximité, de délestage de trafic (*offloading**) et de la technologie D2D (*Device-to-Device**).

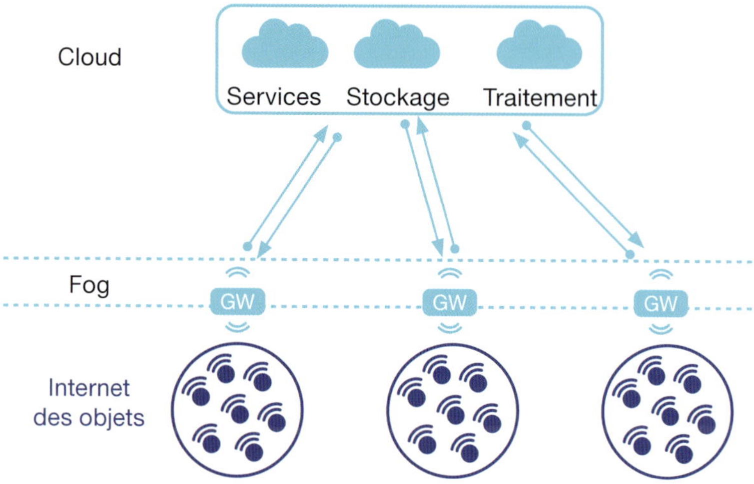

Fig. 2 – Hiérarchie des niveaux impliqués dans les architectures « Internet des objets » ■

Vers une infrastructure désagrégée

L'ensemble de ces évolutions vise à construire un modèle de calcul complètement distribué, s'appuyant sur un ensemble de ressources allant du *cloud* jusqu'au capteur ou terminal. L'idée est d'exploiter au mieux l'ensemble de ces ressources en vertu des contraintes de la multiplicité des services à mettre en œuvre. Cette démarche est rendue possible grâce à une évolution majeure dans le domaine des réseaux qui consiste à désagréger l'infrastructure, et à en séparer le plan de contrôle* du plan de données. Le plan de contrôle représente l'intelligence qui permet la construction des chemins qui seront ensuite suivis par les données par l'intermédiaire de balises (tables) et d'effectuer la réservation éventuelle des ressources nécessaire à l'exécution du flot. Le plan de données vise à acheminer les données qui s'écouleront sur les chemins marqués par le plan de contrôle. À l'origine fortement distribué, comme dans l'Internet (protocole IP), il devient progressivement centralisé et programmable avec l'adoption de SDN* (*Software-Defined Networks*). Ce modèle d'architecture permet de programmer à la volée les équipements d'acheminement des données du réseau afin de satisfaire au plus près les exigences des flots de paquets générés par chacun des services. Cette solution apporte une plus grande flexibilité pour le contrôle et la gestion de l'infrastructure.

L'approche NFV* (*Network Function Virtualization*) exploite le principe de virtualisation des services en l'appliquant aux fonctions réseaux pour les exécuter sur un serveur. Depuis plusieurs années, des applications qui étaient hébergées sur des serveurs locaux (de l'entreprise) sont déployées dans le *cloud* sous la forme d'un service mutualisé et accessible à distance. NFV applique ce même principe aux fonctions particulières que met en œuvre un réseau via des équipements matériels. Par exemple, si une entreprise utilise un pare-feu à l'entrée de son domaine et que ce pare-feu est saturé par un trafic excessif, il devient nécessaire de le changer, alors que si la fonction « pare-feu » est exécutée sous la forme de service dans le *cloud*, il suffit de lui allouer plus de capacité de traitement pour traiter cette surcharge. Cette technologie accroît considérablement l'agilité des architectures réseaux, car les équipements matériels des constructeurs sont remplacés par des solutions organisées avec une majorité de composants logiciels exécutés sur des serveurs virtualisés, ce qui permet d'associer dynamiquement les ressources à la demande. Muni de ces fonctions, le réseau devient vraiment informatique. Une infrastructure numérique est dès lors conçue, déployée et opérée selon les mêmes techniques et outils que ceux utilisés pour les serveurs. L'architecture réseau est désormais complètement dépendante du *cloud*, c'est-à-dire qu'elle n'existe pas sans le *cloud*, qui permet le passage à l'échelle, rendu possible par le multiplexage d'un très grand nombre de flots qui lissent le trafic global, traité par un gros centre de traitement. Le problème de traitement des données IoT peut alors être formalisé sous une forme proche de celui utilisé naguère pour les systèmes de gestion de bases de données distribuées, dans un autre contexte. Les données issues des capteurs peuvent être filtrées et traitées dans des nœuds intermédiaires avant d'être envoyées vers des passerelles intelligentes. Ces opérations doivent prendre en compte de nombreux facteurs liés à la Qualité de Service (QoS) attendue des applications, à la confidentialité des données et aux capacités en ressources et énergie des nœuds intermédiaires. De même, des algorithmes de calcul distribué prendront place afin de réaliser une tâche de manière transparente et efficace tout en utilisant l'ensemble des ressources nécessaires malgré leur distribution géographique.

En résumé, le réseau devient similaire à une plateforme programmable constituée de ressources informatiques de traitement, de stockage et de communication. Le modèle ainsi réalisé permet la mise en place d'algorithmes de traitements distribués, basés sur le *cloud* et le *edge*, muni de capacité de traitement fédéré de l'intelligence.

Fig. 3 – **L'*edge intelligence* marie des techniques d'informatique pervasive et d'intelligence artificielle.** Ces principes se retrouvent dans les solutions post-5G, qui s'appuient sur une architecture « cloud-native », architecture de microservice, exploitant les données de l'environnement pour mieux le gérer par l'intermédiaire de contrôleurs de type SDN (encore appelés « système d'exploitation réseau »). © Freepik ■

Vers l'intelligence artificielle de proximité

Une toute nouvelle technologie relie l'*edge computing* à l'intelligence artificielle (IA) pour former l'« *edge intelligence* » (figure 3). Ce concept intègre des fonctionnalités d'intelligence artificielle au niveau du réseau périphérique, afin de mieux répondre aux besoins des objets connectés de plus en plus intelligents et autonomes, des systèmes et des services connectés. Il s'appuie sur le développement de solutions d'IA puissantes et sur l'émergence de l'informatique de périphérie en tant que paradigme qui enrichit les réseaux informatiques en rapprochant le stockage, le calcul et d'autres fonctionnalités des appareils qui en ont besoin. La combinaison de ces développements, telle que recherchée par l'*edge intelligence*, remet en question la vision dominante basée sur le *cloud* centralisé de l'IA en permettant à l'intelligence, ou du moins à certaines de ses parties, d'être placée à proximité des services, des applications et des sources de données qui en auraient besoin ou qui en tireraient avantage, tout en surmontant les limitations du *cloud* pour de nombreuses applications critiques. La puissance de cette technologie s'illustre dans le contexte des applications du *machine learning**. Dans ce cadre, des données sont collectées par les capteurs et des modèles IA peuvent être téléchargés sur ces capteurs, par exemple à partir du *cloud*. Grâce à ces modèles, les capteurs peuvent alors réaliser des prédictions locales sur la base de données locales. Enfin, le capteur peut décider de réaliser une action particulière en fonction du résultat de la prédiction.

Références bibliographiques

- M. ARMBRUST *et al.* – *A View of Cloud Computing*, Commun, ACM 53, 2010.
- L. BELLI *et al.* – *A Graph-Based Cloud Architecture for Big Stream Real-time Applications in the Internet of Things.* In *Communications in Computer and Information Science*, Springer, 2015.
- F. BONOMI, R. MILITO, J. ZHU et S. ADDEPALLI – *Fog computing and its role in the internet of things*, In *Proceedings of the first edition of the MCC workshop on Mobile cloud computing*, Association for Computing Machinery, 2012.
- C. PERERA *et al.*– *Fog Computing for Sustainable Smart Cities: A Survey*, ACM Comput, 2018.
- L. KONG *et al.*– *Edge-computing-driven Internet of Things: A Survey*, ACM Comput, 2022.
- E. PELTONEN *et al.* – *The Many Faces of Edge Intelligence*, IEEE Access, 2022.

7. Enjeux et objectifs de l'*European Open Science Cloud* (EOSC)

Jean-Yves Berthou et Volker Beckmann

Aujourd'hui, environ 50 % de toutes les expériences de recherche sont considérées comme non reproductibles, et la grande majorité des données qui en sont issues n'arrivent jamais dans un dépôt fiable et durable. L'Europe ayant investi 120 milliards d'euros dans les recherches productrices de données entre 2014 et 2020, la destruction annuelle de capital est donc très significative, sans compter les pertes associées à une analyse inefficace des données, l'impact économique et sociétal de la non-exploitation des connaissances et le frein à l'innovation que cela induit. D'autre part, la collaboration entre disciplines est absolument nécessaire à la résolution des grands défis sociétaux et économiques de notre époque. Cependant, les données produites par un scientifique sont souvent difficiles à retrouver, au sein d'une même discipline et encore plus d'une communauté à une autre. Enfin, la science elle-même se trouve dans une phase de transition sans précédent, dopée par la richesse et la complexité des données produites, le développement des technologies numériques et l'émergence de nouvelles méthodologies. En conséquence, les pratiques, les structures sociales et les infrastructures qui se sont progressivement développées au cours des siècles évoluent depuis des décennies dans un environnement complexe et hétérogène.

La nécessité d'une science ouverte

Le Cloud Européen pour la Science Ouverte ou EOSC (*European Open Science Cloud*) est un environnement numérique partagé de tous, accessible dans le monde entier, dans lequel les chercheurs, les innovateurs, les entreprises et les citoyens peuvent publier, trouver et réutiliser les données et les outils de chacun d'entre nous à des fins de recherche, d'innovation et d'éducation. EOSC a pour vocation de contribuer à la création de connaissances, d'améliorer la qualité de vie des citoyens et d'alimenter la prospérité économique en Europe et plus globalement de relever les défis mondiaux de notre époque. Il pose comme principe que les données et outils de la recherche et de l'innovation puissent être retrouvés, accessibles, interopérables et réutilisables (ou FAIR *Findable, Accessible, Interoperable, Reusable*). La dimension européenne (« *European* ») et mondiale de l'EOSC est fondamentale. L'Europe, fédérée par nature, est la mieux placée pour mener coordonner son développement avec d'autres régions du monde. Par ailleurs, l'ouverture (« *Open* ») est un principe de base, mais il existe des exceptions, telles que la confidentialité et le respect de la vie privée qu'encadre notamment le règlement général sur la protection des données (RGPD). EOSC a, dès sa création, adopté la maxime suivante : « ouvert autant que possible, fermé quand cela est nécessaire ». L'utilisation du terme « *Science* » inclut les arts et les sciences humaines. En outre, EOSC soutient non seulement la recherche scientifique, mais aussi l'innovation qui associe recherche publique et privée, tout en favorisant une large participation sociétale. Enfin, le terme « *Cloud* » est une métaphore qui matérialise l'idée d'une continuité et d'un bien commun. EOSC ne se résume pas à une infrastructure numérique de calcul et de données de type « *cloud* ». Par ailleurs, EOSC est une fédération et, à ce titre, elle utilise les infrastructures et la puissance de calcul fournies par ses partenaires, comme le CC-IN2P3 et le CINES en France. Les centres de données français ont fourni 72 points de service et délivré 578 millions d'heures de CPU en 2021. En d'autres termes, EOSC est tout autant une vision, un programme de travail dans le cadre d'Horizon Europe, une communauté, qu'une infrastructure fédérée à l'échelle européenne. EOSC vise à accélérer la transition vers une science et une innovation ouverte, plus efficaces, dans un marché numérique unique dépourvu des obstacles techniques, législatifs et humains, plus favorable à la réutilisation des données et des outils de recherche, au-delà des frontières disciplinaires, sociales et géographiques (figure).

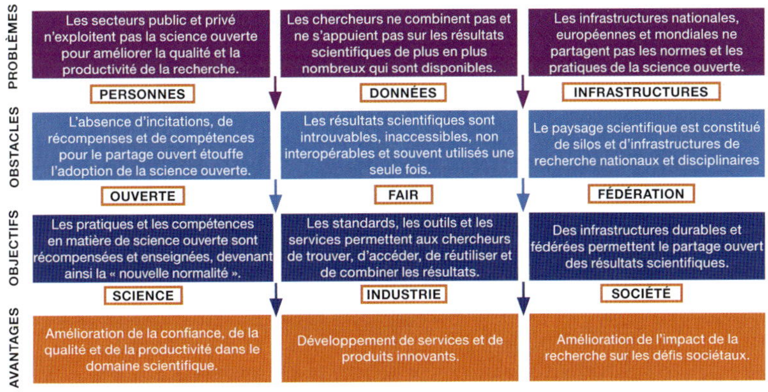

Comment l'EOSC répond à un certain nombre de défis pour améliorer la recherche ■

Permettre un large partage des données

D'un point de vue opérationnel, l'objectif de l'EOSC n'est pas de créer de nouveaux dépôts de données, services et infrastructures, mais de relier ceux qui existent déjà et de fournir les connexions manquantes pour permettre de nouvelles possibilités de recherche. À cet effet, une part importante du développement de services opérationnels, dont la « FAIRisation » des données, a été réalisée dans le cadre de projets financés par Horizon 2020 et Horizon Europe. À titre d'exemple, le portail de données COVID-19 a été lancé en avril 2020 afin de rassembler des ensembles de données pertinents pour le partage et l'analyse dans le but d'accélérer la recherche sur les coronavirus. En octobre 2024, plus de 8,9 millions de séquences de nucléotides provenant de 129 pays ont été mises à disposition, ce qui en fait l'une des principales ressources de données FAIR pour la recherche Covid-19. Le projet GAIA-DATA est un autre exemple emblématique dans le domaine des sciences de la Terre et de l'Univers. Il a pour objectif de développer et de mettre en œuvre une plateforme intégrée de données FAIR et de services distribués pour l'observation, la modélisation et la compréhension du système Terre. Le projet NEANIAS développés dans le cadre de l'EOSC se concentre sur la conception conjointe de trois services innovants : gestion et visualisation de données, création de cartes et mosaïquage d'images multidimensionnelles, et détection de structures à l'aide de techniques d'apprentissage automatique dans l'environnement spatial. Le service ViaLactea vise à exploiter les relevés astrophysiques du plan galactique pour étudier le processus de formation des étoiles de la Voie lactée.

L'avenir de la plateforme

Dans le cadre du programme Horizon Europe, une gouvernance forte a été mise en place, composée des représentants des États membres, de la Commission européenne et des membres de l'association EOSC. Cette association est composée de 257 organisations de 38 pays, dont 31 entités du seul secteur de la recherche française. Il reste à établir un lien organique entre l'EOSC et les infrastructures de recherche. À cet effet, l'association EOSC a créé un groupe de travail EOSC-ESFRI (*European Strategic Forum for Research Infrastructure*), dont l'objectif est de contribuer à réduire la fragmentation du paysage des données de recherche en Europe. En 2025, le cœur et les services d'EOSC devront être accessibles à l'ensemble des chercheurs et innovateurs européens. Il sera ainsi possible de mettre en œuvre des expériences scientifiques utilisant des données provenant de différents domaines scientifiques et des services FAIR EOSC sur des infrastructures fédérées de divers pays européens. Le soutien à EOSC dans le prochain programme-cadre européen (FP10) doit également être confirmé. Pour la période postérieure à 2027, un schéma de financement plus persistant est prévu, qui permettra le fonctionnement du noyau d'EOSC sur le long terme. EOSC est là pour rester, il n'y aura pas de retour en arrière.

Références bibliographiques

- P. AYRIS *et al.* – *Realising the European Open Science Cloud*, First report and recommendations of the Commission High Level Expert Group on the European Open Science Cloud, 2016.
- L. P. FREEDMAN, I. M. COCKBURN et T. S. SIMCOE – *The Economics of Reproducibility in Preclinical Research*, journals.plos.org, 2015.

- Quatrième partie -

Algorithmique et programmation

Page précédente :

Introduction

Mokrane Bouzeghoub

L'algorithmique et la programmation sont à la science informatique ce que l'architecture et la construction sont au génie civil. Elles constituent deux étapes fondamentales dans la réalisation d'un système informatique. Il convient donc de ne pas confondre un algorithme et un programme, comme on ne confond pas le plan d'un architecte avec le bâtiment réalisé sur la base de ce plan. Un programme est une transformation d'un algorithme exprimé dans un langage formel en un code décrit dans un langage de programmation.

L'algorithmique permet, selon une méthodologie spécifique de résolution de problème, de proposer une solution abstraite à un problème concret en identifiant les étapes à franchir et en explicitant les actions à réaliser à chaque étape. Étapes et actions constituent ce qu'on appelle un algorithme. Ce dernier est exprimé dans un langage formel adapté à une étude analytique, estimant notamment son temps d'exécution théorique en fonction de la taille du problème à résoudre (la taille des données par exemple), ses propriétés comportementales (preuve de terminaison ou indécidabilité), les hypothèses simplificatrices éventuelles (heuristiques pour les problèmes très difficiles) pour obtenir une solution optimale.

La programmation est un processus de réécriture d'un algorithme dans un langage informatique (il en existe des centaines), en intégrant tous les éléments nécessaires à l'exécution optimale du programme obtenu (le dialogue avec l'utilisateur ou les autres programmes, les requêtes d'accès aux données, les routines de gestion d'erreurs, etc.). C'est aussi dans cette phase que sont évaluées les ressources nécessaires à l'exécution de ce programme. Une fois écrit, un programme est compilé pour vérifier sa bonne définition et sa cohérence, et pour générer dans un environnement machine particulier le code qui sera ultérieurement exécuté par un ou plusieurs ordinateurs. Le métier de programmation évolue, il passe d'une période où les lignes de programmes sont la production exclusive des programmeurs à une période où les programmes sont générés automatiquement à partir de scripts ou de patterns de haut niveau, renforçant ainsi l'automatisation du processus d'ingénierie logiciel. Il est même possible aujourd'hui de demander à ChatGPT de générer un programme dans presque n'importe quel langage, à partir d'une expression des besoins en langage naturel.

L'algorithmique et la programmation sont des moyens complémentaires d'expression des calculs en informatique, elles ont connu des évolutions formidables, poussées par les progrès obtenus dans trois domaines : les nouvelles architectures de machine qui ont impulsé de nouveaux modèles de calcul (parallélisme, *threads*, HPC par exemple), les théories sur les vérifications et les preuves de programmes qui consolident l'ingénierie logicielle, et les générateurs automatiques de programmes qui réduisent de façon significative les coûts de développement. À cela s'ajoutent la diversité et la complexité des données qui nécessitent des langages de manipulation spécifiques (SQL par exemple) ainsi que la démocratisation de la programmation portée par les langages graphiques et les langages de scripts qui offrent des concepts simples pour répondre à des besoins ad hoc ne nécessitant pas des projets informatiques d'envergure.

Les articles de ce chapitre donnent un aperçu de cette discipline. Les trois premiers traitent de la méthode et de la complexité algorithmique ainsi que des différents paradigmes de programmation. Les deux suivants introduisent des modèles d'exécution exploitant les ressources de calcul et de mémoire. Les deux derniers traitent de la justesse des calculs réalisés par les ordinateurs et des erreurs silencieuses qui peuvent survenir dans les programmes.

1. L'algorithmique : vers la résolution concrète de problèmes

Claire Mathieu

Il existe deux grandes catégories d'algorithmes* : d'une part les algorithmes résolvant des problèmes* rigoureusement définis, par des approches qui exploitent la structure de ces problèmes ; et, d'autre part, les algorithmes qui donnent des réponses difficiles à évaluer précisément, par des approches statistiques basées sur les données.

La résolution de problèmes bien définis

Le problème du Rubik's cube entre dans cette première catégorie. Il s'agit de réaliser des rotations bien choisies pour que chaque face du cube devienne monochrome. L'analyse du problème permet de trouver des suites de rotations (des « formules ») qui mettent une facette dans la position souhaitée tout en laissant inchangées toutes les autres facettes précédemment mises en place. Il n'y a alors plus qu'à enchaîner les formules. Le résultat final se laisse admirer : en tournant le cube sur lui-même, l'algorithmicien peut montrer au spectateur que chaque face est monochrome, et que l'algorithme a donc réussi (figure 1). Prenons comme deuxième exemple de cette première catégorie d'algorithme l'alignement des séquences génomiques. Dans la version la plus simple, il s'agit de prendre deux séquences de lettres A, C, G, T, représentant des fragments d'ADN, et de les aligner de la façon la plus compacte possible. L'algorithme produit l'alignement et l'usager peut vérifier que les lettres alignées correspondent bien, et que le nombre de trous est bien celui annoncé par l'algorithme (figure 2).

Enfin, dernier exemple de problème bien défini : celui de l'assignation des étudiants à des formations, en respectant les capacités de ces formations. Il s'agit de prendre les classements des étudiants par les formations, et des formations par les étudiants, puis de produire une affectation qui ne dépasse pas les capacités et qui soit « stable », c'est-à-dire pour laquelle aucune paire (étudiant, formation) n'aurait intérêt à faire affaire en dehors de l'algorithme. Aucun étudiant ne peut aller voir une formation et leur dire : « J'aurais préféré être chez vous ». Et aucune formation ne peut dire : « Nous aurions dû prendre cet étudiant plutôt que l'un de ceux que nous avons recrutés, sans passer par la plateforme ». La méthode utilisée, qui est à la base de la plateforme Parcoursup, est l'une des versions de l'algorithme de Gale-Shapley et produit une affectation des étudiants aux formations, et une barre « rang du dernier admis » pour chaque formation. Chacun peut vérifier que les

Fig. 1 – **Un algorithme pour faire le Rubik's cube donne une suite d'instructions élémentaires, du style « faire une rotation d'un quart de tour de la face verte dans le sens des aiguilles d'une montre » pour arriver à ce que chaque face devienne monochrome, de la couleur de la facette centrale ■**

capacités sont respectées, que chaque étudiant a été affecté à sa formation préférée parmi toutes celles où il est classé avant la barre, et que toute formation qui a refusé du monde est remplie exactement jusqu'à sa capacité maximale.

Dans ces trois cas, le problème à résoudre peut être défini par une description précise du résultat souhaité. À chaque problème correspond un algorithme adapté, obtenu par une étude des propriétés du problème ; et l'utilisateur, même s'il ne saisit pas tous les détails du déroulé de l'algorithme, peut regarder le résultat final et se convaincre que c'est le « bon » résultat.

La résolution de problèmes plus vagues

Les algorithmes de la deuxième catégorie sont apparus plus récemment, avec le boom des applications et des réseaux sociaux. Ainsi, la réponse d'un moteur de recherche à une requête entre dans cette deuxième catégorie. Le moteur de recherche utilise un algorithme pour décider quelles pages montrer. Pour les résultats « organiques » (qui ne lui rapportent pas d'argent), il lui faut simplement choisir ceux qui sont les plus pertinents pour l'usager, et la méthode est basée sur la popularité des pages. Une page est populaire si elle a des liens à partir de nombreuses pages qui sont elles-mêmes populaires. Ainsi, l'algorithme se repose sur le discernement des personnes. La popularité d'une page, avec la présence de mots-clés liés à ceux de la requête, semble efficace en pratique, mais comment savoir si l'ensemble des liens donnés en résultat de la requête contient le « bon » résultat ? Il n'y a pas de concept net pour le définir. Souvent, l'usager lui-même ne sait pas ce qu'il recherche, et peut-être qu'une page qui n'a pas été donnée comme résultat lui conviendrait bien mieux que celles qui sont affichées. Les résultats non-organiques, eux, servent à financer le moteur de recherche, et l'affichage dépend donc à la fois de l'intérêt potentiel de l'usager pour le lien et du bénéfice engrangé par le moteur de recherche.

Autre exemple de la deuxième catégorie d'algorithme : les modèles génératifs de langage (tels que ChatGPT). Ils permettent de produire un texte à partir de quelques indications, de traduire un texte d'une langue en une autre langue, et diverses autres tâches liées au langage. L'algorithme repose sur les documents disponibles sur Internet, préalablement analysés, synthétisés, et avec des fragments de textes regroupés par similarité. C'est une méthode par apprentissage automatique*, qui fait partie de l'intelligence artificielle*. Avec suffisamment de documents et d'analyses préalables, il produit des textes qui ont (ou semblent avoir) un sens et qui sont rédigés dans une langue généralement correcte. Mais, pour une traduction par exemple, est-ce la « bonne » traduction ? Cette question est bien sûr mal posée. Traduire un texte, c'est nécessairement le trahir, et c'est tout l'art du traducteur que de « bien » choisir. Au lieu de poser des critères qui cadrent le résultat et définissent ce qu'est une « bonne » traduction, l'algorithme s'inspire de ce qui a été fait avant, sans chercher à comprendre. La clé, ce sont les données. Les principes de l'algorithme sont connus, mais la raison pour laquelle il donne des résultats satisfaisants comprend une part de mystère encore à l'étude.

Enfin, dernier exemple de cette catégorie : les réseaux sociaux, qui sont un lieu d'information mais aussi de désinformation, où les usagers écrivent leurs réflexions, réactions, et signalent des articles qu'ils trouvent intéressants à partager. Ils consultent un fil qui déroule une sélection de ce qui a été écrit par d'autres usagers. Ainsi, c'est un lieu où chacun peut se sentir une âme de journaliste et diffuser l'information qu'il juge utile de partager. Mais cette diffusion doit passer le filtre de l'algorithme qui sélectionne quoi montrer aux utilisateurs. Pour ce faire, l'algorithme marque certains autres usagers comme interlocuteurs

A	C	T	T	G	T	A	C	G	G
–	C	T	G	G	–	A	C	G	–

Fig. 2 – **Alignement de séquences.** Dans cet exemple, la séquence ACTTGTACGG est alignée avec la séquence CTGGACG, avec 6 endroits, en vert, où les lettres coïncident ■

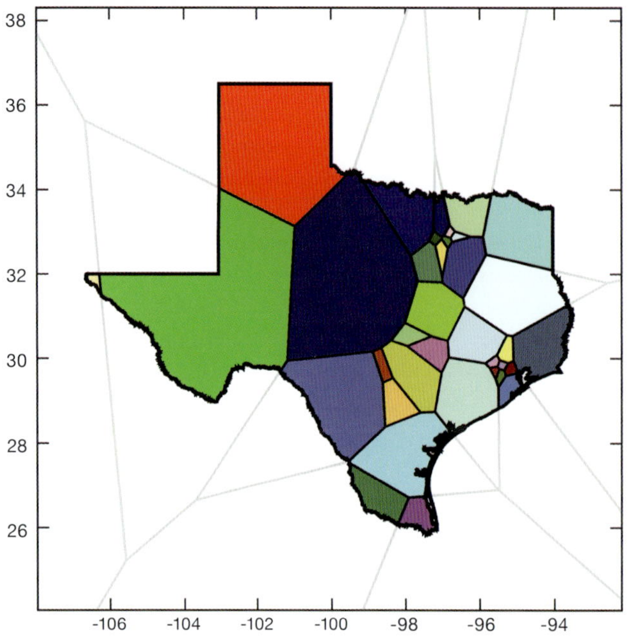

Fig. 3 – **Un découpage du Texas en 36 circonscriptions électorales, toutes avec la même population.** Pour éviter des choix de frontières dessinées à des fins électoralistes (*gerrymandering*), l'algorithme impose de surcroît que les circonscriptions soient des polygones convexes, et essaie de construire des circonscriptions "compactes". D'après V. COHEN-ADDAD, P. N. KLEIN et N. E. YOUNG ■

préférés (des « amis »), et la sélection privilégie les écrits de leurs amis ou les écrits populaires, mais avec de nombreuses variantes. Dans le cas des recommandations sur les réseaux sociaux, non seulement on ne peut pas définir le « bon » résultat, mais en plus l'algorithme est opaque.

Une efficacité qui mène à certains risques

La première catégorie d'algorithmes est assez simple à comprendre, et le problème posé est nettement séparé de l'algorithme proposé, qui peut être correct ou non, selon qu'il résout ou non le problème. Les algorithmes de la deuxième catégorie résolvent des problèmes bien plus vagues, et sont donc beaucoup moins cadrés. L'utilisateur ne peut pas vérifier que le résultat est le bon, puisque cette notion elle-même n'a pas de sens évident. Ils présentent donc une grande versatilité mais aussi des risques de biais involontaire ou même de manipulation volontaire.

Ainsi l'évolution du monde algorithmique change la problématique. Il ne suffit plus de trouver la réponse à ces questions : « l'algorithme résout-il le problème posé ? » et « l'algorithme est-il suffisamment rapide ? », mais il faut aussi répondre à ces questions plus fondamentales : « qu'est-ce qu'on veut calculer ? » et « comment savoir si le résultat est satisfaisant ? ». Cette question se pose aussi lorsqu'il faut définit de nouveaux objectifs, comme celui de découpage de circonscriptions convexes (figure 3).

Les algorithmes classiques font une distinction claire entre problème posé et algorithme pour le résoudre. Les algorithmes plus récents, qui se fondent sur le comportement de l'utilisateur et les données pour utiliser des méthodes d'apprentissage, ont montré leur impressionnante efficacité en pratique, mais le flou et l'opacité relatifs qui accompagnent le manque de séparation rigoureuse entre problème et algorithme soulèvent le risque de divers comportements indésirables. Pour mieux les cadrer, il est nécessaire de définir des propriétés qui seront garanties, en particulier en formalisant le respect des lois par les algorithmes ; et pour les rendre plus transparents, il faut concevoir des propriétés simples permettant une compréhension au moins partielle du fonctionnement.

Références bibliographiques

- I. RIOU – *Le Rubik's cube et son petit frère, le Taquin à retournement, du point de vue de la théorie des groupes*, culturemath.ens.fr, 2020.
- F. RECHENMANN – *Alignement optimal et comparaison de séquences génomiques et protéiques*, interstices.info, 2005.
- R. GUERRAOUI – *Un algorithme : PageRank de Google*, blog Binaire, 2014.
- T. VIEVILLE – *ChatGPT ? Voulez-vous comprendre ce que c'est ?*, blog Binaire, 2023.
- INRIA – *Réseaux sociaux : la modélisation mathématique peut-elle contribuer à réduire la polarisation des opinions ?*, inria.fr, 2022.
- V. COHEN-ADDAD, P. N. KLEIN et N. E. YOUNG – *Balanced centroidal power diagrams for redistricting*, SIGSPATIAL/GIS, 389-396, 2018.

2. La complexité algorithmique

Sylvain Perifel

En 1900, David Hilbert exposa vingt-trois problèmes importants qui tenaient les mathématiciens en échec. Le dixième concernait un certain type d'équations appelées « diophantiennes* », et demandait une méthode pour les résoudre. Hilbert ne se doutait pas que sa question concernerait autant la formalisation de cette notion de « méthode » que les équations diophantiennes elles-mêmes. La notion informelle d'« algorithme* » qui prévalait jusqu'alors ne suffisait plus, car la réponse donnée par Youri Matiiassevitch en 1970 aurait effaré Hilbert : une telle méthode n'existe pas ! Comme d'autres problèmes mathématiques, celui-ci est « indécidable », c'est-à-dire qu'il ne pourra jamais être résolu par un algorithme. Pour montrer cela, encore fallait-il définir précisément cette notion d'algorithme. Cela fut fait dans les années 1930 par des logiciens comme Kurt Gödel, Alonzo Church ou Alan Turing. Aujourd'hui, avec nos ordinateurs et nos langages de programmation, il est aisé de saisir intuitivement cette notion d'algorithme : une suite d'instructions manipulant ou testant la mémoire de l'ordinateur et répétable grâce à des boucles. Par exemple, nous décririons de cette façon un algorithme pour trier dans l'ordre croissant une liste L de n nombres :

Répéter n fois :

- Parcourir les éléments non encore triés de L pour trouver l'élément minimal x ;
- Placer x à la fin de L.

De la calculabilité à la complexité

L'usage quotidien des ordinateurs nous fait croire que tous les problèmes usuels peuvent se résoudre sans difficulté, et que le problème ci-dessus des équations diophantiennes n'est qu'une lubie mathématique. Mais les programmeurs auront une objection : il n'y a pas non plus d'algorithme qui vérifie si un programme satisfait une spécification, par exemple s'il n'entre pas dans une boucle infinie. De leur côté, les mathématiciens auront peut-être un soulagement : il n'y a pas d'algorithme pour prouver automatiquement n'importe quel théorème. Enfin, les carreleurs auront un dilemme : il n'y a pas d'algorithme pour savoir s'il est possible de carreler une salle de bain infinie avec des carreaux comme ceux de la figure 1. Heureusement, cela concerne peu de gens, et la plupart des problèmes pratiques peuvent bel et bien être résolus par un algorithme. Mais tous n'ont pas d'algorithmes efficaces... À partir de quand un algorithme est-il « efficace » ? S'il s'exécute en moins de 2 minutes ou 2 secondes ? Quel seuil choisir, sur quelle machine ? Et surtout, sur quelles données d'en-

Fig. 1 – **Un ensemble de carreaux (tuiles de Wang).** Paver une région signifie la recouvrir de copies de ces carreaux (les rotations sont interdites) : deux carreaux peuvent être mis côte à côte seulement si la couleur de leur côté commun coïncide (figure 2) ■

Fig. 2 – **Portion finie de pavage (apériodique) du plan avec les carreaux de la figure 1** ■

trée ? Considérons un algorithme qui prend en entrée une liste de nombres à trier. Il mettra sans doute plus longtemps sur un ordinateur de bureau que sur un supercalculateur, et il passera également plus de temps à trier un million d'éléments que dix. Il faut donc mesurer le nombre d'opérations élémentaires (addition, multiplication, comparaison, etc.) effectuées par l'algorithme, en fonction de la taille n de l'entrée : un algorithme effectuant par exemple n opérations sur les entrées de taille n (algorithme « linéaire ») sera plus performant qu'un autre qui en effectuerait par exemple n^2 (algorithme « quadratique »), qui sera lui-même plus performant qu'un troisième en effectuant 2^n (« exponentiel »). Nous pouvons faire tourner sur différentes tailles d'entrées ces trois exemples d'algorithmes sur une machine réalisant un milliard d'opérations élémentaires par seconde, et comparer les temps de calcul*. Les différences sont gigantesques (figure 3).

En d'autres termes, un algorithme linéaire pourra traiter de très grandes données, tandis qu'un algorithme exponentiel ne pourra dépasser une taille d'entrée de quelques dizaines de données. C'est pourquoi les informaticiens évitent les algorithmes exponentiels, mais la complexité algorithmique est justement là pour leur rappeler que parfois ils n'ont pas le choix…

P : temps polynomial

Notre carreleur, plus modeste, s'attaque cette fois à des salles de bain finies : il doit paver* une zone carrée de n cases de côté par des copies en nombre quelconque d'un jeu de carreaux donné, par exemple celui de la figure 1. Comme les pièces d'un puzzle, il doit les assembler, sans les tourner, pour constituer un carré de côté n. S'il n'a qu'un modèle de carreau à sa disposition, il faut pouvoir juxtaposer celui-ci avec lui-même à gauche, à droite, en haut et en bas : seuls conviennent donc les carreaux dont les côtés opposés sont de même couleur (figure 4). Si tel est le cas, construire un pavage est facile : il suffit d'insérer une copie du carreau dans chacune des n^2 cases, ce qui donne un algorithme quadratique. Et s'il a maintenant deux modèles de carreaux différents ? Les choses se corsent un peu mais il est encore possible de déterminer efficacement si un pavage existe, et d'en construire un le cas échéant. Examinons en effet toutes les possibilités de coller les deux carreaux ensemble : on notera par exemple (12) si le carreau 2 peut être placé à droite du carreau 1, et $\binom{2}{2}$ si le carreau 2 peut être placé en dessous de lui-même. Il y a alors

Taille de l'entrée	20	40	60	100	1000	10^6	10^9
Algorithme en n	20 ns	40 ns	60 ns	100 ns	1 µs	1 ms	1 s
Algorithme en n^2	400 ns	1,6 µs	3,6 µs	10 µs	1 ms	17 min	32 ans
Algorithme en 2^n	1 ms	18 min	37 ans	40 200 mds d'années	…	…	…

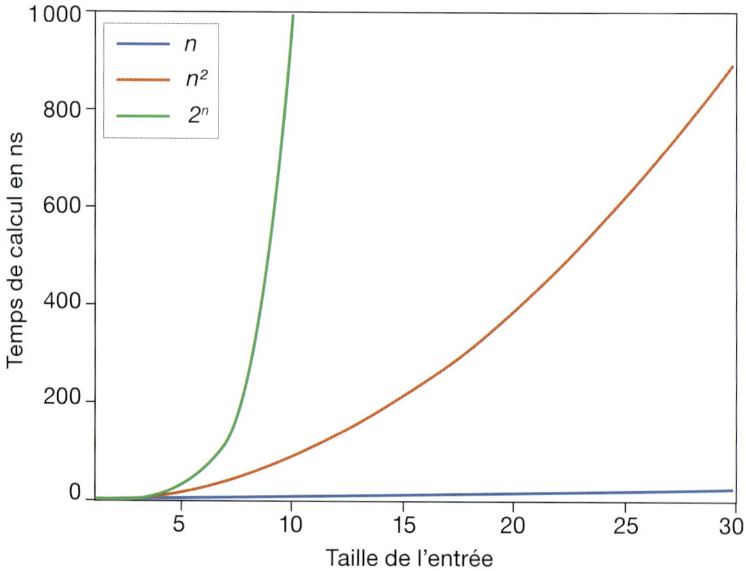

Fig. 3 – **Temps de calcul sur une machine réalisant un milliard d'opérations par seconde, selon l'algorithme et la taille de l'entrée** ■

8 compatibilités potentielles : (11), (12), (21), (22), $\binom{1}{1}$, $\binom{1}{2}$, $\binom{2}{1}$, $\binom{2}{2}$. Le jeu de deux carreaux de la figure 5 aura ainsi pour ensemble de compatibilités (11), (12) et $\binom{1}{2}$. Dans le cas général, parmi les 256 ensembles possibles, il est possible de déterminer lesquels permettent de paver, et il suffit alors de tester si notre jeu de deux carreaux possède l'un des bons ensembles de compatibilités. Pour construire le pavage, le type d'ensemble de compatibilités nous indique lequel des trois motifs de la figure 6 choisir. Il suffit alors de remplir la grille de l'une de ces façons : il y a n^2 cases, ce qui donne à nouveau un algorithme quadratique. Pour un petit nombre de carreaux différents, le raisonnement est le même et l'algorithme obtenu effectue toujours un nombre polynomial d'opérations, c'est-à-dire n, ou n^2, ou n^3, etc. Ces algorithmes sont considérés comme « efficaces » (pour la théorie du moins), et l'ensemble des problèmes qui ont un algorithme polynomial forment la classe P* (*Polynomial time*). Ainsi, le problème de paver un carré avec deux types de carreaux est dans la classe P.

Le carreleur devient fou

En revanche, lorsque le nombre de carreaux est grand, par exemple lorsque le jeu contient n carreaux différents pour paver un carré de côté n, alors c'est nettement plus difficile. Aucun carreleur à ce jour ne saura si un tel jeu de carreaux permet de paver sans avoir testé toutes les possibilités, car personne ne connaît d'algorithme réellement meilleur. Or le nombre de possibilités est gigantesque : n'importe lequel des n carreaux pourrait être placé dans la première case, de même dans la deuxième case, et ainsi de suite pour les n^2 cases, ce qui donne n^{n^2} possibilités, un nombre exponentiel. L'algorithme consistant à tout tester est donc exponentiel, c'est-à-dire très mauvais. Il est inutilisable en pratique lorsque n dépasse 6 ou 8, une toute petite salle de bain. N'y a-t-il pas mieux ? Il semblerait que non...

NP : vérifier efficacement

Ce problème de pavage n'est pas tout à fait arbitraire. En effet, si les carreaux sont placés sur un carré de taille n, il est possible de *vérifier* efficacement (en temps polynomial) qu'il s'agit d'une bonne solution (un pavage valide) : il suffit de vérifier pour chaque carreau s'il est compatible avec ses voisins. Or, il y a des centaines d'autres problèmes intéressants de la sorte... Concevoir un emploi du temps tel que deux cours ne se chevauchent pas dans une même salle peut être difficile, mais une fois la tâche surmontée, vérifier que la proposition d'emploi du temps satisfait la contrainte se fait très facilement. Le problème de l'emploi du temps est donc de même nature que celui du pavage (vérification efficace*), tout comme résoudre un système d'équations ou un ensemble de contraintes, trouver un chemin sur une carte qui passe par chaque ville une et une seule fois, partitionner un ensemble de nombres en deux sous-ensembles de même somme, ordonnancer des tâches interdépendantes, etc. C'est comme en mathématiques : démontrer un théorème nécessite souvent une bonne dose d'intuition, tandis que vérifier l'exactitude d'une démonstration se fait « facilement » ligne par ligne.

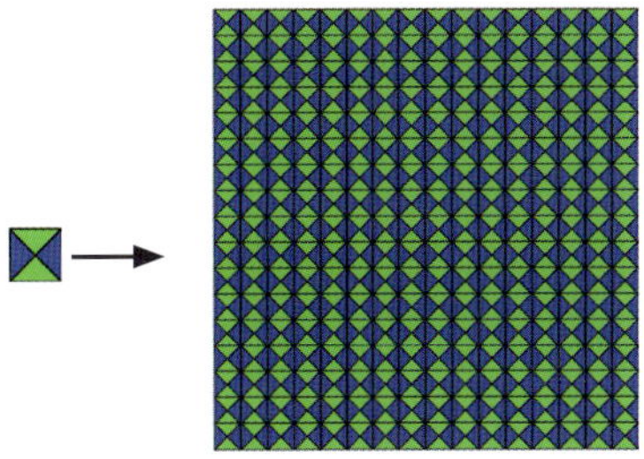

Fig. 4 – Carreau unique permettant de paver une région du plan ■

Fig. 5 – Un jeu de deux carreaux ■

L'ensemble de ces problèmes, qui ne sont pas forcément évidents à résoudre (à la différence de ceux de la classe P) mais dont une solution peut être vérifiée par un algorithme polynomial, s'appelle la classe NP* (*Nondeterministic Polynomial time*). Trouver une solution semble bien plus difficile qu'en vérifier une, donc en termes algorithmiques, il semblerait que P≠NP. Cette question de savoir si certains problèmes de NP ne peuvent pas être résolus en temps polynomial, revient à se demander si l'« intuition » n'est pas plus efficace que la force brute pour résoudre ces problèmes. Cependant, en 2024, personne n'a la moindre idée de la façon de procéder.

NP-complétude

Le problème de pavage ci-dessus peut également s'écrire sous la forme d'une formule logique stipulant que toutes les cases sont recouvertes d'un carreau et que tous les carreaux voisins sont compatibles. Ce problème se ramène donc au problème de satisfaisabi-

111111111	1111111111	1212121212
111111111	2222222222	2121212121
111111111	1111111111	1212121212
111111111	2222222222	2121212121
111111111	1111111111	1212121212
111111111	2222222222	2121212121
111111111	1111111111	1212121212
111111111	2222222222	2121212121
111111111	1111111111	1212121212
111111111	2222222222	2121212121

Fig. 6 – Les trois types canoniques de pavages à deux carreaux, à symétrie près (horizontal-vertical) et à renumérotation des carreaux près (1-2) ■

lité booléenne (ou problème SAT*) de savoir si une formule logique a une solution. Ainsi, le problème SAT est « plus difficile » que celui de paver. En particulier, un algorithme efficace pour SAT donnerait un algorithme efficace pour paver. Cette approche peut être généralisée et a été fructueuse depuis les années 1970. Un problème A se ramène à un autre B lorsqu'il est possible de formuler les instances de A comme des instances de B, ce qui montre que A est plus facile que B et permet d'obtenir une hiérarchie de problèmes selon leur difficulté. De manière surprenante, dans NP, cette hiérarchie a un sommet : des problèmes de NP qui sont « plus difficiles » que tous les autres, dans le sens où tous les autres peuvent s'y ramener*. SAT est de ceux-là, le problème du pavage également. Ils sont appelés « NP-complets* ». S'ils avaient un algorithme efficace, alors tout problème de NP aurait aussi un algorithme efficace, et donc P=NP. Parmi ces problèmes NP-complets se trouvent des centaines de problèmes importants en pratique dans de nombreux domaines (ordonnancement, cartographie, physique, calcul, jeux, etc.). Des générations d'informaticiens les ont étudiés et n'ont réussi à trouver aucun algorithme efficace. C'est pourquoi la plupart d'entre eux pensent que P≠NP, et qu'une preuve de NP-complétude est un sérieux indice de la difficulté d'un problème. Même les ordinateurs quantiques ne semblent pas en mesure de résoudre ces problèmes efficacement.

Conclusion

Les classes de complexité centrales P et NP ne sont que deux éléments d'un échafaudage visant à classifier les problèmes informatiques selon leur difficulté, depuis les problèmes « faciles » jusqu'aux problèmes indécidables. Cet échafaudage, dont un petit morceau est illustré à la figure 7, est très cosmopolite : y figurent, par exemple, des problèmes résolubles par algorithmes probabilistes (classe BPP) ou des généralisations de la classe NP (classes coNP, PH, NEXP).

Le temps de calcul n'est pas la seule mesure de la complexité d'un problème : une ressource parfois critique est l'espace mémoire utilisé, par exemple lorsque des données massives faciles à traiter ne peuvent être stockées entièrement par manque de place. Un pan entier de cet échafaudage concerne donc aussi la complexité en espace (classes L, NL, PSPACE), c'est-à-dire que les problèmes sont, cette fois, classifiés selon la quantité de mémoire utilisée par les algorithmes. Les relations entre ces classes sont loin d'être toutes connues. Aux côtés de « P≠NP ? », les informaticiens ont ainsi bien d'autres questions fondamentales à étudier pour mieux comprendre l'essence du calcul par ordinateur.

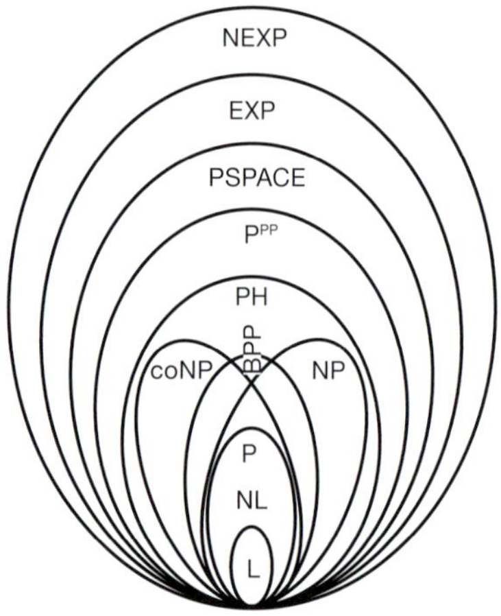

Fig. 7 – Autour de P et NP, les informaticiens étudient de nombreuses autres classes dont ils peinent à percer les mystères… ■

Références bibliographiques

• O. CARTON – *Langages formels, calculabilité et complexité*, Vuibert, 2008.

• S. ARORA et B. BARAK – *Computational Complexity: a Modern Approach*, Cambridge University Press, 2009.

• S. PERIFEL – *Complexité algorithmique*, Ellipses, 2014.

3. Paradigmes et styles de programmation

Mokrane Bouzeghoub

L'accès à la puissance de calcul des ordinateurs se fait à l'aide des langages de programmation. Ces derniers évoluent et se diversifient constamment pour incarner les innovations technologiques successives des systèmes d'exploitation et des ordinateurs. Les premiers langages de programmation, appelés « assembleurs », sont constitués d'un ensemble d'instructions permettant de réaliser des mouvements de valeurs entre cellules et registres mémoire* et des opérations binaires sur ces registres (arithmétique de base, test, itération, arrêt normal, arrêt sur erreur). Ces instructions ne sont qu'une représentation symbolique des vraies commandes, exprimées en code binaire, comprises par l'ordinateur. Ainsi est née la notion de programme (séquence d'instructions réalisant une tâche de calcul), l'activité de programmation et le métier de programmeur. Cependant, l'assembleur n'est pas un langage universel, il est spécifique à chaque type de machine et au système d'exploitation* qui l'opère. La portabilité des programmes est donc limitée et coûteuse. Les langages de haut niveau, ou « langages évolués », sont apparus au début des années 1950 avec Fortran, créé par l'Américain John W. Backus pour programmer des applications scientifiques sans connaissances préalables de la machine. Ces langages sont basés sur différents paradigmes de programmation et classés en quatre groupes : les langages impératifs, les langages fonctionnels, les langages logiques et les langages orientés objets. Cette catégorisation est un simple repère pour identifier les styles de programmation, illustrés par quelques langages de référence, dits « purs dans leur paradigme », mais la plupart des langages d'aujourd'hui mixent les styles et sont difficiles à associer à une seule classe.

Les langages impératifs

Les langages impératifs, aussi dits « procéduraux », permettent d'implémenter des algorithmes en énonçant les actions à réaliser pas à pas pour guider la machine dans l'exécution des procédures de calcul (figure 1). Un jeu d'instructions, plus naturel que les commandes de l'assembleur, est proposé au programmeur : l'affectation de valeur (i :=i+1), la séquence (instruction 1 ; instruction 2...), le test (If « condition » ; Then « action »),

```
program ExempleProgImperatif;
var tab: array of Char;  elem1, elem2: Char;   i, j: Integer;  /* déclaration des variables globales: tab est un tableau de
caractères, elem1, elem2 sont deux variables de type caractère, i et j sont des variables de type entier.

/*fonction générique de recherche d'un élément dans une tableau de caractères.
function Rechercher(elem: Char; tab: array of Char): Integer;
begin
 for Result := Low(tab) to High(tab) do              /* boucle de parcours du tableau donné en paramètre)
  if tab[Result] = elem                              /* test de l'existence de la valeur donnée en paramètre
       then Exit;                                    /* si trouvée, sortie en rendant l'indice de la valeur dans Result
  Result := -1;                    /* Si à la fin de la boucle la valeur n'est pas trouvée elle rend -1 dans Result
end;

begin                                  /* corps du programme principal qui appelle la fonction de recherche
 tab := ('H', 'J', 'K', 'F', 'M', 'S', 'P', 'R', 'V', 'X');          /* Initialisation du tableau aux valeurs désirées
 ReadLn(elem1); ReadLn(elem2);                                /* lecture sur l'entrée des deux valeurs à rechercher
 i := Rechercher(elem1, tab);   j := Rechercher(elem2, tab);     /* Récupération des indices i et j de la recherche
 if (i <> -1) and (j <> -1) and (tab[i] = tab[j])                     /* tester l'existence et l'égalité des valeurs
          then tab[i]:=' ';                                                   /* Mise à blanc de l'une des valeurs
 WriteLn('C'est terminé : ', tab);                                 /* imprimer le message de fin avec le tableau
end.
```

Fig. 1 – **Exemple de programme impératif recherchant deux valeurs données dans un tableau, si elles existent et sont identiques, l'une d'elles est mise à blanc dans le tableau.** Le code est donné dans la syntaxe du langage Pascal, généralement plus lisible. Ce programme utilise une fonction générique de recherche d'un élément dans un tableau donné en paramètre ■

le branchement (Goto), l'itération (boucle d'itération For ou boucle conditionnelle While) et la définition de structures de données (variables, constantes, tableaux, ensembles, piles, arbres...). À ces instructions de base s'ajoutent des instructions structurantes (comme la définition et l'appel de procédures : *function*, *procedure*) et des instructions de communication avec l'environnement de l'ordinateur (lecture/écriture, récupération d'erreurs ou communication réseau). Il faut noter que certains langages, comme C, offrent aussi des commandes de bas niveau (manipulation des pointeurs, capture et gestion de signaux...) qui permettent de s'affranchir définitivement des langages d'assembleurs. Les premiers langages impératifs (Fortran, Cobol, PL1...) n'ont pas été conçus sur un fondement théorique particulier. C'est bien plus tard, dans la seconde moitié des années 1950, que la théorie des langages, inspirée de la linguistique (notamment les travaux du linguiste américain Noam Chomsky), a vu le jour pour caractériser les langages (Algol, Ada, Pascal...) et les automates qui leur sont associés. Cette théorie des langages et des automates est devenue une sous-discipline de l'informatique et joue un grand rôle dans la conception des compilateurs (tester la conformité d'une expression à la grammaire du langage utilisé et générer le code machine correspondant) et l'étude de la complexité des algorithmes (démontrer si un algorithme s'arrête ou non et de quelle quantité de ressources espace/temps il a besoin). Les langages procéduraux sont « typés », c'est-à-dire qu'à chaque variable ou fonction est associée un type prédéfini dans le langage (entier, réel, booléen, tableau, ensemble...) ou construit par le programmeur (structures de fichier, file, pile...). Cette notion de « typage » est importante du point de vue du contrôle et des performances car elle permet de concevoir des compilateurs capables de détecter des opérations

(a) Dans la version Lisp, *Car* et *Cdr* sont les fonctions de base de Lisp qui sélectionnent respectivement la tête et la queue de liste. A noter qu'en Lisp les variables ne sont pas typées.

```
(defun Rechercher (liste elem)  ; Noter que les deux paramètres liste et elem ne sont pas typés
 (cond
  ((null liste) nil)_                           ; si la liste est vide, on rend un résultat nul (nil)
   ((eql (car liste) elem) t)                 _; test si elem est trouvé en tête de liste, la réponse est t (true)
    (t (Rechercher (cdr liste) elem))))          ; Sinon appel récursif pour explorer la queue de liste
```

(b) Dans la signature de la fonction Haskell, le symbole => impose une contrainte de type et -> définit les paramètres de la fonction. Cela signifie donc que la fonction comporte deux paramètres : un élément a et une liste d'éléments [a], avec la contrainte que ces éléments soient de types compatibles pour l'égalité. Les symboles | et = = introduisent une instruction conditionnelle.

```
Rechercher :: (Eq a) => a -> [a] -> Bool     -- signature de la fonction Rechercher en Haskell
Rechercher _ [] = False                          -- si liste vide est vide, la fonction rend faux
Rechercher elem (tete:queue)                                       -- cas de liste non vide
  | tete = = elem = True                 -- si la tête de liste est égale à elem, alors la fonction renvoie vrai
  | otherwise = rechercher elem queue                 -- sinon rappel récursif avec queue de liste
```

Fig. 2 – Deux variantes de la fonction de recherche d'un élément dans une liste, l'une en Lisp, l'autre en Haskell. Dans le premier, les variables ne sont pas typées, dans le second on introduit explicitement les contraintes de type. On notera le caractère plus procédural du langage Haskell par rapport à Lisp. Le code Haskell a été généré par ChatGPT ■

incompatibles avec certains types de données et d'estimer *a priori* les performances d'un programme afin de lui associer la représentation interne la plus adéquate.

Les langages fonctionnels

La programmation fonctionnelle (PF) a été initiée à la fin des années 1950 par l'Américain John McCarthy en définissant le langage Lisp sur la base théorique du lambda-calcul* inventé par Alonzo Church dans les années 1930. Ce langage est suivi ensuite par différentes variantes, comme Scheme ou CommonLisp. Sans préjuger de la syntaxe propre à chaque langage, le principe de la PF consiste à implémenter un algorithme comme un ensemble de fonctions ou de composition de fonctions (f(x), f(g(x)...). Par exemple, une fonction f de recherche d'une valeur dans un tableau peut se définir ainsi : f(T, X): Tableau × Entier → Booléen. Elle rend une réponse vraie ou faux selon que la valeur X se trouve ou non dans le tableau T. Quel que soit le nombre de paramètres en entrée, une fonction ne produit qu'une seule valeur en sortie ; ce qui permet de passer en paramètres d'autres fonctions ou de composer une fonction avec elle-même (f(f(x)), offrant ainsi un mécanisme puissant de récursion (figure 2). La notion d'état n'existe pas dans la version pure de ces langages, les valeurs d'entrée des fonctions sont passées à chaque invocation et le résultat, toujours identique pour les mêmes valeurs d'entrées, est rendu directement à l'utilisateur ou passé en entrée d'une autre fonction. C'est ce qui rend ces langages très adaptés à une approche interprétée des programmes (exécution des fonctions au fur et à mesure de leur apparition), donc sans compilation préalable comme dans les langages impératifs. L'avantage des langages fonctionnels réside dans leur concision et leur modularité et, donc, la possibilité d'une exécution parallèle de plusieurs fonctions, et ce sans effet sur la cohérence des données puisqu'il n'y a pas d'états partagés. Conjuguée avec l'approche multicœurs des architectures machines, la PF permet d'atteindre des performances élevées pour certaines applications scientifiques. C'est aussi une approche d'ingénierie logicielle appréciée, car elle permet une plus grande réutilisation de fonctions et des tests unitaires plus flexibles, notamment dans le cas des fonctions récursives*. Mais la gestion de données se traduit par la multiplication d'objets temporaires créés par des fonctions à effets de bord (écriture, lecture).

Les langages logiques

Alain Colmerauer et son équipe de Marseille consacrent le paradigme de la programmation logique en définissant, au début des années 1970, le langage Prolog (figure 3). Basé sur la logique mathématique, un programme Prolog est constitué d'un ensemble de clauses dont certaines sont appelées des faits : [*Personne(pierre) Parent(pierre, marie) Parent(pierre, durand)*] ; et les autres des règles d'inférence : [*Grand_Parent(X, Z) :- Personne(X), Parent(X, Y), Parent(Y, Z))*]. Cette approche déclarative permet soit de vérifier si un fait donné est présent dans la base de faits (démonstration de théorème), soit de calculer tous les faits dérivables de la base en partant d'une règle (requête avec des variables). L'activation des règles se fait à l'aide d'un moteur d'inférence* basé sur le principe de l'unification de termes qui apparie deux formules en recherchant dans l'ensemble des faits et des règles connues les substitutions de variables rendant les deux formules identiques. Le processus sous-jacent considère cette recherche comme un parcours d'arbre où chaque étape soit est conclusive (solution), soit renvoie à l'exploration d'une autre branche candidate. Le système est indécidable, mais il offre la possibilité de retour-arrière et celle d'abandonner l'exploration de certaines branches. Le langage de référence dans cette catégorie est sans aucun doute Prolog avec ses multiples implémentations. La version avancée Prolog IV offre des mécanismes de programmation par contraintes qui font de la programmation logique non seulement un outil de l'intelligence artificielle, mais aussi de la recherche opérationnelle et des systèmes d'aide à la décision. La programmation logique a aussi impacté les bases de données avec un nouveau langage, Datalog, permettant l'expression de requêtes déductives et récursives (calcul des ancêtres, par exemple), impossibles alors à exprimer en SQL. La syntaxe très simple de ces langages permet un apprentissage et une écriture rapide des programmes. Mais leur mise au point nécessite une parfaite connaissance du moteur d'inférence. Ce sont des langages utilisés principalement en intelligence artificielle (gestion de connaissances, systèmes experts, démonstrateurs de théorèmes, aide à la décision).

Langages orientés objets

Le premier langage orienté objet, Smalltalk, a été introduit par Alan Kay au début des années 1970. Il s'agit d'une évolution des langages impératifs vers une plus grande modularité et une meilleure intégration des données et des opérations qui les manipulent. L'idée générale est la définition d'une structure de données non par sa représentation mémoire mais par l'ensemble des opérations permises sur ses instances, sans préciser l'implémentation de ces opérations. Par exemple, une pile peut être définie par ses 4 opérations (*empiler : e × P->P, dépiler : P->P, sommet : P->e, vide : P->booléen*) sans en connaître la structure de données interne de la pile ni le code de ses opérations. Des opérations spécifiques peuvent aussi être imaginées pour une liste, un ensemble, un arbre binaire etc. Les objets sont vus comme des instances de classes abstraites. Chaque classe est définie par deux parties : une partie « données » constituée d'attributs (variables et structures de données quelconques) et une partie « comportement » constituée d'opérations sur ces données. En développement, une application est considérée comme un ensemble d'objets en interaction, chacun pouvant envoyer des messages à d'autres (voire à lui-même) pour leur passer des valeurs ou leur demander de réaliser des calculs. Les données sont « encapsulées », c'est-à-dire qu'elles ne sont accessibles et modifiables qu'à travers les opérations définissant la classe. La classe est aussi « polymorphe », car les données et

Déclaration des faits

personne(jean).	parent(jean,pierre).
personne(pierre).	parent(pierre,marie).
personne(parie).	parent(pierre,durand).
Personne(durant).	parent(marie,alice).
Personne(annabelle).	parent(alice,annabelle).

Déclaration des règles (Deux solutions différentes pour la règle ancêtre) :

ancetre(X,Y):- parent(X,Y).	ancetre(X,Y):- parent(X,Y).
ancetre(X,Y):- parent(X,Z),ancetre(Z,Y).	ancetre(X,Y):- parent(X,Z),!,ancetre(Z,Y).

Fig. 3 – **Exemple d'un programme prolog comportant une base de faits définissant les personnes et les parents ainsi qu'une base de règles définissant les ancêtres d'une personne.** Il y a deux définitions possibles des ancêtres : la première les définit sur toutes les lignées père et mère. La seconde considère uniquement la lignée du premier ancêtre rencontré (effet du prédicat cut noté "!" dans le langage). Avec cette seconde règle : si les faits parent() sont triés dans l'ordre père-mère, le programme ne sort que les ancêtres paternels (et inversement que les ancêtres maternels si les faits parent() sont triés dans l'ordre mère-père). Programmer en Prolog nécessite donc une bonne connaissance de la structure de la base des faits ■

les opérations peuvent avoir de multiples implémentations sans changer leur sémantique. Ces deux propriétés offrent un haut niveau de portabilité* et de réutilisabilité des classes. Enfin, l'« héritage » permet à une classe d'hériter des opérations d'une autre dont elle est la sous-classe. Un programme peut ainsi définir des hiérarchies de classes se passant des attributs et des opérations des plus génériques aux plus spécifiques. La modularité et le polymorphisme des langages orientés objet sont deux excellentes propriétés pour réaliser des systèmes distribués tout en diversifiant les implémentations. L'ingénierie logicielle, sensible aux gains apportés par la réutilisabilité des classes, est aujourd'hui la principale utilisatrice de ces langages. Java et C++, avec leurs variantes et leurs dérivés, occupent une large part des applications industrielles, même si d'autres langages comme Python et Scala trouvent un certain succès public grâce à leur simplicité d'utilisation.

```
class FormeGeometrique:
   def__ _init_ _(self,valCouleurT,valCouleurF):             # définition de la classe avec le constructeur init
        self.couleurTrait=valCouleurT           # 2 attributs caractérisent cette classe : couleurTrait et couleurFond
        self.couleurFond=valCouleurF                      # qui prennent les valeurs passées en paramètres
   def calculAire(self):                 # définition d'une fonction de calcul de l'aire de la forme géométrique
       pass         # le code de cette fonction sera défini dans la sous-classe en fonction de la forme géométrique
   def colorier(self):                                 # fonction de coloriage de la forme selon la valeur de l'aire
      aire = self.calculAire()            # appel de la fonction de calcul de l'aire qui exécutera le code lié à la forme
      if aire > 100:  self.couleurFond = "rouge"
      else:  self.couleurFond = "vert"

class Cercle(FormeGeometrique):               # définition de Cercle comme sous-classe de FormeGeometrique
   def_ _init_ _(self, valCouleurT, valCouleurF, valRayon):
      super()._ _init_ _(valCouleurT, valCouleurF)
      self.rayon = valRayon                                                         # attribut spécifique au cercle
   def calculAire(self):                            # définition effective de la fonction calculAire pour un cercle
      return 3.14 * self.rayon ** 2                                          # renvoi du résultat de l'aire d'un cercle

class Rectangle(FormeGeometrique):           # définition de Rectangle comme sous-classe de FormeGeometrique
   def_ _init_ _ (self, valCouleurT,valCouleurF, long, larg):
      super()._ _init_ _ (valCouleurT,valCouleurF)
      self.longueur = long                        # attributs spécifiques au rectangle
      self.largeur = larg
   def calculAire(self):                           # définition effective de la fonction calculAire pour un rectangle
      return self.longueur * self.largeur        # renvoi du résultat de l'aire d'un rectangle

# Utilisation des classes : instanciation des attributs plus évaluation de l'aire.
cercle1 = Cercle("violet","orange",5)                  # Initialisation de 2 exemples cercle1 et rectangle1
rectangle1 = Rectangle("bleu","gris",4,6)
print(f"couleur du cercle: {cercle1.colorier()}")          #Impression des couleurs du cercle et rectangle
print(f"couleur du rectangle: {rectangle1.colorier()}")
```

Fig. 4 – **Ce programme Python définit 3 classes d'objets: une classe générique FormeGeométique et deux sous-classes Cercle et Rectangle.** La clause pass utilisée dans la définition du calcul de l'aire annonce un polymorphisme du code de cette fonction qui sera défini différemment selon qu'il s'agisse d'un cercle ou d'un rectangle. Les autres attributs et fonctions de la classe générique sont hérités automatiquement dans les sous-classes lors de leurs instanciations par la fonction init (dont les doubles tirets qui l'entourent sont des éléments syntaxiques de Python) ■

Conclusion

Il existe d'autres styles de programmation dérivés des quatre fondamentaux, comme la programmation par aspect (AspectJ), la programmation par contrat (Eiffel), la programmation distribuée ou concurrente (Ada, Occam), etc. Le type de langage a une influence sur la facilité d'apprentissage, la concision du code produit, les mécanismes offerts pour exploiter la puissance de calcul des machines (threads, parallélisme, transaction, accès aux données…) et de façon marginale sur la modularité et la réutilisabilité qui sont plus des qualités méthodologiques des programmeurs. Même si certains langages offrent des concepts et des mécanismes plus adaptés à une ingénierie modulaire rigoureuse, un mauvais programmeur produira des applications illisibles et difficiles à maintenir dans ces langages.

La classification précédente ne permet pas d'inclure tout l'écosystème des langages de programmation. Il existe une grande diversité de langages associés à des niches de développement, comme la gestion des données (SQL), l'analyse des données (MATLAB, R), le développement d'interfaces Internet (PHP, HTML, JavaScript), la réalisation de jeux vidéo (C#, GDScript, Haxe…), etc. Le développement d'applications modernes fait souvent appel à l'utilisation de plusieurs langages selon la nature des tâches à réaliser (calcul scientifique, aide à la décision, gestion de données, interface graphique…), la richesse des librairies de fonctions disponibles et la diversité des interfaces (API) avec les intergiciels et les services Internet.

Références bibliographiques

- N. SEDDARI – *Paradigmes des langages de programmation*, Éditions universitaires européennes, 2023.
- F. DROUILLON – *Langage C: maîtriser la programmation procédurale*, Éditions ENI, 2021.
- C. QUEINNEC – *Les langages LISP*, InterÉditions, 1997.
- J. DEHOS – *La programmation fonctionnelle - Introduction et applications en Haskell à l'usage de l'étudiant et du développeur*, Ellipses, 2019.
- W. F. CLOCKSIN – *Programming in Prolog: Using The Iso Standard*, Springer, 2013.
- V. LE GOFF – *Apprenez à programmer en Python*, Eyrolles, 2019.

4. Détection et correction des erreurs silencieuses

Anne Benoit et Yves Robert

Un nouveau phénomène perturbe l'exécution des applications parallèles à très grande échelle : la survenue d'« erreurs silencieuses ». Pour comprendre le phénomène, faisons un parallèle avec les « erreurs fatales ». Ces dernières sont bien connues : de temps en temps, un processeur qui calcule tombe en panne. Heureusement, cela n'arrive pas souvent, une fois par an en moyenne. Mais si une application s'exécute avec cent mille processeurs (figure 1), alors elle subira une panne cent mille fois plus souvent, soit toutes les cinq heures en moyenne. Quand un processeur tombe en panne, tout le contenu de sa mémoire est perdu, et tous les calculs effectués jusqu'à la panne par les cent mille processeurs sont perdus aussi. Pour ne pas perdre tout le travail effectué, l'approche classique consiste à prendre des points de sauvegarde (checkpoints). En cas de panne, le processeur tombé en panne est remplacé, et l'exécution est relancée depuis le point de sauvegarde, grâce au fichier sauvegardé sur disque dur. Seuls les calculs effectués entre le dernier point de sauvegarde et la panne seront donc perdus (figure 2). Chaque panne est dite « erreur fatale » parce qu'elle interrompt l'exécution de l'application. Le point positif est que cette interruption ne passe pas inaperçue, et est détectée rapidement par le réseau spécialisé de contrôle de la machine. Ce n'est pas le cas des erreurs silencieuses, qui comme leur nom l'indique, surviennent pendant l'exécution de l'application sans être détectées au moment où elles frappent. Leurs conséquences ne se manifesteront donc qu'après un délai inconnu, pouvant être arbitrairement long.

Fig. 1 – Une plateforme de calcul avec plusieurs milliers de processeurs ■

Les sources d'erreurs silencieuses

Une première source d'erreurs silencieuses provient des erreurs de calcul. Il ne s'agit pas des erreurs d'arrondis dues à la précision limitée de la représentation des calculs en virgule flottante. En effet, pour les applications scientifiques, les nombres réels sont encodés sur 64 bits. Quand un réel sur 64 bits est divisé par un autre, le résultat est aussi stocké sur 64 bits ; la précision diminue alors mais que sur les derniers bits, dits « de poids faible », et l'ordre de grandeur du résultat est donc préservé. Cependant, si une erreur de calcul vient renverser

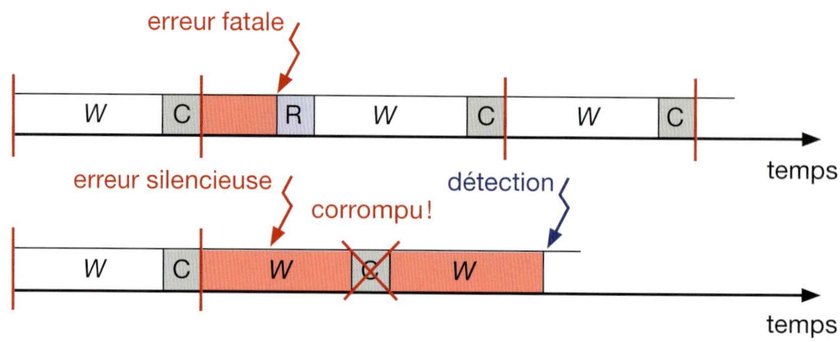

Fig. 2 – **En haut, suite à une erreur fatale, on peut reprendre le travail (W, en blanc) qui avait été sauvegardé (checkpoint C, en gris), après avoir lu le dernier checkpoint (R, en bleu).** Le travail perdu est en rouge. Ce n'est pas le cas pour une erreur silencieuse (en bas), qui peut être détectée après avoir sauvegardé un checkpoint corrompu ■

un bit d'exposant, ou le bit de signe, le résultat sera complètement faux. Pire, cette erreur de calcul ne sera pas détectée au moment où elle se produit (en silence, donc) et ne le sera peut-être jamais... ou du moins, très tardivement si l'application finit par manifester un comportement bizarre (figure 2).

Heureusement, ces erreurs silencieuses sont rares, mais comme elles sont proportionnelles au nombre de calculs effectués, elles surviendront inéluctablement au cours de milliards de milliards de calculs. C'est ce qui explique leur prise en compte récente. Leur fréquence n'est devenue préoccupante que suite au déploiement des applications à très grande échelle, sur des plateformes de tailles immenses, et qui effectuent un nombre incroyablement élevé d'opérations.

Autre source d'erreurs silencieuses, découlant d'une action pourtant vertueuse : pour diminuer la consommation d'énergie, et donc réduire l'impact environnemental des grandes plateformes, il est possible de diminuer la tension d'alimentation des circuits intégrés. Hélas, si la tension est moins élevée que celle recommandée par le constructeur, des erreurs silencieuses surviendront plus souvent car le circuit intégré ne sera pas suffisamment alimenté !

Enfin, une source d'erreur peut provenir d'une action non arithmétique. Ainsi, les radiations cosmiques* peuvent corrompre des bits en mémoire, passant subrepticement leur valeur de 0 à 1 ou vice-versa. Ces corruptions sont souvent, mais pas toujours, détectées et corrigées par des dispositifs matériels spécifiques.

Les solutions possibles

Dans le cas des erreurs silencieuses, prendre un point de sauvegarde ne sert à rien, car le fichier sauvegardé pourrait déjà contenir des données corrompues (figure 2). À tout le moins, il faudrait donc pouvoir vérifier le contenu du fichier avant de le sauvegarder. Ainsi, il n'y a pas de solution totalement satisfaisante, ni adaptée à tous les types d'erreurs silencieuses, mais plusieurs pistes existent. Prenons le cas des erreurs de calcul. Dans l'ordre, il faut détecter, localiser puis corriger une possible erreur. Pour la détection, il est possible d'appliquer des tests : la valeur d'un point est-elle devenue soudain très différente de ses dernières valeurs, ou de celles de ses voisins ? Un invariant de l'application est-il préservé ? Si, d'après le modèle, deux vecteurs d'une application itérative doivent toujours avoir

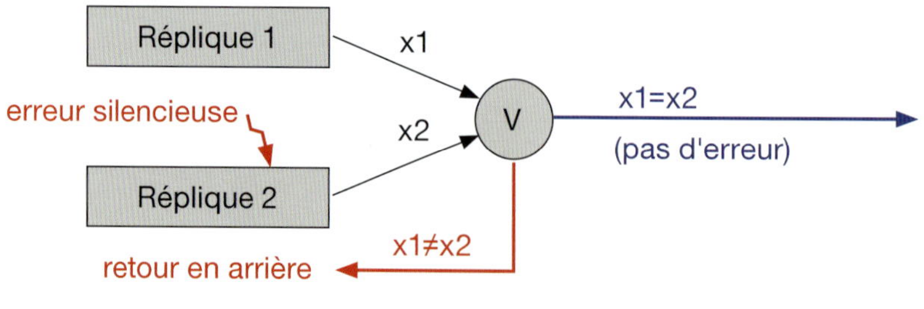

Fig. 3 – **Avec la duplication, on compare les résultats de deux exécutions indépendantes.** Si ceux-ci diffèrent, on a détecté une erreur silencieuse et il faut revenir en arrière ■

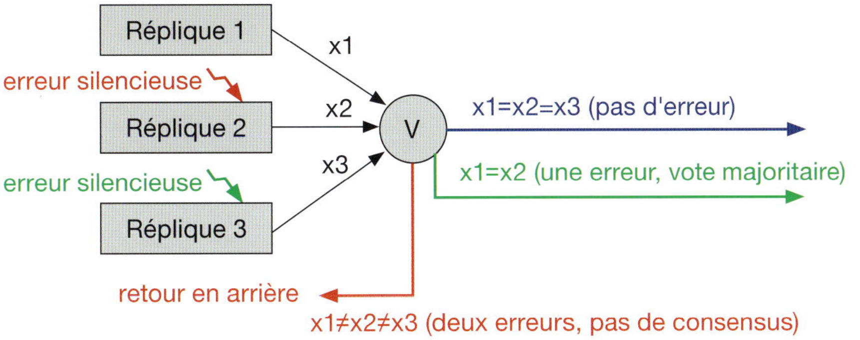

Fig. 4 – **Avec la triplication, on compare les résultats de trois exécutions indépendantes.** Si au moins deux d'entre eux sont identiques, le bon résultat est celui qui est majoritaire, et on peut prendre un checkpoint. Par contre, si les trois résultats diffèrent, on a détecté deux erreurs silencieuses, on ne sait pas quel résultat est correct, et il faut revenir en arrière ■

un produit scalaire* nul, alors il faudra recalculer ce produit scalaire à chaque itération. S'il dépasse un certain seuil, c'est qu'il y a une erreur.

La détection est la phase la plus facile, mais déterminer où s'est produite l'erreur (localisation) et trouver une méthode pour la corriger sont souvent des tâches plus ardues. Une approche largement répandue pour des applications de calcul numérique matriciel* consiste à étendre les matrices avec des lignes et colonnes supplémentaires qui serviront de « sommes de contrôle* » (*checksums*) et à faire progresser les calculs sur les matrices ainsi étendues, avec un surcoût bien plus faible qu'une vérification séparée de chaque ligne et chaque colonne (cf. p. 57). Avec plusieurs lignes et colonnes supplémentaires, il est possible de détecter, localiser et corriger une ou plusieurs erreurs silencieuses. Ce type d'approche est très intéressant mais limité à certaines applications manipulant, notamment, des matrices.

Pour une méthode généraliste, il faut recourir à la bonne vieille technique de la duplication : une tranche de calculs est effectuée deux fois, en séquentiel pour limiter la consommation de ressources ou bien en parallèle pour aller plus vite, et les résultats obtenus sont comparés (figure 3). S'ils sont identiques, il y a une très grande probabilité qu'ils soient corrects, et l'opérateur peut donc prendre un point de sauvegarde avec confiance. Il n'est cependant pas certain que le résultat soit correct car, en théorie, chacune des deux exécutions pourrait être victime d'une erreur produisant la même corruption du résultat, mais ce cas est si peu probable que cette possibilité est ignorée.

Si les deux calculs donnent des résultats différents, il faut recourir à une troisième exécution, et choisir le résultat majoritaire (figure 4). C'est la « triplication », technique bien connue pour les applications sensibles et/ou embarquées comme le calcul des paramètres de vol d'un avion de ligne. Pour le calcul à haute performance, duplication et triplication sont jugées trop coûteuses, et les scientifiques cherchent à les remplacer par des méthodes spécifiques aux applications considérées.

Conclusion

Plusieurs projets dans le monde ont pour but de déployer des applications scientifiques sur des plateformes capables d'effectuer des milliards de milliards d'opérations par seconde (exascale, cf. p. 80). Tous développent des piles logicielles adaptées, où la résilience tient une grande place, de l'algorithmique au système. En France, dans le cadre du programme PEPR NumPEx (Numérique Pour l'Exascale), les nouveaux paradigmes informatiques qui seront conçus et développés afin de pouvoir atteindre l'exascale devront faire face aux pannes, et de nouvelles techniques restent à concevoir, par exemple pour obtenir des noyaux de calculs résistant à la fois aux erreurs silencieuses et aux erreurs fatales, et corrigeant si possible certaines erreurs.

Références bibliographiques

• A. CAVELAN – *Scheduling Algorithms and Resilience Patterns for Fail-Stop and Silent Errors*, thèse de Doctorat, ENS Lyon, 2017.

• V. LE FÈVRE – *Resilient Scheduling Algorithms for Large-Scale Platforms*, thèse de Doctorat, ENS Lyon, 2020.

• L. PEROTIN – *Scheduling Algorithms to Optimize the Performance, Energy Consumption and Robustness of HPC Applications*, thèse de Doctorat, ENS Lyon, 2023.

5. Les supports d'exécution pour le calcul haute performance

Pierre-André Wacrenier et Raymond Namyst

Aux premières heures du calcul parallèle, dans les années 1970, les applications de calcul s'appuyaient sur des supercalculateurs spécialisés dont les processeurs accomplissaient des prouesses, mais qui exigeaient des efforts d'optimisation importants pour en tirer parti. Les chercheurs se concentraient sur l'élaboration de nouveaux langages de programmation – pour permettre une certaine indépendance des programmes vis-à-vis de la machine – et sur la conception de compilateurs capables d'accélérer les calculs au moyen d'instructions vectorielles*. Le langage le plus utilisé était le Fortran et permettait la manipulation aisée de vecteurs et de matrices. Lorsque les supercalculateurs ont doucement basculé vers des architectures multiprocesseurs, il a fallu offrir des outils supplémentaires aux programmeurs pour qu'ils puissent contrôler explicitement la distribution des calculs sur les processeurs, ce qui dépassait ce qu'un compilateur était capable de faire automatiquement. Ces outils étaient principalement des bibliothèques de communication* permettant des mouvements de données au sein de la machine. Les programmeurs, qui connaissaient bien l'architecture de la machine, déterminaient totalement l'enchaînement des calculs. Ce contrôle, qui constitue l'essence du mot « programmation », était fortement ancré dans la culture des informaticiens.

S'adapter à la machine… et aux imprévus

Toutefois, les programmeurs ont dû accepter de perdre une partie de leur contrôle, et ce dès la décennie suivante. L'augmentation de la puissance de calcul des supercalculateurs a en effet permis la naissance d'applications modélisant des phénomènes de plus en plus complexes, traitant des volumes de données plus grands et introduisant des modèles algorithmiques nouveaux. Les ensembles de données ne sont plus homogènes et certaines données, peu influentes sur le résultat de la simulation, peuvent parfois être négligées pour économiser des calculs. La quantité de calculs devient ainsi variable d'un point à l'autre du domaine. À l'inverse, certains algorithmes ne découvrent les calculs à effectuer qu'au fur et à mesure de leur progression… Ainsi, le calcul n'est plus distribuable équitablement sur les processeurs de manière statique. Cela passe par la mise en place de mécanismes qui corrigeront cette mauvaise répartition de la charge ou qui déplaceront les données

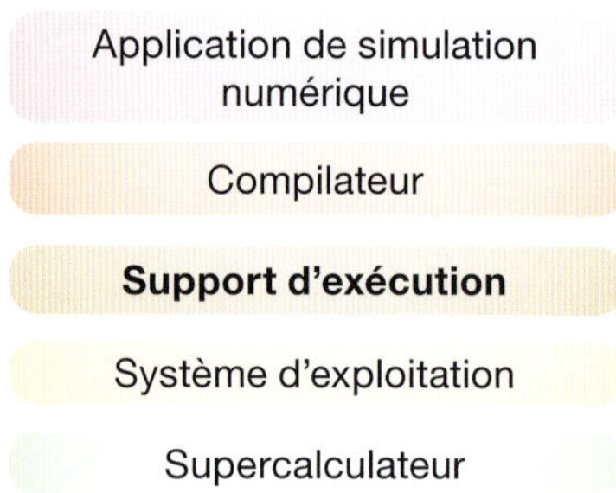

Fig. 1 – La place des supports d'exécution dans la pile logicielle d'un supercalculateur ■

d'une mémoire à une autre dynamiquement au cours de l'exécution. Ces mécanismes sont rassemblés au sein d'une couche logicielle appelée le « support d'exécution* » (*runtime system* en anglais). Si le périmètre de ces supports n'a cessé de croître depuis, il faut noter que leur évolution s'est effectuée dans un contexte à deux vitesses. D'un côté, les constructeurs se sont unis pour proposer des interfaces standards avec la volonté de proposer une approche générique laissant au programmeur un grand contrôle sur le déroulement de l'exécution, en se focalisant sur l'optimisation d'opérations simples plutôt que sur l'ajout de mécanismes capables de prendre des décisions de manière autonome. D'un autre côté, les recherches du monde académique ont donné naissance à des supports d'exécution plus audacieux,

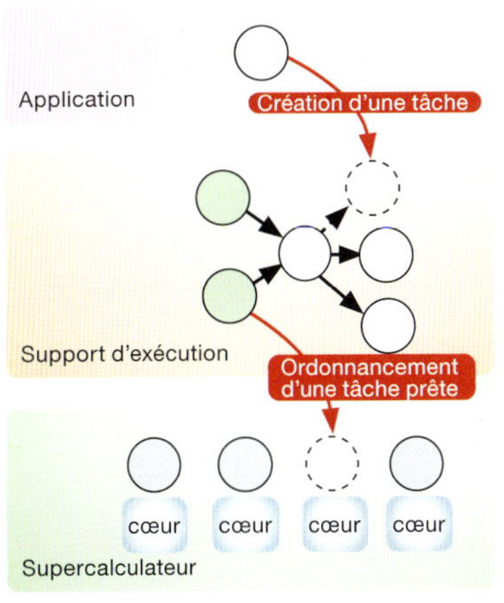

Fig. 2 – Principe de fonctionnement d'une exécution à base de tâches. Le support d'exécution (orange) maintient en permanence un stock de tâches qui augmente lorsque l'application en ajoute de nouvelles (flèche rouge du haut) et qui diminue lorsqu'une tâche prête (rond vert) est affectée à un cœur libre (flèche rouge du bas) ■

introduisant de plus en plus d'intelligence en dehors de l'application. Par exemple, le placement des calculs sur les processeurs pouvait être automatiquement pris en charge par le support, l'application se contentant simplement de générer les calculs à faire. Toutefois, chacun de ces travaux proposait souvent une extension de langage différente, ce qui empêchait d'aboutir à une solution consensuelle.

Faire mieux que le système d'exploitation

Notons que les services fournis par un support d'exécution, en matière d'ordonnancement des processus ou de gestion mémoire, s'apparentent beaucoup à ceux fournis par un système d'exploitation. Quelques systèmes d'exploitation spécifiques au calcul haute performance ont d'ailleurs été développés par le passé, avec l'avantage d'offrir une interface de programmation standard et connue. Mais les systèmes d'exploitation doivent rester généralistes, ce qui les réduit à travailler « à l'aveugle », sans information sur les propriétés particulières d'une application de calcul (comme les liens privilégiés entre processus ou l'affinité des processus pour certaines zones mémoire). C'est pourquoi les supports d'exécution forment une couche logicielle à part entière, située juste au-dessus du système d'exploitation (figure 1). Ils s'efforcent de neutraliser toutes les décisions impromptues que pourrait prendre le système d'exploitation afin de garder un contrôle total sur le placement des calculs et des données. Les systèmes d'exploitation en sont ainsi réduits à assurer un service minimal qui se cantonne à fixer exactement un processus par processeur.

Composer avec la complexité croissante des architectures

Le début des années 2000 a marqué un tournant important pour l'informatique et une accélération du développement des supports d'exécution. Les constructeurs, parvenus aux limites de l'architecture traditionnelle des processeurs, ont été contraints de basculer vers la technologie multicœur, renommant au passage les processeurs en « cœurs » et appelant « processeur » la puce qui en contient plusieurs. Leur diffusion est devenue massive, des supercalculateurs aux téléphones, et désormais la programmation parallèle est incontournable. L'éventail des applications parallèles s'en trouve naturellement élargi et il devient nécessaire de générer du parallélisme à tous les étages : boucles, fonctions récursives* ou encore pipelines de traitement*. Un paradigme de programmation, pourtant exploré dès les années 1990, effectue alors un retour en grâce au sein des supports d'exécution, y compris ceux proposés par les constructeurs : la programmation à base de tâches. Dans ce modèle, l'application génère des tâches qui sont des appels de fonctions différés et dont elle attendra, à certains points, la fin de l'exécution. Toutes les décisions relatives à leur exécution sont déléguées au support d'exécution, qui a la délicate charge de maintenir dynamiquement un équilibre entre le stock de tâches prêtes et la disponibilité des cœurs de calcul (figure 2). Il faut éviter qu'une pénurie de tâches provoque l'oisiveté des cœurs de calcul, tout en prévenant l'engorgement du système par un trop grand nombre de tâches. Le paradigme de tâche permet au programmeur de structurer le flux des calculs en tâches tout en laissant au support d'exécution le soin de l'exploiter au mieux. Pour des informaticiens habitués à contrôler finement l'exécution, cela peut paraître un renoncement. Mais force est de reconnaître que contrôler l'exécution d'un programme sur des processeurs multicœurs où les caches sont partagés et la fréquence de chaque cœur varie en fonction, par exemple, de la chaleur dégagée relève désormais de la gageure.

Assurer la portabilité des performances

Dès 2007, un nouvel élément majeur vient malmener à nouveau la communauté du calcul parallèle : le recours massif aux accélérateurs de calculs matériels, et en particulier aux cartes graphiques (GPU* pour *Graphical Processing Unit*). Mais cette fois, la décision n'émane pas des architectes. C'est en découvrant les travaux d'utilisateurs pionniers, qui révèlent comment ils ont réussi à accélérer l'exécution de leur application en détournant des cartes graphiques programmables de leur usage premier (l'accélération des graphismes en 3D), que la communauté se tourne vers ces accélérateurs pleins de promesses. À l'origine, ces cartes graphiques sont destinées à accélérer l'affichage d'objets en trois dimensions dans les jeux vidéo. Pour ce faire, elles possèdent de très nombreux processeurs élémentaires qui sont capables d'appliquer un même opérateur sur des millions (voire des milliards) de points en une fraction de seconde. Mais, depuis 2001, l'architecture des cartes graphiques est programmable : il est possible de demander à la carte graphique d'appliquer n'importe quel traitement sur un ensemble de données qui ne représentent pas forcément des points, à condition de renoncer à l'affichage. Ainsi, ces accélérateurs peuvent notamment être utilisés pour effectuer des calculs matriciels de manière très efficace. La difficulté de programmation est toutefois à la hauteur des gains en performance escomptés (au moins un ordre de grandeur). Bien que les constructeurs de cartes graphiques – Nvidia en tête – comprennent rapidement les enjeux et proposent des interfaces de programmation destinées à faciliter la programmation des GPU, la technicité exigée devient une nouvelle frontière à dépasser tant du point de vue algorithmique que du point de vue exécutif. C'est le début d'une période foisonnante où de nombreux travaux donnent naissance à des bibliothèques spécifiques à chaque grande classe de calcul, des langages et des compilateurs permettant de s'affranchir des caractéristiques techniques des GPU. Mais, si puissants soient-ils, ces accélérateurs ne remplacent pas les processeurs traditionnels qui restent nécessaires – et parfois même compétitifs – pour exécuter certaines parties de l'application.

De nombreux supercalculateurs sont désormais formés de nœuds hétérogènes associant des processeurs multicœurs et des cartes graphiques et tout l'enjeu, dans les domaines du calcul haute performance, du *big data* ou de l'intelligence artificielle, est désormais d'être capable d'exploiter toutes les unités de calcul (des millions dans les plus gros supercalculateurs au monde) simultanément ! Mais planifier de façon optimale l'enchaînement des calculs et des transferts de données entre les GPU et les processeurs n'est plus faisable *a priori* : il faut constamment inspecter l'état de la machine, utiliser des modèles prédictifs calibrés sur le tas, et compenser les aléas par un ajustement dynamique du découpage de l'application. C'est précisément sur ce plan que les supports d'exécution à base de tâches ont tiré leur épingle du jeu et sont devenus indispensables. Moyennant quelques informations supplémentaires demandées au programmeur (pour chaque tâche, il faut spécifier les données consultées et celles qui seront modifiées), un support d'exécution peut ainsi inférer des dépendances entre certaines tâches (une tâche B ne peut pas s'exécuter tant qu'une tâche A n'est pas terminée, car B a besoin de consulter le résultat produit par A) et, à tout moment, ordonnancer les tâches prêtes (dont toutes les dépendances sont satisfaites) sur les unités de calcul disponibles. Les tâches et leurs dépendances forment un graphe de tâches (figure 2) qui, associé aux données manipulées, donne de précieuses informations au support d'exécution pour prendre de bonnes décisions de placement, pour anticiper les transferts de données de manière à ce qu'elles soient disponibles au plus tôt à l'endroit où elles seront accédées, ou encore pour prévoir l'état de la machine dans un futur proche (figure 3). Cette séparation des rôles, avec d'un côté le programmeur qui exprime le parallélisme sous forme logique en découpant les calculs en tâches, et de l'autre côté le support d'exécution qui orchestre l'exécution de ces tâches du mieux possible en fonction de la machine sous-jacente, permet d'assurer la portabilité des performances d'une machine à une autre. Il devient possible d'obtenir des performances nominales sur un ordinateur de bureau et sur un supercalculateur composé de milliers de nœuds avec le même programme !

Et demain ?

Il reste encore beaucoup à faire pour que l'utilisation des supports d'exécution devienne transparente pour le programmeur. L'existence d'une multitude de supports d'exécution différents montre que la nécessaire convergence vers un seul standard sera encore longue. Par ailleurs, l'utilisation de supports prenant de nombreuses décisions de manière autonome complique la compréhension des performances obtenues pour le programmeur. En dépit de ces difficultés, les supports d'exécutions sont amenés à jouer un rôle très important à l'avenir, au vu de la tendance confirmée vers l'utilisation de machines de plus en plus hétérogènes, notamment dans le domaine de l'intelligence artificielle (accélérateurs spécialisés), des stations de travail (processeurs formés de plusieurs types de cœurs) ou des serveurs de calcul (fusion des processeurs et accélérateurs autour d'une mémoire commune).

Références bibliographiques

- B. GOGLIN – *Et plus vite si affinités...*, interstices.info, 2011.
- C. KAISER – *À quoi sert un système d'exploitation ?* interstices.info, 2015.

6. Délocaliser les calculs en mémoire : le concept « processing-in-memory »

Dominique Lavenier

Le cœur d'un ordinateur est principalement composé de deux grandes parties : une unité de calcul et une mémoire, suivant le modèle proposé par Von Neumann vers le milieu des années 1940. Les données transitent à grande vitesse entre ces deux organes qui, en général, sont implémentés dans des composants différents. Pratiquement, un ordinateur portable, un serveur de calcul et un nœud d'un super calculateur sont bâtis sur le même schéma : ils sont composés d'un processeur connecté à une ou plusieurs barrettes mémoires. L'ensemble est relié au reste du système pour acquérir les données et restituer les résultats des calculs.

Une mémoire sous pression

Les technologies des processeurs et des mémoires sont différentes et n'ont pas évolué au même rythme au cours des dernières décennies. La puissance de calcul des processeurs (le nombre d'opérations effectuées par seconde) augmente plus vite que le débit de la mémoire (le nombre de données qui peuvent être transférées de/vers la mémoire par seconde). Cet écart se creuse au fil des années. Il a pour effet de dégrader les performances des systèmes, les processeurs passant de plus en plus de temps à attendre les données en provenance de la mémoire. Pour limiter cet effet, appelé « *memory wall* », les processeurs intègrent un dispositif de mémoire cache. Ce sont des mémoires de faible capacité mais rapides d'accès, directement intégrées sur la puce du processeur, et qui sont organisées en une hiérarchie complexe pour fluidifier l'accès aux données. L'efficacité des mémoires cache repose sur le principe de localité. Un programme œuvre souvent sur des structures de données « régulières », par exemple des tableaux. Le comportement du programme est donc assez prévisible, ce qui permet d'anticiper le chargement de blocs de données dans les mémoires cache avant leur utilisation, et ainsi éviter des cycles d'attente au niveau du processeur. Le traitement des images, représentées par des tableaux de pixels, en est un exemple typique. Mais en dépit de ce dispositif efficace et de la stagnation des fréquences d'horloge* des processeurs depuis le milieu des années 2000, le problème persiste. La puissance de calcul des processeurs ne cesse de croître. L'évolution continue des densités d'intégration (nombre de transistors par unité de surface) incite à multiplier les unités de calcul (les cœurs) sur une même puce. La pression sur la mémoire s'intensifie d'autant plus que le nombre de cœurs est important. Le volume de données qui peut être échangé entre le processeur et le mémoire par unité de temps (bande passante) devient donc critique. C'est un facteur limitant qui freine significativement l'exécution des programmes. Cela se ressent plus particulièrement sur les applications qui gèrent d'importants volumes de données et pour lesquelles l'accès aux données n'est pas régulier, ce qui met en défaut le principe de localité et rend le dispositif de mémoire cache moins efficace. Par ailleurs, la consommation énergétique des systèmes est un autre problème à résoudre. Comme nous l'avons déjà indiqué, l'écart entre la vitesse d'exécution d'une instruction et de son accès à la mémoire ne cesse de grandir. Le même phénomène apparaît d'un point de vue énergétique. Les accès mémoire deviennent toujours plus coûteux, notamment pour les applications qui ne peuvent tirer parti des mémoires cache en raison d'un accès aléatoire aux données par exemple. Cela peut représenter jusqu'à 60 % de l'énergie totale

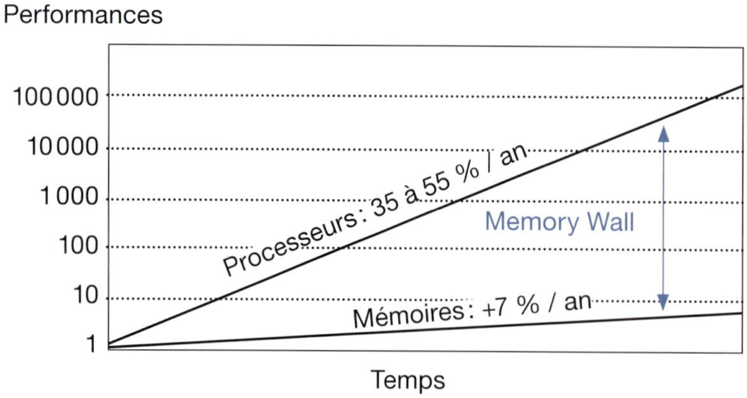

Fig. 1 – **L'effet « Memory Wall ».** Les performances des processeurs et des mémoires n'évoluent pas à la même vitesse. L'écart se creuse au fil des années. L'alimentation en données des processeurs est de plus en plus problématique, ce qui est particulièrement pénalisant pour les applications centrées sur les données où les échanges entre le processeur et la mémoire sont importants ■

consommée. Le concept de « *Processing-in-Memory* » (PiM) a pour objectif principal de contrer l'effet « memory wall » tout en exploitant les gains énergétiques liés à la réduction des transferts mémoire. L'idée générale est de rapprocher les calculs des données, voire d'effectuer les calculs directement dans les cellules mémoire, afin de limiter les allers-retours entre le processeur et la mémoire. Bien sûr, au niveau de la mémoire, tous les types de calculs ne sont pas possibles, comme des multiplications sur des nombres réels. Mais des opérations simples et répétitives qui génèrent d'importants flux de données peuvent être effectuées localement et alléger ainsi le trafic entre le processeur et la mémoire (figure 1). Le paradigme PiM n'est pas nouveau. Les premières idées sont apparues dans les années 1970, mais elles n'ont été véritablement explorées que 20 à 25 ans plus tard, lorsqu'il a été possible d'envisager une intégration commune d'un processeur et d'une mémoire conséquente sur la même puce. Le projet Berkeley Intelligent RAM (1996-2004) illustre une des premières tentatives. Aujourd'hui, les technologies sont disponibles et de nombreux domaines applicatifs tournés vers la gestion de grandes masses de données sont en attente de solutions matérielles efficaces et peu consommatrices d'énergie.

Faire tomber le mur de la mémoire

Le concept de *Processing-in-Memory* est générique et ne fait pas référence à une architecture matérielle unique. Il existe deux grandes catégories : le calcul dans la mémoire (*in-memory computing*) et le calcul près de la mémoire (*near-memory computing*). La première intègre l'idée que des calculs puissent se réaliser directement au sein de chaque cellule mémoire*. La seconde considère de multiples petites unités de calcul, activables simultanément au niveau d'un module mémoire qui est l'élément constitutif d'un composant mémoire. La nature des calculs est donc différente. Dans les deux cas, cependant, il faut spécifier les opérations à réaliser au niveau de la mémoire et il n'y a pas d'échanges de données avec le processeur.

Le calcul « dans la mémoire » nécessite des cellules mémoire complexes, une organisation inter-cellules différente et des circuits périphériques adaptés. Dans cette catégorie, deux implémentations, sont possibles. La première est centrée sur les points mémoire, chaque point intégrant des éléments matériels permettant des opérations logiques simples avec les points voisins. Le résultat du calcul modifie (ou pas) le contenu de la cellule mémoire. Il n'y a pas de transfert de données à proprement parler. Le parallélisme est très massif, un grand nombre de calculs pouvant s'exécuter simultanément sur l'ensemble des points mémoire. La seconde implémentation utilise les circuits périphériques d'entrées/sorties (notés E/S sur la figure 2) qui sont normalement dédiés à la gestion des commandes d'écriture et de lecture et d'aiguillage des données. Dans le cas présent, ils sont modifiés pour effectuer en plus des opérations arithmétiques et logiques. Lors d'un calcul, les données transitent sur les bus internes du banc mémoire, mais n'en sortent pas. Suivant l'organisation matricielle de la mémoire, plusieurs opérations peuvent s'exécuter simultanément. Par rapport à l'architecture précédente, le parallélisme est moins élevé, mais reste quand même important. L'architecture IMI (*In-Memory-Intelligence*), proposée par la société Micron (2017), illustre très bien cette seconde approche. Une mémoire IMI de 8 Go est bâtie autour d'une mémoire DRAM (mémoire vive classique) répartie en 8 bancs. Chaque banc est découpé en 64 sous-bancs correspondant à des matrices de 1024 lignes de 16 Kbits (colonnes). À chaque colonne est associé un petit bloc logique capable d'effectuer quelques opérations élémentaires. Un banc intègre donc 1 048 576 éléments de calcul (64 x 16 384), soit plus de 8 millions pour l'ensemble de la mémoire. Le mode d'exécution est SIMD*, avec un contrôleur au niveau de chaque banc qui diffuse les instructions à l'ensemble des blocs logiques. Chaque banc est autonome et peut donc exécuter un traitement différent.

Le principe du calcul « près de la mémoire » est d'associer une unité de traitement à chaque banc du composant mémoire. Les données vont donc sortir du banc, être traitées, puis réécrites dans ce même banc, sans pour autant sortir de la puce. Le parallélisme est moindre comparé aux deux autres architectures, mais les traitements peuvent être plus complexes. Les architectures PiM qui exportent le traitement à l'extérieur des bancs mémoire diffèrent selon la complexité de l'unité de calcul. Celle-ci peut se résumer à quelques circuits logiques capables d'effectuer des opérations arithmétiques et logiques élémentaires. Elle peut, à l'opposé, s'incarner sous la forme d'un processeur complet, dont le banc mémoire joue le rôle de mémoire principale. La technologie « *3D stacked* », apparue au début des années 2010, se prête bien à une implémentation de cette approche. Cette technologie peut être vue comme un circuit intégré en 3 dimensions réalisé à partir d'un empilement de plusieurs couches technologiques hétérogènes. La majorité des couches est constituée de modules DRAM*. La couche inférieure est une couche logique sur laquelle peuvent être intégrées des unités de calcul. Les couches communiquent entre elles par des liaisons verticales, ce qui réduit les distances des communications et améliore ainsi la latence et l'efficacité énergétique. La DRAM et la logique étant construites sur des couches séparées, elles utilisent des technologies distinctes, chacune optimisant ses propres critères : la vitesse de calcul pour la couche logique, les coûts et l'efficacité énergétique pour les couches mémoire. L'architecture « *Hybrid Memory Cube* » a été la première architecture à exploiter cette technologie. La couche logique est responsable du séquençage de la DRAM, de son rafraîchissement, de l'acheminement des données, de la correction des erreurs et de l'interconnexion à grande vitesse avec l'unité centrale. Cette séparation en couches technologiques n'est cependant pas obligatoire. La société UPMEM propose une mémoire DRAM qui associe un processeur de type RISC à chaque banc de 64 Mo. Le processeur est conçu avec la technologie DRAM et est intégré sur le même support.

Le défi des nouvelles architectures de mémoire

Beaucoup de conditions sont aujourd'hui réunies pour que les architectures PiM trouvent leur place sur le marché des mémoires. Elles proposent d'abord un paradigme qui évite le goulot d'étranglement du modèle von Neumann, dont la rapidité des calculs est limitée par le temps d'accès à la mémoire, ce qui est une limitation fondamentale pour de nombreuses applications centrées sur un usage massif des données. Elles répondent ensuite au besoin de réduire la consommation électrique des systèmes numériques. Enfin, elles ont atteint un bon niveau de maturité technologique confirmé par divers prototypes et produits industriels. L'adoption à grande échelle du paradigme PiM dépend toutefois de la capacité à créer un écosystème dans lequel plusieurs approches pourront être testées, évaluées ou comparées. Ceci afin que ce concept soit assimilé et accepté par un ensemble d'acteurs tels que les architectes système, les ingénieurs du logiciel ou les utilisateurs finaux qui verront directement le bénéfice sur la diminution des temps de traitement. La création de cet écosystème nécessite une conception conjointe sur l'ensemble de la chaîne, depuis la technologie, le matériel, le système, le logiciel et l'environnement de programmation, jusqu'au développement des applications. Un point clé est sans aucun doute un accès aisé à leur programmation. Mais tout est encore à construire, pour compiler et paralléliser automatiquement du code tenant compte de ces mémoires. Un bon scénario serait que les modifications à apporter aux codes existants soient aussi minimes que possible, indépendantes de l'architecture matérielle et s'appuient sur des normes génériques de haut niveau. En attendant une standardisation du modèle PiM, il faut bâtir un cadre de programmation qui reflète ce paradigme, mais avec un minimum d'exposition aux détails de mise en œuvre. Cela suppose un effort logiciel et système important. Mais une architecture matérielle, aussi performante soit-elle, ne sera vraiment adoptée que si elle offre un environnement de programmation convainquant et performant.

Références bibliographiques

- S. KRAKOWIAK – *Le modèle d'architecture von Neumann*, Interstices, 2011.
- K. ASIFUZZAMAN, N. R. MINISKAR, A. R. YOUNG, F. LIU et J. S. VETTER, *A survey on processing-in-memory techniques: Advances and challenges*, Memories- Materials, Devices, Circuits and Systems, vol. 4, 2023.
- D. FUJIKI, X. WANG, A. SUBRAMANIYAN et R. DAS – *In-/near-Memory Computing, Synthesis Lectures on Computer Architectures*, Morgan & Claypool Publishers, 2021.

7. Un ordinateur, ça ne calcule jamais juste

Jean-Marc Jézéquel et Mathieu Acher

Dans les années 1970, aux débuts de sa démocratisation, l'informatique était totalement déterministe. Les applications étaient simples et souvent conçues par leurs propres utilisateurs, des types de données rudimentaires (octets) garantissaient que (a+b)+c était toujours égal à a+(b+c) et des langages de programmation correspondaient point par point aux instructions comprises par le processeur, lui-même se comportant de manière totalement déterministe* tant pour le temps de calcul que pour la consommation d'énergie et le résultat produit. De nos jours, le paysage informatique a beaucoup changé. D'une part, les calculs sont plusieurs millions de fois plus rapides, et d'autre part le temps qu'il faut pour les réaliser, l'énergie consommée et même parfois leurs résultats sont devenus imprévisibles, pour tout un ensemble de causes, à la fois ontologiques (inhérentes à la nature de l'ordinateur) et épistémiques (dues à une connaissance insuffisante).

Les principales causes d'incertitudes

Les causes ontologiques comprennent bien sûr le bruit dans les données d'entrée d'un programme (imprécision des capteurs, données de mauvaise qualité, etc.), mais aussi la disposition de sa mémoire, l'état interne du processeur, la température ambiante et même l'âge du processeur, c'est-à-dire tout ce qui peut changer d'une exécution à l'autre d'un même programme. Les causes épistémiques concernent l'incompréhension des besoins de l'utilisateur, le comportement inattendu des fonctions de bibliothèque*, le comportement variable entre des bibliothèques fonctionnellement similaires, ou des différences subtiles dans la sémantique des langages de programmation (par exemple, l'expression « -3 %2 » est évaluée à -1 en Java, mais à 1 en Python), ou même au sein d'un même langage de programmation. De manière générale, la variabilité des logiciels est devenue un véritable défi : lorsque les multiples causes, ontologique et épistémique, se combinent, cela complique d'autant plus la compréhension, et donc la conception, la configuration, la maintenance et le test des systèmes logiciels. Dans de nombreux cas, l'incertitude qui en résulte est sans effet, mais elle peut parfois conduire à des conséquences malheureuses ou surprenantes, puisque l'utilisateur n'a aucun moyen d'évaluer le degré d'incertitude d'un calcul. Par exemple, dans l'expérience NARPS (*Neuroimaging Analysis Replication and Prediction*), le même ensemble de données de résultats d'imagerie par résonance magnétique fonctionnelle (IRMf) a été analysé indépendamment par 70 équipes. Des variations significatives sont apparues dans les résultats rapportés, avec des effets substantiels sur les conclusions qui peuvent en être tirées. Cela pourrait donc conduire à des diagnostics médicaux erronés. Par ailleurs, ces causes d'incertitude ne sont pas toujours indépendantes les unes des autres. Plusieurs couches de variabilité peuvent interagir, par exemple entre les options de compilation* du logiciel, les options d'exécution du logiciel et les données d'entrée à analyser. Le terme « variabilité profonde » désigne l'interaction de toutes les couches de variabilité modifiant le comportement d'un logiciel.

La variabilité à tous les étages

Prenons un exemple simple pour illustrer le problème, en nous concentrant sur les nombres à virgule flottante, même si les problèmes d'incertitude vont bien au-delà. Le programme Python ci-dessous demande d'abord une valeur initiale (appelée graine) pour son générateur de nombres pseudo-aléatoires, puis génère 3 nombres pseudo-aléatoires x, y, z et vérifie si leur addition est associative, c'est-à-dire si x+(y+z) = (x+y)+z. Lorsqu'il est exécuté plusieurs fois avec des graines différentes, cette propriété fondamentale de l'addition ne se vérifie que dans 82,8 % des cas. En effet, les nombres en virgule flottante ne sont pas la transcription exacte du concept mathématique de nombre réel* puisqu'ils ne sont codés que sur un nombre fixe de bits (souvent 64 bits sur les ordinateurs modernes) et donc avec une précision finie. Tout programmeur ignorant ce type de problèmes risque de commettre des erreurs : c'est un exemple de variabilité épistémique. Un point intéressant est que la proportion de cas où la propriété d'associativité s'applique diffère grandement en fonction de la valeur initiale choisie pour notre exemple de programme, avec des cas extrêmes de 76,2 % pour une graine égale à 10215250 et 89,2 % pour une graine égale à 85252568. C'est un exemple de variabilité des données d'entrée, car le programme aurait dû se comporter à peu près de la même façon quelles que soient les données d'entrée. Déjà grave, le problème ne s'arrête pas là. Si nous traduisons ce programme en Java en utilisant la fonction *Math.random()* comme générateur aléatoire (à la place de la fonction « random() » de Python), nous obtenons que l'associativité n'est vérifiée que dans 83,1 % des cas, ce qui est assez similaire, mais pas exactement semblable à Python : c'est un exemple de variabilité du langage. Mais si nous utilisons la fonction *java.util.Random.nextFloat()*, nous obtenons 100 % ! Deux variantes de la même fonctionnalité se comportent différemment : c'est un exemple de variabilité de bibliothèque. Si nous traduisons à nouveau ce programme en langage C et nous le compilons avec le logiciel GCC* puis l'exécutons sous Linux, nous obtenons des résultats similaires en fonction du générateur aléatoire utilisé (74,6 % contre 100 %), mais une nouvelle dimension apparaît lorsque nous compilons le même programme C pour Windows, obtenant alors 99,8 % et 100 %. Cet effet est maintenant dû à la variabilité de la plateforme. Exécuté sur un processeur 32 bits plus ancien, il donne encore des résultats différents, ce qui est une manifestation de la variabilité du processeur. Notez qu'il n'y a rien de particulièrement mystérieux ici : tous ces comportements différents peuvent être parfaitement rationalisés avec une bonne compréhension de l'arithmétique à virgule flottante* et une maîtrise tout aussi bonne de la génération de nombres pseudo-aléatoires* pour chacune de ces bibliothèques et plateformes. Mais cette connaissance approfondie ne peut être exigée d'un géologue, d'un expert en climatologie ou même d'un programmeur moyen.

```
from random import random, seed
def associativity_test() -> bool:
    x = random(); y = random(); z = random()
    return x+(y+z) == (x+y)+z
def proportion(number: int) -> int:
    ok = 0
    for i in range(number):
        ok += associativity_test()
    return ok*100/number

seed(input("Graine (aléatoire): "))
print(proportion(10000))
```

L'addition est-elle associative en Python ? ■

Défis futurs

Les modèles informatiques complexes sont devenus omniprésents dans notre société, tant pour la science que pour l'ingénierie. Compte tenu de cette incertitude omniprésente, comment pouvons-nous avoir confiance dans les modèles scientifiques prédictifs tels que ceux utilisés en épidémiologie ou en science du climat, ou même s'assurer que leurs prédictions sont reproductibles ? Comment pouvons-nous faire confiance aux véhicules autonomes et aux autres logiciels pilotés par l'intelligence artificielle si certaines de leurs décisions sont imprévisibles ? Comment le médecin peut-il faire confiance aux résultats d'analyses de données et d'images médicales proposés par un logiciel ? Comme dans toutes les sciences, il faut s'habituer, en informatique, au fait que les résultats d'un calcul ne sont jamais justes, mais comportent une marge d'erreur. Un des défis de la recherche est bien sûr de trouver comment maîtriser cette variabilité profonde et de permettre de systématiquement caractériser cette marge d'erreur avec certitude. Pour cela nous avons le projet de nous appuyer sur nos travaux antérieurs de recherche sur la variabilité dans le contexte des lignes de produit logiciels pour inventer de nouvelles méthodes et outils, afin de modéliser l'ensemble des dimensions de variabilité implicite d'une application informatique et ensuite d'automatiquement échantillonner de manière efficace ce modèle pour obtenir une estimation fiable des marges d'erreur.

Références bibliographiques

• R. BOTVINIK-NEZER *et al.* – *Variability in the Analysis of a Single Neuroimaging Dataset by Many Teams*, Nature, 2020.

• J.-M. MULLER – *Arithmétique virgule flottante*, 2013.

• D. KNUTH – *The Art of Computer Programming, Volume 2: Seminumerical Algorithms*, Addison-Wesley, 1998.

• T. H. CORMEN, C. E. LEISERSON, R. L. RIVEST et C. STEIN – *Introduction à l'algorithmique*, Dunod, 2002.

• J.-M. JÉZÉQUEL et J. JONGWANE – *Comment maîtriser la complexité des logiciels ?* Interstices, 2017.

- Cinquième partie -

Le calcul pour les Big Data et l'Intelligence Artificielle

Page précédente :

© Freepik ■

Introduction

Mokrane Bouzeghoub

Si le Big Data et l'intelligence artificielle (IA) se sont développés de façon impressionnante ces deux dernières décennies, c'est en grande partie grâce à l'essor des nouvelles architectures de calcul. À l'inverse, c'est aussi sous la pression de nouveaux besoins en analyse de données massives et en apprentissage automatique que des progrès significatifs ont été réalisés dans les nouveaux processeurs et pour le calcul à haute performance (HPC). Cette influence croisée entre la technologie et les besoins constitue aujourd'hui un puissant moteur de progrès scientifique et de croissance économique. La puissance de calcul actuelle est la résultante d'une multitude d'innovations matérielles et logicielles. Au niveau matériel, c'est l'intégration d'un nombre impressionnant de cœurs de calcul au sein d'un processeur, ainsi que l'organisation parallèle de plusieurs processeurs dans une machine qui permet d'atteindre des puissances de calcul exaflopiques (10^{18} instructions par seconde). L'utilisation de processeurs GPU (*GraphicsProcessing Unit*), initialement prévus pour accélérer les jeux multimédias, a eu un effet amplificateur inattendu dans les années 2000 pour le traitement de données massives et en apprentissage automatique. Avec les CPU (*Central Processing Unit*), ils sont aujourd'hui les composants constitutifs des supercalculateurs. Malheureusement, dans les applications exploitant des grandes masses de données, cette puissance de calcul est freinée par les unités d'entrée/sortie qui sont 10 000 fois plus lentes que les CPU, alors même que les accès aux données peuvent représenter plus de 25 % du temps de calcul dans les applications Big Data et IA et que les supports de stockage sont souvent en accès concurrent entre plusieurs applications. Un effort important est donc porté sur les accélérateurs d'E/S en agissant simultanément sur la parallélisation du stockage, l'extension des mémoires cache et l'anticipation des lectures sur disque par analyse statistique des usages des données les plus utilisées.

Au niveau logiciel, il s'agit d'élaborer des modèles de calcul qui exploitent de façon optimale la puissance des processeurs en concevant des architectures virtuelles permettant l'exécution parallèle du code et l'accès rapide à des données distribuées. Dans ce contexte, l'effort est mis sur l'organisation des données, leur stockage et leur indexation ainsi que sur des méthodes d'optimisation des requêtes d'accès aux données. Des modèles de calcul comme Hadoop, Map/Reduce ou bio-inspirés comme les réseaux de neurones ont constitué des avancées significatives dans les domaines du Big Data et de l'IA. D'autres approches associées au *cloud computing* offrent des services de calcul et de gestion de données personnalisables en fonction de la taille des données et de la complexité des traitements. Ainsi, c'est la combinaison des architectures matérielles et logicielles de calcul qui est à la base des succès récents de la simulation numérique, l'analyse en temps réel de flux de données et l'entraînement des grands modèles de langages (LLM) de l'IA générative. En retour, l'analyse de données et l'apprentissage machine constituent aussi des outils d'amélioration du HPC en développant des outils de prédiction dans la distribution dynamique des données, l'exécution parallèle des tâches et l'anticipation des E/S. Les articles de ce chapitre illustrent quelques-unes de ces innovations avec leur utilisation dans différents domaines d'application. Les trois premiers articles traitent de la gestion des très grands volumes de données, du point de vue de leur stockage distribué pour augmenter le parallélisme des tâches, de l'optimisation de leur accès pour réduire la latence introduite par les disques, voire de leur compression pour déployer de grands réseaux de neurones en apprentissage. Les trois articles suivants montrent, à travers trois domaines d'application – la théorie des jeux, la biologie et la musique – l'impact que ces innovations en calcul et en gestion de données ont sur des problèmes d'optimisation difficiles ou sur la créativité à la frontière des mondes réel et virtuel.

1. De nouvelles architectures pour les Big Data

Ioana Manolescu et Patrick Valduriez

L'analyse de très grandes masses de données hétérogènes est devenue la base de la résolution de grands problèmes pour de nombreuses applications, que ce soit pour les sciences, les médias sociaux ou encore l'industrie. Dans le cas des sciences expérimentales telles que l'agronomie, l'astronomie, la biologie et les sciences de l'environnement, d'énormes quantités de données sont produites par l'observation et la simulation.

Le déluge de données

Ces données doivent être collectées, nettoyées, transformées et analysées afin de tirer de nouvelles conclusions, de prouver des théories et de produire des connaissances. Cependant, les progrès constants des instruments d'observation (comme les satellites, les capteurs, les plateformes d'analyses génomiques) et des outils de simulation (qui favorisent l'expérimentation *in silico*) créent un véritable déluge de données.

Ainsi, la plateforme PhenoArch du Laboratoire d'Écophysiologie des Plantes Sous Stress Environnementaux à Montpellier est dédiée à l'analyse des déterminismes génétiques de la réponse des plantes (croissance, transpiration, développement) aux conditions environnementales, en particulier la sécheresse, la température et la lumière. Une seule expérience peut produire jusqu'à 2 millions d'images, 10 millions d'observations phénotypiques, 15 000 annotations et plus de 4 millions de mesures environnementales, soit environ 50 téraoctets de données (figure 1).

Bien que l'analyse des données existe depuis longtemps, les caractéristiques du *big data* rendent très difficiles la gestion des données, ainsi que l'obtention de bonnes conclusions. Pour relever ce défi, la science des données est apparue avec une approche multidisciplinaire qui combine les principes de plusieurs domaines comme la gestion distribuée et parallèle des données, la fouille de données, les statistiques, et l'intelligence artificielle.

Fig. 1 – **La plateforme PhenoArch.** Elle est équipée d'un convoyeur à haut débit, d'une station d'irrigation, d'un module de caractérisation de l'environnement, d'un module d'imagerie et d'un module de suivi de la croissance des plantes et de la transpiration à faible débit. Une équipe pluridisciplinaire est dédiée à la plateforme avec deux scientifiques permanents (agronomes) et trois ingénieurs ■

Dans le domaine de l'écologie, la plateforme Pl@ntNet développée au Laboratoire d'Informatique, de Robotique et de Microélectronique de Montpellier par des chercheurs d'Inria et du CIRAD s'est imposée comme la référence pour la production et la recherche de données botaniques (figure 2). Grâce à l'identification des plantes basée sur l'apprentissage profond (*deep learning**), elle offre des opportunités uniques pour le suivi de la biodiversité à l'échelle mondiale (avec plus de 80 flores) et à des résolutions spatiales et temporelles beaucoup plus élevées que les modèles utilisés classiquement en écologie. La base de données contient 22 millions d'images de plantes observées (près de 450 téraoctets). Les défis scientifiques en termes de *big data* sont multiples, impliquant la gestion d'une grande base de données NoSQL* distribuée, l'analyse en temps réel de grands volumes de données d'observation de plantes générées par les utilisateurs avec l'application Pl@ntNet sur leurs smartphones, la qualité et la précision des données, le développement d'algorithmes parallèles de reconnaissance d'images évolutifs et précis, l'intégration avec les bases de données botaniques existantes pour l'extraction de connaissances, et la prise en compte des questions de confidentialité et de sécurité.

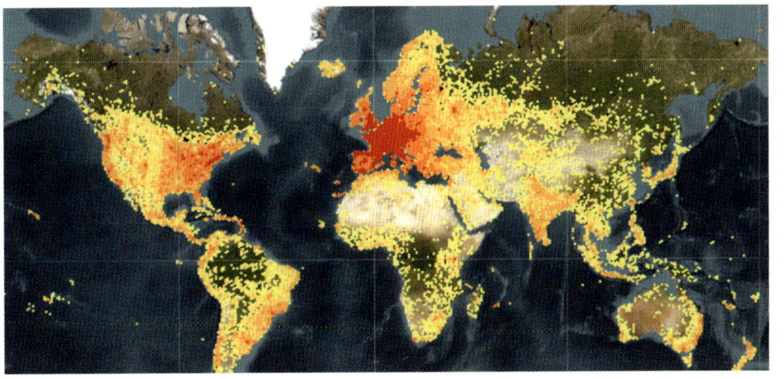

Fig. 2 – **Carte des occurrences de plantes collectées par les utilisateurs de l'application Pl@ntNet partagées dans la base de données GBIF (*Global Biodiversity Information Facility*).** La couverture est mondiale, mais avec une forte prédominance en Europe et en Amérique du Nord. Snapshot d'une carte interactive (plus c'est rouge, plus il y a d'occurrences dans une cellule) ■

La gestion distribuée et parallèle des données

Des systèmes distribués et parallèles ont vu le jour au début des années 1980 pour supporter de très grandes bases de données structurées, comme les entrepôts de données, en exploitant des machines composées de nombreux nœuds de calcul/stockage reliés par un réseau à grande vitesse (cf. p. 109, p. 84).

Ces systèmes exploitent la distribution massive des données et le parallélisme des traitements. Les données sont distribuées dans un grand nombre de partitions, chacune stockée sur un nœud différent. Sur la base de ce partitionnement, le traitement parallèle de ces données permet de réduire à quelques minutes les temps de réponse des requêtes qui auraient nécessité des heures ou des jours avec une machine simple. Par ailleurs, un système distribué peut améliorer la disponibilité des données et la tolérance aux pannes, grâce à la réplication de données sur plusieurs nœuds et le basculement automatique sur un nœud de secours en cas de panne d'un nœud. Enfin, ce type d'architecture fournit une excellente scalabilité* pour supporter l'augmentation de la charge ou des données avec le même niveau de performance grâce à l'ajout de nœuds. Dans le cas des *clusters** de serveurs, la scalabilité est verticale, car limitée par le nombre maximum de nœuds serveurs installés dans une armoire, et horizontale grâce à l'ajout de serveurs supplémentaires, afin d'augmenter de façon presque infinie la capacité du système (figure 3).

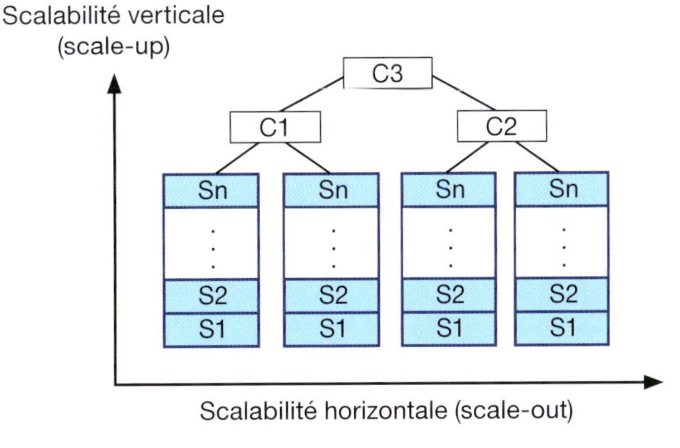

Fig. 3 – **Scalabilité verticale versus scalabilité horizontale.** La scalabilité verticale est limitée par le nombre maximum (n) de serveurs (Si) à placer dans une armoire (rack), alors que la scalabilité horizontale est quasiment infinie, avec l'ajout d'armoires, de serveurs et de commutateurs réseaux (Ci). ■

La gestion des *big data*

Il n'existe pas de définition précise des applications *big data*, mais elles sont généralement caractérisées par « quatre V » : le volume, la variété, la vélocité et la véracité. Ainsi, pour être qualifiés de « big data », les ensembles de données utilisés doivent être très volumineux, depuis des centaines de téraoctets (10^{12} octets) à des pétaoctets (10^{15} octets). Les données peuvent également être très hétérogènes, en termes de formats (table, texte, image, son, vidéo, etc.) et de sémantiques, avec des métadonnées (description, information sur l'auteur, la date et le contexte de production des données...) très variables. Elles sont aussi souvent produites en grandes quantités et à grande vitesse, sous forme de flux continus, et doivent être traitées en temps réel dans certains cas. Il s'agit par exemple des données provenant de capteurs, de réseaux sociaux ou toutes sortes d'applications produisant des données. Enfin, les données peuvent provenir de nombreuses sources, certaines n'étant pas entièrement fiables ou dignes de confiance. Il peut y avoir du bruit, des biais, des incohérences et une désinformation délibérée, qu'il faut pouvoir analyser et dont les effets doivent être atténués. Ces caractéristiques nécessitent de nouvelles architectures basées sur la gestion distribuée et parallèle des données dans des clusters. Par rapport aux systèmes SQL*, conçus pour la gestion de données structurées, le *big data* utilise une pile logicielle différente avec essentiellement trois couches : stockage, gestion de données et analyse de données (figure 4). La couche de stockage SQL utilise le mode bloc, qui rassemble les données dans des blocs de taille fixe stockés sur les disques durs. Ce procédé est simple et efficace, mais il exige une très bonne gestion (complexe) de la part du système SQL. Pour le *big data*, nous avons deux autres modes complémentaires pour stocker les données : *objet* ou *fichier*. Le mode objet est bien adapté à de très grandes quantités de données, chaque donnée étant stockée comme un objet séparé, avec un identifiant unique qui permet de le localiser dans le cluster, ainsi que des métadonnées qui le décrivent. Quant au mode fichier, il partitionne de très grands volumes de données en sous-ensembles, appelés *chunks* (ou « segments ») distribués sur les nœuds du *cluster*, afin d'offrir une grande scalabilité et la tolérance aux pannes (en réplicant les *chunks*). La couche gestion de données fournit différentes manières de manipuler les données stockées. La première, emblématique du big data, consiste à utiliser un *framework** de traitement parallèle comme Spark*, qui permet au programmeur d'exprimer un traitement de données avec un petit nombre d'opérateurs tels que map, reduce, filter ou join, sans se soucier de la partie complexe qu'est l'exécution parallèle du traitement dans le cluster. Lorsque les traitements comportent un grand nombre d'opérateurs rendant l'expression du traitement complexe, l'utilisation de scripts SQL facilite la rédaction des requêtes, qui sont alors traduites en opérateurs. Une autre manière de gérer les données est d'utiliser une base de données NoSQL, conçue comme une alternative à SQL. En effet, les systèmes NoSQL proposent différents modèles de données (clé-valeur, document, graphe), chacun avec un langage de requêtes (ou, à défaut, une API* de traitement de données) spécifique. Ces systèmes mettent l'accent sur la performance, la haute disponibilité, l'extensibilité et la scalabilité, souvent au détriment de la cohérence des données. Enfin, pour traiter en temps réel des données qui arrivent sous forme de flux continus, comme des traces de paquets IP dans un réseau, il est possible d'utiliser un système de *streaming* de données. Ainsi, les requêtes, dites continues, s'exécutent en permanence et permettent de détecter des événements remarquables, comme une tentative d'intrusion. La couche analyse de données offre une multitude d'outils pour effectuer des analyses de *big data* complexes, y compris l'analyse statistique, l'aide à la décision et l'apprentissage automatique (*machine learning**). Enfin, la gestion des ressources dans un *cluster* est généralement assurée par un système d'exploitation distribué, tel que Hadoop 3.0, qui facilite le déploiement et l'exécution des applications (figure 4). Cette gestion des *big data* offre la possibilité d'aborder d'une nouvelle manière le problème important de l'intégration de données dans des entrepôts de don-

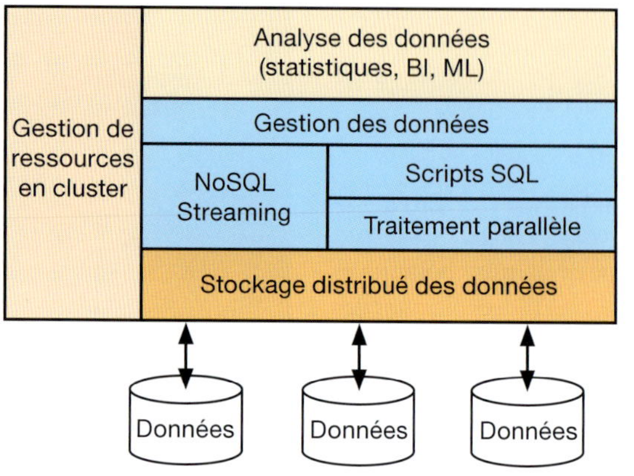

Fig. 4 – La pile logicielle big data. Les trois couches (stockage, gestion de données et analyse de données) ont des APIs bien définies, et peuvent être supportées par des logiciels différents, voire concurrents ■

nées. Un entrepôt de données intègre des données provenant de différentes sources de l'entreprise en utilisant un format commun, généralement le modèle relationnel, et des transformations de données complexes (chaînes de traitement ETL ou *extract-transform-load*). Des solutions plus récentes, comme les lacs de données*, stockent les données dans leur format natif, s'appuyant directement sur la couche de stockage. Il n'est alors plus nécessaire de transformer les données, ce qui permet pour chaque question métier de pouvoir identifier avec une requête l'ensemble de données pertinent à analyser. Cette approche, appelée « schéma en lecture* » (*schema on read*), impose néanmoins au développeur d'ajouter dans la requête le code pour interpréter les données en format natif.

Cloud, big data et polystores

Le *cloud* est devenu le modèle privilégié des entreprises pour accéder à des ressources et services informatiques virtuels (cf. p. 72). Ce modèle a été conçu à l'origine par les géants d'Internet pour exécuter leurs propres applications à très grande échelle sur de très grands centres de données géodistribués, en utilisant des *clusters* comportant des milliers ou des millions de serveurs. Aujourd'hui, les utilisateurs peuvent s'appuyer sur des services de gestion des *big data* proposés sous la forme d'offres génériques de type « *Platform-as-a-Service* » (PaaS) ou plus spécifiques de type « *Software-as-a-Service* » (SaaS) pour des applications personnalisées dans un *cloud* public ou privé. Cependant, les objectifs du *cloud* et du *big data* sont différents. Le *big data* vise la valeur ajoutée et la performance opérationnelle, tandis que le *cloud* vise la flexibilité et la réduction des coûts. Mais ils sont complémentaires, en encourageant les entreprises à externaliser de plus en plus leurs données dans le *cloud* et à en tirer de la valeur, par exemple en intégrant leurs données avec des données environnementales ou des données de géolocalisation. Au fur et à mesure que différentes architectures sont proposées pour la gestion de données, les entreprises mettent en œuvre des systèmes de différente nature (base de données, entrepôt de données, lac de données, *big data*) selon les tâches à réaliser. Les architectures deviennent alors « polystores ». Une architecture polystore a beaucoup de points communs avec les architectures à base de médiateurs et d'extracteurs de données, telles qu'introduites dans les années 1990. Dans ces architectures, le médiateur transforme chaque requête d'un utilisateur portant sur un schéma de données virtuel en sous-requêtes, chacune pour une source de données. Puis le médiateur soumet ces sous-requêtes aux extracteurs de données, qui les envoient alors aux sources de données et récupèrent les résultats. Pour finir, le médiateur intègre les résultats pour les fournir à l'utilisateur. Grâce aux polystores, une base de données hébergée dans le *cloud* peut être intégrée comme une source « parmi les autres », ce qui offre de nouvelles possibilités d'optimisation. La variété des sources de données a augmenté aussi (fichiers HDFS, SQL, NoSQL...). Enfin, dans un polystore*, à la différence d'un système de médiation, il peut s'avérer rentable de migrer, temporairement ou pour une plus longue durée, des données d'une source vers une autre, afin de profiter des traitements plus efficaces disponibles dans le système cible (et non pas dans le système de départ).

Conclusion

Le *big data*, stimulé à la fois par la demande toujours croissante des applications et l'hégémonie de l'apprentissage automatique, génère une course sans fin à la technologie et à la puissance, très énergivore. Ainsi, un grand centre de données sur un site de 10 000 m² peut consommer autant d'énergie qu'une ville de 50 000 habitants. Les solutions visant la sobriété énergétique se développent et tous les grands acteurs du *cloud* promettent des centres de données zéro carbone à l'horizon 2030, dans une logique d'économie circulaire. Une approche prometteuse, complémentaire au *cloud*, est le *edge computing* (cf. p. 88), qui consiste à décentraliser la puissance de calcul et de stockage à la périphérie du réseau, afin de faire face à la croissance exponentielle des données produites par l'Internet des objets (*Internet of Things*). Cependant, les risques associés au *big data*, concernant la sécurité et la vie privée, sont décuplés car il y a plus de possibilités d'attaques, notamment à partir d'objets distribués et non sécurisés.

Références bibliographiques

- S. GRUMBACH et P. VALDURIEZ – *Les données en question*, Interstices, 2016.
- Z. KAOUDI, I. MANOLESCU et S. ZAMPETAKIS – *Cloud-Based RDF Data Management. Synthesis Lectures on Data Management*, Morgan & Claypool Publishers, 2020.
- T. ÖZSU et P. VALDURIEZ – *Principles of Distributed Database Systems*, Springer, 2020.
- M. BOUZEGHOUB et R. MOSSERI (dir) – *Les Big data à découvert*, CNRS Éditions, 2017.

2. Techniques algorithmiques de compression de modèles d'intelligence artificielle

Yannick Malot, Kim Thang Nguyen et Denis Trystram

Les données générées par la digitalisation toujours plus importante des sociétés modernes ont une croissance sans précédent ; et leurs traitements, ainsi que les calculs associés, sont devenus considérables. La contribution du secteur de l'intelligence artificielle (IA) est particulièrement significative, avec un fort impact dans la crise climatique due aux émissions de gaz à effet de serre rejetés par les infrastructures hébergeant les grands calculateurs et les data centers. Ainsi, les calculs nécessaires au déploiement des grands modèles de réseaux de neurones profonds, comme le modèle de langage naturel *GPT3* qui est à la base de l'agent conversationnel* ChatGPT, sont très énergivores. Nous présentons ici les techniques de compression de modèles d'apprentissage automatique*, qui conduisent à des algorithmes plus simples à déployer et moins gourmands en énergie.

La problématique du stockage

Tout modèle d'apprentissage basé sur un réseau de neurones effectue une prédiction en appliquant à des données d'entrée des opérations matricielles* successives qui produisent des résultats intermédiaires (ou activations) jusqu'à obtention d'une prédiction (figure 1). Les matrices avec lesquelles ces opérations sont effectuées sont les paramètres (ou poids) du modèle. Ils sont très nombreux, pouvant aller jusqu'à des centaines de millions, et nécessitent donc beaucoup de mémoire informatique pour pouvoir être stockés. Les paramètres d'un modèle sont généralement stockés en mémoire en haute précision, au format 32 bits flottants : chaque paramètre occupe 32 bits de mémoire. Le stockage en haute précision pose problème pour deux raisons principales. Tout d'abord, parce qu'il n'y a pas assez de place mémoire pour stocker un modèle contenant des millions de paramètres en haute précision sur de petits appareils. Ensuite, car même pour un ordinateur performant, les paramètres d'un tel modèle ne peuvent tenir en mémoire-cache (celle qui est proche des cœurs de calcul). Ils doivent donc être stockés dans une hiérarchie mémoire avec une grande capacité, comme la RAM*. Mais celle-ci est plus éloignée et a une latence beaucoup plus importante, ainsi que des accès en lecture et en écriture qui demandent considérablement plus d'énergie que ceux effectués dans les niveaux mémoire proches des cœurs.

La compression comme solution

Une réponse possible à cette problématique est de compresser les modèles d'intelligence artificielle, c'est-à-dire de faire en sorte que leurs paramètres occupent moins de mémoire. Les techniques de compression de modèles les plus populaires sont la quantification (*quantization*) et l'élagage (*pruning*). La première consiste à stocker en mémoire des paramètres dans un format numérique de très faible précision : ils ne peuvent alors prendre qu'un petit nombre de valeurs distinctes. Les paramètres sont stockés sur peu de bits (entre 3 et 8), avec une précision qui peut varier selon les couches de neurones. La seconde technique de compression consiste à attribuer la valeur 0 à toutes les petites valeurs de paramètres. Les arêtes les moins significatives du graphe de calcul sont donc éliminées. En poussant plus loin cette idée, et grâce à une méthode de matrices parcimonieuses* (*sparsification*), il est même possible d'éliminer les neurones les moins importants. Ces deux solutions permettent, d'une part, de déployer un modèle complexe sur de petits dispositifs ; et d'autre part, de changer l'allocation en mémoire des paramètres (par exemple, en en mettant davantage en mémoire cache* plutôt qu'en RAM) et donc d'effectuer des prédictions en consommant considérablement moins d'énergie. Ils ouvrent également des possibilités d'optimisations matérielles nouvelles, avec des architectures dédiées aux matrices parcimonieuses (dans le cadre du *pruning*) ou en utilisant l'arithmétique en nombres entiers (dans le cadre de la *quantization*). Pour l'essentiel, ces méthodes de compression ne portent toutefois que sur l'inférence et donc la prédiction pure. Pour l'apprentissage, elles nécessitent toujours d'entraîner des modèles auxiliaires en haute précision qui servent de guides aux modèles compressés, lesquels peuvent ensuite être portés sur puce. Cependant, certaines approches commencent à proposer un apprentissage complet, par exemple en effectuant toutes les opérations nécessaires en 8 bits.

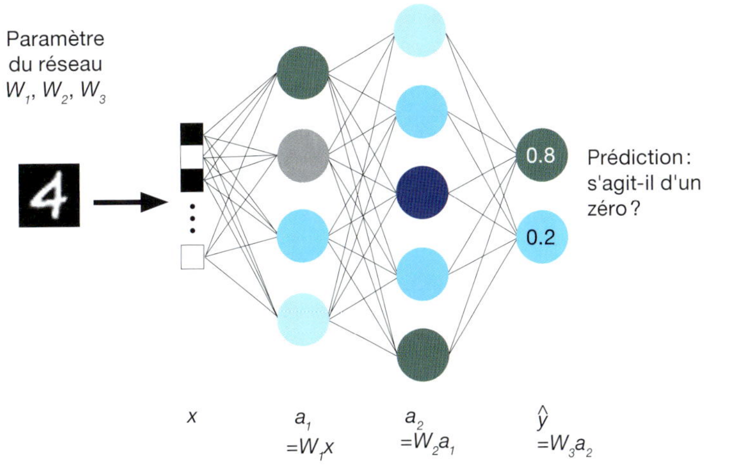

Schéma de fonctionnement d'un réseau de neurones artificiel. Les données d'entrée sont notées *x* sur la figure. Les opérations matricielles successives qui leur sont appliquées produisent des résultats intermédiaires notés a_1 et a_2. La prédiction obtenue est notée $\hat{y}$. Sur cet exemple, l'opérateur cherche à reconnaître le chiffre « 0 » ■

Le compromis entre la compression et la précision

Quantifier ainsi un modèle permet de diviser la mémoire occupée par les paramètres par un facteur important. Pour un modèle ResNet18 occupant 45 mégaoctets (Mo) en pleine précision (32 bits), une quantification en 4 bits apporte un gain en mémoire d'un facteur 8 (32 bits / 4 bits) et ne requiert qu'environ 6 Mo. Cette compression s'effectue au prix d'une perte de précision minime : un ResNet* compressé en 4 bits a la même précision qu'un ResNet en 32 bits. En ajoutant à cela l'élagage dans le graphe de calcul, les taux de compression peuvent monter à plus de 50, sans perte de précision significative en inférence. Une solution alternative est de considérer un réseau de moindre taille ayant beaucoup moins de paramètres, et de le « forcer » à produire les mêmes résultats qu'un réseau plus puissant. Cette technique, appelée « distillation », nécessite d'avoir déjà un réseau puissant, qui entraînera un réseau moins puissant en lui apprenant les activations intermédiaires. Enfin, il est possible d'utiliser des méthodes d'apprentissage statistiques autres que les réseaux de neurones, notamment en travaillant avec une version compressée des données. Cet ensemble de techniques permet de réduire considérablement la mémoire nécessaire pour stocker un modèle basé sur les réseaux de neurones profonds*. Cette compression s'opère au prix d'une réduction de la précision du modèle implémenté, et il existe toujours un compromis entre compression et perte de précision. Cependant, la recherche en cours tend à montrer qu'il est possible d'avoir une compression considérable, pour une perte de précision minime.

Références bibliographiques

- https://interstices.info/le-vrai-cout-energetique-du-numerique
- D. PATTERSON *et al.* – *Carbon Missions and Large Neural Network Training*, 2021.
- B. JACOB *et al.* – Quantization and training of neural networks for efficient integer-arithmetic-only inference, IEEE conference on computer vision and pattern recognition, 2018.
- Y. MICHE, A. SORJAMAA, P. BAS, O. SIMULA, C. JUTTEN et A. LENDASSE – *OP-ELM: Optimally Pruned Extreme Learning Machine*, IEEE Trans. Neural Netw., vol. 21, 2010.
- J. GOU *et al.* – *Knowledge Distillation: A Survey*, Int J Comput Vision 129, 2021.

3. L'enjeu des données dans la course des supercalculateurs vers l'exascale

Soraya Zertal et Philippe Couvée

Nous entrons dans l'ère de l'« exascale » (échelle exaflopique), où les machines de calcul les plus puissantes sont capables d'exécuter plus d'un milliard de milliards d'instructions de calcul (en virgule flottante* de surcroît) en une seule seconde, ce qui équivaut à 10^{18} FLOPS*. Cela est rendu possible par l'intégration d'un nombre élevé de cœurs de calcul au sein d'un processeur, de plusieurs processeurs (CPU*, GPU*) au sein d'un nœud de calcul et de très grands nombres de nœuds de calcul assemblés dans une grappe (*cluster*), communément appelée « supercalculateur ». Le premier supercalculateur à franchir la barrière de l'exascale est *Frontier*, délivrant une puissance maximale de 1,102 exaFLOPS en faisant calculer simultanément 8 730 112 cœurs de calcul. Il s'est hissé en haut du classement TOP 500 en novembre 2022 et d'autres supercalculateurs exascale arrivent dans son sillage, telle la machine « Jupiter » annoncée en Europe pour 2024. Ce classement est une référence pour comparer les performances des supercalculateurs. Il a été mis en place en 1993 et continue à être publié deux fois par an lors des grands forums des fabricants et utilisateurs de supercalculateurs à l'échelle internationale.

Ces machines répondent aux besoins des applications actuelles nécessitant une capacité de calcul en croissance continue. Ces applications de calcul haute performance (HPC*) sont majoritairement des applications scientifiques dédiées aux simulations de phénomènes physiques, chimiques et biologiques, ainsi que les programmes d'intelligence artificielle (cf. p. 80). Certaines de ces applications ont des impacts directs sur la vie de tous les jours, comme les applications de prévisions météorologiques ou les prédictions de risque de tsunami en cas de séisme.

La problématique de l'accès aux données

Au-delà du calcul intensif, ces applications sollicitent fortement les systèmes de stockage de données et les architectures matérielles sous-jacentes à partir desquelles les données nécessaires aux calculs sont lues et sur lesquelles les résultats générés sont écrits. Ces données, qu'elles soient lues ou écrites, sont très volumineuses, de l'ordre global de centaines de pétaoctets (soit environ 10^{17} octets), équivalent à la capacité de stockage de 100 000 ordinateurs personnels.

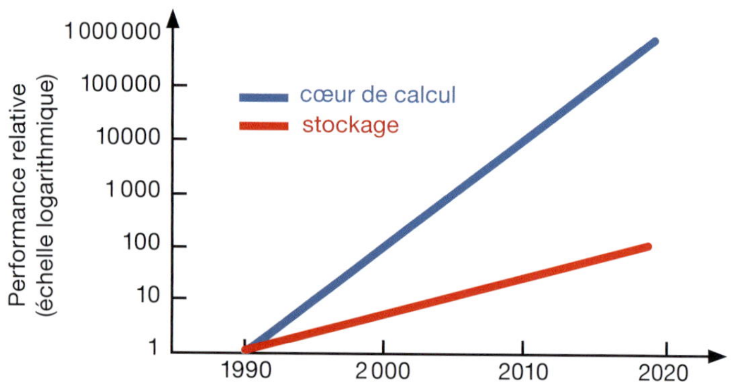

Fig. 1 – **L'écart de performance entre le calcul et l'accès aux données ne cesse de croître et atteint un facteur de 10 000 en 2020.** L'évolution des technologies de stockage de données (mémoires Flash, SSD, SSD-NVMe, NV-RAM) n'arrive pas à rattraper ce retard ■

Ainsi, le temps nécessaire pour accéder aux données dans le supercalculateur devient un facteur limitant la performance des applications, et les évolutions technologiques beaucoup plus rapides du côté du calcul en comparaison à celles du stockage de données ont accentué le phénomène (figure 1). Par exemple, le Centre européen de prévisions météorologiques exécute son modèle plusieurs fois par jour sur près de 3 000 nœuds de calcul. Dans l'état actuel de la technologie, en 2023, ce modèle passe 26 % de son temps à traiter les lectures et écritures des données. Cependant, les architectures matérielles de stockage ont également connu des évolutions majeures avec l'avènement des mémoires Flash, donnant naissance aux disques SSD (*Solid State Disks*), et une révolution est en marche avec l'introduction des mémoires non volatiles (NV-RAM). Ces deux technologies ne viennent pas remplacer les disques rotatifs HDD* (*Hard Disk Drive*), mais plutôt compléter la pyramide des technologies de stockage de données dans laquelle se trouvent encore les bandes magnétiques, utilisées pour leur très grande capacité de stockage de données et leur très faible consommation énergétique (bien que le temps nécessaire pour accéder à leurs données soit relativement long). Chaque technologie, et donc chaque type de support de stockage, possède des caractéristiques de performance différentes en termes de débit, de latence d'accès, de capacité, de consommation énergétique et de coût qui le rendent plus approprié à certains usages et moins à d'autres. L'usage se définit par un profil d'accès aux données qui représente leur distribution dans le temps selon le type des opérations (lecture ou écriture), la taille des données concernées par l'opération, le nombre d'opérations successives de même type, la fréquence d'arrivée des opérations, etc. Les architectures des systèmes de stockage deviennent donc hiérarchiques avec des données en mouvement à travers les différents niveaux selon les profils d'accès des applications (figure 2).

Les différents types d'accélérateurs d'entrées / sorties

L'ère de l'exascale, avec son très grand nombre de nœuds de calcul et d'applications variées qui s'y exécutent, et le partage de données combiné à l'hétérogénéité des supports de stockage, introduisent de nouvelles problématiques comme la complexité des profils Entrées/Sorties (E/S), la concurrence ou le parallélisme accru entre les applications, et la gestion efficace des supports de stockage. De nouveaux outils et paradigmes ont vu le jour pour réduire l'écart actuel d'un facteur de 10 000 entre les performances de calcul et celles des E/S (figure 1). Les accélérateurs E/S se révèlent être la solution en s'interfaçant entre le calcul et le stockage des données. Les accélérateurs E/S ont pour but de réduire les latences d'accès aux données par les applications afin que les nœuds de calcul attendent le moins possible les données sur lesquelles les calculs sont effectués. Ils peuvent être logiciels ou matériels. Les accélérateurs logiciels opèrent au niveau des nœuds d'entrées/sorties (*IO-Nodes*) et se focalisent sur l'optimisation des accès afin d'améliorer la latence et/ou le débit, par la réorganisation des opérations de lecture et d'écriture au sein des flux de requêtes issus des applications. Le partage accru des espaces de stockage et même des données sur ces espaces rend les profils d'accès riches et complexes, propices à ces optimisations. Par exemple, plusieurs opérations d'écritures de petites quantités de données peuvent être regroupées en une seule opération, économisant du temps de

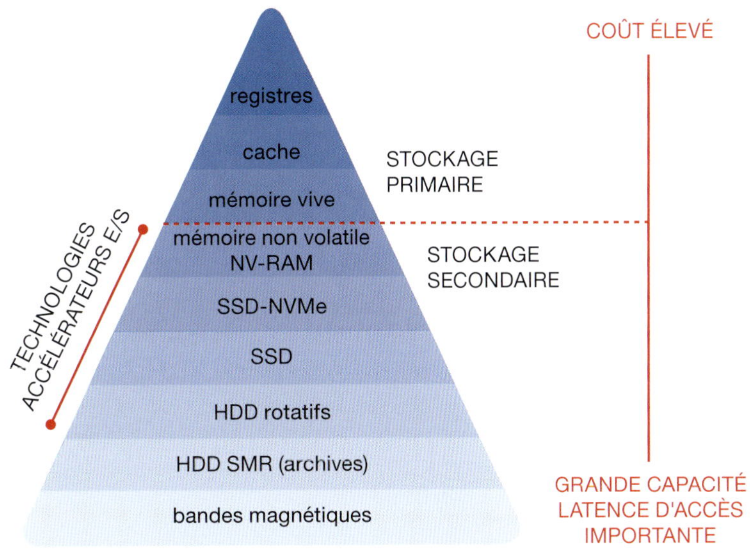

Fig. 2 – **Classification pyramidale des technologies de stockage selon leurs coûts, capacités et latences d'accès.** Deux catégories se distinguent : celle au sommet dédiée au stockage primaire : rapide, coûteuse et de capacité réduite, puis celle dédiée au stockage secondaire et massif : plus lente, peu coûteuse et de grande capacité. Les accélérateurs matériels d'E/S utilisent les niveaux les plus rapides du stockage secondaire, tels que les SSD et les SSD-NVMe avec des vitesses respectives de 500 Moctets/s et 7 000 Moctets/s ■

traitement. Il est également possible d'anticiper les futures opérations de lecture en effectuant la lecture d'une grande quantité de données qui seront probablement nécessaires à l'application (lecture en « avance »). Ainsi, les accès multiples en lecture ou en écriture et leurs temps respectifs cumulés seront remplacés par un seul accès permettant un gain significatif en temps de traitement. Ces réorganisations d'opérations de lectures / écritures s'effectuent selon leurs adresses et leur ordre d'arrivée dans le temps. Les accélérateurs matériels (ou *Burst Buffers*), quant à eux, sont des dispositifs matériels agissant comme un tampon entre les nœuds de calcul et le système de stockage. Leur rôle est d'absorber les rafales de requêtes d'entrée/sortie et d'éviter qu'elles n'attendent trop longtemps avant d'être exécutées, car cela fait chuter les performances d'exécution des applications qui ont généré ces requêtes. La structure interne du Burst buffer est hiérarchique et se compose en général de deux ou trois niveaux avec des technologies différentes (figure 3). Cette hétérogénéité matérielle qui s'accompagne d'une variation de capacité, de performance et de coût, donne tout son sens à un placement évolutif des données selon leurs « températures ». Cette température évolue dynamiquement selon la fréquence d'accès aux données durant leur durée de vie. Une donnée très sollicitée et par conséquent très active (chaude) sera placée sur le niveau le plus proche des nœuds de calcul et les données les moins sollicitées (froides) seront placées sur le(s) niveau(x) le(s) plus proche(s) du système de stockage. Le choix de la technologie matérielle pour chaque niveau suit le même principe : une technologie très rapide avec une latence d'accès minimale, même si elle est coûteuse comme les NV-RAM* (avec une latence de l'ordre de 300 nanosecondes), sera choisie pour le niveau le plus proche des nœuds de calcul ; et les disques SSD NVMe, avec une latence d'accès de l'ordre de 3 microsecondes, seront choisis pour le niveau inférieur. L'utilisation de ces *Burst Buffers* assure avec flexibilité un passage à l'échelle en ajoutant des dispositifs de stockage pour accompagner le nombre croissant des applications et/ou des nœuds de calcul. Quant à l'hétérogénéité des supports à travers ces niveaux, elle offre une palette de choix entre différentes caractéristiques de performance, faisant face à la grande richesse et complexité des profils d'accès issus de l'exécution parallèle des applications sur des données hautement partagées (cf. p. 84). Cette palette de choix matériels offre la possibilité de placer les données sur le support délivrant les meilleures performances aux profils E/S qui ciblent les données en question à un moment précis. La gestion des mouvements de données à travers les niveaux de stockage du Burst Buffer devient de ce fait l'élément-clé de l'efficacité de l'accélération des E/S. Il existe aussi des Burst Buffers internes aux nœuds de calcul qui sont confrontés à une problématique beaucoup moindre en termes de passage à l'échelle et de partage, car ils ne concernent que les applications sur le même nœud de calcul. Ils sont encore moins concernés par l'hétérogénéité des supports puisqu'ils ne sont composés que d'un seul niveau avec une seule technologie. Néanmoins, ils restent efficaces pour accélérer les E/S au niveau d'un seul nœud de calcul.

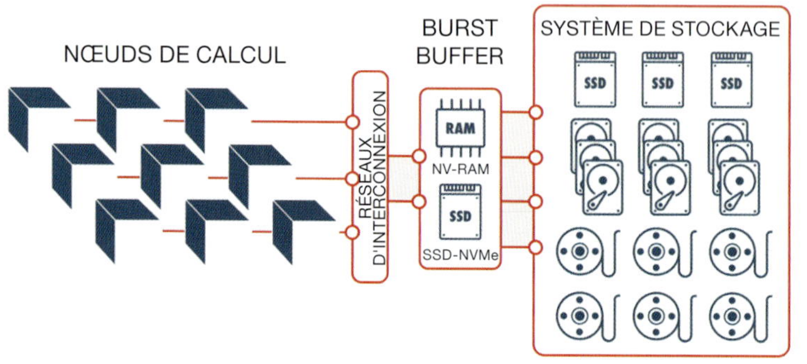

Fig. 3 – **L'accélérateur matériel d'E/S (Burst buffer) est une couche intermédiaire dans un supercalculateur servant à faire le lien entre les nœuds de calcul et le système de stockage massif.** Sa connexion se fait via des réseaux rapides avec des temps d'accès à la donnée de l'ordre de la microseconde ■

Placement et mouvements de données dans les Burst Buffers

La gestion du placement des données et l'évolution permanente de celui-ci sur les niveaux de supports matériels dans le Burst Buffer est un élément clé de l'efficacité du processus d'accélération des E/S. Elle repose sur des statistiques représentant la fréquence et le caractère récent des accès aux données identifiées par zone avec un placement initial sur le niveau le plus performant. Pour cela, deux techniques simultanées sont employées : le tiering et le caching. Avec le tiering, les données restent accessibles à leur niveau (tier) si leur température ne connaît que de faibles fluctuations. En revanche, des fluctuations plus conséquentes peuvent mener à des mouvements de données entre les niveaux, selon des stratégies connues de mises en cache (*caching*) guidées par les statistiques. Afin de rendre ces accélérateurs d'E/S encore plus efficaces, l'optimisation et l'anticipation du placement de données et des mouvements à travers les niveaux sont au cœur de travaux importants en recherche et développement. Ces travaux concernent les aspects externe et interne des Burst

Buffers. L'aspect externe se focalise sur le choix optimal des paramètres du Burst Buffer, car celui-ci est hautement configurable avec un impact important du choix de ses paramètres sur son efficacité. Des techniques d'optimisation telles que celles « par boîte noire » donnent de bons résultats. Elles ignorent complètement le fonctionnement interne d'un système (ici, le Burst Buffer) et utilisent une sélection d'heuristiques ainsi que l'observation des combinaisons possibles pour les paramètres en entrée du système et les sorties correspondantes, puis déterminent les combinaisons optimales selon les profils d'accès en cours. Quant à l'aspect interne qui se charge du mode de placement des données et la gestion de leurs mouvements à travers les niveaux du Burst Buffer, les méthodes issues de l'apprentissage machine* sont utilisées. Elles servent à anticiper le meilleur placement des données en se basant sur la connaissance construite à partir de l'observation des accès à ces mêmes données dans le passé. Ces méthodes sont implémentées au sein du Burst Buffer.

Le réseau de communication

En plus des éléments de calcul et de stockage, les supercalculateurs intègrent un autre composant critique pour la performance globale : le réseau d'interconnexion. Les réseaux utilisés, comme Infiniband ou BXI, offrent aujourd'hui des débits allant jusqu'à 400 Gbit/s par lien et des latences (temps d'attente pour obtenir les données demandées) de l'ordre de la microseconde. Ces réseaux rapides spécifiques apparus dans les années 2000 ont également connu des évolutions technologiques qui ont entraîné une croissance régulière de leurs débits (passant de 10 Gbit/s à 400 Gbit/s aujourd'hui), mais avec des latences restant relativement constantes. Il en résulte que transférer une taille importante de données se fait de plus en plus rapidement, depuis et vers les nœuds de calcul. La latence réseau peut être masquée en regroupant les opérations par les accélérateurs d'E/S logiciels et en déplaçant des données par anticipation.

Conclusion

Nous amorçons l'ère de l'exascale avec l'utilisation de machines parallèles dotées de plusieurs millions de cœurs* exécutant de nouvelles applications concurrentes et très consommatrices, aussi bien en calcul qu'en données notamment dans le contexte du calcul haute performance et de l'intelligence artificielle. Ces données volumineuses sont stockées sur des systèmes de stockage hiérarchiques et hautement partagés. Ils regroupent un grand nombre de supports hétérogènes offrant un large choix de classes de performance répondant à la richesse et à la complexité des profils d'accès résultants de ce partage. Les accélérateurs d'E/S ont un bel avenir devant eux, qu'ils soient logiciels ou matériels, internes (intégrés aux nœuds de calcul) ou externes (entre les nœuds de calcul et le système de stockage), car l'écart entre les performances du calcul et celles du système de stockage, actuellement d'un facteur de 10 000 comme le montre la figure 1 sur la performance relative, est toujours important. En effet, la progression de la vitesse de calcul est 50 fois plus rapide que celle de l'accès aux données sur disques et ceci malgré l'évolution des supports et l'intégration des mémoires non volatiles NV-RAM et des mémoires Flash* (NVMe*, SSD*). De plus, la course des supercalculateurs vers l'exascale et l'arrivée prochaine d'autres machines exaflopiques accentueront la pression sur l'accélération des E/S et l'infrastructure servant à abriter les données de plus en plus massives. Cela pose la question primordiale de la consommation énergétique de ces infrastructures avec les composants dédiés au stockage et l'accès aux données (disques, contrôleurs...), ainsi que tout le dispositif de refroidissement nécessaire au bon fonctionnement de ces composants. Avec une consommation actuelle de 5 MWh par m^2 et par an, un centre de données de taille moyenne (10 000 m^2) consomme autant qu'une ville de 50 000 habitants. Pour maîtriser la croissance de cette consommation, des efforts sont mobilisés au niveau technologique pour l'introduction de supports de stockage moins énergivores et le développement de stratégies innovantes basées sur l'apprentissage machine pour anticiper les profils d'accès aux données et leurs traitements. Les méthodes d'apprentissage les plus simples sont à privilégier afin d'éviter le coût supplémentaire de leur exécution, qui pourrait pénaliser l'accélération visée par cette anticipation.

Références bibliographiques

- www.top500.org
- S. ROBERT-HAYEK – *Auto-optimisation de systèmes informatiques à l'aide de méthodes d'optimisation de boite noire : application au cas des accélérateurs I/O*, Thèse de doctorat Paris Saclay, 2021.
- P. DENIEL – *NFS-Ganesha : évolution d'un serveur NFS du térascale à l'exascale*, Thèse de doctorat Paris Saclay, 2023.

4. Évolution des méthodes de calcul en théorie des jeux

Mourad Baïou, David Hill

Les problèmes d'optimisation occupent une place centrale dans la théorie des jeux, cette discipline qui explore les interactions stratégiques entre des acteurs économiques. Les travaux pionniers sur la théorie des jeux et des comportements économiques de John Von Neumann et Oskar Morgenstern ont été publiés à la fin de l'année 1944, mais leur impact pratique a été limité en raison du manque de puissance de calcul disponible à l'époque. Grâce à l'essor continu des machines et des architectures de calcul, les scientifiques ont pu relever des défis combinatoires de grande envergure, souvent confrontés à l'incertitude et à des environnements concurrentiels où des décisions doivent être prises.

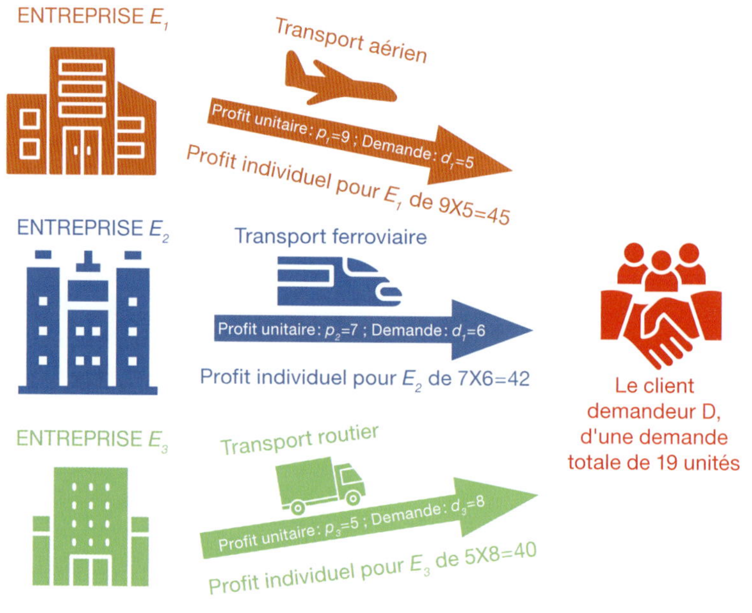

Fig. 1 – **Un exemple de trois entreprises qui fabriquent des circuits imprimés.** Chacune a un moyen de transport différent. Le profit unitaire et la demande qu'elle devra fournir au client sont indiqués sur les flèches ■

La théorie des jeux et l'échantillonnage

En théorie des jeux, certains problèmes présentent d'énormes espaces d'états pour lesquels il n'existe pas de méthodes efficaces permettant de les explorer en totalité. Dans un jeu de Go (avec ses 361 cases), il existe une quantité astronomique de coups possibles, atteignant 1,4 X 10^{768} combinaisons différentes. L'échantillonnage aléatoire est une approche qui vise à réduire le nombre d'états en sélectionnant un sous-ensemble représentatif par un tirage aléatoire, réitéré éventuellement plusieurs fois. Cette approche est utilisée par la méthode de Monte Carlo* pour estimer les résultats possibles d'un événement incertain, en relançant les calculs autant de fois que nécessaire sur des échantillons différents. Ces calculs peuvent être lancés en parallèle et bénéficier ainsi des nouvelles architectures de calcul à haute performance (HPC). Dès 1993, cette méthode fut appliquée avec succès au jeu de Go. Le programme AlphaGo a remporté une victoire historique contre le champion Lee Sedol en 2016. La machine mise en œuvre pour ce succès utilisait entre 1202 processeurs avec 176 GPU (*Graphics Processing Unit*) et 1920 processeurs avec 280 GPU, elle était aussi équipée de nouvelles unités de calcul nommées *Tensor Cores*, développées en 2015 par Google (puis par

NVIDIA), qui permirent d'accélérer de manière encore plus significative les calculs. L'évolution des capacités de calcul a aussi permis la mise au point de méthodes de plus en plus efficaces, comme les méthodes de Monte Carlo Tree Search (MCTS), basées sur l'exploration d'un arbre des états possibles partant d'une configuration initiale. Tous les programmes champions du monde de la catégorie « *General Game Playing* » (GGP*) à deux joueurs utilisent désormais ces méthodes. Une compétition annuelle est organisée par l'université de Stanford pour les jeux qui entrent dans la catégorie GGP, où les machines découvrent les règles du jeu auxquelles elles doivent jouer. Enfin, un exemple fascinant d'un problème d'optimisation ayant bénéficié à la fois des nouvelles technologies de calcul et des méthodes mathématiques et algorithmiques est celui du voyageur de commerce.

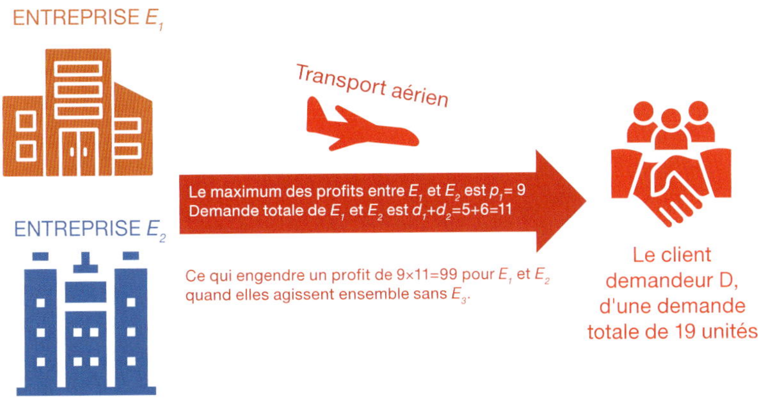

Fig. 2 – **La coalition de E_1 et E_2 et le profit qu'elles engendrent en agissant ensemble.** La coalition de E_1 et E_3, et celle entre E_2 et E_3 ainsi que les profits qu'elles génèrent peuvent être représentées et calculés de la même façon ■

Exemple de scénario d'optimisation en théorie des jeux

Soit trois entreprises E_1, E_2 et E_3 produisant le même bien, ayant chacune une capacité de production différente, mais traitant toutes avec un même client. Chacune de ces entreprises E_i, détient une part du marché d_i, qui est représentée par la quantité du bien qu'elle doit livrer au client. Chaque unité du bien livrée procure un profit p_i, à l'entreprise correspondante E_i.

Dans le contexte d'écoresponsabilité, il est souhaitable qu'une seule de ces trois entreprises coordonne le transport de ce bien, puis répartisse équitablement les profits, en prenant en considération la part de marché et le profit de chaque acteur impliqué sur le marché. L'enjeu crucial réside dans la nécessité de persuader les entreprises de s'engager dans cette stratégie de coopération. C'est précisément à ce stade que la théorie des jeux coopératifs intervient en élaborant un concept de solution rendant la collaboration attrayante pour toutes les entreprises impliquées. Prenons un exemple concret de trois entreprises qui fabriquent des circuits imprimés (figure 1) :

$$E_1\,[p_1 = 9, d_1 = 5]$$
$$E_2\,[p_2 = 7, d_2 = 6]$$
$$E_3\,[p_3 = 5, d_3 = 8]$$

Les profits peuvent être différents selon le moyen technologique de fabrication que chaque entreprise possède, les coûts de la main-d'œuvre ou encore les coûts des différents modes de transport. Si les trois entreprises coopèrent, cela implique que la demande totale, $d_1+d_2+d_3=19$, sera satisfaite par E_1, car cette entreprise réalise le plus grand profit. Le profit total serait donc de $19 \times p_1 = 19 \times 9 = 171$. Commençons par introduire un concept de solution visant à stimuler la collaboration entre les entreprises. Si nous définissons $gain.E_1$, $gain.E_2$, $gain.E_3$, pour les entreprises E_1, E_2 et E_3 comme les parts respectives du profit total 171, il est naturel de s'attendre à ce que chaque entreprise reçoive au moins le profit qu'elle aurait réalisé si elle avait assuré la livraison elle-même, ce qui revient à son profit individuel indiqué dans la figure 1, à savoir $gain.E_1 \geq 45$, $gain.E_2 \geq 42$, $gain.E_3 \geq 40$. L'objectif est de promouvoir la collaboration de toutes les entreprises et d'éviter la formation de sous-coalitions. Par exemple, il est souhaitable que le gain cumulé des entreprises E_1 et E_2 soit supérieur à ce qu'elles gagneraient si elles agissaient ensemble (c'est-à-dire, formant une coalition) sans la participation de l'entreprise E_3. En d'autres termes, $gain.E_1 + gain.E_2 \geq (d_1 + d_2) \times Max(p_1, p_2) = (5 + 6) \times 9 = 99$ (figure 2). Ce qui signifie qu'à la formation de chaque coalition, c'est l'entreprise avec le plus grand profit qui assume la demande cumulée des membres de la coalition. En résumé, nous cherchons à déterminer les valeurs de $gain.E_1$, $gain.E_2$ et $gain.E_3$ qui satisferaient les contraintes suivantes :

$$gain.E_1 + gain.E_2 + gain.E_3 = 171,$$
$$gain.E_1 + gain.E_2 \geq 99,$$
$$gain.E_1 + gain.E_3 \geq 117,$$
$$gain.E_2 + gain.E_3 \geq 98,$$
$$gain.E_1 \geq 45$$
$$gain.E_2 \geq 42,$$
$$gain.E_3 \geq 40.$$

Dans notre exemple, les entreprises sont considérées comme des joueurs et l'ensemble des solutions qui satisfont les contraintes énoncées précédemment est appelé le *cœur du jeu*. Chacune de ces solutions représente un partage

Coalitions	Gain en dehors de la grande coalition $\{E_1, E_2, E_3\}$	Gain avec le partage « $gain_1$ »	Satisfaction avec le partage « $gain_1$ »
$\{E_1\}$	45	45	0
$\{E_2\}$	42	54	12
$\{E_3\}$	40	72	32
$\{E_1, E_2\}$	99	99	0
$\{E_1, E_3\}$	117	117	0
$\{E_2, E_3\}$	98	126	28

Fig. 3 – Les satisfactions de toutes les coalitions examinées par rapport au partage « $gain_1$ ». Les nombres de la deuxième colonne représentent le profit de chaque coalition, comme illustré dans la figure 2. La troisième colonne indique les gains cumulés de chaque coalition grâce au partage « $gain_1$ ». Par exemple, le gain de la coalition $\{E_1, E_3\}$ est calculé comme suit : $gain_1.E_1+gain_1.E_3=45+72=117$. Enfin, la dernière colonne reflète la satisfaction de chaque coalition, définie comme la différence des valeurs de la troisième colonne et celles de la deuxième ■

équitable du profit. Notons que pour 4 joueurs nous obtenons 14 inéquations ; pour 5 joueurs, 30 inéquations seront nécessaires ; et pour 10 joueurs nous aurons besoin de 1022 inéquations. Nous remarquons que le nombre de ces inéquations augmente d'une façon exponentielle en fonction du nombre des joueurs. Plus précisément, il y aurait 2^n-2 inéquations, où n est le nombre d'entreprises (joueurs). Par conséquent, trouver un partage équitable n'est généralement pas une tâche aisée, tout comme déterminer si un partage donné est effectivement équitable ou pas, peut s'avérer être une question complexe. La question qui se pose naturellement est la suivante : parmi tous les partages équitables qui respectent les contraintes mentionnées, lequel choisir ?

Partage, gain et satisfaction en théorie des jeux

En 1969, le mathématicien Israélien David Schmeidler a introduit le concept du « nucleolus ». Le *nucleolus* est le partage qui maximise la plus petite satisfaction parmi les différentes coalitions des joueurs. Pour illustrer ce concept dans notre exemple, considérons le partage « $gain_1$ » suivant :

$$gain_1.E_1 = 45,$$
$$gain_1.E_2 = 54,$$
$$gain_1.E_3 = 72,$$

représentant la partie du profit total 171, que les entreprises E_1, E_2 et E_3 reçoivent respectivement. Le *nucleolus* s'efforce d'augmenter la plus petite satisfaction des différentes coalitions des entreprises. Par exemple, la satisfaction de l'entreprise E_1 (coalition individuelle) par rapport à son gain $gain_1.E_1=45$ est de $gain_1.E_1-45=0$, ce qui représente la différence entre ce qu'elle obtient en rejoignant la grande coalition ($gain_1.E_1$) et ce qu'elle obtient en agissant seule (son profit individuel 45). De même, la satisfaction de E_2 est de $gain_1.E_2-42=12$, et celle de E_3 est de $gain_1.E_3-40=32$ (figure 3).

Ce partage « $gain_1$ » appartient au cœur de notre jeu, car il satisfait les sept contraintes mentionnées précédemment. Par conséquent, il est équitable par rapport au gain de chaque coalition, offrant à chacune plus que ce qu'elle obtiendrait en agissant en dehors de la grande coalition. Cependant, il ne peut pas être considéré équitable au regard des satisfactions des différentes coalitions. En effet, le partage actuel « $gain_1$ » peut être considéré comme injuste dans la mesure où l'entreprise E_1 ne bénéficie d'aucun avantage à collaborer par rapport aux gains des deux autres compagnies. Cette injustice découle en partie de la faible demande de E_1, mais elle est principalement due au choix du partage « $gain_1$ ». Le nucleolus corrige cette injustice avec le partage « $gain_2$ » (figure 4).

Peut-on faire mieux que « $gain_2$ » ? Oui, le partage « $gain_3$ » de la figure 5 fait mieux. Mais la comparaison avec « $gain_2$ » devient plus subtile. Peut-on encore faire mieux ? Non, car il est impos-

Coalitions	Gain en dehors de la grande coalition $\{E_1, E_2, E_3\}$	Gain avec le partage « $gain_2$ »	Satisfaction avec le partage « $gain_2$ »
$\{E_1\}$	45	57	12
$\{E_2\}$	42	48	6
$\{E_3\}$	40	66	26
$\{E_1, E_2\}$	99	105	6
$\{E_1, E_3\}$	117	123	6
$\{E_2, E_3\}$	98	114	16

Fig. 4 – Il est évident que « $gain_2$ » est préférable à « $gain_1$ » noté par « $gain_2$ »>« $gain_1$ », car la plus petite satisfaction dans « $gain_2$ » est de 6, tandis que dans « $gain_1$ » elle est de 0 ■

sible d'augmenter la satisfaction d'une coalition dans « $gain_3$ » sans réduire la satisfaction des coalitions qui sont à 6 ou à 11.

En résumé, la coopération est profitable à chacune des entreprises, ce qui justifie les efforts faits pour l'obtenir. En effet, les gains des entreprises E_1, E_2 et E_3 sont respectivement de 62, 48, 61 tandis que sans la coopération, leurs gains seraient de 45, 42, 40. Sans développement mathématique et algorithmique approfondis, le temps de calcul nécessaire pour trouver une solution est de l'ordre de 2^n, tandis qu'une méthode basée sur la programmation linéaire* permet d'obtenir une telle solution en un temps de l'ordre de n^3, où n est le nombre de joueurs et pourra être très grand.

Coalitions	Gain en dehors de la grande coalition $\{E_1, E_2, E_3\}$	Gain avec le partage « $gain_3$ »	Satisfaction avec le partage « $gain_3$ »
$\{E_1\}$	45	62	17
$\{E_2\}$	42	48	6
$\{E_3\}$	40	61	21
$\{E_1, E_2\}$	99	110	11
$\{E_1, E_3\}$	117	123	6
$\{E_2, E_3\}$	98	109	11

Fig. 5 – La comparaison entre « $gain_2$ » et « $gain_3$ » se fait comme suit : si nous ordonnons les satisfactions dans « $gain_2$ » de la plus petite à la plus grande nous obtenons l'ordre suivant (6,6,**6**,12,16,26) de la 4e colonne de la figure 4. En revanche, dans « $gain_3$ » nous obtenons l'ordre suivant (6,6,**11**,11,17,21), issu de la 4e colonne de la figure 5. Ces deux ordres nous permettent de comparer aisément toutes les coalitions. Les deux premières composantes des deux ordres sont égales, tandis que la troisième composante de l'ordre issu du « $gain_3$ » est de 11 alors que celle de l'ordre issu du « $gain_2$ » est de 6. Cela signifie que les petites satisfactions ont été améliorées dans « $gain_3$ », et par conséquent, « $gain_3$ »>« $gain_2$ » ■

Ressources de calcul pour la programmation linéaire

Pour résoudre les problèmes de programmation linéaire, différentes méthodes sont disponibles, certaines étant sensibles à la vitesse des processeurs, tandis que d'autres bénéficient davantage du calcul parallèle. Depuis les années 1970, le nombre de processeurs utilisés pour la programmation linéaire a considérablement augmenté. À l'époque, les problèmes typiques comportaient moins de 1 000 variables et contraintes, résolus par un seul processeur avec une vitesse de 1 MIPS (million d'instructions par seconde) et une mémoire de 1 Mo (mégaoctet). Dans les années 1980, ces problèmes sont passés à 10 000 variables et contraintes, avec une augmentation de la taille mémoire et du nombre d'instructions possibles par seconde. Cette tendance s'est poursuivie dans les années 1990 avec des tests sur des machines parallèles. Jusqu'en 2010, un progrès constant a été observé, multipliant par 10 les capacités tous les 10 ans, atteignant jusqu'à 10 millions de variables et de contraintes pour 10 000 MIPS avec environ 10 Go (gigaoctets) de mémoire. Depuis lors, l'utilisation des GPU* a permis de nouvelles avancées, avec des résultats jusqu'à 90 fois plus rapides selon les cartes accélératrices utilisées.

Conclusion

De nombreux problèmes en théorie des jeux se réduisent à des problèmes d'optimisation. La principale difficulté réside dans l'explosion exponentielle, en fonction du nombre de joueurs, du nombre de contraintes caractérisant la solution recherchée. Cependant, la difficulté de résolution de certains problèmes ne dépend pas uniquement de leur taille, mais également de leur structure, comme dans notre exemple, la fonction spécifique calculant le profit est proportionnelle à la demande. Toutefois, cette fonction pourrait être remplacée par n'importe quelle autre, entraînant une transformation totale de la méthode et de l'algorithme sous-jacents. Les avancées technologiques sont cruciales pour accélérer les calculs, mais elles doivent être complétées par des progrès mathématiques et algorithmiques, pour relever les défis posés par la complexité des problèmes liés à la théorie des jeux et à l'optimisation. Les progrès promis en informatique quantique ouvrent aussi des perspectives passionnantes en recherche opérationnelle, notamment pour résoudre certains problèmes de très grande complexité appartenant à la classe NP-difficiles (cf. p. 226).

Références bibliographiques

- https://fr.wikipedia.org/wiki/Superordinateur
- https://fr.wikipedia.org/wiki/Th%C3%A9orie_des_jeux
- https://www.math.uwaterloo.ca/tsp/index.html

5. Les supercalculateurs et l'intelligence artificielle révèlent le monde moléculaire

Marc Baaden, Fabio Sterpone et Antoine Taly

Les simulations de dynamique moléculaire modélisent le mouvement des atomes et des molécules. Ces simulations informatiques utilisent les lois physiques, en particulier la dynamique newtonienne classique, et des modèles mathématiques pour calculer les déplacements des particules atomiques au fil du temps. Ces calculs permettent de visualiser et de comprendre les phénomènes moléculaires qui se produisent à l'échelle microscopique, et aident les scientifiques à résoudre des problèmes complexes. Pour les non-scientifiques, la dynamique moléculaire offre une fenêtre fascinante sur le monde moléculaire qui nous entoure, en nous permettant de voir comment les interactions entre les atomes et les molécules influencent les phénomènes quotidiens. Depuis des travaux pionniers dans les années 1970-1980, les simulations de dynamique moléculaire (DM) des biomolécules, des protéines*, de l'ARN* et de l'ADN*, sont devenues un outil indispensable en biologie. Grâce à elles, par exemple, une protéine n'est plus simplement considérée comme un objet statique tel qu'il apparaît dans les structures cristallographiques*, mais plutôt comme une machinerie dynamique complexe. Ces protéines sont des chaînes constituées de 20 maillons différents, les acides aminés*, qui prennent des formes très particulières dans l'espace. Simuler cet agencement est un véritable défi scientifique et technique (figure 1). D'un point de vue scientifique, comprendre comment une protéine (sorte de long spaghetti flexible) peut trouver la bonne forme géométrique finale (un spaghetti cuit, compact, enroulé d'une manière très spécifique) parmi l'infinité de réarrangements 3D possibles, demande une compréhension fine des forces physico-chimiques qui sont en jeu. Sur le plan informatique, cet effort requiert de grandes puissances de calcul, puisque le processus, même pour les molécules à repliement rapide, nécessite un temps « long », des microsecondes, ce qui correspond à des milliards d'étapes élémentaires de dynamique moléculaire. Malgré ces difficultés, les mondes informatique et biologique unissent leurs forces, car les domaines d'applications sont très prometteurs. En effet, le repliement, et en général la prédiction de la structure à partir de la séquence des maillons de la protéine, est une porte d'entrée vers des applications attrayantes, comme la mise au point

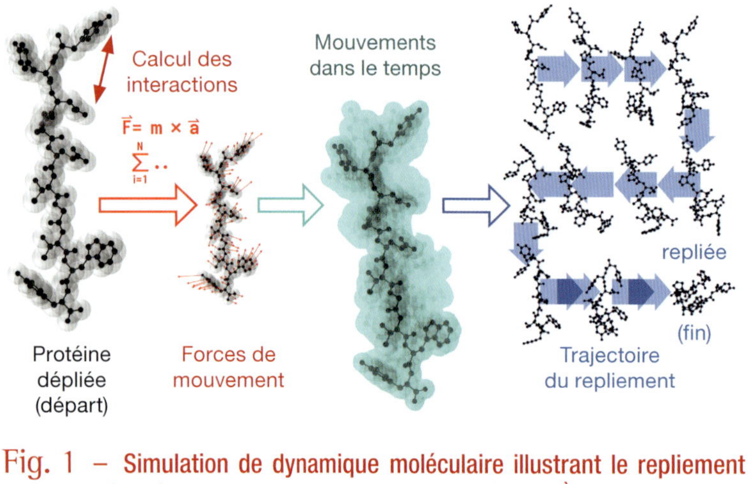

Fig. 1 – Simulation de dynamique moléculaire illustrant le repliement d'une protéine à partir d'une structure initiale dépliée. À chaque étape, le calcul des interactions permet de prédire le mouvement des atomes. La prédiction du chemin de repliement est obtenue grâce à une séquence de milliards de calculs, formant ainsi la « trajectoire » ■

de nouveaux médicaments et la compréhension des causes de différentes maladies.

Le calcul intensif, un allié indispensable

Depuis les années 2000, les sauts technologiques et les derniers développements algorithmiques ont bouleversé le monde des simulations de dynamique moléculaire. La quête de puissance informatique a trouvé sa réponse dans le calcul parallèle (cf. p. 84), qui s'est intégrée aux activités des laboratoires de simulations biomoléculaires. Cela va de l'utilisation de machines externes conséquentes fournies par des universités ou des centres de calcul à haute performance, en passant par l'implémentation de petites grappes de calcul locales, jusqu'à des stations de travail offrant des puissances de calcul impensables il y a encore 10 ans. En 2001, pour résoudre le problème du repliement des protéines, l'équipe d'IBM a lancé la création d'un supercalculateur dédié. Ces machines *Blue Gene* d'IBM ont envahi le classement des supercalculateurs les plus puissants de la planète (TOP500), en proposant une solution innovante associant moins de puissance par nœud de calcul à une distribution d'énergie et une communication efficace. Ce projet a conduit au développement de stratégies spécifiques avec échange de répliques, où de nombreuses copies indépendantes de systèmes protéiques évoluent en parallèle à différentes températures. Ces copies sont régulièrement vérifiées et échangées, dans le but d'améliorer l'exploration des conformations des protéines et de l'évolution de leur repliement (figure 2).

Tout le monde peut contribuer !

La course au repliement n'est pas seulement une histoire de superordinateurs centralisés développés par de grandes entreprises. Inspiré par la plateforme de partage de musique Napster, et soutenu par l'explosion de la connectivité Internet, le projet Folding@Home (démarré en octobre 2000) propose d'exploiter les capacités informatiques d'utilisateurs indépendants et bénévoles, qui mettent à disposition leurs ordinateurs quand ils ne sont pas ou peu utilisés. Des simulations indépendantes sont ainsi lancées dans le monde entier, puis sont combinées de manière à recueillir des informations sur les étapes du processus de repliement et sur les formes finales trouvées. Le projet Folding@Home était basé sur ce principe : pour explorer les étapes du repliement d'une protéine, il vaut mieux essayer de reproduire les tentatives statistiques de passage d'un état (le spaghetti allongé) à l'état final (le spaghetti compact) en utilisant un grand ensemble de simulations courtes, plutôt que d'utiliser une très longue et unique simulation déterministe. Une nouvelle technologie (la science participative par Internet) associée à un formalisme (modèle d'état de Markov*) et à un modèle conceptuel (reproduire en parallèle les tentatives séquentielles d'une protéine de se replier) a fait progresser le monde de la biologie moléculaire. Le projet Folding@Home a ouvert la porte à une relation renouvelée entre la communauté scientifique et la société, des citoyens pouvant participer à l'aventure de la découverte scientifique. En 2024, le projet est toujours en vie, et est passé lentement du problème du repliement à l'impact plus large de l'échantillonnage du mouvement des protéines. En s'inspirant de Folding@Home, David Baker a développé le logiciel Foldit pour la science citoyenne en utilisant d'abord le calcul distribué puis un outil de simulation interactive. Foldit est une étape importante dans le travail de D. Baker tant pour la résolution de la structure des protéines que de leur conception de

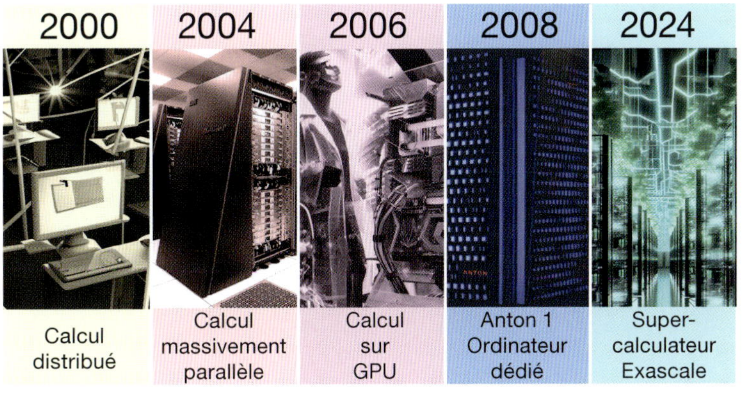

Fig. 2 – Étapes clés dans l'évolution des calculs de dynamique moléculaire. Le calcul distribué exploite la puissance des ordinateurs personnels à l'échelle planétaire ; le calcul massivement parallèle permet le lancement simultané de multiples calculs ; le calcul GPU accélère les étapes chronophages ; l'ordinateur Anton excelle dans les calculs de dynamique moléculaire grâce à une hyperspécialisation ; et le calcul exascale ouvre la voie vers une échelle encore plus vaste ■

novo, ce qui lu a valu de recevoir le prix Nobel de chimie 2024.

Qui est Anton ?

L'aventure du repliement, et l'histoire des biosimulations en général, a connu une véritable révolution avec l'intervention d'un acteur extra-académique, le fonds d'investissement D. E. Shaw, qui a décidé de résoudre le problème du repliement grâce à une machine spécialement conçue à cet effet, baptisée « Anton ». Les composants d'Anton sont optimisés exclusivement pour le calcul de dynamique moléculaire en utilisant des nombres entiers pour certaines opérations, tout en gardant la précision nécessaire. Toute la communauté a été stupéfaite par les performances obtenues et les résultats des simulations effectuées à l'échelle de la milliseconde. Dès 2010, des (petites) protéines ont été repliées avec succès dans de très longues trajectoires et leur chemin vers la structure native a été élucidé. Grâce à ces calculs, une avancée décisive a été réalisée : la simulation de dynamique moléculaire, si elle est suffisamment longue et minutieuse, a prouvé qu'elle pouvait permettre de résoudre le défi du repliement des protéines. Ainsi, ce problème majeur a peu à peu perdu de son importance et de son rôle emblématique. Aujourd'hui, les scientifiques s'intéressent à un nouveau défi : la compréhension du mouvement des molécules via la simulation dynamique d'assemblages moléculaires de plus en plus complexes. Cependant, la question du repliement reste toujours d'actualité, car le supercalculateur Anton ne se limite qu'au repliement exhaustif de petites protéines modèles.

Les molécules se tournent vers les cartes graphiques

Parallèlement au succès d'Anton, une autre innovation technologique ouverte à tous est apparue : la révolution des GPU*. La possibilité d'exploiter la technologie de cartes graphiques hautement accélérées développée dans l'industrie du jeu vidéo a rapidement été saisie en faisant son entrée dans le calcul à haute performance (cf. p. 80). Les cartes graphiques offraient la possibilité d'accélérer considérablement les calculs en effectuant simultanément une grande quantité d'opérations à un coût beaucoup plus bas que les autres technologies. De nouveaux codes spécialisés capables d'exploiter les GPU ont été proposés à la communauté et les supercalculateurs équipés d'accélérateurs GPU sont aujourd'hui la principale tendance du TOP500. De nos jours, ces avancées sur la puissance de calcul combinées à celles sur la représentation efficace de systèmes moléculaires complexes et de leur dynamique ont des implications directes dans notre vie quotidienne. Ainsi, lors de la pandémie de Covid-19, grâce aux supercalculateurs, les chercheurs ont pu effectuer des simulations allant du niveau moléculaire jusqu'aux modèles épidémiologiques, afin de comprendre comment le virus fonctionnait et trouver des moyens de le contrer. Cette forme de calcul intensif, ou « *Urgent Computing* », utilise de grands moyens de calcul pour résoudre des problèmes sociétaux urgents et trouver des solutions rapidement. Dans le cadre d'une initiative européenne coordonnée qui a rassemblé 22 pays, plus d'un demi-milliard d'heures de calcul ont été dédiées à la lutte contre la pandémie, dont une grande partie pour des calculs de dynamique moléculaire.

Émergence de l'intelligence artificielle

Depuis quelques années, les méthodes d'intelligence artificielle (IA) se développent à une vitesse exponentielle, aidées par l'augmentation de la puissance de calcul liée à l'émergence des GPUs et par la disponibilité de très grandes bases de données. L'arrivée des transformateurs, un modèle d'apprentissage automatique* des relations entre les éléments d'un jeu de données, a également marqué un tournant majeur pour les réseaux de neurones*, notamment en favorisant l'émergence des réseaux profonds*. Dans le domaine de la dynamique moléculaire, cette approche a permis une modélisation plus précise, efficiente et automatisable des interactions moléculaires complexes. Plus généralement, cette arrivée des transformateurs s'est combinée avec l'augmentation concomitante de la taille et de la disponibilité des bases de données de biomolécules. Ainsi, à la suite du séquençage du génome humain en 2000, de nombreuses méthodes ont émergé, provoquant une explosion des données disponibles. En comparant les séquences obtenues sur de très nombreux organismes, des bactéries aux plantes en passant par les animaux, il est possible d'étudier les variations de séquences associées à l'évolution de ces espèces. Il existe aussi des bases de données regroupant les structures des biomolécules (ARN, ADN et protéines). Toutes ces bases de données, ouvertes et interopérables, constituent un terrain de jeu idéal pour l'apprentissage machine*, voire l'apprentissage profond, et ont permis d'énormes progrès dans notre capacité de prédire les structures de molécules ou leurs propriétés. Pour mesurer l'impact de l'IA sur la biochimie théorique, il faut se pencher sur l'expérience CASP (*Critical Assessment of Structure Prediction*) qui propose tous les deux ans aux chercheurs du monde entier de tester leur méthode de prédiction sur des protéines cibles. Une série de structures, obtenues expérimentalement, sont gardées secrètes pendant la durée de l'expérience, ce qui permet de comparer toutes les méthodes sur un pied d'égalité et de mesurer leur performance. En 2020, alors que les résultats stagnaient depuis plusieurs éditions, l'outil AlphaFold2 développé par la société DeepMind a révolutionné cette expérience, ce qui a valu à deux de ses membres, Demis Hassabis et John Jumper, le prix Nobel de chimie 2024. Ce résultat a attiré l'intérêt d'une autre entreprise du numérique, Meta (anciennement Facebook), qui s'est aussi lancée dans la prédiction de structures repliées de protéines, mais avec une autre approche : représenter les séquences biologiques des maillons d'acides aminés avec un grand modèle linguistique, comme s'il s'agissait d'un langage avec des mots, des phrases et une grammaire. L'outil développé, ESMFold, est presque aussi performant et surtout beaucoup plus rapide que AlphaFold2, si bien que l'équipe de Meta a réalisé la prédiction de structures de 200 millions de protéines en quelques semaines !

La prochaine étape : l'exascale

Les futurs supercalculateurs qui sont en cours de déploiement marquent l'avènement de l'ère de l'échelle « exa » ou « exascale ». Leur puissance de calcul est mesurée en « flops » (*Floating-point operation per second* pour opération en virgule flottante par seconde), ce qui indique la vitesse à laquelle un processeur peut effectuer des calculs (figure 3). Un ordinateur d'une puissance d'un exaflops est capable d'effectuer un milliard de milliards d'opérations en une seconde, ce qui correspond à plus de 10 millions

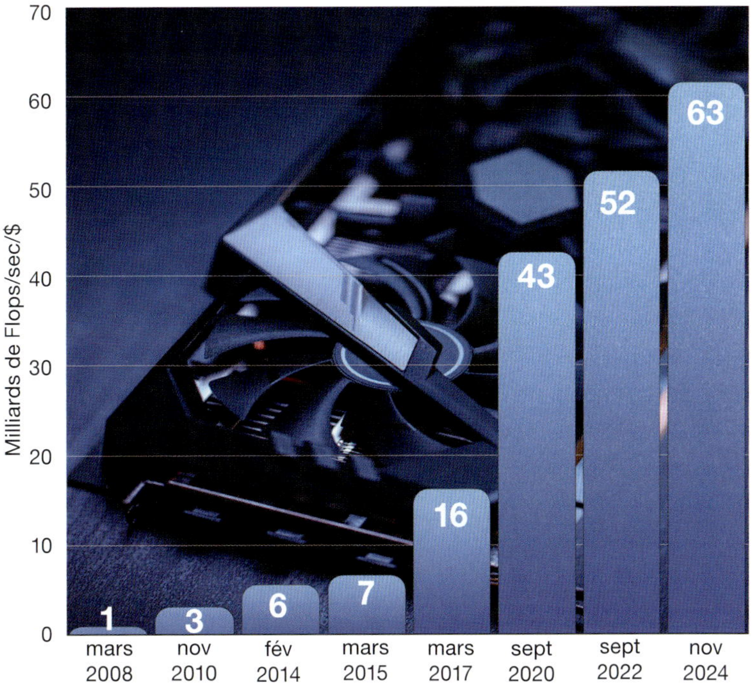

Fig. 3 – **Efficacité croissante des GPUs (2008-2024).** Évolution du nombre d'opérations en virgule flottante par seconde et par dollar (FLOPS/$). Données sélectionnées de Epoch (2024) par *Our World in Data*, retraitées. Image : Ron Lach

de fois la puissance d'un smartphone. Pour atteindre cette puissance de calcul, les ordinateurs se basent sur des architectures massivement accélérées, notamment par les GPUs. Installée en 2020, « Jean Zay » est la première machine GPU d'envergure à disposition du monde académique français. Elle a permis des avancées significatives, notamment en lien avec l'intelligence artificielle. Cette augmentation considérable de la puissance de calcul nécessite aussi une adaptation de la méthodologie des scientifiques pour tirer pleinement parti de ces nouveaux calculateurs. La chimie théorique est particulièrement bien positionnée pour être à l'avant-garde de cette exploitation de puissance et l'avènement de l'IA appuie encore cette tendance, ouvrant ainsi de belles perspectives pour le calcul et la chimie dans le proche futur. Le repliement des protéines fera certainement partie des travaux qui occuperont ces futurs supercalculateurs. La France accueillera d'ailleurs bientôt un futur supercalculateur exaflopique dans le cadre du projet « Jules Verne », sur le site du CEA en Essonne. Le repliement des protéines fera certainement partie des travaux qui occuperont ces futurs supercalculateurs.

Références bibliographiques

• G. BATTIMELLI *et al.* – *Computer Meets Theoretical Physics: The New Frontier of Molecular Simulation*, The Frontiers Collection, Springer International Publishing, 2020.

• F. ALLEN *et al.* – *Blue Gene: A Vision for Protein Science Using a Petaflop Supercomputer*, IBM systems journal, 2001.

• V. A. VOELZ *et al.* – *Folding@home: Achievements from over 20 Years of Citizen Science Herald the Exascale Era*, Biophys J, 2023.

6. Le mariage du calcul et de la musique, de Pythagore à l'intelligence artificielle générative

Jean-Louis Giavitto

Dans son *Livre de la connaissance des procédés mécaniques* publié en 1206, Ismail Al-Jazari (XIIe – début du XIIIe siècle), érudit, artiste, mathématicien et ingénieur ayant probablement vécu dans l'actuelle ville de Cizre en Turquie [1], décrit un automate musical reproduisant un quatuor (figure 1). Mu par la force hydraulique et embarqué sur un bateau conçu pour divertir les invités royaux, cet automate est présenté comme le premier mécanisme programmable répertorié dans l'histoire des techniques. Noel Sharkey, de l'université de Sheffield, a reconstruit ce mécanisme qui réalise, bien avant les versions électroniques actuelles, une boîte à rythmes programmable avec des chevilles (cames) qui se heurtent à de petits leviers qui actionnent la percussion. En repositionnant les chevilles, le batteur pouvait programmer des rythmes et des motifs différents.

Des rapports privilégiés et anciens

L'exemple de l'automate d'Al-Jazari démontre bien les liens anciens et profonds que le domaine musical entretient avec la technologie en général, les mathématiques et le calcul en particulier. Au Moyen Âge, la musique est considérée comme l'une des quatre sciences mathématiques et elle est enseignée aux côtés de l'arithmétique, de la géométrie et de l'astronomie au sein du *quadrivium*, seconde étape du programme scolaire dispensé dans les monastères. Mais dès l'Antiquité, Pythagore (580-495 av. JC) joue un rôle précurseur dans la compréhension des liens entre mathématiques et musique en reliant les intervalles musicaux* (tels que l'octave, la quinte et la quarte) à des rapports de longueurs spécifiques entre les cordes d'une lyre (par exemple, la quinte correspond à un rapport de 2:3 entre les longueurs de cordes). La formalisation des échelles musicales* qui en résulte et les tempéraments* (déterminer comment répartir les erreurs d'accordage entre les intervalles de manière à minimiser les dissonances globales et à permettre à plusieurs instruments de jouer ensemble) fera appel au cours de l'histoire à la théorie des groupes*, aux séries de Fourier* ou encore à la théorie des graphes.

Avec le développement des instruments électriques, les liens entre calcul et musique se sont encore renforcés. Avant même l'apparition de l'ordinateur, le telharmonium (pour *téléphone harmonique*) est un instrument électromécanique, pesant plusieurs tonnes, développé par Thaddeus Cahill à la fin du XIXe siècle et utilisant une série de dynamos qui généraient des courants électriques alternatifs de fréquences et d'enveloppes différentes correspondant à des sons musicaux. Ces courants étaient ensuite amplifiés et envoyés à travers le réseau téléphonique à des abonnés qui recevaient la musique via leur téléphone. Le telharmonium est considéré comme l'un des premiers synthétiseurs polyphoniques (capables de jouer plusieurs notes simultanément).

Une archive de la BBC permet d'écouter les premiers morceaux de musique joués par un ordinateur, à Manchester, en 1951, au *Computing Machine Laboratory* [2]. Le Ferranti Mark 1, premier ordinateur généraliste commercialisé, comportait une instruction spécifiquement prévue pour envoyer un courant dans un

Fig. 1 – L'automate musical programmable d'Isamail al-Jazari ■

haut-parleur, afin de produire un signal sonore indiquant la fin d'un calcul. Alan Turing, alors directeur-adjoint du laboratoire, rédige la documentation et note qu'il est possible de moduler la hauteur du signal en variant le temps d'exécution d'une boucle contenant cette instruction. Il le mentionne à un stagiaire de passage, Christopher Strachey, qui s'empresse, en une nuit, de programmer le *God Save the Queen*.

Cette histoire marque le début de l'utilisation moderne du calcul dans la production musicale. Elle culmine aujourd'hui avec le recours aux systèmes génératifs en intelligence artificielle, qui assistent les compositeurs ou composent de la musique de manière autonome.

L'informatique musicale tout au long de la chaîne de production musicale

L'informatique musicale, domaine dans lequel les ordinateurs sont utilisés pour générer, analyser et manipuler des données musicales, naît dans les années 1950-1960. Les premières applications sont d'abord dans le domaine de la synthèse sonore numérique, avec le développement aux Bell Labs de la série des MUSIC-N par Max Mathews (1926-2011), qui conçoit aussi les premiers convertisseurs analogiques/numériques* en se fondant sur les travaux théoriques de Claude Shannon. Premier langage de programmation dédié à la musique, MUSIC-*N* (le *N* indique la version) permet de programmer dès 1957 des sons musicaux. À l'époque, on ne peut pas produire ces sons « en temps réel » et il faut attendre la fin du calcul, qui peut prendre une nuit entière, avant d'écouter en différé le résultat. Jean-Claude Risset (1938-2016), compositeur et chercheur français, a contribué à cette aventure en développant avec Max Mathews, au début des années 1960, de nouvelles méthodes de synthèse pour les cuivres en expérimentant toute une série d'algorithmes, notamment pour la synthèse par modulation de fréquence* et par distorsion non linéaire (*waveshaping**). Ces travaux pionniers, qui réunissent la physique du son, la perception et la musique, ont fondé l'informatique musicale en France, marqué l'esthétique musicale des années 1970-1990 et ont été récompensés par la première médaille d'or du CNRS en informatique (J.-C. Risset, 1999).

Si ces travaux pionniers portent sur la synthèse sonore, dès 1957, Lejaren Iller, professeur de musique, et Leonard Isaacson, chimiste et mathématicien, explorent différentes approches algorithmiques pour générer une partition pour quatuor, *The Illiac Suite* (Illiac était le nom de l'ordinateur de l'université d'Iowa utilisé pour ce travail). Ces algorithmes manipulent des représentations musicales de haut niveau (celles qui apparaissent dans une partition) et non les représentations numériques du signal sonore : la sortie du programme est une partition et non un son. Les quatre mouvements de l'*Illiac Suite* [3] explorent divers systèmes de règles et de grammaires stochastiques* pour ce faire.

À toutes les époques, les compositeurs ont utilisé des procédés de nature algorithmique pour générer du matériau musical, bien que les calculs aient été faits « à la main » avant l'apparition de l'ordinateur [4]. Les règles et les contraintes ont souvent été à la base de ces « calculs de la musique ». La notion de contrepoint*, par exemple, est formalisée par Johann Joseph Fux (1660-1741), compositeur autrichien qui explicita dans son *Gradus ad Parnassum* (la montée au Parnasse) publié en 1725 les contraintes que doivent vérifier les différentes voix du contrepoint. Dans le contrepoint de la première espèce (note contre note), chaque note de la ligne mélodique est accompagnée d'une seule note dans la voix d'accompagnement et les intervalles autorisés sont la seconde, la tierce, la sixte et l'octave. De telles contraintes s'expriment et se résolvent aujourd'hui aisément dans un langage de programmation par contrainte.

SCIENTIFIC AMERICAN

Fig. 2 – Le telharmonium

Les procédés algorithmiques auxquels recourent les compositeurs peuvent faire appel au hasard, comme les « Musikalisches Würfelspiel », un type de jeu très populaire au XVIIe siècle, où des tirages de dés sélectionnent de brefs passages musicaux écrits à l'avance et qui s'enchaînent les uns aux autres pour générer une œuvre complète [5]. Au tournant des années 1960, à l'aide de l'ordinateur, Iannis Xenakis (1922-2001) systématise l'idée et explore l'application des chaînes de Markov* (mais aussi de la théorie des ensembles* et de la

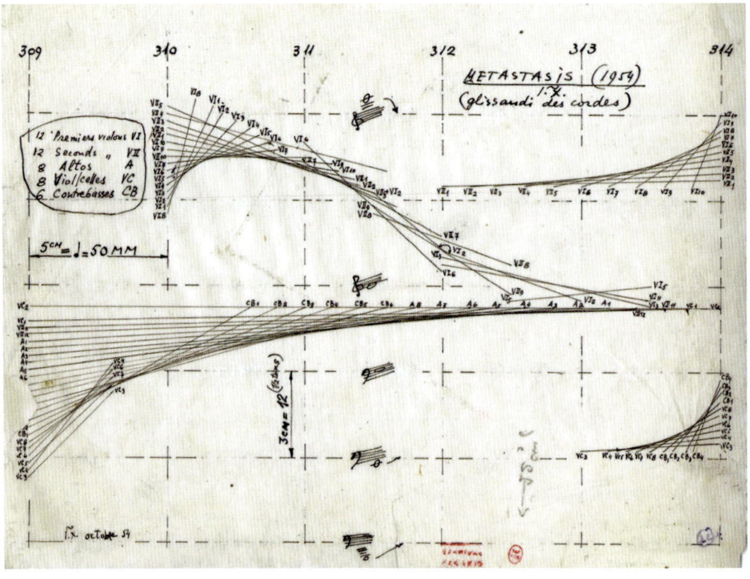

Fig. 3 – **Extrait de la partition graphique de *Metastatis*, la première œuvre de Iannis Xenakis qu'il compose en utilisant entièrement des procédés mathématiques, entre 1953 et 1954** ■

théorie des jeux*) à la composition musicale (figure 3).

Cette distinction entre calcul sur les représentations symboliques de la musique et sur les représentations analogiques du son persiste toujours aujourd'hui, même si les outils tentent de construire des ponts afin d'offrir de nouvelles possibilités créatives. Par exemple, pour certains styles musicaux comme la pop ou la techno, il est possible d'extraire automatiquement un tempo d'un enregistrement, ce qui permet de l'aligner pour faire du montage ou gérer une transition vers un autre enregistrement.

L'informatique musicale ne se restreint pas au calcul de représentation symbolique ou analogique de la musique. Elle modélise et simule la physique des instruments pour mieux les comprendre et les optimiser, voire les contrôler activement ; elle développe de nouvelles interactions liant le geste et la production sonore ; elle prévoit l'acoustique d'une salle ; elle capte ou construit puis diffuse un son immersif spatialisé, recréant ainsi un environnement sonore tridimensionnel pour simuler la perception du son provenant de différentes directions et distances dans l'espace ; elle compresse les enregistrements musicaux pour les transmettre efficacement à travers les réseaux ; ou encore elle recommande la musique que nous serions susceptibles d'aimer en analysant celle que nous aimons déjà et nos accointances sociales.

Un dialogue fertile dans les deux directions

Les relations entre musique et informatique ne se résument pas à une « prestation de service » à sens unique entre science et musique. En traitement du signal, par exemple, de nombreuses notions motivées et développées spécifiquement pour le traitement de la musique ont été adaptées et étendues pour répondre à des applications dans d'autres domaines (codage, filtrage, reconnaissance de forme, compression, etc.). L'évolution de la lutherie électronique a également influencé le développement des interfaces tangibles dans le domaine des interactions humain-machine (IHM) avec l'étude des gestes experts ou de nouveaux dispositifs haptiques ou tactiles.

Sur un plan moins technique, mais tout aussi important, la musique a souvent servi d'intercesseur entre science et société en attirant l'attention sur de nouvelles possibilités technologiques, en les rendant audibles et donc compréhensibles et soumises à une éventuelle critique. De ce point de vue, le domaine musical offre un observatoire et un terrain d'expérimentation uniques permettant d'éprouver et de repenser les bouleversements et le brouillage apporté par le numérique entre le réel et le virtuel ou entre le naturel, l'artificiel et l'humain. Par exemple, les impacts de l'intelligence artificielle sur les notions d'agentivité*, d'identité et de culture, qui sont au centre de nos relations interpersonnelles et de nos interactions avec la machine, sont plus clairement perceptibles et leurs transformations potentielles plus facilement repérables en musique, sans souffrir de biais de représentation ou de référence à un signifié extérieur.

Un exemple d'objet frontière : le temps musical

Ce dialogue entre calcul et musique pousse à développer des objets-frontières* qui, à l'interface des deux mondes, n'appartiennent ni complètement à l'un ni à l'autre, mais enrichissent les deux et s'incarnent dans des logiciels. Un bel exemple est donné par la notion de temps musical. Au départ, l'informatique développe une notion très pauvre du temps fondée sur la séquence et la répétition de calculs élémentaires. La durée d'un calcul apparaît comme une propriété opérationnelle et extérieure au calcul lui-même (par exemple calculer deux fois plus vite ne change pas le résultat du calcul). Ce n'est évidemment pas suffisant pour les systèmes qui interagissent avec le monde réel et encore moins pour la musique où les relations temporelles jouent un rôle crucial dans la création et l'interprétation musicale. Pour répondre à ces exigences temporelles plus complexes, l'informatique a dû évoluer pour intégrer une notion plus riche du temps. C'est le cas de l'informatique temps réel* où il ne suffit pas de faire les calculs assez vite, mais où il faut les faire « au bon moment ».

Cependant, la notion de temps, adressée classiquement dans les systèmes temps réel, reste encore trop pauvre pour un compositeur qui doit pouvoir spécifier de manière simple et expressive des relations temporelles précises entre les notes, les accords, les phrases musicales... et pour les interprètes qui doivent pouvoir interagir de manière souple avec la musique en respectant les indications de tempo, de rythme et de synchronisation. L'informatique musicale a donc développé plusieurs approches permettant d'exprimer et de réaliser ces relations temporelles complexes. Aujourd'hui, un ordinateur peut devenir un compagnon musical qui s'adapte dynamiquement à l'interprétation de l'instrumentiste humain, avec toutes ses fluctuations et ses décisions d'interprétation, pour réaliser sur le vif un accompagnement électronique (système *Antescofo* [6], figure 4) ou encore co-improviser avec l'humain sur scène dans le cadre d'une jam-session (système *OMax*) [7].

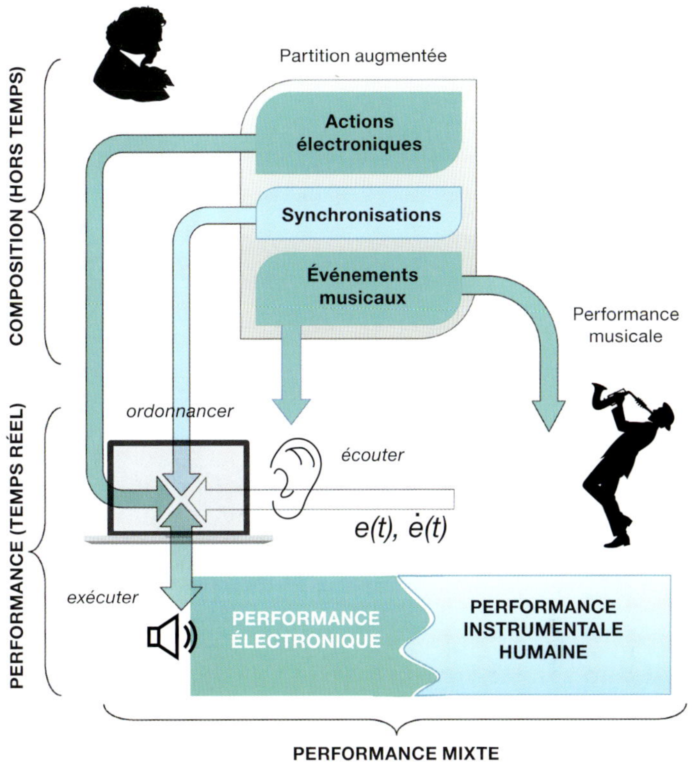

Fig. 4 – Le principe du système Antescofo qui permet à un ordinateur d'accompagner un instrumentiste humain ■

Conclusion

Ces liens entre musique et informatique ont trouvé leur maison à l'IRCAM (institut de recherche et coordination acoustique/musique) fondé en 1977 par Pierre Boulez. L'IRCAM anticipe les bouleversements apportés par la révolution numérique à la création et la production musicale et témoigne des apports inestimables de l'informatique à la musique, allant de la synthèse de sons « inouïs » au développement du son spatialisé et à la création du format MP3. Parallèlement, qu'il s'agisse d'explorer la notion de créativité computationnelle ou d'accorder le temps de l'humain et de la machine, l'informatique musicale fait évoluer et enrichit la notion de calcul et nous permet d'écouter le monde qui vient. Preuves, s'il en fallait, de la fécondité du mariage heureux entre calcul et musique.

Références bibliographiques

- [1] https://polr.ircam.fr/cmismail
- [2] https://polr.ircam.fr/cmturing
- [3] https://polr.ircam.fr/cmilliac1
- [4] https://polr.ircam.fr/cmia
- [5] https://polr.ircam.fr/cmdes1
- [6] https://polr.ircam.fr/cmantescofo
- [7] https://polr.ircam.fr/cmomaxhome

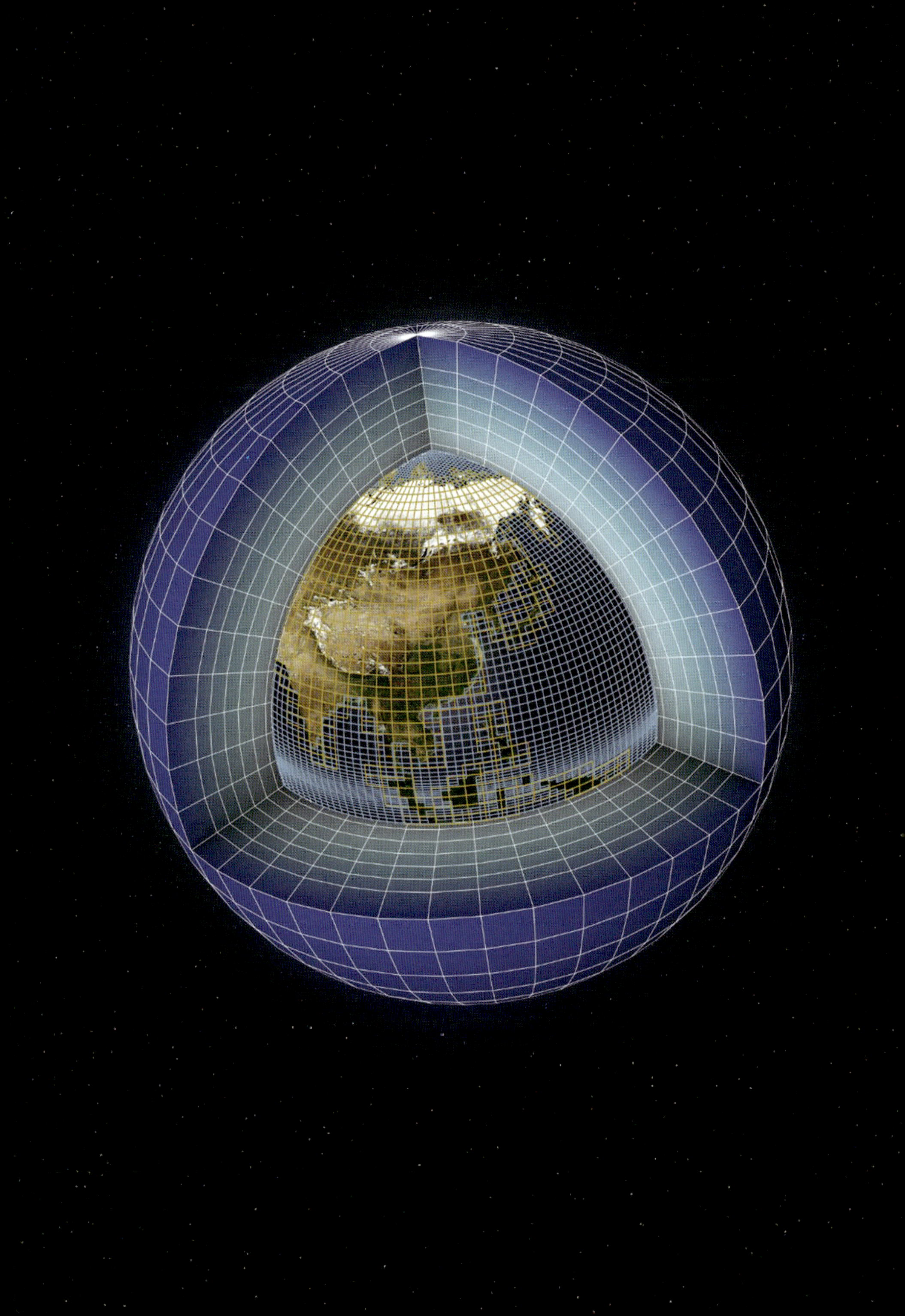

- Sixième partie -

Le calcul en modélisation et simulation

Page précédente :

Modèle du système climatique terrestre. © CERFACS ■

Introduction

Michel Daydé

La simulation numérique, après la théorie et l'expérimentation est considérée comme le troisième pilier de la science, alors que le Big Data épaulé par l'intelligence artificielle en est devenu le quatrième pilier. Tous ces éléments sont maintenant au cœur de la plupart des avancées de la recherche dans l'ensemble des communautés scientifiques. Les enjeux ne sont d'ailleurs pas seulement scientifiques mais aussi sociétaux, économiques, financiers et éthiques dans des domaines aussi essentiels que la prévention des catastrophes naturelles, le changement climatique, l'énergie, la sécurité, la défense, etc. La modélisation et la simulation apparaissent de plus en plus comme des outils d'aide à la décision pour un certain nombre de situations critiques. Les modèles étudiés sont de plus en plus complexes de par leur dimension croissante, la présence de données réelles généralement de très grandes tailles et bruitées et / ou la prise en compte de phénomènes non-linéaires couplant différentes physiques et échelles spatiales et temporelles. La modélisation et la simulation doivent aussi de plus en plus souvent intégrer les incertitudes présentes dans les modèles afin de refléter le monde physique et permettre à terme de supporter les décisions. L'analyse de données et l'intelligence artificielle font une apparition de plus en plus fréquente dans de multiples domaines au côté de la simulation numérique et de la modélisation que ce soit pour de l'analyse de données, la compréhension de phénomènes complexes ou leur simulation par exemple pour des évènements très localisés en météorologie ou alors nécessitant des temps de réponse très brefs lors des alertes sismiques. On parle d'ailleurs depuis quelques années de la convergence entre Calcul Haute Performance, Big Data et Intelligence Artificielle.

Le premier article montre comment les méthodes de l'apprentissage machine prennent ces dernières années un rôle de plus en plus important pour établir le lien entre des données observationnelles riches et massives et les modèles numériques. Le second article porte sur l'utilisation de la simulation numérique en sismologie motivée par trois grands objectifs : imager le sous-sol, comprendre les processus de rupture des failles et prédire les mouvements du sol en cas de séisme. Le troisième article s'intéresse à l'évolution du champ magnétique terrestre avec une dynamique très riche à des échelles de temps allant de l'année à des centaines de milliers d'années. Ces fluctuations géomagnétiques peuvent prendre un caractère extrême, se traduisant par une inversion globale de la polarité du champ géomagnétique d'où l'importance des progrès dans la compréhension de la dynamique rapide de la variation géomagnétique grâce à des observations de plus en plus fines et des modèles numériques de plus en plus performants. Le quatrième article est dévolu à l'un des sujets de préoccupation majeur de nos jours : l'évolution du climat. Les modèles de climat d'échelle globale visent à représenter le fonctionnement du système climatique terrestre et constituent un outil clé pour comprendre son fonctionnement et prévoir son évolution possible sous différents scénarios. Ces modèles couplent les différentes composantes du système Terre : atmosphère, océans, surfaces continentales et cryosphère (neige et glaces) en s'appuyant sur les principes de base de la physique. L'article explique en quoi les progrès accomplis sont fortement dépendants des moyens de calcul et de l'évolution des architectures des supercalculateurs, mais aussi des capacités d'analyse de données et des apports de l'intelligence artificielle. Le cinquième article porte sur un domaine tout aussi critique : celui des plasmas. Ces plasmas artificiels, plus connus sous le nom de « plasmas de laboratoire », sont utilisés pour des applications industrielles : gravure de semi-conducteurs, traitement des surfaces et des déchets, découpe, etc. Enfin, maîtriser fusion nucléaire contrôlée, par exemple à l'aide d'un plasma confiné avec un champ magnétique dans un réacteur fait rêver avec pour perspective la production d'énergie comme au cœur des étoiles.

1. Les évolutions de la modélisation numérique en astronomie

Benoît Semelin et Marc Huertas-Company

L'astrophysique et la cosmologie ont comme caractéristiques d'étudier des systèmes dits « complexes », régis par un grand nombre de processus physiques non-linéaires*. Comprendre une galaxie, c'est prendre en compte la gravitation (celle de Newton et celle d'Einstein), l'hydrodynamique, le transfert de rayonnement, l'interaction lumière-matière ou encore les champs magnétiques. Cette complexité a deux conséquences immédiates : d'une part, la simulation numérique est devenue un outil incontournable pour modéliser les systèmes astrophysiques ; et, d'autre part, l'observation de ces systèmes reflète leur complexité. Elle peut reposer sur divers messagers : les photons*, du domaine radio au domaine gamma en passant par le visible, les rayons cosmiques*, les neutrinos* ou encore les ondes gravitationnelles*. Si la simulation numérique haute performance est depuis plus de trente ans l'un des piliers de la recherche en astrophysique, les méthodes de l'apprentissage machine* prennent ces dernières années un rôle de plus en plus important pour établir le lien entre des données observationnelles riches et massives et les modèles numériques.

Fig. 1 – Vue d'artiste des antennes radio qui seront déployées dans l'ouest de l'Australie. © SKA ■

Nécessité et complexité des simulations numériques

L'une des missions du futur radiotélescope SKA sera de détecter le « signal à 21 cm » émis lors de l'époque de la réionisation* (figure 1). Lorsque les premières étoiles et galaxies se sont formées, une centaine de millions d'années

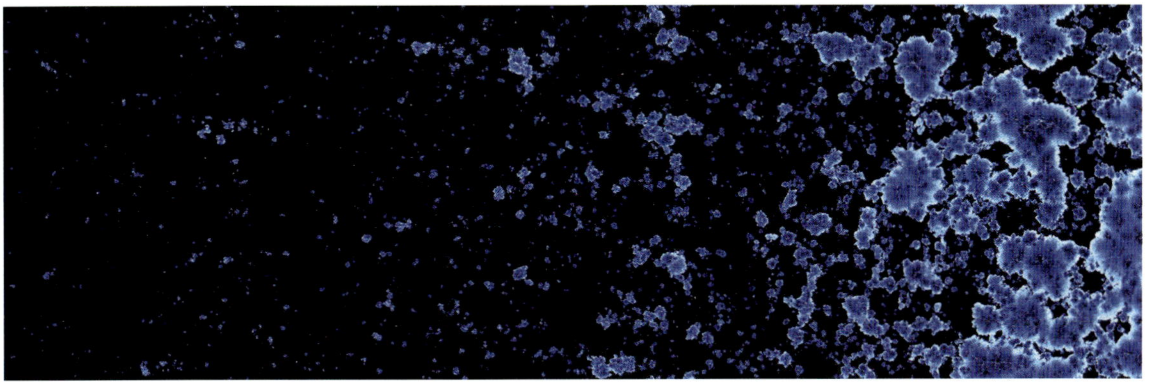

Fig. 2 – **Simulation numérique de l'époque de la réionisation.** Le temps s'écoule de gauche à droite. Des bulles de gaz intergalacttique ionisé (en bleu) se forment autour des premières galaxies et grandissent jusqu'à fusionner 1 milliard d'années après le Big Bang ■

après le Big Bang, leur rayonnement ultraviolet a eu une action subtile sur l'hydrogène neutre omniprésent dans l'univers, qui est devenu soudainement visible dans le domaine radio, à une longueur d'onde de 21 cm. Alors que les étoiles et galaxies sont aisément observables grâce à leur rayonnement puissant, ce signal ténu permet d'observer directement les vastes étendues sombres entre les galaxies : le milieu intergalactique. Simultanément, la partie ionisante du rayonnement des premières étoiles a fait progressivement disparaître l'hydrogène neutre intergalactique, éteignant progressivement l'émission à 21 cm. Un milliard d'années après le Big Bang, il disparaît définitivement (figure 2). Le signal à 21 cm émis dans cet intervalle de temps a cependant voyagé jusqu'à nous et, étiré par l'expansion de l'univers*, il nous parvient à des longueurs d'ondes de quelques mètres. Son intensité d'émission fluctue dans le temps et dans l'espace et ces fluctuations renferment une mine d'informations sur le premier milliard d'années de l'univers : masses des premières étoiles, émissions de rayons X par les premières supernovæ* et les premiers noyaux galactiques actifs*, fluctuations du champ de densité intergalactique*, etc. Ces fluctuations pourraient même potentiellement révéler la trace de modèles cosmologiques alternatifs, comme des modèles dans lesquels la nature de matière noire est modifiée pour interagir fugitivement avec la matière baryonique*.

Pour établir comment ces ingrédients astrophysiques et cosmologiques déterminent le signal à 21 cm, des simulations numériques d'une grande région de l'univers (> 1 milliard d'années-lumière*) sont nécessaires, incluant gravitation, hydrodynamique et transfert radiatif*. Il n'est cependant pas possible de suivre la formation de chaque étoile individuellement dans une si grande région de l'univers, même avec les supercalculateurs actuels. La formation des étoiles est donc prise en compte par quelques équations simples, contrôlées par une poignée de paramètres. Mais par quelle méthode pourra-t-on déduire des observations les valeurs de ces paramètres, et ainsi atteindre une connaissance quantitative de la formation des premières galaxies ? L'inférence bayésienne* par Chaîne de Markov Monte Carlo* (MCMC) est l'approche traditionnellement utilisée en cosmologie pour relier les paramètres d'un modèle aux observations. Elle repose sur la réalisation d'un grand nombre de simulations prédisant l'observation (de l'ordre du million), qui explorent progressivement et de manière guidée l'espace des paramètres du modèle, jusqu'à estimer *a posteriori* la probabilité pour chaque point de cet espace d'avoir produit le signal observé. Malheureusement, quand chaque simulation nécessite un grand nombre d'heures de calcul, cette approche devient impraticable.

L'intelligence artificielle comme pont entre simulation et observation

Les méthodes d'intelligence artificielle (IA) viennent en aide à l'inférence bayésienne traditionnelle en réduisant drastiquement le nombre de simulations à réaliser. Des réseaux de neurones* apprennent les propriétés du signal à partir d'un échantillon de simulations correspondant à un jeu limité de valeurs des paramètres, et sont capables d'en déduire ces mêmes propriétés pour toute une gamme de valeur des paramètres.

Fig. 3 – **Premières images du télescope spatial de l'ESA Euclid. Euclid a prévu d'observer une aire du ciel 1 000 fois plus grande que celle observée par le télescope Hubble pendant plus de 20 ans d'observations, obtenant des images de haute résolution pour des centaines de millions de galaxies. © ESA/Euclid/Euclid Consortium/NASA** ■

La méthode la plus simple consiste à entraîner un réseau de neurones, appelé « émulateur », à prédire certaines grandeurs statistiques caractéristiques du signal produit par les simulations numériques, comme son spectre de puissance*. En utilisant comme base d'entraînement « seulement » 1 000 à 10 000 simulations qui échantillonnent un espace de paramètres à 3, 4 ou 5 dimensions, le réseau de neurones peut apprendre à prédire les statistiques avec une précision supérieure aux méthodes traditionnelles d'interpolation, et l'inférence bayésienne peut être alors réalisée en un clin d'œil ou presque (quelques minutes sur un ordinateur portable). Il est possible de réaliser les simulations de l'échantillon d'entraînement à une résolution modérée, en adaptant les algorithmes pour qu'elles restent aussi réalistes que possible, pour un coût acceptable de quelques centaines d'heures de calcul par simulation.

Une approche plus avancée consiste à réaliser « une inférence basée sur les simulations ». Cette appellation peu explicite consiste à considérer chaque signal simulé comme un point dans un espace de grande dimension, combinant l'espace des paramètres du modèle numérique et le signal simulé. La densité des points échantillonnés dans cet espace est alors une grandeur significative utilisée directement pour faire l'inférence des paramètres du modèle pour un signal observé. Différentes architectures de réseaux de neurones peuvent être utilisées comme « estimateur de densité ». La clé du succès de cette méthode est que pour des raisons mathématiques fondamentales (théorème de la limite centrale*), les fonctions que les réseaux doivent « apprendre » lors de l'estimation de densité sont souvent plus lisses et simples que dans le cas des émulateurs. L'autre avantage majeur de la méthode est qu'elle ne nécessite pas de caractériser de manière analytique les propriétés des processus stochastiques* qui affectent le signal (bruit thermique de l'instrument, variance stochastique du modèle, etc.), ce qui n'est pas toujours possible, mais seulement d'être capable de le simuler, alors que cette caractérisation est nécessaire pour réaliser une inférence MCMC.

Réaliser l'accord entre les prédictions de simulations numériques lourdes et les observations astrophysiques et cosmologiques a longtemps reposé sur une exploration « à tâtons » des paramètres de la simulation, tandis que l'inférence paramétrique rigoureuse devait, elle, se limiter à utiliser des modèles simplifiés et rapides à calculer. Depuis quelques années, les progrès de l'IA ont commencé à apporter une solution à ce dilemme.

L'apprentissage profond pour traiter des données massives

L'IA a ainsi le potentiel de modifier profondément la façon dont les chercheurs réalisent l'inférence de paramètres physiques à partir des observations en rendant possible l'estimation bayésienne en grande dimension. Ceci est d'autant plus important que les données observationnelles ne cessent d'augmenter en termes de volume et de complexité dans de nombreux domaines de l'astrophysique, et en particulier dans celui de l'étude des galaxies. Au cours des dernières années, les astrophysiciens se sont lancés dans l'acquisition massive de données à travers les grands relevés* consistant en un balayage systématique de régions du ciel avec une variété d'instruments et de longueurs d'onde. La nouvelle génération de relevés, dont le télescope LSST (*Large Synoptic Survey Telescope*) et Euclid (figure 3) sont des représentants majeurs, vont ainsi produire de l'ordre de dizaines de pétaoctets de données. Les nouveaux observatoires tels que le Télescope James Webb et bientôt le Télescope géant européen (ou ELT pour *Extremely Large Telescope*) fournissent une quantité de détails sans précédent. L'utilisation de méthodes traditionnelles d'analyse de données est problématique dans ce contexte de forte évolution à cause du temps de calcul nécessaire, mais aussi à cause des limitations de celles-ci pour extraire toute l'information contenue dans ces jeux de données non-homogènes et pour établir des corrélations dans ces espaces de haute dimensionnalité. Nous entrons, en effet, dans un régime où l'œil humain n'a plus la capacité d'inspecter ni d'extraire l'information. Au cours des dernières années, de nombreux travaux ont montré le potentiel des réseaux de neurones profonds comme outil fondamental pour faire face à cette nouvelle situation.

Par exemple, un moteur important de progrès en astrophysique est la découverte de signaux inconnus et inattendus, comme les sursauts radio rapides* (signaux très courts envoyés par des objets célestes). Les réseaux de neurones profonds peuvent facilement « filtrer » les objets « normaux » et proposer à un expert de ne regarder que les sources rares et/ou potentiellement intéressantes. Ils rendent aussi possible l'identification et la classification de sources qui seraient extrêmement inefficaces avec des méthodes traditionnelles. Le relevé mené par le télescope spatial Euclid permettra de détecter une quantité de lentilles gravitationnelles* fortes sans précédent. Celles-ci sont des phénomènes rares qui ne se produisent que lorsqu'une galaxie de forte masse est parfaitement alignée le long de la ligne de visée avec une autre galaxie en arrière-plan. La lumière provenant de la galaxie plus lointaine est déviée par le potentiel gravitationnel de la galaxie d'avant-plan, produisant un « arc gravitationnel », comme prédit par la relativité générale. Avoir accès à des échantillons statistiquement représentatifs de ces lentilles permet d'établir notamment des contraintes sur la nature de la matière noire* et son interaction avec la matière baryonique. L'IA est devenue dans ce contexte un instrument incontournable pour permettre ce type d'analyse. Elle remplace ainsi progressivement des algorithmes classiques d'analyse de données à différents niveaux, au point où il est difficile d'imaginer un grand projet observationnel aujourd'hui qui n'utiliserait pas l'intelligence artificielle.

À l'avenir

L'utilisation de l'IA de façon systématique dans ce contexte pose cependant un certain nombre de questions. Quoique très efficaces, les réseaux de neurones restent, dans beaucoup de circonstances, des « boîtes noires » difficiles à déchiffrer, ce qui rend plus difficile l'identification de biais et la mesure de robustesse. Les réseaux de neurones sont généralement entraînés pour une tâche précise et un type de données particulier et requièrent donc un entraînement spécifique pour chaque application. De ce point de vue, la recherche de modèles de type « fondationnel » (comme les modèles de langage développés grâce à l'IA auto-supervisée) qui pourraient être suffisamment généraux pour s'adapter naturellement à différents types de données et tâches semble être l'étape suivante dans le développement de l'IA pour l'analyse scientifique.

Références bibliographiques

- M. HUERTAS-COMPANY et F. LANUSSE – The Dawes Review 10: the impact of deep learning for the analysis of galaxy surveys, Huertas-Company&Lanusse, 2023.
- *Et la lumière fut*, https://explore.psl.eu/fr/et-la-lumiere-fut
- *Réioinsation : une étoile est née*, www.radiofrance.fr/franceculture/podcasts/la-methode-scientifique/reionisation-une-etoile-est-nee-9710540
- *Simulations de la réionisation*, Séminaire au Collège de France, https://www.college-de-france.fr/fr/agenda/seminaire/epoque-de-la-reionisation-de-univers

2. La modélisation numérique pour la surveillance et l'évaluation des aléas sismiques

Jean-Paul Ampuero, Emmanuel Chaljub et Quentin Bletery

Parmi les phénomènes naturels disruptifs produits par la Terre solide, dits « aléas telluriques », les séismes sont les plus dévastateurs en termes de pertes humaines et matérielles. Ils sont souvent aggravés par des effets en cascade : glissements de terrain, tsunamis, catastrophes industrielles. Ainsi le séisme de Tohoku en 2011, au Japon, a causé un tsunami qui a endommagé la centrale nucléaire de Fukushima. La rareté des tremblements de terre et la grande taille de leur zone d'impact en font un aléa difficile à gérer, même dans les pays développés. Leur impact évolue avec le changement climatique : littoraux plus exposés, pentes plus instables, urbanisation de zones à risque, etc. Les séismes sont aussi un obstacle au développement d'énergies renouvelables : des projets de géothermie profonde en France et ailleurs ont été tronqués par la sismicité induite par l'injection de fluides dans le sous-sol. L'évaluation de l'aléa sismique repose sur des approches empiriques, qui évoluent en intégrant les progrès sur la compréhension physique du phénomène. En s'appuyant sur le calcul scientifique de haute performance, la « sismologie numérique » contribue à deux sujets d'étude : les effets de source et les effets de propagation. Les effets de source comprennent les processus se produisant en profondeur, dans les failles tectoniques, et qui génèrent les ondes sismiques. Les effets de propagation comprennent les processus subis et induits dans le sous-sol par les ondes sismiques lors de leur trajet depuis la source jusqu'à la surface de la Terre et à leur arrivée au site d'impact. La sismologie numérique est motivée par trois grands objectifs : imager le sous-sol, comprendre les processus de rupture des failles et prédire les mouvements du sol en cas de séisme. Ces deux derniers sont au cœur du sujet de l'aléa sismique. De plus, depuis l'avènement des données sismologiques digitales et grâce aux développements de méthodes d'analyse de données massives, la sismologie numérique contribue aussi à la surveillance des séismes, par exemple par le développement de systèmes d'alerte précoce utilisant l'intelligence artificielle.

Sismologie et calcul intensif, une longue histoire

Les compagnies pétrolières ont développé à partir des années 1980 une expertise en calcul intensif pour l'imagerie sismique visant à retrouver les propriétés du sous-sol à partir des sismogrammes mesurés par des réseaux denses de capteurs de vibrations sismiques du sol. Avec l'augmentation de la puissance de calcul à budget constant et l'organisation régionale, nationale, puis européenne des plateformes de calcul haute performance (HPC), la communauté sismologique a pu développer des logiciels pour simuler la dynamique de la rupture et la propagation des ondes sismiques à différentes échelles (locale, régionale et globale) dans des gammes de fréquences de plus en plus larges et réalistes.

Les méthodes numériques utilisées pour simuler la propagation d'ondes résolvent les équations différentielles de l'élastodynamique sur une grille de points de calcul. Ces équations contiennent des dérivées spatiales et temporelles. Les méthodes diffèrent essentiellement par la façon de calculer les dérivées spatiales, notamment par les méthodes connues sous les noms de « différences finies », « méthodes pseudo-spectrales », « éléments finis », « Galerkin discontinu », « éléments spectraux ». Les dérivées temporelles sont généralement traitées par des méthodes classiques de résolution d'équations différentielles en temps, telles que les « différences finies explicites ». La performance de ces méthodes dépend de la densité de grille nécessaire pour résoudre la propagation d'ondes avec précision, et de la capacité à adapter la densité de la grille à la distribution des vitesses de propagation d'ondes dans le milieu. Ces méthodes sont utilisées dans des codes informatiques massivement parallèles pour exploiter les ressources de calcul intensif des plus grandes plateformes. Le parallélisme repose ici sur une décomposition du domaine de calcul en sous-domaines. Entre deux instants, les équations sont résolues indépendamment dans chaque sous-domaine par des processeurs différents. Ces solutions sont ensuite connectées en imposant des conditions de continuité entre domaines.

La majorité des codes informatiques issus du monde académique est distribuée gratuitement avec des licences libres. Cette tradition de science ouverte en sismologie est un des principes fondateurs du code SPECFEM, développé à partir de la fin des années 1990 par Dimitri Komatitsch, grand pionnier de la sismologie numérique qui a fait le pont entre le monde des géophysiciens et les plus grands spécialistes du HPC. Sous son impulsion, SPECFEM a été exécuté sur les premiers clusters de type B eowulf (assemblés à partir de composants bon marché et gérés par des systèmes d'exploitation libres) au début des années 2000, puis sur la plateforme la plus puissante du top500 de l'époque, Earth S imulator. Pour ces travaux, D. Komatitsch a obtenu le prix Gordon Bell en 2003 et le prix Bull Joseph Fourier pour l'implémentation du code sur une plateforme multi-GPUs.

Modélisation de la rupture sismique

L'essor du HPC et des percées théoriques, expérimentales et observationnelles, ont permis des avancées continues dans la modélisation de la rupture sismique. Le but primaire de ce domaine de recherche est de comprendre la physique opérant sur une faille tectonique avant, pendant et après un tremblement de terre. Un enjeu populaire est de déterminer si et comment les séismes peuvent être prédits ; plus généralement une meilleure compréhension physique du phénomène contribue à l'évaluation de l'aléa et donc à la réduction du risque. Déchiffrer la dynamique des séismes est aussi un défi intellectuellement stimulant car le processus est encore mal compris et il est difficile de l'observer directement aux grandes profondeurs où il s'initie. Les méthodes numériques utilisées pour simuler les séismes sur de grands centres de calcul s'appuient sur celles mentionnées précédemment pour la propagation d'ondes. Une première approche consiste à modéliser des séismes spécifiques avec un grand réalisme et à haute résolution. Ainsi, des simulations du séisme de magnitude 7,6 qui s'est produit à Kaikoura en Nouvelle Zélande en 2016 ont permis de comprendre mécaniquement comment le séisme a pu casser une quinzaine de failles simultanément. Ces simulations intègrent plusieurs mécanismes physiques de déformation, ainsi que la géométrie complexe du réseau de failles et de son environnement. Elles nécessitent un très grand nombre de points de grille, et donc, des ressources de calcul considérables. Une deuxième approche consiste à étudier des modèles génériques simplifiés, mais en faisant varier systématiquement les paramètres du modèle pour déterminer leur effet. Ces études paramétriques nécessitent un très grand nombre de simulations, mais chacune avec un nombre modéré de points de grille. Ainsi, des études paramétriques ont récemment permis de développer et de valider une théorie nouvelle sur la dynamique des grands séismes, qui permet de comprendre les facteurs qui contrôlent leur vitesse de rupture et leur arrêt (figure 1).

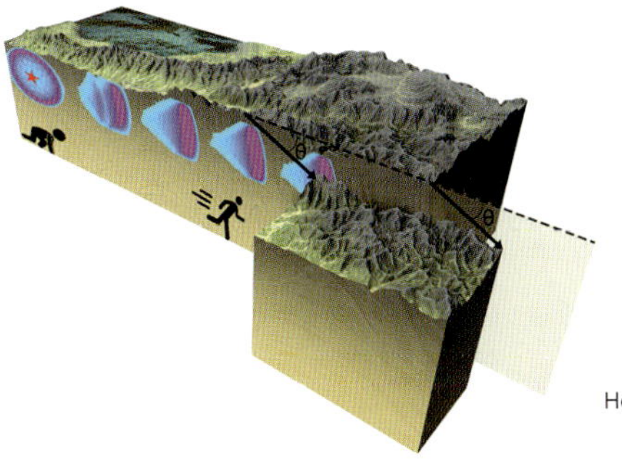

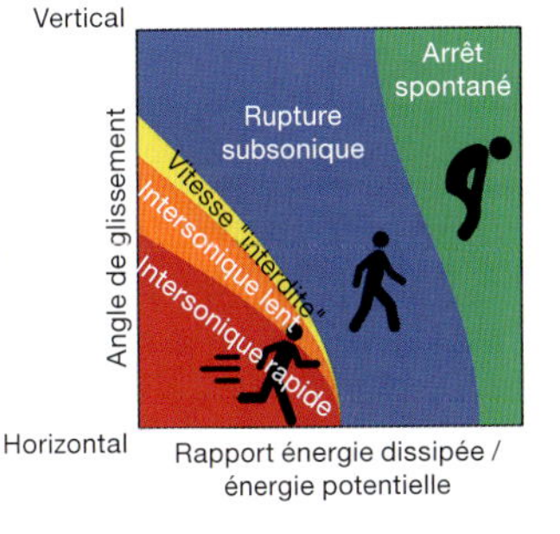

Fig. 1 – **Gauche. Modélisation d'une rupture sismique à glissement oblique.** Les couleurs sur le plan de faille montrent la vitesse du glissement à cinq instants successifs, le rose correspondant aux vitesses les plus rapides de l'ordre du mètre par seconde. Le glissement traverse la faille de gauche à droite à une vitesse appelée « vitesse de rupture ». **Droite. Les vitesses de rupture que peuvent atteindre les grands séismes, en fonction de l'angle d'obliquité du glissement et de la résistance de la faille.** D'après le modèle et simulations par Weng and Ampuero (2020) ■

Modélisation des mouvements forts en bassins sédimentaires

La modélisation numérique permet d'estimer les mouvements du sol que peuvent occasionner les séismes, ce qui aide à concevoir ou à renforcer le bâti pour qu'il puisse y résister. Elle permet d'abord de mieux comprendre l'influence de la géologie sur les mouvements sismiques. Par exemple, les contrastes de propriétés mécaniques entre les sédiments de la proche surface (bassins sédimentaires, vallées alluviales) et le socle rocheux produisent des phénomènes d'amplification et de résonance des ondes sismiques, ainsi que leur conversion en ondes de surface près des bords de bassin ou de vallée. Ces effets tridimensionnels, appelés « effets de site », peuvent augmenter l'intensité et la durée des mouvements ressentis. Le séisme de Michoacán de magnitude 8 en 1985, qui a détruit une partie de la ville de Mexico, à près de 400 km de l'épicentre, en est une illustration spectaculaire et tragique, avec plus de 10 000 victimes et de nombreux immeubles de grande taille complètement détruits. La figure 2 montre la simulation de la réponse de la vallée de Mexico à un séisme local. On y voit clairement l'amplification et la prolongation du mouvement du sol dans la vallée et en particulier dans l'ancienne zone lacustre. Ces effets sont dépendants de la fréquence, tout comme la réponse des bâtiments. En 2017, au jour anniversaire du grand séisme de 1985, un séisme de magnitude 7.1 avec épicentre à une centaine de kilomètres de la ville de Mexico y a occasionné de nombreux dégâts et des centaines de victimes. Les simulations de la réponse de la vallée ont permis de comprendre la répartition spatiale des dégâts très différente pour les deux séismes. En 1985, les immeubles de grande taille (ayant des périodes naturelles de vibration de 2 à 3 secondes) de l'ancienne zone lacustre étaient les plus touchés, tandis qu'en 2017 ce sont les bâtiments plus petits (périodes comprises entre 1 et 2 secondes) et situés près des bords de la vallée dans la zone dite « de transition » qui ont été les plus impactés. La simulation numérique est de plus en plus utilisée pour estimer les mouvements du sol à attendre dans des scénarios de séismes probables. De nombreuses simulations sont nécessaires pour explorer à la fois la variabilité naturelle de la source et l'incertitude due à la connaissance limitée des propriétés des milieux de propagation (figure 2).

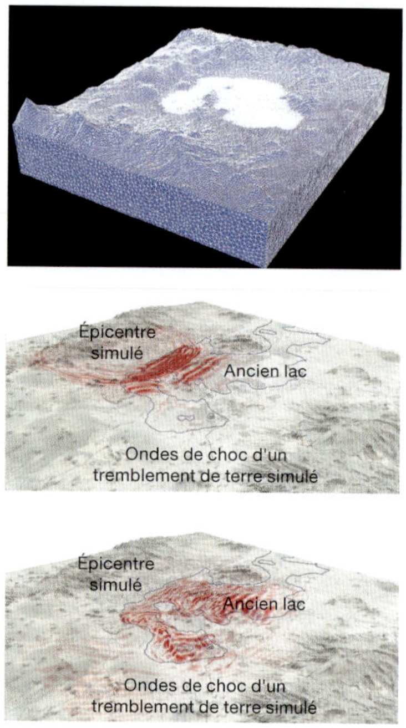

Fig. 2 – **Haut. Maillage en éléments tétraédriques utilisés dans un code implémentant la méthode de Galerkin Discontinue pour simuler la réponse de la vallée de Mexico à un séisme local.** Le maillage est plus dense là où les vitesses de propagation des ondes sont plus faibles, notamment dans la vallée (ancienne zone lacustre). **Milieu et bas. Les deux instantanés de propagation montrent l'amplification des ondes quand elles pénètrent dans la vallée et quand elles réverbèrent dans la vallée en y allongeant la durée du mouvement du sol.** Plus le rouge est vif, plus le mouvement est fort. Le contour bleu sépare la vallée (sol sédimentaire, plus « mou ») de la partie rocheuse (plus « dure »). Adapté de Cruz-Atienza *et al.* (2016) ■

L'intelligence artificielle pour l'analyse des données sismologiques en temps réel

Le traitement rapide de données massives par intelligence artificielle (IA) offre des possibilités nouvelles pour la surveillance des aléas telluriques. L'IA est en passe de résoudre des problèmes fondamentaux limitant fortement l'impact des systèmes d'alerte sismique et tsunami. Le principe de ces systèmes est d'estimer le plus rapidement possible la magnitude et la localisation des séismes en cours à partir des premières données enregistrées. L'IA peut analyser rapidement des volumes de données importants et extraire l'information utile pour caractériser les évènements en cours, faisant gagner de précieuses secondes. Au Pérou, par exemple, les sismologues ont construit un système d'alerte entièrement basé sur l'IA, capable d'estimer la magnitude et la localisation des séismes à partir de 3 secondes d'enregistrement sur un seul sismomètre, ce qui était considéré comme impossible avec les techniques courantes. Cela permet de ne pas attendre que les ondes sismiques atteignent plusieurs capteurs, et donc, de gagner un temps précieux. L'IA pourrait même permettre de s'affranchir de la latence due à l'attente des ondes sismiques en exploitant un signal récemment découvert, le PEGS (*Prompt Elasto-Gravity Signal*). Il s'agit d'une

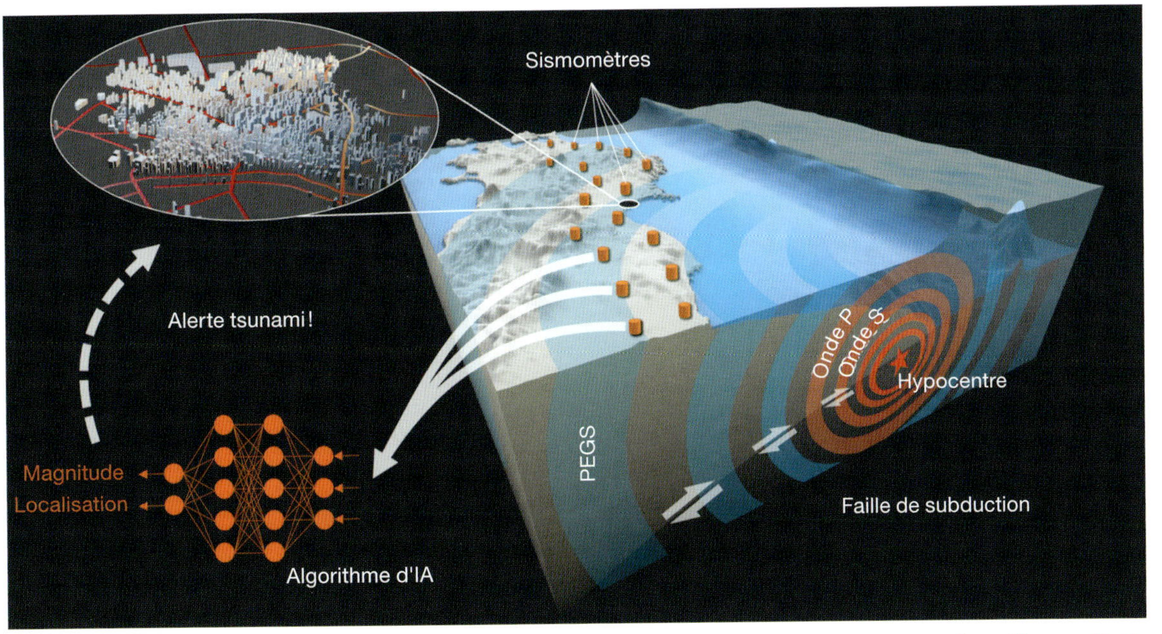

Fig. 3 – Illustration d'un algorithme d'intelligence artificielle conçu pour estimer quasi-instantanément la magnitude des séismes à partir de signaux très faibles (mais se propageant à la vitesse de la lumière), les PEGS, émis par les grands tremblements de terre. © *Licciardi et al.*, 2022

perturbation du champ de gravité terrestre qui se propage à la vitesse de la lumière. Il présente un intérêt évident pour l'alerte, mais sa très faible amplitude rendait jusqu'alors son utilisation à des fins d'alerte irréaliste. L'IA permet de concevoir des systèmes d'alerte tsunami basés sur les PEGS et d'obtenir des estimations de magnitude quasi-instantanées. Les applications sont pour l'instant limitées à l'alerte tsunami, car l'IA ne parvient à percevoir les PEGS que pour les très grands évènements, mais les développements en cours laissent penser que des systèmes d'alerte sismique instantanés basés sur les PEGS seront également envisageables (figure 3).

Perspectives

Au-delà de la simulation directe des séismes, dans laquelle il faut fournir tous les paramètres du modèle pour calculer un scénario possible, un grand défi actuel en sismologie numérique est la résolution du problème inverse : en partant d'observations d'un séisme les scientifiques remontent aux paramètres qui l'ont causé. L'inversion dynamique de la source vise à déduire systématiquement des propriétés physiques des failles (comme leur résistance au glissement) à partir des observations géophysiques du séisme et requiert un nombre énorme de simulations pour converger vers un ensemble de modèles viables. Un autre grand défi est la « simulation multi-échelles », en espace et en temps, pour comprendre comment les processus physiques opérant à l'échelle sub-millimétrique des micro-contacts entre roches d'une zone de faille affectent le comportement des failles aux échelles kilométriques. La modélisation numérique en sismologie doit s'opérer de plus en plus rapidement après chaque nouveau séisme, afin d'accélérer notre compréhension de l'événement et de son impact. Dans l'avenir, des simulations sur des jumeaux numériques (cf. p. 206) pourraient tourner en mode urgent juste après tout grand séisme pour générer des cartes de pronostic de dégâts, qui contribueraient à la réponse immédiate de la société face au séisme. C'est l'ambition de long terme du projet européen DT-GEO (*A Digital Twin for GEOphysical extremes*), qui vise à combiner des logiciels de modélisation et analyse existants pour construire des flux de calcul automatisés qui accélèrent la réponse à des événements telluriques.

Références bibliographiques

- V. CRUZ-ATIENZA, J. TAGO, J. SANABRIA-GÓMEZ *et al.* – *Long Duration of Ground Motion in the Paradigmatic Valley of Mexico*, Sci Rep, 2016.
- A. LICCIARDI, Q. BLETERY, B. ROUET-LEDUC, J.-P. AMPUERO et K. JUHEL – *Instantaneous Tracking of Earthquake Growth with Elastogravity Signals*, Nature, 2022.
- H. WENG et J.-P. AMPUERO – *Continuum of Earthquake Rupture Speeds Enabled by Oblique Slip*, Nature Geoscience, 2020.

3. L'évolution du champ magnétique terrestre : de son observation à sa modélisation numérique

Alexandre Fournier, Julien Aubert et Nathanaël Schaeffer

Notre connaissance de la structure interne de la Terre est intimement liée aux progrès réalisés en sismologie. L'étude des ondes sismiques qui se propagent à la suite d'un tremblement de terre a permis de révéler une structure en couches concentriques, faite d'un manteau rocheux d'une épaisseur de 2 900 km entourant un noyau métallique constitué essentiellement de fer. Le cœur de ce noyau est une boule solide d'un rayon de 1 220 km ; sa partie externe est une coquille fluide d'une épaisseur de 2 260 km.

Le refroidissement de la Terre, à l'œuvre depuis sa formation il y a 4,5 milliards d'années, se poursuit aujourd'hui et en fait une planète dynamique qui héberge en son sein des courants de convection* induits par ce refroidissement. Dans le manteau rocheux, ces courants ont une vitesse de quelques centimètres par an, et sont à l'origine de la tectonique des plaques*. Dans la partie fluide du noyau, leur amplitude est bien supérieure, de quelques dizaines de kilomètres par an. Ces courants de convection d'un liquide conducteur d'électricité génèrent de gigantesques courants électriques, à l'origine de la création et de l'entretien, par effet dynamo*, du champ magnétique terrestre, aussi appelé champ géomagnétique (figure 1).

Fig. 1 – **Coupe de la Terre montrant sa surface, son manteau rocheux et son noyau, formé d'une coquille externe fluide et d'une graine solide.** Le noyau comporte un rendu tridimensionnel de l'écoulement et des lignes de champ magnétique dans une simulation haute résolution de la dynamo terrestre. Les couleurs les plus claires correspondent aux vitesses les plus élevées. La géométrie du champ magnétique est plus complexe à l'intérieur du noyau conducteur, où il est créé, qu'à l'extérieur, d'où les lignes grises erratiques. En s'éloignant de sa source, le champ est de plus en plus lisse et de moins en moins fort ■

Les observations du champ géomagnétique

Ce champ est bien perceptible à la surface de la Terre et dans son environnement proche : il donne sa direction à l'aiguille de la boussole et il guide les particules chargées vers les hautes latitudes, où se produisent les aurores polaires. Sa structure est essentiellement dipolaire, et l'axe du dipôle magnétique* est proche de l'axe de rotation de notre planète. C'est la raison pour laquelle l'observation du champ géomagnétique s'est d'abord faite au travers de l'étude des mouve-

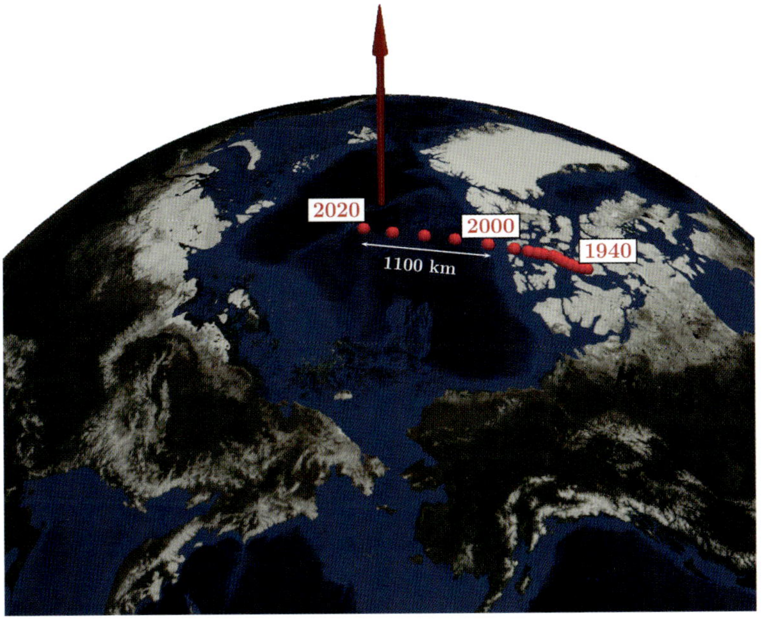

Fig. 2 – **Position du pôle Nord magnétique entre 1940 et 2020, calculée d'après le modèle COV-OBSx2 de Huder *et al.* (2020).** Les positions sont représentées tous les 5 ans. L'axe rouge est l'axe de rotation de la Terre. Son intersection avec la surface de la Terre définit le pôle Nord géographique ■

Ces observations, de plus en plus détaillées, ont permis la détection de fluctuations temporelles rapides, sur des échelles de temps annuelles. Depuis le début des années 2000, les géophysiciens ont ainsi noté une brusque accélération du mouvement du pôle Nord magnétique. Celui-ci se déplace actuellement à une vitesse de 50 km/an de l'Amérique du Nord vers la Sibérie (figure 2). Par ailleurs, les observations satellitaires ont rendu possible la détection de secousses se produisant dans une bande équatoriale (figure 3). De telles variations rapides nécessitent une mise à jour régulière des modèles globaux du champ géomagnétique, qui sont notamment utilisés à des fins de navigation, comme le modèle international de référence du champ géomagnétique (IGRF*). La composante prédictive de ces modèles peut être

ments de la boussole, qui indique la direction locale du nord magnétique, et donc assez fidèlement celle du nord géographique, l'écart entre les deux formant un angle généralement petit (quelques degrés) appelé « déclinaison ». Au XVIIe siècle, les scientifiques ont constaté que la déclinaison mesurée en un point fixe de la surface terrestre variait en fonction du temps, sur des échelles de temps pluri-décennales à séculaires. Cette observation a conduit au concept de « variation séculaire du champ géomagnétique », qui correspond en termes mathématiques à sa dérivée temporelle*. Notre connaissance de la variation séculaire géomagnétique n'a cessé de s'enrichir au gré du déploiement d'observatoires dédiés à la mesure du champ géomagnétique depuis le milieu du XIXe siècle, et plus récemment, grâce à l'envoi de satellites équipés de magnétomètres* en orbite basse (quelques centaines de kilomètres) autour de la Terre.

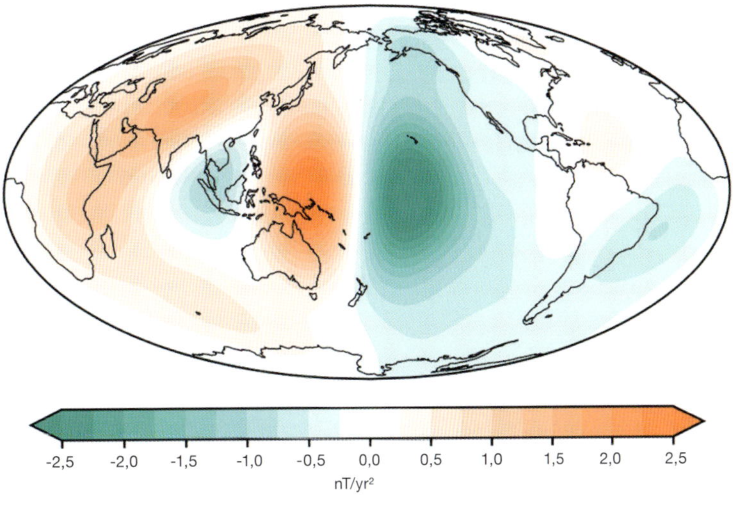

Fig. 3 – **Variation de la dérivée seconde du champ magnétique terrestre par rapport au temps, représentée à la surface de la Terre en janvier 2017, d'après le modèle CHAOS-7.14 (Finlay *et al.*, 2020).** Cette variation est obtenue en effectuant la différence de la moyenne temporelle de la dérivée seconde du champ entre 2017 et 2020 d'une part, et 2014 et 2017 d'autre part. Elle est localisée au milieu de l'océan Pacifique, à des latitudes équatoriales, et revêt une structure dipolaire. Les effets de cette variation ne sont pas directement perceptibles par les humains, mais ils peuvent se traduire localement par des changements brutaux de la pente des enregistrements magnétiques, ce qui leur a valu l'appellation « secousses » par les géophysiciens étudiant le champ magnétique terrestre. En l'occurrence ici, les effets de cette secousse sont bien visibles sur les enregistrements de l'observatoire d'Honolulu (Hawaï) ■

construite dans le cadre de l'assimilation d'observations* géomagnétiques dans des modèles numériques de la dynamo terrestre, selon un formalisme analogue à celui utilisé pour réaliser les prévisions météorologiques. Il est important de rappeler que les fluctuations géomagnétiques peuvent prendre un caractère extrême, se traduisant par une inversion globale de la polarité du champ géomagnétique. La dernière inversion s'est produite il y a 780 000 ans et nous ne disposons que d'observations indirectes des inversions, fournies par les études de l'aimantation des roches ayant été témoins de ces changements globaux. L'étude du champ géomagnétique ancien, le paléomagnétisme, nous apprend que ces inversions se sont produites en moyenne 4 fois par million d'années au cours des 25 derniers millions d'années, et que le phénomène prend quelques milliers d'années, soit un claquement de doigts à l'aune des temps géologiques. Lors d'une inversion, l'intensité du champ géomagnétique est faible, ce qui fragilise l'environnement magnétique au voisinage de la Terre. Les observations paléomagnétiques des inversions sont trop partielles et n'autorisent pas la description de la structure globale du champ lors d'une inversion. Aujourd'hui, une région de faible intensité existe, circonscrite à l'Atlantique Sud, et certains scientifiques y voient un signal précurseur d'une inversion. Les simulations numériques d'inversion du champ géomagnétique doivent permettre d'éclairer les différents scénarios envisagés. Les observations du champ magnétique terrestre soulignent donc une dynamique très riche, couvrant des échelles de temps allant de l'année (les secousses impromptues décrites plus haut) à plusieurs centaines de milliers d'années (les inversions). Un modèle satisfaisant du champ magnétique terrestre doit pouvoir les expliquer, en se basant sur les lois fondamentales de la physique. La consolidation de la théorie de la géodynamo* a pris plusieurs décennies, et le rôle joué par les simulations numériques a été déterminant : d'une part car notre connaissance observationnelle du champ magnétique terrestre est partielle ; et d'autre part car il est extrêmement difficile de construire, au laboratoire, des analogues expérimentaux de la géodynamo. Les simulations apportent donc un éclairage complémentaire très précieux.

La modélisation de la géodynamo

De la fin des années 1940 au milieu des années 1990, les chercheurs du domaine ont travaillé essentiellement sur le problème cinématique, qui consiste à déterminer si un écoulement imposé, dont la géométrie fixée est indépendante du temps, peut entretenir la dynamo terrestre, dans un cadre décrit par la seule équation de l'induction*, que l'on déduit des lois de l'électromagnétisme. Même s'il ne met en jeu qu'une seule équation vectorielle, ce problème n'est pas trivial car il est tridimensionnel – plusieurs théorèmes montrent qu'un champ magnétique dynamo bidimensionnel (fonction seulement de deux variables d'espace) ne peut pas être entretenu de façon pérenne par un écoulement ; il est nécessaire que le champ dynamo dépende des trois variables d'espace. Une des premières résolutions numériques de l'équation de l'induction en géométrie sphérique tridimensionnelle sur ordinateur est celle de Bullard et Gelmann, publiée en 1954. Leurs calculs prirent 240 heures sur le calculateur Automatic Computing Engine de l'université de Cambridge (conçu par Turing) et dont la mémoire était de l'ordre de 25 kilooctets. Les dynamos cinématiques, encore étudiées aujourd'hui, ignorent l'origine dynamique de l'écoulement imposé, et la structure de ce dernier est simplifiée pour s'adapter aux ressources disponibles. En 1995, une première simulation numérique complète, couplant l'équation de l'induction aux équations de la mécanique des fluides*, a démontré que la convection thermique* pouvait jouer le rôle de moteur entretenant la géodynamo. Ce travail pionnier de Gary Glatzmaier et Paul Roberts, représentant un an d'utilisation d'un CRAY C90 (supercalculateur à processeur vectoriel des années 1990), définit le début de l'ère moderne de l'étude de la géodynamo par la modélisation numérique. Les méthodes numériques employées aujourd'hui suivent essentiellement les principes fondateurs de Glatzmaier. Les algorithmes de leur mise en œuvre ont suivi l'évolution des technologies, en favorisant les architectures massivement parallèles encore majoritairement utilisées aujourd'hui. Depuis 2020, la migration des algorithmes vers les accélérateurs de type GPU* (*Graphics Processing Unit*) a commencé, dans le sillage des choix stratégiques d'évolution des ressources nationales du GENCI*. L'augmentation de la puissance de calcul, ainsi que la simplification du modèle mathématique, au travers de l'identification de paramètres de contrôle, ont permis l'étude des processus physiques qui expliquent les observations géomagnétiques décrites plus haut, sur une gamme d'échelles de temps de plus en plus proche de celle révélée par les observations. L'écoulement convectif turbulent possède une dynamique très riche. Ainsi, les secousses décelées à la surface du noyau sont maintenant comprises comme la signature d'ondes créées dans le noyau par l'arrivée près de sa surface d'une anomalie thermique ascendante et l'interaction de cette dernière avec la structure locale du champ magnétique (figure 4).

Comment améliorer les modèles numériques ?

Les progrès récents dans la compréhension de la dynamique rapide de la variation séculaire géomagnétique s'expliquent par le temps d'intégration relativement court nécessaire à son analyse, qui peut se faire à très haute résolution (au moins un millier de points dans chaque direction de l'espace). L'étude des inversions, qui doit s'envisager sur des temps géologiques très longs (million d'années et au-delà), ne peut être réalisée à un tel niveau de résolution. Ces événements rares ont certes déjà été simulés numériquement, mais dans un régime trop éloigné de celui de la géodynamo pour garantir la pertinence des mécanismes identifiés dans les simulations à expliquer les inversions du champ magnétique terrestre. L'étude et la compréhension des inversions par le prisme numérique demeurent des sujets de recherche actif en géomagnétisme. L'adéquation des modèles numériques de la dynamo terrestre aux observations de sa dynamique annuelle à décennale a poussé la communauté du géomagnétisme à proposer des prévisions de son évolution. Ces prévisions s'appuient sur les méthodes d'assimilation de données mises en œuvre en météorologie et climatologie, méthodes qu'il faut adapter au contexte du géomagnétisme, parent pauvre pour la quantité d'observations disponibles, ce qui rend d'autant plus critique la fidélité des modèles numériques utilisés. Ces prévisions sont maintenant prises en compte lors des mises à jour du modèle international de référence du champ géomagnétique. L'incertitude de ces prévisions est estimée sur la base des statistiques d'un ensemble de prévisions réalisées pour la période d'intérêt. Un sujet de recherche actif consiste à améliorer la fiabilité des modèles numériques utilisés dans cette approche d'ensemble.

Conclusion

L'association d'observations géomagnétiques de plus en plus fines à des modèles numériques de plus en plus performants a permis, depuis une vingtaine d'années, des progrès significatifs dans notre compréhension de la dynamique du champ magnétique terrestre. Ces progrès ont donné lieu à des avancées opérationnelles bénéfiques pour la société, notamment à travers la diffusion des dernières générations du champ géomagnétique international de référence, en 2015 et 2020. Des questions de premier ordre demeurent, à propos notamment des conditions propices au déclenchement des inversions de polarité géomagnétique, et une réponse à ces questions ne peut s'envisager sans l'appui de la modélisation. Au regard du chemin parcouru depuis une vingtaine d'années, on ne peut être qu'optimiste quant à l'issue des recherches en cours, et espérer notamment bénéficier de l'apport de l'intelligence artificielle pour améliorer la modélisation sous-maille, c'est-à-dire la modélisation de la dynamique se produisant à des échelles spatiales plus petites que celles résolues directement par la simulation. Si la perspective d'utilisation de l'ordinateur quantique laisse rêveur, eu égard à la possibilité théorique qu'il offre de réaliser un grand ensemble de simulations d'un seul coup, elle se heurte pour l'instant à la barrière de la capacité mémoire bien trop limitée de cet outil.

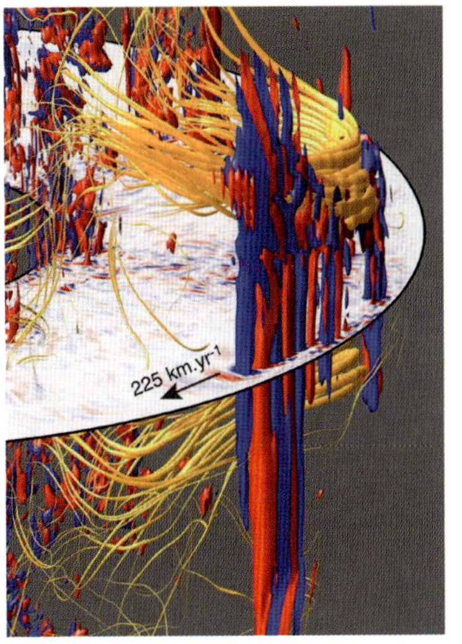

Fig. 4 – Visualisation d'une secousse géomagnétique produite dans une simulation numérique avancée de la géodynamo. La portion d'anneau se trouve dans le plan équatorial. La convection du noyau pousse lentement (quelques dizaines de kilomètres par an) les lignes de force du champ magnétique interne (orange) vers l'extérieur. Lorsque ces lignes atteignent la surface du noyau, la perturbation créée déstabilise le système, qui répond en émettant un train d'ondes rapides (perturbation de vitesse en bleu/rouge), qui se propagent à plusieurs centaines de kilomètres par an le long des lignes de force. La perturbation de l'accélération magnétique induite (figure 3) se synchronise avec la période de ces ondes qui est de l'ordre de quelques années. L'épaisseur des lignes de force du champ magnétique est proportionnelle à l'amplitude locale du champ ■

Références bibliographiques

- J.-P. POIRIER – *Le noyau de la Terre*, Dominos, 1998.
- Le MOOC *Notre Planète*, https://www.fun-mooc.fr/fr/cours/notre-planete

4. Les modèles couplés du climat au travers de l'évolution des technologies de calcul

Sylvie Joussaume, Olivier Boucher et David Salas y Melia

Les modèles de climat d'échelle globale visent à représenter le fonctionnement du système climatique de la Terre. Ils sont un outil clé pour comprendre le fonctionnement du système climatique et prévoir son évolution possible sous différents scénarios. Ces modèles couplent les différentes composantes du système Terre : atmosphère, océans, surfaces continentales et cryosphère (neige et glaces). Ils représentent les mécanismes physiques au sein des différents milieux, en s'appuyant sur les principes de base de la physique. De plus en plus de modèles de climat prennent également en compte certains processus chimiques et biogéochimiques pour représenter des cycles biogéochimiques comme celui du carbone* ou de l'azote*, ou encore les aérosols atmosphériques (petites particules naturelles ou d'origine anthropique*). Ils sont alors qualifiés de « modèles du système Terre », ce qui nécessite d'intégrer ensemble jusqu'à 7 ou 8 codes applicatifs différents (figure 1). Les premiers modèles, dits « de circulation générale », ont été développés dès les années 1960, avec les travaux pionniers du Dr Syukuro Manabe, qui a reçu le prix Nobel de physique en 2021. C'est en 1975 que les premières simulations couplant des modèles de circulation générale de l'atmosphère et de l'océan permettent de quantifier la réponse du climat à une augmentation de la concentration en dioxyde de carbone. Mais les modèles de climat ont beaucoup évolué depuis cette période, prenant en compte de plus en plus de processus, avec une meilleure résolution et des simulations plus longues, suivant en cela la grande évolution de la puissance des supercalculateurs.

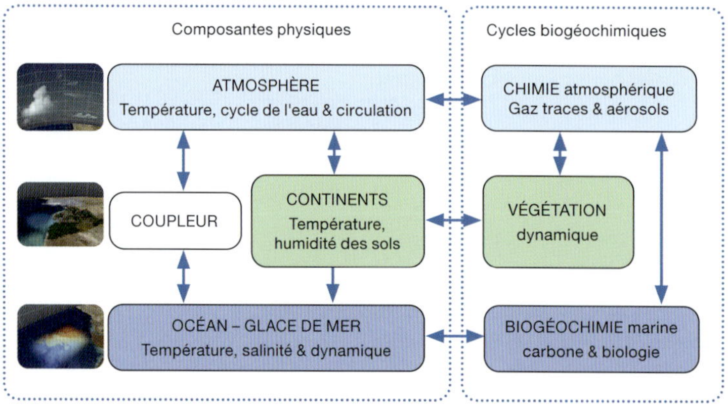

Fig. 1 – Les modèles du système climatique de la Terre ou « modèles du système Terre » couplent plusieurs codes informatiques représentant chacun des milieux : atmosphère, océan, continents et glace de mer. Au cœur de ces modèles se trouve la représentation des composantes physiques, couplées avec les modèles des composantes biogéochimiques et les modèles biologiques de la végétation et de la biologie marine ■

Les modèles couplés du climat

Au cœur des modèles de climat, les scientifiques cherchent à représenter le comportement de l'atmosphère et des océans, les deux fluides de la planète qui transportent l'excédent d'énergie des tropiques vers les hautes latitudes. Ces modèles calculent l'évolution en temps des variables représentant l'état du système, température, pression, vents, courants… en résolvant les équations de la thermodynamique* et les équations de Navier-Stokes adaptées aux fluides géophysiques, ils incluent une représentation des échanges radiatifs* et ils conservent la masse, l'énergie et la quantité de mouvement. Ils incluent aussi une représentation de phénomènes de petite échelle, tels que la turbulence* ou la convection*, qui ne peuvent pas être résolus explicitement par les modèles. Ces représentations, qualifiées de « paramétrisations », s'appuient également sur les principes de base de la physique. Elles font l'objet de travaux de recherche, basés sur les observations qui proviennent des satellites, des stations de mesures au sol ou de campagnes de terrain. De plus en plus, elles bénéficient d'approches de modélisation à très haute résolution avec des modèles qui résolvent les grandes structures de la turbulence ou des modèles de systèmes nuageux. Si, au départ, les modèles d'atmosphère et d'océan ont été développés indépendamment, ils ont de plus en plus été couplés à partir des années 1990. La France dispose de deux modèles couplés de climat : le modèle de l'Institut Pierre-Simon Laplace et le modèle du Centre national de recherches météorologiques, en collaboration avec le Cerfacs (Centre européen de recherche et de formation avancée en calcul scientifique). Ces deux modèles diffèrent notamment dans les méthodes numériques utilisées, en particulier pour ce qui est de la résolution des équations de la dynamique atmosphérique, ainsi que par la représentation des phénomènes physiques atmosphériques avec des choix différents de paramétrisations, même si de plus en plus de collaborations ont lieu sur le développement de ces paramétrisations. Ils diffèrent également dans leur traitement des surfaces continentales avec deux modèles différents, mais partagent le même modèle d'océan, NEMO, la plateforme européenne de modélisation de l'océan, ainsi que le logiciel qui permet de coupler les modèles d'atmosphère et d'océan, OASIS, et le serveur d'entrées-sorties, XIOS. Ces deux modèles de climat sont rassemblés dans l'infrastructure de recherche nationale de modélisation du climat CLIMERI-France qui offre des services de logiciels et d'accès aux données des simulations internationales, en particulier les scénarios climatiques utilisés dans les rapports du Groupe d'experts intergouvernemental sur l'évolution du climat (GIEC). Les modèles de climat représentent une quantité importante de travail cumulé au cours des années, de l'ordre d'un millier de personnes-années sur les 40 dernières années. De plus, la réalisation des simulations nécessite une chaîne logicielle qui permet le pré-traitement des données d'entrée, la réalisation et la surveillance des simulations, le stockage des données au fur et à mesure de la réalisation des simulations, les nombreux redémarrages et contrôles en cours de simulation et intègre des chaînes de post-traitement et d'analyses. La production de données de simulation à haute fréquence est importante, car il faut pouvoir étudier le climat mais aussi sa dynamique, ce qui nécessite de garder un grand nombre de données au cours du temps, pour ensuite étudier leur statistique.

Une évolution pilotée par les moyens de calcul

Les progrès accomplis depuis 40 ans sont énormes et ont grandement bénéficié de l'évolution de la capacité de calcul. Au début des années 1980, les chercheurs réalisaient au mieux des simulations de l'atmosphère typique des mois de janvier ou de juillet, qualifiées de janvier ou juillet perpétuel, simulant une soixantaine de jours sur les premiers calculateurs CRAY. Les climatologues peuvent maintenant réaliser en standard des simulations d'une centaine d'années, plus représentatives des variations naturelles du climat. La résolution spatiale a également augmenté, passant de 400-500 km à environ 100 km en standard, voire moins pour certaines simulations. Les choix effectués au fil du temps ont été motivés par le nombre d'années simulées par jour de calcul qui doit être d'au moins 5 années simulées par jour, voire même de 10 à 20, de manière à pouvoir simuler et analyser une centaine d'années en un temps raisonnable. En effet, la recherche procède de manière itérative et nécessite de pouvoir mener un grand nombre de simulations successives qui permettent de progresser dans notre compréhension des phénomènes et leur représentation. Or, si l'on augmente d'un facteur n la résolution spatiale horizontale, on multiplie par n^3 le temps de calcul car, au facteur n^2 résultant de la résolution spatiale (en 2 dimensions), il faut ajouter la réduction du pas de temps d'un facteur n pour éviter des instabilités numériques lors de la résolution des équations de Navier-Stokes. Pour les résolutions actuelles de l'ordre de 100 km, la dynamique atmosphérique et océanique nécessite des pas de temps de quelques minutes ou au mieux une trentaine de minutes suivant le schéma numérique utilisé. Finalement, en raison de cette forte contrainte et de la nécessité de simuler de plusieurs décennies à des centaines d'années, la résolution spatiale et donc le nombre total de points par grille restent limités. À la durée et la résolution, s'ajoute la complexité croissante des modèles, également coûteuse en calcul. Représenter un modèle du système Terre nécessite, en effet, d'inclure le transport de nombreuses espèces chimiques dans l'atmosphère, comme les aérosols ou l'ozone, mais aussi, dans l'océan, la productivité biologique et les principaux nutriments, ainsi que le cycle du carbone dans toutes les composantes. Enfin, la nature intrinsèquement chaotique du système climatique nécessite de documenter sa variabilité interne par des ensembles de simulations. Un compromis doit donc être fait entre résolution spatiale, durée des simulations, taille des ensembles et complexité.

Des expériences numériques internationales

Depuis les années 1980, la communauté internationale de modélisation du climat, sous l'impulsion du Dr Larry Gates, a commencé à organiser des expériences numériques internationales de référence. Initialement focalisées sur la composante atmosphérique, ces expériences ont concerné un champ de plus en plus large, des climats passés, aux études de mécanismes et aux scénarios climatiques. Ces expériences, abritées au sein du *Coupled Model Intercomparison Project* (CMIP), sont organisées sous l'égide du Programme mondial de recherche sur le climat et jouent un rôle important dans les rapports du GIEC. Elles visent trois objectifs majeurs : l'évaluation des capacités des modèles à reproduire les climats passés, récents et plus lointains ; l'évaluation des études de mécanismes ; et la réalisation de scénarios pour simuler les possibles évolutions futures du climat. Tous les modèles, issus d'une quarantaine de groupes de modélisation dans le monde, réalisent les mêmes expériences numériques utilisant les mêmes conditions de forçage*, comme la concentration en gaz à effet de serre, l'usage des terres, ou les variations du rayonnement solaire. Au total, plus d'une centaine de versions de modèles mettent à disposition de la communauté internationale les données issues de ces expériences, en suivant le même standard de données et de métadonnées. Tous ces résultats sont partagés dans une base de données

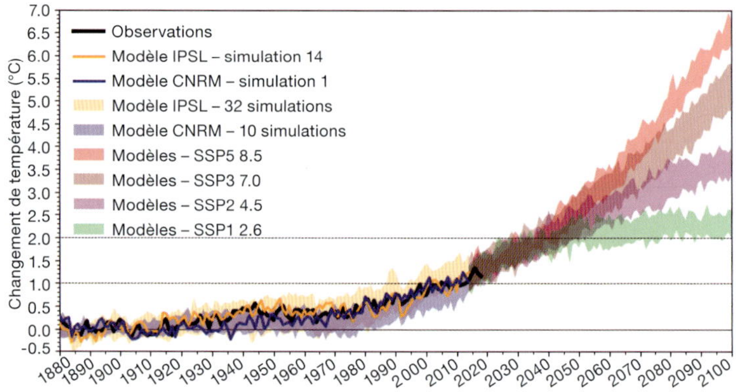

Fig. 2 – **Résultats des deux modèles climatiques français (courbes orange et bleu) pour les expériences CMIP6 présentant des ensembles de simulation pour la période historique (1880-2015) et la réponse du climat à différents scénarios d'augmentation de concentration en gaz à effet de serre.** Les changements de température sont présentés en prenant comme référence la température moyenne globale sur la période 1880-1919. Certaines simulations de ces ensembles sont particulièrement proches de l'augmentation de température observée. Crédit CNRS / CEA / Météo-France ■

internationale distribuée et ouverte, l'*Earth System Grid Federation* (ESGF), qui rassemble 37 000 téraoctets de données. Le dernier exercice en date, CMIP6, a nécessité en France 500 millions d'heures de calcul et mis à disposition environ 5 000 téraoctets de données sur ESGF. Ces expériences numériques, confrontées aux observations, ont permis au sixième rapport du GIEC (paru en 2021) de conclure que l'action humaine sur le climat est sans équivoque. Ces expériences permettent également de documenter les incertitudes associées aux possibles évolutions futures du climat, c'est-à-dire de représenter à la fois les incertitudes liées aux scénarios, celles liées aux modèles eux-mêmes, ainsi que celles liées à la variabilité interne du climat (figure 2). Les simulations permettent d'étudier non seulement l'évolution moyenne du climat, mais également comment les événements extrêmes tels que les vagues de chaleur, les pluies extrêmes ou les sécheresses, peuvent être affectés par le réchauffement planétaire. De nombreuses incertitudes subsistent cependant, en grande partie liées à la difficulté de représenter le cycle hydrologique aux échelles régionales. L'accent est de plus en plus mis sur l'augmentation de résolution spatiale, afin de mieux prendre en compte les effets de l'orographie, les contrastes terre-océans et les interactions entre échelles spatiales ainsi que sur la réalisation d'ensembles afin de mieux représenter la variabilité interne du système.

De nouvelles architectures pour les futurs supercalculateurs

Les modèles de climat ont beaucoup bénéficié des architectures vectorielles des années 1980 à 2000, avec des codes très bien adaptés à ces architectures. À la fin des années 2000, le passage aux architectures scalaires parallèles* a nécessité un effort de plusieurs années pour adapter les codes de façon à distribuer de manière efficace les calculs sur un grand nombre de cœurs. Actuellement, l'arrivée d'architectures plus hétérogènes, à base d'accélérateurs (cf. p. 130), même si elle devrait ouvrir de nouvelles possibilités, pose un défi aux modèles de climat. Des efforts sont en cours pour préparer les codes, mais ceux-ci restent encore très limités. Cet enjeu est partagé par la communauté internationale pour laquelle très peu de codes de climat ont fait ce passage. Pour le modèle de l'Institut Pierre Simon Laplace (IPSL), le portage du nouveau cœur dynamique, Dynamico, qui résout les équations de Navier-Stokes sur une grille icosaédrique*, met en évidence que le gain de performance est bien meilleur à plus haute résolution spatiale (figure 3). En effet, en augmentant la résolution spatiale, les GPU traitent plus d'informations et deviennent plus efficaces. Il n'est pas encore prouvé que de telles architectures pourront être utilisées de manière efficace dans la gamme de résolution nécessaire pour étudier le climat sur l'échelle du siècle ou du millénaire. De plus, si les changements de type de programmation nécessaires pour porter Dynamico sur GPU ont pris 3 mois avec 3 personnes, dont des experts de ces architectures, cela ne concernait que quelques milliers de lignes de codes, alors que les modèles couplés de climat comprennent plusieurs centaines de milliers de lignes. À ce défi s'ajoute celui des données qui, en raison du coût croissant de stockage, nous incite à revoir la façon actuelle de procéder en améliorant l'échantillonnage des sorties des modèles, en comprimant mieux les données et en développant des formats et des outils qui permettent des accès parallélisés aux données. Enfin, une utilisation plus efficace des architectures accélérées devra passer par l'hybridation des modèles physiques avec des techniques d'intelligence artificielle. Ainsi certaines parties du code pourraient être remplacées par des émulateurs qui « apprendraient » de modèles plus complexes et/ou

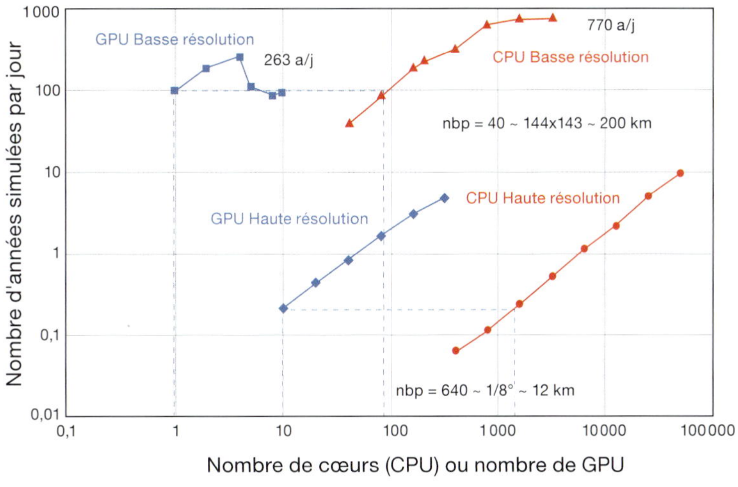

Fig. 3 – Comparaison des performances en années simulées par jour (a/j) de calcul pour le code Dynamico entre GPU (en bleu, NVidia V100) et cœurs CPU (en rouge, Intel Cascade Lake, 20 cœurs / processeur) pour 2 résolutions spatiales : basse résolution (nombre de points nbp = 40, représentant le nombre de subdivisions des côtés des 10 losanges pavant la sphère, soit nbp x nbp x 10 mailles d'environ 200 km) et haute résolution (nbp 640, soit 12 km). La performance chute lorsque le temps d'échange de données entre nœuds l'emporte sur le gain obtenu en augmentant le nombre de processeurs, par exemple à basse résolution au-delà de 4 GPU. Crédit : Yann Meurdesoif (CEA) ■

plus coûteux en temps de calcul. L'apprentissage machine peut aussi s'appliquer sur les données des modèles de climat pour explorer de manière plus systématique l'espace des solutions. Ces techniques sont prometteuses mais ne nous affranchiront pas des modèles physiques qui resteront indispensables pour comprendre les climats passés, présent et futur.

Conclusion

L'évolution spectaculaire des moyens de calcul a permis de grandes avancées dans la compréhension du fonctionnement du système climatique et a permis de mieux appréhender et prévoir l'impact des activités humaines sur le climat. De nombreuses incertitudes subsistent néanmoins, que ce soit sur la capacité des modèles à représenter les changements de circulation et les précipitations à l'échelle régionale, l'intensité et la fréquence des événements extrêmes ou les risques de changements abrupts. L'arrivée de supercalculateurs exascale (capables de réaliser 1 milliard de milliards d'opérations par seconde) devrait permettre des avancées majeures sur ces points en raffinant les mailles des modèles pour atteindre la dizaine de kilomètres voire moins et/ou en augmentant la taille des ensembles de la dizaine à la centaine de simulations par expérience.

Référence bibliographique

C. JEANDEL et R. MOSSERI (dir) – *Le climat à découvert*, CNRS Éditions, 2011.

5. La simulation cinétique des plasmas

Luca Fedeli et Henri Vincenti

Un plasma est un état de la matière, au même titre que les états solide, liquide ou gazeux. Ce fluide est caractérisé par la présence d'une quantité suffisante de particules chargées libres (ions*, électrons* et parfois positrons*) pour donner lieu à des effets collectifs. Au sein d'un plasma, la dynamique de chaque particule est en effet influencée par un grand nombre d'autres particules (et pas seulement par les particules les plus proches). Les propriétés d'un plasma dépendent principalement de sa température et de sa densité. Il existe une très grande variété de plasmas naturels, qui peuvent être relativement froids* (proches de la température ambiante), mais aussi très chauds, au sein desquels les particules se déplacent à des vitesses « relativistes », c'est-à-dire proches de celle de la lumière (environ 300 000 km/s). Leur gamme de densité est également très large. Ils peuvent être des milliers de fois plus denses qu'un bloc de métal et parfois si peu denses qu'ils contiennent moins d'une particule par mètre cube (comme le plasma interstellaire*).

Fig. 1 – Exemple d'une installation laser femtoseconde de classe 100 térawatts : le laser UHI100 au laboratoire CEA-LIDYL ■

Nous sommes beaucoup moins familiers de l'état plasma que des autres états de la matière, et pourtant, il représente plus de 99 % de la matière visible dans notre univers (Soleil et étoiles, notamment). Sur Terre, la foudre et les aurores boréales sont également des plasmas, et notre planète est entièrement enveloppée de plasmas dilués : l'ionosphère* et la magnétosphère*.

Des plasmas générés en laboratoire

Il est possible de créer artificiellement des plasmas en ionisant la matière à l'aide de champs électriques intenses, comme ceux fournis par les lasers de puissance ou les systèmes de décharge électrique. Ces champs électriques sont si importants qu'ils peuvent arracher les électrons des atomes neutres (qui deviennent alors des ions). Ces plasmas artificiels, plus connus sous le nom de « plasmas de laboratoire », sont utilisés pour des applications industrielles telles que la gravure de semi-conducteurs*, le traitement des surfaces et des déchets, la découpe, etc. La perspective de réaliser de la fusion nucléaire contrôlée, par exemple à l'aide d'un plasma confiné avec un champ magnétique dans un réacteur est également d'un grand intérêt pour la production d'énergie (comme le réacteur expérimental ITER à Cadarache).

Des lasers très énergétiques, avec une durée de quelques nanosecondes (10^{-9} secondes), comme le laser Mégajoule en France ou le NIF (National Ignition Facility) aux États-Unis peuvent générer des plasmas denses et chauds dans des conditions proches de celles des étoiles. Des plasmas encore plus extrêmes peuvent être obtenus en focalisant un laser de puissance sur de la matière. Ces lasers (figure 1) délivrent des puissances vertigineuses : jusqu'à 10 pétawatts (10^{16} W, environ la puissance de la radiation solaire sur la surface des États-Unis) sur des durées de quelques dizaines de femtosecondes (10^{-15} seconde). Quand ils sont focalisés sur des échelles spatiales de l'ordre de quelques microns, ils peuvent atteindre des intensités proches de 10^{23} Watt par cm^2, soit 10^{19} fois l'éclairement qui règne à la surface du soleil. Ces lasers sont les sources de lumière les plus intenses sur Terre. À ces intensités, la matière se transforme en plasma, qui peut être utilisé, par exemple, pour reproduire en laboratoire des phénomènes se déroulant autour d'objets astrophysiques extrêmes tels que les trous noirs* ou les étoiles à neutrons*. Ils ont aussi un intérêt en tant que sources compactes et ultra-brèves de particules accélérées ou de photons* de haute énergie.

Réaliser des expériences d'interaction laser-plasma, que ce soit pour des études fondamentales ou en vue d'applications, implique une phase initiale de préparation et une phase d'analyse des résultats. Dans ces deux phases, un support théorique est essentiel et, puisque la complexité de l'interaction laser-plasma limite très souvent la portée des traitements analytiques, le recours à des simulations numériques est généralement indispensable.

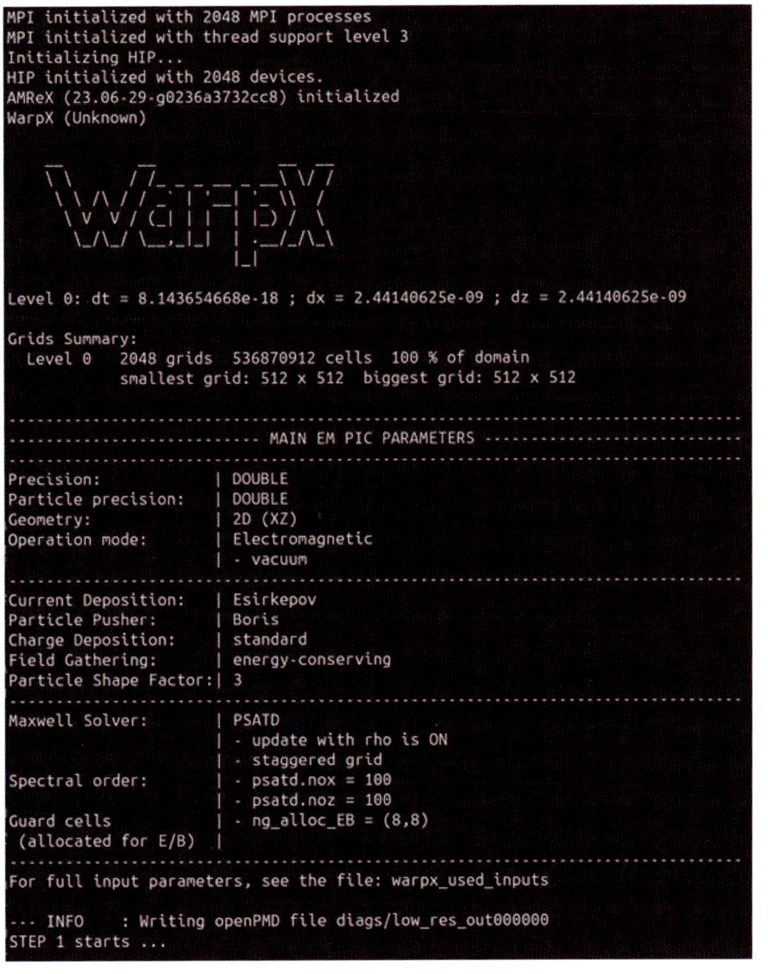

Fig. 2 – WarpX en exécution sur 1024 GPUs de la machine Frontier ■

La modélisation des plasmas

Certains plasmas peuvent être modélisés comme des fluides conducteurs (transportant des charges électriques), en transposant un état continu en une grille de positions en trois dimensions spatiales (discrétisation). Pour d'autres plasmas, l'approximation que les particules à un certain endroit ont à peu près la même vitesse est impossible à faire. Or, il s'agit d'une hypothèse cruciale pour les modéliser comme des fluides. Il faut donc connaître aussi la distribution des particules dans l'espace des phases* position-impulsion, ce qui rajoute trois dimensions supplémentaires (trois variables de quantité de mouvement*, car la vitesse est à trois dimensions). Cette modélisation, dite « cinétique » est, de facto, beaucoup plus coûteuse.

Dans ce contexte, la méthode la plus utilisée aujourd'hui est la méthode « *Particle-In-Cell* » (PIC), qui modélise l'énorme quantité de particules d'un plasma avec des « macro-particules » regroupant un grand nombre de particules proches dans l'espace des phases position-impulsion. Ces macro-particules se déplacent en fonction des champs électromagnétiques connus en leur position et leur mouvement permet de déterminer l'évolution de la fonction de distribution du plasma.

Dans le cas de la méthode « PIC électromagnétique » (PIC-EM), le champ électromagnétique est échantillonné sur une grille et son évolution est déterminée en résolvant les équations de Maxwell* sur cette grille, incluant l'effet du courant électrique généré par les particules. La méthode PIC-EM permet une description des « premiers principes » d'un plasma cinétique non-collisionnel (les collisions entre particules sont négligeables). Cette méthode s'est révélée très prédictive dans la compréhension et la conception d'expériences d'interaction laser-matière à haute intensité, par exemple pour déterminer les paramètres idéaux des accélérateurs d'électrons basés sur l'interaction laser-plasma qui seront décrits dans la suite. La méthode PIC peut être aussi enrichie de nombreux modules multi-physiques : collisions binaires, ionisation, réactions nucléaires, processus d'électrodynamique quantique etc. La contrepartie de cette fidélité est l'immense quantité de ressources de calcul nécessaires à la description de l'interaction laser-plasma. Par exemple, la modélisation en 3D d'un cube de quelques dizaines de microns de côté peut nécessiter des billions (10^{12}) de cellules et des billions de macro-particules, ce qui demande d'avoir recours aux plus gros supercalculateurs dans le monde.

Les supercalculateurs modernes (figure 2) atteignent une puissance de calcul qui excède aujourd'hui 1 exaFLOP (10^{18} opérations en virgule flottante par seconde). La contrainte majeure sur l'évolution de ces supercalculateurs provient principalement de leur consommation énergétique. Par exemple, un simple calcul sur l'unité arithmétique et logique (UAL*) nécessite de l'ordre de 10 picojoules (10^{-12} joules) par opération. Pour un supercalculateur exaflopique, réaliser une opération sur toutes les UAL de la machine nécessite donc une puissance crête électrique de l'ordre du mégawatt. Le coût énergétique s'envole pour les opérations d'échange de mots mémoires entre niveaux de cache (mémoire rapide proche du processeur où des données sont stockées temporairement) et entre nœuds de calcul. Par exemple, le coût énergétique d'échange d'un mot mémoire entre deux nœuds de calcul peut atteindre 10 000 picojoules par mot. Dans ce contexte, les industriels se sont attelés à limiter au maximum les échanges de mémoire au sein des machines. Les nœuds dits « légers » (avec peu d'unités de calcul) ont laissé place à des nœuds plus gros (dits « fat nodes ») regroupant beaucoup plus d'unités de calcul (sous la forme de CPUs* multicœurs ou de GPUs*) en mémoire partagée. Ce regroupement a vu l'émergence d'architectures beaucoup plus hétérogènes (un nœud peut contenir des CPUs et des GPUs) nécessitant une portabilité des codes de calcul. Par ailleurs, la concentration de beaucoup d'unités de calcul sur un même nœud a nécessité la réduction de la fréquence d'horloge* de ces unités pour atteindre un coût énergétique raisonnable. Afin d'éviter une baisse de la puissance de calcul liée à cette diminution de la fréquence d'horloge, les industriels ont exploité un dernier niveau de parallélisme appelé « vectorisation », permettant de réaliser plusieurs opérations en une fréquence d'horloge. Du point de vue des codes de calcul, l'augmentation de la localité mémoire passe par une nécessaire optimisation des structures de données afin de maximiser la réutilisation des données de cache pour plusieurs opérations sur l'UAL. Une structuration de données est aussi parfois nécessaire pour tirer parti au mieux de l'accélération de calcul fournie par la vectorisation.

Le projet WarpX

Dans ce contexte et afin d'exploiter au mieux les architectures modernes de calcul, un consortium international de chercheurs a développé un nouveau code PIC 3D appelé « WarpX ». En vertu de sa portabilité, WarpX a été utilisé sur les meilleurs supercalculateurs du TOP500* (la liste des 500 supercalculateurs les plus puissants au monde) : Frontier et Summit aux États-Unis, LUMI en Europe, et Fugaku au Japon. WarpX est un projet *open source*, c'est-à-dire que le code source du logiciel est mis à disposition gratuitement et qu'il peut être examiné, modifié et redistribué librement. Grâce à une grande variété de modules de physique et d'algorithmes innovants implémentés dans WarpX, le code est utilisé pour plusieurs applications dans lesquelles les plasmas cinétiques jouent un rôle majeur : la conception de nouveaux accélérateurs plasmas pilotés par laser, la simulation de plasma autour d'objets astrophysiques compacts, la modélisation de nouveaux schémas pour réaliser la fusion nucléaire en laboratoire, la simulation de la collision de faisceaux de particules dans les accélérateurs de demain etc.

Récemment, le code WarpX a été utilisé au laboratoire LIDYL (Interactions, Dynamiques et Laser) du CEA pour réaliser des simulations à grande échelle, qui ont permis la conception d'un nouveau schéma d'injection pour des accélérateurs d'électrons pilotés par laser. L'accélération d'électrons par laser est réalisée en faisant interagir un laser intense avec un jet de gaz à faible densité, qui est transformé en plasma. Le laser induit des perturbations de densité plasma qui se propagent dans son sillage et qui sont associées à un champ électrostatique intense, champ qui peut à son tour piéger et accélérer une partie des électrons du plasma environnant. Cette technique, dite « d'accélération par sillage laser » (*Laser Wakefield Acceleration* – LWFA) permet d'accélérer des paquets d'électrons jusqu'à des énergies très élevées, de quelques mégaélectronvolts à quelques gigaélectronvolts en quelques dizaines de centimètres seulement, alors qu'il faudrait des centaines de mètres avec des accélérateurs conventionnels pour arriver à des énergies comparables. De plus, ces paquets d'électrons sont caractérisés par une durée très courte, une caractéristique propre à l'accélération par laser. Il s'agit d'une source prometteuse, par exemple pour étudier l'effet FLASH* en radiobiologie (une technique qui pourrait avoir un fort impact en radiothérapie, car, à dose thérapeutique équivalente, elle permet de réduire significativement les effets secondaires sur les tissus sains). Cependant, l'accélération LWFA ne fournit généralement pas assez de charge pour la plupart des applications envisagées, en raison de la faible densité du gaz émetteur d'électrons.

Pour résoudre ce problème, les chercheurs du LIDYL ont mis au point un nouveau schéma, consistant à coupler une cible en verre à un jet gazeux d'hélium (figure 3). La forte densité d'électrons offerte par la cible solide permet d'injecter des quantités de charge importantes dans l'étage accélérateur généré ensuite dans la partie gazeuse, tout en préservant la qualité du faisceau. Grâce aux simulations réalisées avec WarpX sur les supercalculateurs Summit, Fugaku et Frontier, des expériences de preuve de principe ont été conçues en 2022 au Laboratoire d'Optique Appliquée à l'ENSTA, qui ont validé ce concept. La résolution des défis techniques qui a rendu possible ces simulations, y compris l'utilisation de la technique du raffinement de maillage*, a permis à l'équipe du CEA-LIDYL et à ses partenaires d'être lauréats du prix Gordon Bell* pour le calcul haute performance en 2022.

Le code WarpX aujourd'hui est utilisé par une communauté en plein essor, tant dans le secteur académique que dans le secteur privé, qui s'intéresse à une grande variété de sujets de recherche allant des accélérateurs plasma pour la physique des hautes énergies et de la radiothérapie à l'astrophysique. Les simulations Particle-In-Cell sur superordinateur seront un atout essentiel pour adresser les défis scientifiques liés à ces thématiques.

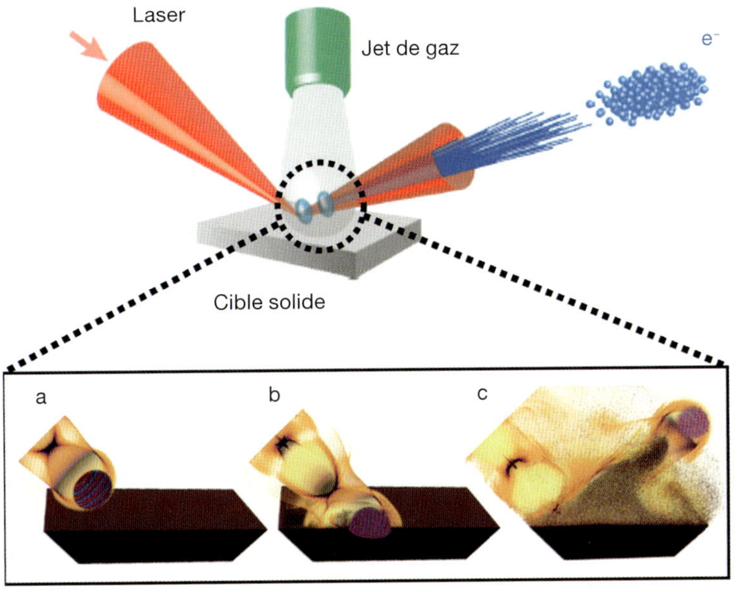

Fig. 3 – **Schéma du nouvel injecteur pour accélérateurs d'électrons pilotés par laser, consistant en une cible solide couplée à un jet de gaz, et images d'une simulation 3D réalisée avec le code WarpX, avant (a), pendant (b) et après (c) l'interaction du laser avec le solide.** La densité d'électrons du gaz est montrée en orange, le champ du laser en bleu et rouge, la cible solide et les électrons qui en sont extraits en brun, L. FEDELI *et al.*, 2022

Références bibliographiques

- S. DOBOSZ DUFRENOY *et al.* – *De l'ultra-rapide à l'ultra-intense : de nouveaux champs d'études*, Photoniques, n° 118, 2023.
- *Le numérique de puissance*, revue en ligne "Clefs" du CEA, n° 73, 2021.

- Septième partie -

Impact du calcul sur les avancées scientifiques

Page précédente :

Vue d'un trou noir, générée par l'intelligence artificielle. © Freepik ■

Introduction

Christian Jutten

Les progrès technologiques fulgurants en microélectronique ont conduit à la fabrication de circuits intégrés de plus en plus denses. Le premier microprocesseur, l'Intel 4004, apparaît en 1971. Il possède 2400 transistors, calcule sur 4 bits, avec une fréquence d'horloge de 100 kHz. En 1979, le 68000 de Motorola est constitué d'un microprocesseur de 16 bits, qui comporte 68000 transistors avec une horloge à 2 MHz. Grâce à la diminution de la taille du transistor, en 2023, les processeurs les plus performants comportent quelques centaines de milliards de transistors, ils calculent sur 64 bits avec une fréquence d'horloge de l'ordre de 5 GHz ! Ainsi, les processeurs de calcul sont devenus de plus en plus puissants et de plus en plus efficaces d'un point de vue énergétique.

De même, les capacités des mémoires vives dans les ordinateurs, qui étaient dans les années 1980 de quelques centaines de kilooctets, sont aujourd'hui de plusieurs dizaines de gigaoctets sur les ordinateurs portables et les smartphones, et atteignent plusieurs téraoctets sur les supercalculateurs.

Les capacités des disques durs, essentiels pour le stockage des données, ont suivi une évolution similaire. Dans les années 1980, leur capacité était de l'ordre de la dizaine de mégaoctets pour un ordinateur de bureau. Aujourd'hui les petits disques durs externes bon marché ont des capacités de plusieurs téraoctets. Et pour les supercalculateurs, les capacités sont de l'ordre du pétaoctet !

En parallèle à ces progrès technologiques, il ne faut pas oublier les avancées considérables des architectures des ordinateurs, le parallélisme, puis l'utilisation des GPU* (*Graphic Processing Units*) et la banalisation des processeurs multicœurs, c'est-à-dire avec plusieurs unités de traitement dans le même circuit. Enfin, les langages de programmation et les méthodes d'ingénierie logicielle ont connu des évolutions extraordinaires, depuis les langages assembleurs proches du circuit aux premiers langages évolués tels que Fortran pour le calcul scientifique, puis d'autres, plus universels comme C, C++, Java ou Python, ou plus spécialisés comme LISP, Prolog et SQL. Des centaines de langages existent aujourd'hui, guidés par un double objectif : donner accès à la puissance de calcul en introduisant de nouveaux concepts de programmation ; et faciliter le développement et la mise au point de logiciels.

Ces avancées extraordinaires ont permis d'aborder des questions scientifiques complexes, qu'il était auparavant impossible de traiter en raison du temps de calcul prohibitif, du nombre immense de variables mises en jeu, des résolutions spatiales ou temporelles extrêmement fines, de quantités très importantes de données à stocker et à traiter, etc. De telles questions interviennent dans tous les domaines scientifiques : en physique, en chimie, en astronomie, en géologie ou en biologie. Ainsi, l'usage de superordinateurs permet d'affiner, voire de révolutionner, nos connaissances scientifiques dans des domaines très variés.

Le premier article explique comment le calcul sur des graphes gigantesques permet de comprendre la dynamique moléculaire. Le deuxième montre comment le calcul intensif a révolutionné l'imagerie du sous-sol de notre terre. Le troisième article détaille comment la génomique profite de la puissance des calculateurs actuels. Les quatrième et cinquième textes montrent comment la mise en œuvre d'une grille de calculateurs ou de supercalculateurs permet des avancées en physique des particules, comme la découverte du boson de Higgs ou la remise en cause du modèle standard de la physique des particules. Le dernier article explique comment la cryptographie exploite la puissance de calcul pour sécuriser les systèmes informatiques rendus fragiles par la disponibilité d'ordinateurs puissants à la portée de tous.

1. Mieux comprendre la dynamique moléculaire grâce à l'algorithmique de graphes

Dominique Barth et Marie-Pierre Gaigeot

La chimie computationnelle, très en vogue aujourd'hui, utilise les lois de la physique et de la chimie théorique en les couplant à des programmes informatiques, afin de calculer les structures et les propriétés des molécules dans les différents états de la matière. Elle utilise également des outils supplémentaires pour affiner ses modèles, tels que la recherche opérationnelle* (RO), qui utilise des algorithmes pour construire des solutions sur des problèmes bien formulés, ou encore l'intelligence artificielle (IA) qui utilise l'apprentissage pour prédire de nouveaux états ou événements. Nombre d'équipes de recherche en chimie théorique et computationnelle doivent donc développer des méthodes théoriques nouvelles qui incluent RO et IA, et qui vont bien au-delà de l'utilisation simple de méthodes numériques classiques. En particulier, la communauté de chimie bio-analytique a un besoin crucial de nouvelles méthodes théoriques afin d'analyser les spectres vibrationnels* des molécules (sorte de carte d'identité des molécules) à traduire en structures tridimensionnelles. À l'heure actuelle, cette traduction 3D ne peut être réalisée que par des méthodes théoriques lourdes en temps de calculs, donnant une réponse comptée en nombre de jours, voire de semaines de calculs, ce qui ne répond pas aux besoins des laboratoires qui recherchent du haut débit (quelques minutes ou quelques heures au plus).

Modéliser les interactions moléculaires

La représentation des interactions moléculaires en « graphe* » n'est pas nouvelle, elle date même du XIXe siècle, comme le montrent les premiers travaux du mathématicien anglais James Joseph Sylvester (1814-1897), père du terme « matrice ». Un graphe moléculaire encode les propriétés topologiques de la matière. Les sommets du graphe représentent les atomes, tandis que les arêtes figurent les interactions entre ces derniers (liaisons covalentes* et interactions intermoléculaires).

Aujourd'hui, la recherche en algorithmique des graphes est une piste prometteuse pour l'analyse des simulations moléculaires. Dès les années 1970, des algorithmes utilisant la modélisation de structures moléculaires par des graphes ont été proposés et analysés, notamment pour la modélisation des structures sous forme d'interactions de cycles moléculaires. Pour résoudre ces problèmes difficiles, il a fallu développer des méthodes

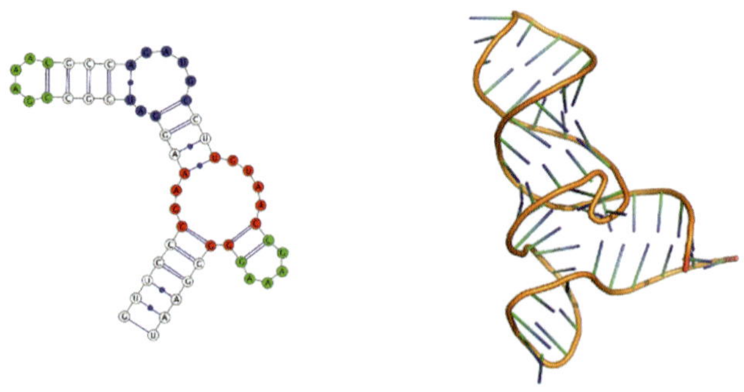

Structure 2D	Structure 3D

Fig. 1 – Exemple de la structure 2D et de la structure 3D d'un fragment d'une molécule d'ARN ■

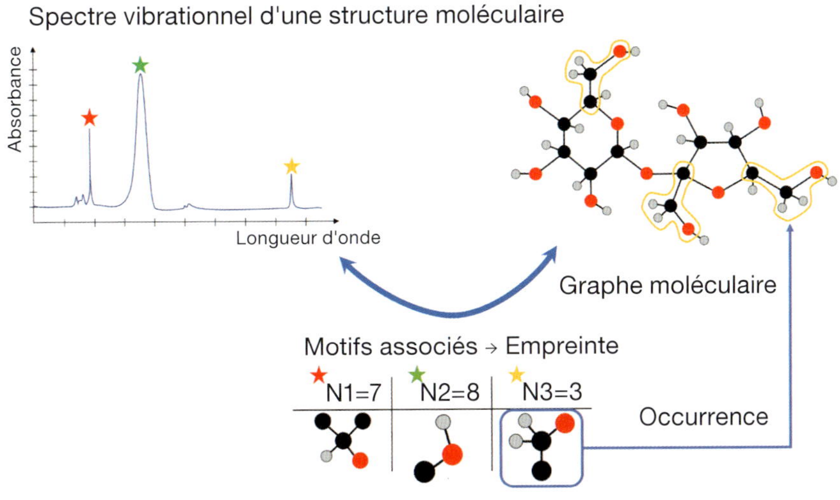

Fig. 2 – **Illustration de l'utilisation de graphes moléculaires en lien avec la spectroscopie vibrationnelle.** Un spectre peut être traduit en un graphe moléculaire et vice versa, le graphe moléculaire est recouvert par des motifs qui correspondent à des pics de vibration bien identifiés. Par exemple, le pic jaune et sa valeur impliquent ici la présence dans le graphe moléculaire d'exactement 3 occurrences du motif 3. Une de ces occurrences est entourée en bleu dans le graphe moléculaire ■

d'optimisation, soit en ne considérant que la topologie de ces graphes moléculaires (approches 2D), soit en les enrichissant d'informations sur la position spatiale des atomes (approche 3D), comme illustré dans la figure 1. Obtenir ou prédire la structure des graphes moléculaires ne nécessite pas d'obtenir les formes 3D des molécules ni leur évolution. Ces graphes moléculaires portent déjà des informations sur la structure, les propriétés fonctionnelles et même la forme 3D des molécules qu'ils modélisent. Ces propriétés incluent la classification de molécules similaires en fonction de leur topologie, la prédiction de modèles dans les molécules biologiques, la prédiction de la structure 3D de petites molécules, etc. Les graphes moléculaires sont également couramment utilisés dans des algorithmes d'apprentissage automatique supervisé*. Un modèle basé sur des graphes pour les molécules est en effet naturellement adapté pour effectuer des prédictions dans des schémas de réseaux de neurones* à transmission de messages.

En bio-informatique et en chemo-informatique, un enjeu majeur est donc de concevoir des algorithmes capables d'obtenir des propriétés moléculaires à partir de graphes d'entrée et de suivre l'évolution de ces propriétés dans le temps. Cela peut être fait par des approches de RO ou d'IA, avec chaque graphe comme une entrée, ou par des approches d'apprentissage automatique, en considérant tous les atomes ou sous-graphes de tout graphe moléculaire cible comme des agents interconnectés. La définition et la validation théorique et expérimentale de tels algorithmes donnent fréquemment lieu à de nouveaux défis de recherche.

Le premier exemple mis en avant ici consiste soit à prédire un spectre vibrationnel étant donné un graphe moléculaire, soit l'inverse (figure 2). Le spectre vibrationnel d'une molécule est son « empreinte génétique », constitué d'un ensemble de pics dits « d'absorbance » pour différentes longueurs d'onde (ou fréquences), qui sont les signatures des liaisons covalentes et des interactions spécifiques au sein de la structure tri-dimensionnelle adoptée par la molécule. Chaque pic est associé à un sous-graphe particulier (dit « motif ») du graphe moléculaire associé. Ce graphe est alors vu comme un ensemble de motifs le recouvrant, avec un nombre d'occurrences de chaque type de motifs dépendant des pics. Cette hypothèse, et donc la correspondance entre pics et motifs, est vérifiée par l'utilisation de techniques d'apprentissage supervisé sur un grand nombre de données expérimentales associant chacune un spectre, une couverture et un graphe moléculaire pour différents types de molécules cibles, notamment liées aux biomolécules et aux matériaux. Un premier objectif est alors, étant donné un graphe moléculaire auquel on associe des informations sur le nombre d'occurrences de motifs appris, de prédire le spectre vibrationnel associé. Ce spectre permet ainsi de déterminer la composition chimique de la molécule étudiée, les liens et interactions entre atomes, et donc la structure 3D adoptée par cette molécule.

Cette structure détermine ultimement la fonction de cette molécule, c'est-à-dire son rôle chimique et/ou biologique. L'utilisation de réseaux de neurones dédiés à la résolution de problèmes de graphes fournis en entrée et représenté par une décomposition en sous-graphes (dits « *Graph Neural Networks* » ou GNN) a déjà montré son efficacité pour réaliser ce type de prédiction. L'un des enjeux actuels est de réaliser la prédiction inverse : prédire un graphe moléculaire étant donné un spectre et des occurrences de motifs. Les premières méthodes envisagées tendent à combiner cette fois des approches d'optimisation combinatoire, pour déterminer des premiers graphes candidats « à gros grain » (par exemple représentant les cycles de petites tailles du graphe et leurs interactions sans donner le détail des atomes), et des approches utilisant des réseaux de neurones de type « *Variational graph autoencoder* (VGAE) », sorte de GNN inversé. Ce type d'approches est aussi considéré pour résoudre des problèmes d'« *inverse design* » en sciences des matériaux, c'est-à-dire pour concevoir de nouveaux matériaux à partir de propriétés souhaitées, mais en évitant l'inversion mathématique d'équations différentielles grâce à de tels GNN.

Ces défis de prédiction nécessitent l'utilisation d'architectures de calculs permettant de traiter de grandes bases de données (plusieurs dizaines de milliers d'entrées), et d'exécuter des algorithmes de RO et/ou d'IA très gourmands en temps de calcul. Dans ce contexte, l'utilisation de GPU* (unité de traitement graphique), efficaces pour exécuter des approches d'IA, s'est avérée être un facteur déterminant pour l'exécution de ces méthodes par la communauté des chemo-informaticiens.

Analyser les trajectoires des dynamiques moléculaires

De telles approches d'algorithmique de graphes sont un atout pour un autre exemple en chimie théorique : l'analyse de trajectoire de dynamiques moléculaires*. La dernière décennie a, en effet, vu plusieurs développements de la théorie algorithmique des graphes pour l'analyse de divers types de simulations de dynamique moléculaire (DM), comme l'analyse conformationnelle des molécules (étude des différentes conformations). La DM permet de simuler l'évolution temporelle d'un système moléculaire et ces simulations sont devenues une méthode essentielle en chimie théorique et computationnelle pour caractériser les structures, la dynamique, la thermodynamique, les réactions chimiques, les spectroscopies de la matière au niveau de représentation atomique et subatomique. Les simulations de DM sont couramment employées dans les domaines de la physique, chimie, biologie/biophysique, matériaux, car elles aident à mieux comprendre les propriétés de la matière à l'échelle microscopique, d'extraire des observables macroscopiques, pour mieux comprendre les données expérimentales mesurées et les interpréter de façon précise. Ces simulations peuvent aussi remplacer les expériences lorsque celles-ci sont difficilement praticables, par exemple à cause de conditions thermodynamiques difficiles. Si les simulations de DM sont couramment employées pour interpréter des expériences, leur emploi est aussi devenu prédictif dans le domaine du « design de matériaux » permettant, par exemple, de réaliser un « screening » de matériaux pertinents pour des propriétés désirées, afin de conduire une expérimentation et une recherche finalisée uniquement dirigée sur ces matériaux. Là encore, l'utilisation d'algorithmes traitant de graphes moléculaires permet d'extraire l'évolution au cours du temps des structures moléculaires le long de trajectoires de dynamique moléculaire. Ces graphes permettent aussi bien l'analyse structurale de molécules isolées que de la matière condensée (liquides, solides, interfaces solides-liquides). Un graphe de transition permet de suivre la dynamique conformationnelle, donc d'identifier les conformations moléculaires explorées au cours du temps, leurs séquences d'apparition, leurs temps de vie, et les transformations structurales d'une conformation à une autre.

La figure 3 illustre l'exemple de l'utilisation d'algorithmes de graphes pour identifier le réseau collectif de liaisons hydrogènes formé par les molécules d'eau à l'interface directe avec des matériaux solides hydrophobes comme l'air, le graphène et le boron nitrate (BN). Un réseau collectif de liaisons hydrogènes entre les molécules d'eau de l'interface est présenté pour chaque système. Une analyse statistique de l'ensemble des réseaux identifiés au cours du temps est mise en œuvre en résolvant des problèmes d'isomorphisme de graphes (c'est-à-dire décider si deux graphes ont ou non la même topologie) pour chaque système moléculaire. Cette analyse donne la répartition en taille des cycles de liaisons hydro-gènes formés par l'eau au sein du réseau collectif. Elle permet de comprendre l'organisation structurale adoptée par l'eau. Par exemple, pour le matériau solide de boron nitrate, la structure de la surface est bâtie sur des cycles pentagonaux formés par les atomes B et N, juxtaposés les uns à côté des autres, ce qui « impose » la formation de cycles entre molécules d'eau à l'interface également bâtis sur 5 liaisons hydrogène avec une flexibilité structurale sur 4 et 6 liaisons hydrogènes possibles, comme le montrent les graphes. Cette structure particulière de l'eau impacte les réactions chimiques qui ont lieu au contact des solides, avec des conséquences par exemple sur l'efficacité électrochimique de fractionnement de l'eau (pour l'OER – *Oxygen Evolution Reaction* et l'HER – *Hydrogen Evolution Reaction*) aux électrodes de matériaux.

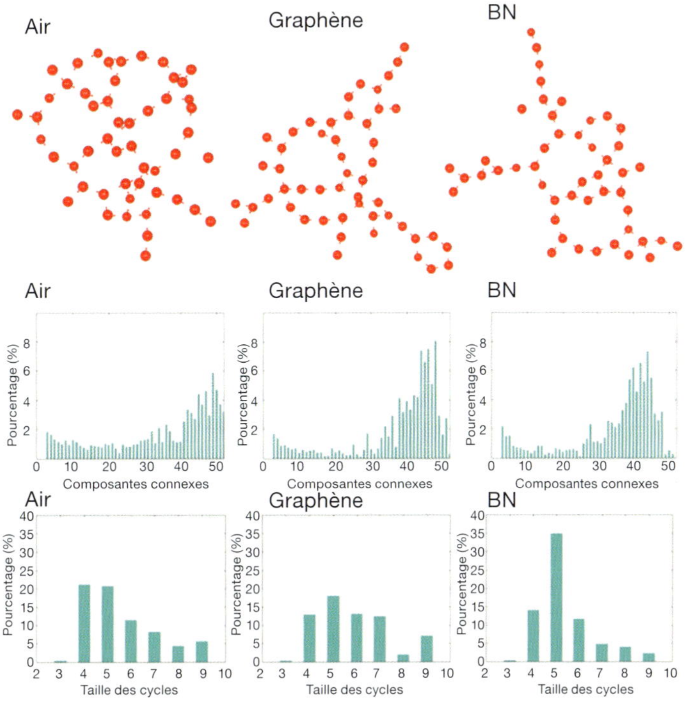

Fig. 3 – Haut: Illustration d'un graphe moléculaire pour un instant donné extrait de la trajectoire de dynamique (DM) de l'interface aqueuse de l'air (à gauche), du solide de graphène (au centre) et du solide de Boron-Nitrate (à droite). Ce graphe représente uniquement l'eau au contact du milieu hydrophobe (air ou solide). Un sommet rouge du graphe représente l'atome d'oxygène d'une molécule d'eau H_2O, une arête/un lien relie deux sommets lorsque deux H_2O voisines sont en interaction entre elles par liaison hydrogène. L'arête est orientée par une flèche qui donne la direction de la liaison hydrogène de l'atome donneur (H) vers l'atome accepteur (O) de la liaison. Le graphe montre ainsi l'organisation collective très étendue du réseau de liaisons hydrogène entre H_2O à l'interface avec l'air/le solide. **Milieu et Bas: analyses statistiques de l'ensemble des graphes non isomorphes extraits de la trajectoire en termes de composantes connexes (milieu) et de tailles des cycles (bas) formés par les molécules d'eau en liaisons hydrogènes.** Ces analyses montrent que l'eau à l'interface est organisée comme un réseau collectif de liaisons hydrogène rassemblant l'ensemble des molécules de l'interface et que des motifs de cycles sont formés par les molécules d'eau basés sur 4 à 6 liaisons hydrogène. Ces propriétés sont communes à l'eau à l'interface avec les trois milieux hydrophobes choisis ici ■

Conclusion

Ainsi, la définition et la résolution de problèmes de graphes par des approches combinant recherche opérationnelle et apprentissage automatique, sur des bases de données moléculaires de taille importante, devrait permettre de relever le défi de fournir à la chimie computationnelle un ensemble de méthodes numériques apportant des réponses spécifiques à plus ou moins gros grain, dans des temps de réponse raisonnable et sur des sujets aujourd'hui aussi cruciaux que les nouveaux matériaux ou la connaissance du vivant. Ce défi sera relevé par la performance des algorithmes implémentés, leur complexité et l'efficacité des architectures de calculs qui les exécutent. En effet, les algorithmes proposés manipulent principalement des objets combinatoires (contexte « discret ») et ne servent pas à résoudre des systèmes d'équations complexes (contexte « continu »), car cela serait trop gourmand en temps de calcul. Les résultats obtenus dans le contexte discret peuvent cependant permettre de réduire le post-traitement dans le contexte continu, si celui-ci reste nécessaire.

Références bibliographiques

• A. ZAMORA – *An Algorithm for Finding the Smallest Set of Smallest Rings*, J. Chem. Inf. Comput. Sci. 1976.

• S. BOUGUEROUA, R. SPEZIA, S. PEZZOTTI, S. VIAL, F. QUESSETTE, D. BARTH, M-P. GAIGEOT – *Graph Theory for Automatic Structural Recognition in Molecular Dynamics Simulations*, J. Chem. Phys., 2018.

• P. REISER, M. NEUBERT, A. EBERHARD *et al.* – *Graph Neural Networks for Materials Science and Chemistry*, Commun Mater 3, 2022.

2. Comment la technologie du calcul a révolutionné l'imagerie du sous-sol

Ludovic Métivier, Yann Capdeville et Romain Brossier

L'humanité est capable d'envoyer des missions d'exploration sur Mars, de faire atterrir des sondes spatiales sur des comètes, de scruter l'espace à l'aide de télescopes en orbite... mais notre connaissance de la structure interne de la Terre reste insuffisante. Les enjeux sont pourtant considérables pour notre compréhension de l'univers, des mécanismes de formation des planètes, et de la dynamique globale de la Terre, mais également pour la viabilité de la transition énergétique en cours, qui demande une connaissance détaillée des premiers kilomètres de la croûte terrestre. Or, nous en savons encore très peu, malgré les connaissances acquises après plus d'un siècle et demi d'exploitation des ressources naturelles « conventionnelles » de la Terre. Connaître précisément la forme et les propriétés physiques des roches de cette partie de la croûte terrestre est nécessaire pour la massification du stockage de gaz*, la gestion des ressources en eau, la géothermie, et l'extraction des ressources minérales nécessaires à la construction des infrastructures de transition énergétique (éoliennes, photovoltaïques) et de stockage énergétique (batteries). Les premiers kilomètres de la Terre sont accessibles de façon directe via des forages. Ceux-ci sont coûteux et localisés. Pour accéder à de plus grandes profondeurs et avoir une vision « spatiale » des structures, il faut se baser sur des méthodes comparables à l'échographie médicale, à grande échelle. Comme les médecins, les géophysiciens écoutent les échos émis lors de la propagation des ondes dans le sol. En interprétant ces échos, ils peuvent en déduire la structure de la Terre.

Les progrès dans les domaines des technologies de calcul et d'acquisition permettent aujourd'hui de réaliser un saut qualitatif colossal dans la mise en œuvre de ces échographies, en particulier depuis une dizaine d'années.

Écouter, archiver, restituer

Commençons par l'acquisition. Un capteur sismique (l'oreille sur le sol) enregistre les variations de déplacement du sol dans les trois dimensions de l'espace, en surface ou sur le fond marin.

En sismologie*, pour reconstruire les structures profondes (noyau, manteau, croûte profonde), les scientifiques écoutent les échos générés à la suite de tremblements de terre. Comme ils ne savent pas prédire leur occurrence, ils utilisent des stations permanentes qui enregistrent les vibrations en continu. En sismique*, pour caractériser la croûte terrestre dans une région d'intérêt, les sismologues réalisent des campagnes d'acquisition. Les sources à l'origine des vibrations du sous-sol sont alors artificielles : canons à air, explosifs, ou vibrateurs. Ces méthodes sont dites « actives », car une source sismique (contrôlée ou non contrôlée) est à l'origine du signal. Une autre méthode dite « passive » consiste à utiliser le bruit sismique* ambiant pour reconstruire, par le biais du calcul, des signaux « virtuels » tels que ceux obtenus pour une acquisition active avec des sources contrôlées aux positions de chaque capteur. Ces méthodes sont complémentaires, et sont utilisées en fonction du choix de la cible et des moyens à disposition.

Dans la dernière décennie, notre manière d'écouter les ondes a été révolutionnée par l'avènement des réseaux denses. Grâce au développement des capteurs sans fils et autonomes en énergie (sur batterie), des nappes sont déployées pour écouter les ondes sismiques globalement, sur toute la zone où le réseau est déployé. Auparavant, les capteurs devaient tous être alimentés et reliés par câble à un ordinateur centralisant le relevé. Le déploiement massif de capteurs autonomes s'est généralisé pour la sismologie, comme pour la sismique (figure 1).

Le déploiement de ces acquisitions denses est couplé au développement d'infrastructures de stockage informatique suffisamment grandes pour accueillir de manière pérenne l'information enregistrée. Combinées à des infrastructures réseaux interconnectées, ces bases de données sont accessibles à distance de manière publique. Le consortium international IRIS, qui met en commun les données collectées par les réseaux sismologiques nationaux, indiquait ainsi en 2020 mettre à disposition plus de 700 téraoctets (To) de données, ajoutant que la somme des requêtes annuelles représente 1 000 To (1 pétaoctet) de données échangées, soit 1 million de gigaoctets (Go). Un film en qualité normale représente 1 à 2 Go. Les sismologues téléchargent et utilisent ainsi l'équivalent de cinq cent mille à un million de films par an pour les recherches en sismologie. En sismique, la moindre campagne d'acquisition représente de son côté au moins quelques dizaines de To. En cumulant toutes les données collectées par l'industrie ces dix dernières années, le total atteindrait probablement plusieurs centaines de pétaoctets.

Ces volumes sont considérables, et la tendance actuelle est à l'inflation. Notamment, l'utilisation de fibres optiques* (systèmes de mesures acoustiques distribuées*) comme capteurs sismiques permet de densifier encore plus les réseaux. Une fibre correspond à une ligne de capteurs sismiques espacés de quelques mètres seulement. Pour faire face à cet afflux de données sans précédent, la gestion devient essentielle. Les infrastructures de stockage se développent moins vite que les moyens d'acquisition et elles représentent un coût énergétique non négligeable. Parmi les solutions envisagées, la compression des données permet de réduire le volume à stocker. Ceci demande en retour du temps de calcul pour la compression/décompression et se fait au prix d'une perte de qualité. D'autres solutions sont donc encore à concevoir.

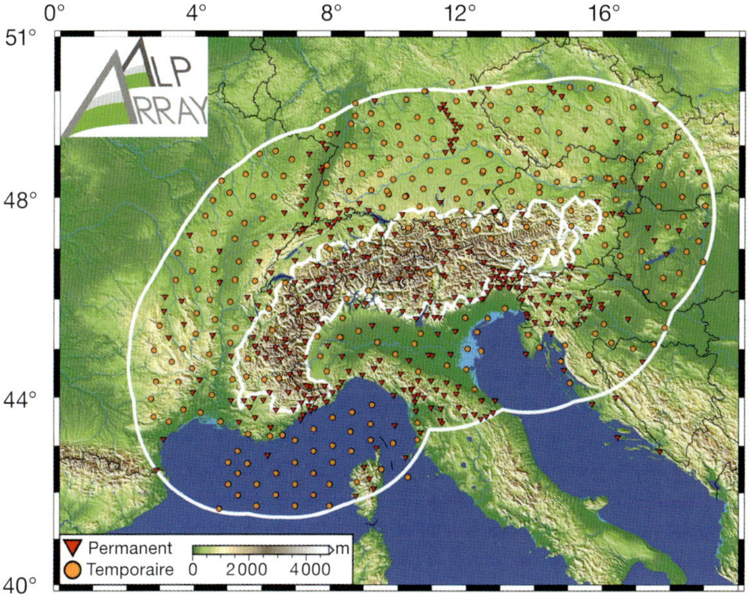

Fig. 1 – Le réseau Alparray combine des stations sismiques permanentes et temporaires pour l'imagerie des structures formant les Alpes. Il agrège un réseau de capteurs permanents, en triangles rouges, et un réseau de capteurs déployé entre 2015 et 2019, en ronds orange. Parmi ces capteurs temporaires, des stations sous-marines sont utilisées en mer de Ligure. Au total, près de 600 capteurs sont déployés, avec une distance moyenne inter-capteurs de 50 km, pour une zone couvrant 1 420 km dans sa plus grande distance et 730 km dans sa plus petite ■

Le partage du travail

Une fois les données sismiques acquises, il faut les interpréter. Dans notre cas, cela veut dire les convertir en cartes 3D des propriétés mécaniques du sous-sol* : il s'agit de résoudre un problème inverse*. Cela demande le calcul répété de milliers de champs d'ondes sismiques 3D, en approchant, par ordinateur, la solution d'équations aux dérivées partielles*, qui traduisent en langage mathématique le phénomène de propagation des ondes. Le niveau de détail (la résolution, ou le nombre de pixels) des cartes 3D dépend du contenu fréquentiel des champs d'ondes. Plus il est haut, meilleure est la résolution. Mais plus la fréquence est haute, plus le coût de calcul, c'est-à-dire le nombre d'opérations arithmétiques à exécuter, est important. Ainsi, le nombre de pixels dépend de la fréquence au cube, tandis que le nombre d'opérations à effectuer dépend de la

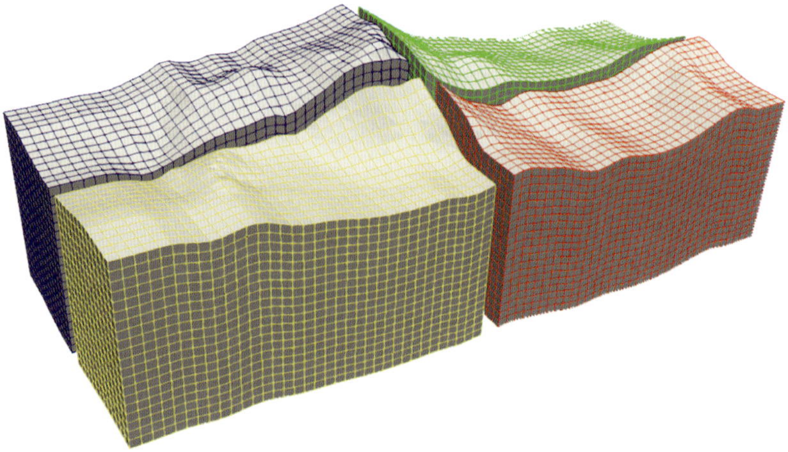

Fig. 2 – **Décomposition en 4 sous-domaines.** Chaque sous-domaine est pris en charge par un processeur qui va calculer la solution du champ d'onde uniquement sur les pixels de son sous-domaine ■

fréquence à la puissance 4. Ainsi, multiplier par 2 la fréquence multiplie par 8 le nombre de pixels et par 16 le coût de calcul ! En augmentant le nombre d'opérations arithmétiques qu'un calculateur est capable d'effectuer à la seconde (flops), on est en mesure d'améliorer la résolution des cartes 3D du sous-sol. Jusque dans les années 2000, l'augmentation du nombre de flops venait de l'augmentation de la fréquence d'horloge, qui cadence les opérations des processeurs. Quand cette fréquence a plafonné, les informaticiens ont utilisé simultanément plusieurs unités de calcul (processeurs), actant la naissance du calcul parallèle (cf. p. 112). Il a alors fallu adapter les algorithmes. Mais comment faire pour l'imagerie ?

Au lieu de considérer le domaine 3D complet, les sismologues le découpent en un ensemble de sous-domaines plus petits, chacun confié à un processeur qui calcule le champ d'onde sur son domaine (figure 2). L'accélération vient de la taille réduite du sous-domaine : il y a moins de pixels à calculer par processeur. Le processeur doit quand même savoir ce qu'ont calculé les voisins dans une zone proche de la frontière. La parallélisation est efficace dès lors que le gain de temps obtenu par la réduction des domaines compense le temps passé à ces échanges. Les calculateurs sont donc équipés de réseaux de communication inter-processeurs très performants.

À titre d'exemple, des cartes 3D d'un volume de 4,5 km × 9 km × 16 km sont calculées à partir de données enregistrées par un réseau dense de plus de 2 000 capteurs placés sur le fond de mer pour 50 000 positions de sources contrôlées. La résolution est de l'ordre de 50 m, ce qui représente environ 125 millions de pixels (figure 3). Sur le calculateur Adastra mis en place en 2023 au Centre informatique national de l'enseignement supérieur (CINES) le domaine entier est partagé en 384 sous-domaines qui contiennent chacun 630 000 pixels. 128 champs d'ondes doivent être calculés à chaque étape en parallèle, ce qui correspond au travail partagé de 49 152 processeurs. L'ensemble de ces cartes 3D est obtenu au bout de 9 heures de calcul. En 2019, des cartes équivalentes étaient calculées avec une résolution quatre fois plus faible de 200 m (64 fois moins de pixels), sur la machine Bluegene de l'Institut du développement et des ressources en informatique scientifique (Idris). Il fallait alors 28 heures de calcul avec 1 024 processeurs pour les obtenir. Les avancées technologiques de l'informatique permettent donc d'augmenter de manière continue notre connaissance fine des structures souterraines.

Et après ?

En plus de l'amélioration de la résolution des cartes 3D, l'intégration d'une physique de propagation d'onde plus réaliste est en développement. Si, en sismologie, la nature élastique du sous-sol est déjà prise en compte, les reconstructions de la croûte superficielle reposent pour la plupart sur une approximation acoustique (comme en échographie médicale). Cela permet d'établir des cartes 3D précises, mais prendre en compte la nature élastique, atténuante, anisotrope*, parfois poreuse, du sous-sol, permettrait des reconstructions plus riches, donnant notamment des indica-

Fig. 3 – **Exemple de carte 3D représentant la vitesse des ondes acoustiques dans une zone de la mer du Nord, reconstruite à partir de données denses et d'un algorithme d'imagerie.** L'échelle de couleurs à droite donne des indications sur les valeurs de vitesse : en rouge, des zones à haute vitesse ; en bleu, des zones à faible vitesse. Le modèle 3D a été coupé pour laisser apparaître au milieu une « anomalie » à basse vitesse vraisemblablement indicatrice de la présence d'un nuage de gaz piégé dans les sédiments. Au centre de l'image, on peut voir comment ce nuage de gaz est connecté avec la partie visible en haut (coupée à 1 km de profondeur) par un réseau de cheminées. Cette interprétation n'est possible que grâce à la bonne résolution de cette carte 3D ■

tions sur la présence de fluides et leur type. Les données collectées par nos réseaux denses contiennent l'information nécessaire. Le principal obstacle est la puissance de calcul : le passage acoustique-élastique demande environ 100 fois plus d'opérations.

Le futur de l'imagerie dépend donc à nouveau des évolutions des calculateurs et du développement d'algorithmes pouvant les exploiter. C'est le calcul « exascale » (cf. p. 80). Les États-Unis ont été les premiers à construire une machine exaflopique (atteignant 10^{18} flops !) : le calculateur Frontier, qui assemble 8 millions de processeurs. Pour ces machines, il faut des algorithmes non seulement parallèles, mais aussi résilients. Sur un tel nombre de processeurs, il peut y avoir plusieurs pannes isolées par heure. Pour être résilient, une organisation souple des tâches est requise, avec le maximum d'indépendance. En cas de panne, il faut être capable de relancer la partie du calcul affectée. Cela permet aussi une utilisation dynamique de ressources hétérogènes, comme les cartes graphiques ou les processeurs ARM, ou RISC-V dans le futur, dont certains sont déjà intégrés aux machines existantes pour leur moindre consommation électrique.

Comme pour l'acquisition, la consommation des calculateurs devient effectivement une problématique en soi, qui pousse à développer de nouveaux calculateurs sobres en consommation d'énergie. Cela interroge également les chercheurs sur leur propre pratique : la puissance de calcul est un outil précieux, mais gourmand en ressources, et qui doit donc être utilisé avec discernement.

Références bibliographiques

• K. TOSCAS – *Un algorithme d'exploration de données révèle une nouvelle structure profonde sous les îles marquises*, La Recherche, 2020.

• C. LARROQUE et J. VIRIEUX – *Physique de la Terre solide, Observations et théories*, CNRS INSU, 2001.

• J. DUBOIS, M. DIAMENT, J.-P. COGNÉ et A. MOCQUET – *Géophysique*, 5e édition, Dunod, 2022.

• B. ROMANOWICZ – *Physique de l'intérieur de la Terre*, Leçon inaugurale, Collège de France, 2011.

3. Génomique à grande échelle pour décoder les virus

Rayan Chikhi et Olivier Gascuel

Par analogie avec le domaine informatique, l'ADN* est souvent décrit comme le programme informatique des organismes vivants. Mais il emprunte également à l'architecture le champ lexical de la construction : l'ADN contient en effet les « plans du vivant », depuis le niveau moléculaire jusqu'à la différenciation cellulaire et aux organes complexes tels que le cerveau. Les gènes* sont des séquences d'ADN, ils sont traduits via le code génétique en protéines qui constituent les matériaux et la machinerie du vivant.

Par exemple, l'hémoglobine est une protéine présente dans de nombreuses espèces, qui assure le transport de l'oxygène et extrait le dioxyde de carbone des organes et des tissus. L'ADN de chaque individu (humain, animal, végétal...) est réuni dans son génome*, dont une copie (parfois plusieurs) est contenue dans chacune de ses cellules. Celles-ci contiennent donc une somme d'informations essentielles sur notre fonctionnement biologique et nos caractères innés*, hérités de notre ascendance. Il en va de même pour l'ensemble des êtres vivants dont les génomes sont le fruit d'un héritage parfois complexe et ancien issu de l'évolution.

Le code génétique

L'ADN est constitué de longues suites ou séquences de nucléotides*. Ces briques moléculaires de base sont au nombre de quatre : adénine, cytosine, guanine et thymine, ou plus simplement *a*, *c*, *g*, *t*. Le génome humain est ainsi constitué d'environ 3 milliards de caractères *a*, *c*, *g*, *t* organisés en séquences correspondant à nos chromosomes*, qui contiennent nos gènes. Il existe des génomes beaucoup plus longs, chez les plantes notamment. Les plus petits génomes sont ceux des virus : par exemple, le VIH contient environ 10 000 caractères et celui du SARS-CoV-2 (responsable de la Covid-19), environ 30 000. L'ADN est transcrit en ARN* qui contient également quatre caractères : *a*, *c*, *g* et *u* (adénine, cytosine, guanine et uracile).

La transcription* est une forme de négatif photographique où le *a* de l'ADN est associé au *u* de l'ARN, le *t* au *a*, le *g* au *c*, et le *c* au *g* (par exemple *acgt* est transcrit en *ugca*). Les ARN sont traduits *via* le code génétique* en protéines* qui sont des séquences d'acides aminés*, au nombre de 20 (A, C, D, E, F, G, H, I, L, M...). Le code génétique associe chaque triplet de caractères de l'ARN à un acide aminé. Par exemple, *aug* marque le début des gènes et est traduit en méthionine qui correspond au caractère M, tandis que *auu*, *auc* et *aut* sont tous les trois traduits en isoleucine (I). Le code génétique est redondant, mais non ambigu. Il est quasi-universel dans l'ensemble du vivant. Pour résumer, les gènes (ADN) sont transcrits en ARN, puis traduits en protéines qui sont des composantes essentielles du vivant, aux fonctions extrêmement diverses.

L'évolution

Au cours de la transmission des génomes des ascendants vers les descendants, l'ADN subit une évolution constante, qui peut consister en des mutations* ponctuelles où un caractère est changé en un autre (par exemple *a* devient *c*), où des changements à grande échelle comme la recombinaison entre les génomes maternels et paternels. Cette évolution est soumise à la sélection ; certains variants sont privilégiés, car ils sont mieux adaptés à des conditions environnementales changeantes (climat, ressources alimentaires, présence de pathogènes, etc.). L'observation de l'ADN d'espèces apparentées permet de reconstruire leur histoire (par exemple, le plus proche cousin de l'être humain est le chimpanzé, puis viennent le gorille, l'orang-outan, etc.) et de retracer leur évolution et leurs adaptations successives au cours du temps.

Du séquençage de l'ADN au décryptage du génome

En raison de ces propriétés biologiques essentielles, le séquençage (ou lecture) de l'ADN a constitué très tôt un objectif majeur en biologie et dans d'autres disciplines comme la médecine, l'écologie et l'anthropologie. Les technologies de séquençage ont considérablement progressé depuis les toutes premières séquences dans les années 1960. La « méthode Sanger » (du nom de son inventeur, prix Nobel de Chimie 1980) a été constamment améliorée, notamment par Craig Venter, et a permis le séquençage du premier génome humain, fin 2003, pour un coût d'environ 3 milliards de dollars. Est venu ensuite le projet « 1 000 génomes humains », puis le séquençage à haut débit, qui permet aujourd'hui de produire un génome humain de haute qualité pour environ 1 000 €.

Le séquençage produit de courtes séquences d'ADN : quelques centaines de caractères pour la méthode Sanger, jusqu'à 20 000 caractères pour des méthodes plus récentes. Ces segments d'ADN (ou « *reads* ») se recouvrent et doivent être assemblés pour retrouver la séquence entière constituant par exemple un chromosome humain. Ce processus d'assemblage, sorte de puzzle à très grande échelle, repose sur des algorithmes toujours plus sophistiqués. Les approches utilisées pour l'assemblage du premier génome humain en 2003 ont nécessité l'utilisation de ressources de calcul très importantes pour l'époque (deux semaines de calcul, 10 serveurs, 20 000 heures CPU). Aujourd'hui ces algorithmes ont beaucoup progressé et les données sont de meilleure qualité, si bien qu'il est possible d'assembler un génome humain sur un seul serveur en moins d'une journée.

Mais l'assemblage ne représente que la première étape en génomique. Une fois les séquences assemblées sous forme de gènes, de chromosomes ou de génomes complets, il faut les « décrypter ». Plusieurs milliers de logiciels de bioinformatique existent, qui permettent de réaliser des analyses très diverses, pour de très nombreuses communautés, allant de la biologie fondamentale à la médecine, en passant par l'industrie pharmaceutique, l'écologie ou l'agro-alimentaire.

L'épidémie de la Covid-19 a permis au grand public de découvrir plusieurs facettes de l'exploitation et du décryptage des génomes viraux, qui reste déterminant dans le suivi et la lutte contre la pandémie. Dès le mois de décembre 2019, alors que le nombre de cas était encore très faible en Chine, les chercheurs ont disposé des génomes d'une douzaine de souches dont l'analyse a montré qu'elles étaient très proches et toutes issues d'un passage unique de l'animal à l'humain au cours du second semestre 2019.

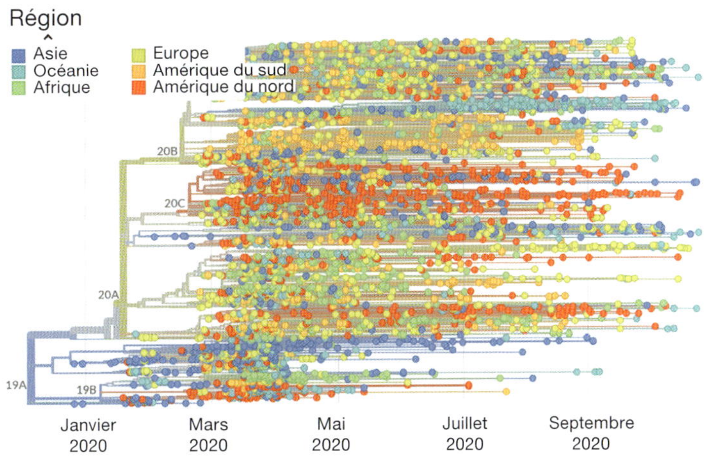

Fig. 1 – **Phylogénie (ou généalogie) des variants du SARS-COV-2 depuis l'origine de la pandémie fin 2019 jusqu'en novembre 2020.** Les résultats montrent l'origine asiatique du virus et sa rapide propagation à l'ensemble du globe. De telles phylogénies sont mises à jour régulièrement avec les millions de souches aujourd'hui disponibles, de manière à détecter aussi tôt que possible l'émergence et la diffusion de nouveaux variants particulièrement agressifs. © NextStrain ■

Les souches collectées et séquencées dans le monde entier ont ensuite permis de suivre la progression de la pandémie et l'évolution du virus (figure 1). Les nouveaux génomes sont ainsi comparés au jour le jour aux génomes antérieurs, pour détecter l'émergence de nouveaux variants et les suivre avec une attention particulière lorsqu'ils présentent un nombre important de mutations.

Les chercheurs ont ainsi découvert et suivi les variants alpha, delta, omicron, etc., bien avant qu'ils n'envahissent la planète. La modélisation moléculaire a permis

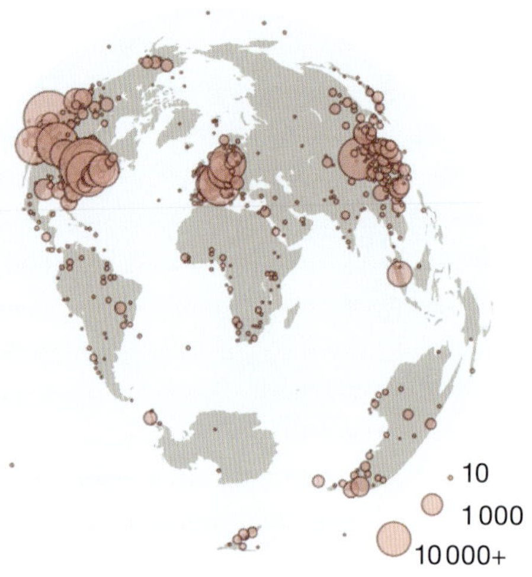

Fig. 2 – **Découverte de virus à travers le monde via le projet Serratus.** Chaque cercle indique le nombre de nouvelles espèces de virus à ARN découvertes par les données de séquençage produites à cet endroit du globe. Dérivée de Serratus ■

d'analyser ces mutations au niveau de la protéine Spike, et les vaccins à ARN, qui consistent à injecter des fragments du génome du virus, n'auraient pas été possibles sans ces analyses. Début 2020, les scientifiques disposaient de quelques centaines de génomes, sur lesquels ils pouvaient faire tourner des algorithmes standards.

Mais fin 2023, le nombre de génomes disponibles dépassait les 15 millions, ce qui était totalement hors de portée des algorithmes disponibles en 2020. Entre 50 000 et 100 000 nouveaux génomes sont séquencés chaque jour. Ils sont analysés en continu grâce à des développements algorithmiques considérables (compression des données, parallélisme massif, heuristiques et approximations, etc.), qui bénéficieront à bien d'autres études et champs disciplinaires.

Les moyens de calculs sont très importants et largement distribués. Ainsi, en 2022, à l'Université Santa Cruz en Californie, l'analyse journalière des nouveaux génomes dépassait les 24 heures de calcul (sur 28 machines à 16 CPUs). La quantité de calcul à effectuer chaque jour empiétait sur le jour suivant ! Heureusement, une profonde amélioration algorithmique a diminué ce temps de calcul qui est maintenant de 1 à 2 heures (sur 2 machines à 50 CPUs), et les résultats de ces analyses sont mis à disposition de la communauté internationale.

L'assemblage à grande échelle

Le problème de l'assemblage à grande échelle continue de se poser dans l'analyse des métagénomes*, pour lesquels les *reads* proviennent de nombreuses espèces, souvent inconnues. Ce type de données est de plus en plus fréquent, notamment dans les études environnementales, où sont prélevés des échantillons de terre et d'eau, pour lesquels il faut obtenir une liste des espèces représentées (micro-organismes, mais aussi insectes, poissons, plancton, algues, etc.). Le séquençage des ARN transcrits dans les cellules d'un tissu donné fournit des données analogues. Ces échantillons sont particulièrement intéressants, car ils contiennent non seulement l'ARN exprimé d'un organisme, mais aussi les génomes des virus à ARN qui le contaminent éventuellement. En particulier, la toute première séquence du génome de SARS-CoV-2 a été assemblée à partir d'un séquençage du métagénome ARN provenant du lavage pulmonaire d'un patient à Wuhan.

Sous la pression de la Covid-19, un groupe de chercheurs internationaux s'est réuni au sein du projet Serratus (du nom d'une montagne canadienne), en 2020, pour explorer l'ensemble des données publiques de séquençage ARN, dont le volume excède 10 millions de gigaoctets. Il s'agit de toutes les données produites par la communauté scientifique mondiale, de l'origine du séquençage jusqu'à 2020, comprenant des génomes humains, animaux et bactériens, et des métagénomes d'organismes et de nombreux environnements, comme des océans et des sols. L'objectif était d'extraire de ces données les génomes de nouveaux virus, déjà séquencés, mais dont la présence n'avait pas été détectée faute d'algorithmes et de moyens de calculs adéquats. Ce projet permit de mesurer toute l'importance et l'intérêt de ces approches à très grande échelle, aussi bien du côté des données que des moyens de calcul. Le projet Serratus a réalisé l'assemblage de l'ensemble des génomes de coronavirus présents dans les données de séquençage publiques, provenant d'échantillons prélevés aux quatre coins du globe (figure 2). La plupart des génomes assemblés se sont avérés être des coronavirus déjà répertoriés. Mais de manière sur-

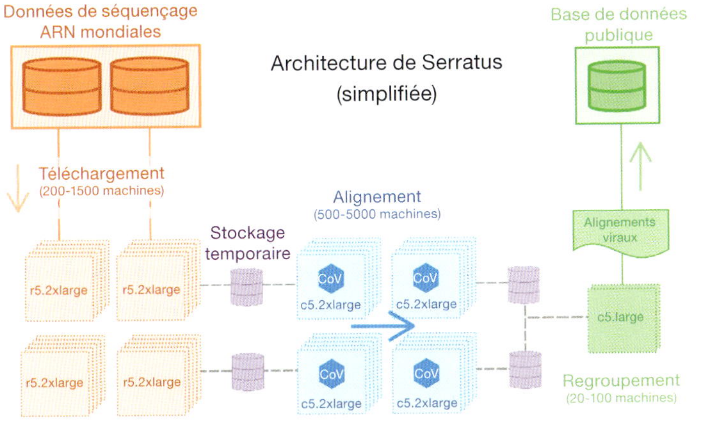

Fig. 3 – **Architecture de calcul haute performance de Serratus.** Des milliers de serveurs étaient sollicités en même temps pour télécharger toutes les données de séquençage d'ARN disponibles publiquement, puis un alignement de ces données était effectué pour isoler les séquences virales. Celles-ci ont ensuite été mises à disposition sur une base de données publique. Dérivée de Serratus ■

prenante, de nombreux coronavirus ont été détectés dans des échantillons provenant d'espèces aquatiques, alors que selon les manuels de biologie, les coronavirus n'infectent que les mammifères et les oiseaux. Il ne s'agissait pas d'une erreur, mais bien d'une découverte, plus particulièrement de neuf nouvelles espèces de coronavirus détectées chez le saumon du pacifique, le poisson fugu, l'axolotl, et d'autres vertébrés aquatiques. Pour réaliser ces calculs, Serratus a nécessité l'utilisation de dizaines de milliers d'ordinateurs qui ont simultanément analysé des millions d'échantillons de séquençage, une première mondiale à cette échelle (figure 3). Depuis, Serratus met à disposition de la communauté scientifique plusieurs milliers de gigaoctets de données permettant de découvrir de nouveaux virus ou de nouveaux hôtes de virus existants.

Serratus a permis la découverte de 130 000 nouvelles espèces de virus à ARN, alors que seulement 15 000 espèces étaient connues à ce jour. Ainsi, une analyse bioinformatique de quelques mois sur l'ensemble des données génomiques a découvert 10 fois plus de virus à ARN que les efforts combinés de la communauté scientifique pendant plus d'un siècle. Certes, cela a nécessité la puissance de calcul d'une dizaine de milliers d'ordinateurs contemporains, ce qui était encore inaccessible il y a quelques années, combinée à des avancées récentes des méthodes informatiques pour efficacement assembler et aligner les génomes. Les retombées de la base de données de Serratus dépassent largement le cadre des coronavirus.

Par exemple, une analyse plus poussée des virus recensés par Serratus dans des échantillons humains a permis de détecter la présence inattendue d'une charge virale élevée dans certaines cellules utilisées pour l'immunothérapie du cancer, une découverte majeure dans le domaine de la santé. D'autres mystérieux « mini-virus » ou viroïdes ont été découverts, dont les génomes comportent seulement 300 caractères. Ce sont les plus petits virus à ARN connus à ce jour, et ils infectent principalement des champignons. Ils sont néanmoins capables de se reproduire et l'hypothèse a été émise qu'ils représentent les vestiges des toutes premières formes de vie sur Terre.

Conclusion

La biologie, *via* la génomique, mais aussi d'autres sources majeures de données comme l'imagerie, est devenue une science à grande échelle, interdisciplinaire et impliquant de nombreux chercheurs. L'exploitation de ces données fait de plus en plus appel aux calculs massifs, comme nous l'avons illustré sur les génomes viraux. Bien d'autres exemples pourraient être cités, comme le cancer pour lequel les scientifiques disposent maintenant de génomes de cellules uniques prélevées dans les tissus cancéreux. Les grands projets internationaux sur l'inventaire génomique de la biodiversité terrestre seront certainement une source majeure de données dans les années à venir, avec nombre de questions algorithmiques et l'implication de ressources importantes de calcul.

Références bibliographiques

- C. ZIMMER – *Planète de virus*, Belin, 2016.
- P. BOURGEOIS et T. RODDEN ROBINSON – *La Génétique pour les Nuls*, Pour les Nuls, 2021.
- L. ORLANDO – *L'ADN fossile, une machine à remonter le temps*, Odile Jacob, 2021.

4. Une toile informatique mondiale pour capturer le boson de Higgs

Sabine Crépé-Renaudin

Explorer l'infiniment petit nécessite la construction de très grands instruments par des collaborations composées de milliers de scientifiques. Ces instruments ont besoin de ressources informatiques à la hauteur de leur taille et de leur complexité.

Une plongée dans l'infiniment petit

Notre monde, depuis les plus petites cellules qui nous constituent jusqu'aux galaxies, repose sur des briques fondamentales appelées « particules élémentaires » (figure 1). Au cours du XXe siècle, notre compréhension des constituants fondamentaux de l'univers s'est affinée jusqu'à l'élaboration d'un modèle abouti : le « modèle standard de la physique des particules* », qui décrit avec une excellente précision ces particules et leurs interactions*, à l'exception de la gravitation (cf. p. 190). Pour étudier ces particules, il faut sonder des distances plus de cent millions de fois plus petites que la taille des atomes et donc atteindre des énergies colossales. Les instruments utilisés sont des accélérateurs de particules circulaires, des synchrotrons*, qui permettent d'accélérer des faisceaux de particules à une vitesse s'approchant toujours plus de la vitesse de la lumière. Deux faisceaux circulent en sens inverse et se croisent, produisant ainsi des collisions de particules à très haute énergie. Au moment de la collision, l'énergie cinétique accumulée par les particules des faisceaux est extrêmement concentrée et permet l'émergence de nouvelles particules. Pour observer les collisions, les scientifiques ont besoin de détecteurs à la fois très grands et finement segmentés en des centaines de millions de cellules qui permettent d'identifier les particules produites et de mesurer leur énergie et leur trajectoire. Cependant, les collisions les plus intéressantes sont rares et il faut donc en accumuler un grand nombre pour les étudier. Les physiciens confrontent les mesures effectuées auprès des collisionneurs aux simulations obtenues

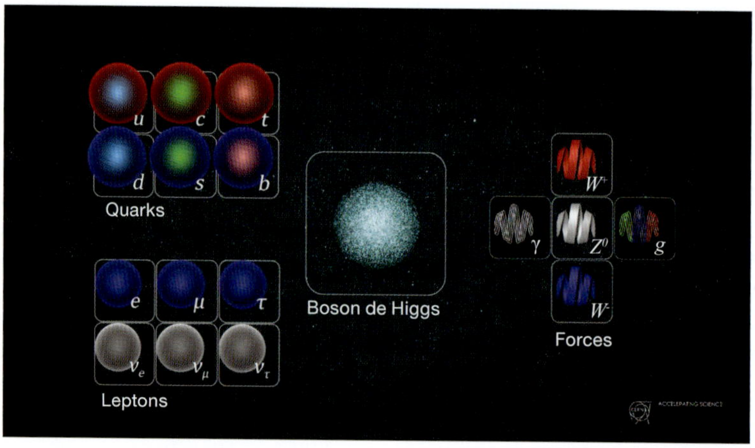

Fig. 1 – Les particules du modèle standard. À gauche se trouvent les particules de matière, les fermions*, avec en haut les quarks* et en bas les leptons*. Elles sont classées en 3 familles, chaque famille est représentée par une colonne. Les particules de la première famille sont stables et composent la matière ordinaire. Les atomes sont constitués d'électrons autour d'un noyau de protons et de neutrons composés principalement de quarks u et d. À droite se trouvent les particules médiatrices des interactions, les bosons* : le photon γ pour l'interaction électromagnétique, les bosons W et Z pour l'interaction faible et les gluons pour l'interaction forte. Au centre se trouve le boson de Higgs. © 2015-2024 CERN ■

grâce aux calculs basés sur le modèle standard ou des modèles de nouvelle physique, qui permettent d'estimer la probabilité d'apparition des particules. L'ensemble des simulations et des données expérimentales représentent une quantité de données colossale qu'il faut stocker, traiter et analyser. Dans les années 1990, avec ses 27 km de circonférence, le plus grand accélérateur de particules est le LEP (*Large Electron Positron collider*). Situé au CERN à la frontière franco-suisse, il accélère en sens inverses un faisceau d'électrons et un faisceau de positrons* qui collisionnent en quatre points de l'accélérateur autour desquels sont placés des détecteurs de particules. Les signaux issus de ces détecteurs sont traités par des systèmes électroniques, filtrés puis reconstruits et analysés grâce à des systèmes informatiques.

Fig. 2 – Un segment du Large Hadron Collider LHC dans son tunnel situé à une centaine de mètres sous terre. La circonférence du LHC est de 27 km. © CERN ■

Un grand succès et des mystères à résoudre

Le succès du modèle standard est impressionnant. Les expériences du LEP permettent de valider avec une très grande précision l'ensemble des prédictions accessibles à nos instruments et les mesures sont en accord avec les simulations. Il n'en demeure pas moins que de grandes questions restent sans réponses. Dans la quête pour trouver un modèle, le plus simple possible avec un nombre de particules fondamentales le plus petit possible, l'existence de trois familles de particules de matière (figure 1) n'est pas expliquée. De même, à haute énergie, les intensités des interactions faible, électromagnétique et forte tendent à converger. Comme magnétisme et électricité sont deux facettes de l'électromagnétisme, ces trois forces pourraient-elles aussi être unifiées en une interaction unique ? Et pourquoi la gravitation a-t-elle une intensité si faible comparée aux autres interactions ? Comment l'intégrer dans un modèle à l'échelle quantique ? Si matière et antimatière* ont été produites en quantité égale après le Big Bang, pourquoi notre univers est-il complètement dominé par la matière ? Il reste également de grandes énigmes expérimentales à résoudre. Les symétries sur lesquelles est construit le modèle standard impliquent que les particules élémentaires n'ont pas de masse, ce qui est en désaccord avec les mesures expérimentales. Or, en 1964, les théoriciens Robert Brout, François Englert et Peter Higgs ont proposé un mécanisme qui permet aux particules d'acquérir une masse grâce à leur interaction avec un nouveau champ scalaire* qui occuperait tout l'espace, le « champ BEH » (*Brout Englert Higgs*). Mais aucune trace du boson de Higgs, qui signerait la présence d'un tel champ n'a été trouvée au LEP. Aussi, 85 % du contenu en matière de l'Univers reste totalement mystérieux : aucune des particules connues ne permet de décrire cette matière dite « noire* » dont seuls les effets gravitationnels sont visibles via les observations des galaxies et de notre univers.

Face à l'avalanche des données, une solution audacieuse

Au début des années 1990, les physiciens commencent donc à réfléchir au successeur du LEP, qui deviendra le Large Hadron Collider (LHC), ou « grand collisionneur de hadrons* » en français (figure 2). Construit dans le tunnel du LEP, il doit permettre d'atteindre de plus grandes énergies de collision en accélérant deux faisceaux de protons. À la fin des années 1990, la conception de l'accélérateur et de ses détecteurs est bien avancée, les physiciens et les informaticiens s'attaquent alors au problème du traitement informatique des données. Rappelons que Tim Berners-Lee, informaticien au CERN, invente le Web en 1989. À l'époque, les GAFA* n'existent pas. En 1996, la capacité de stockage sur disque du CERN est de 5,5 téraoctets (To), ce qui est considérable. Cependant, les prévisions pour le LHC conduisent alors à un flot de données en sortie des expériences de l'ordre de 1 gigaoctet par seconde (Go/s), quelques centaines de téraoctets de données sur disque pour un accès instantané et plusieurs pétaoctets (Po) de données archivées sur bande par an. Si jusque-là, le traitement des données des expériences du LEP était centralisé au CERN et seule leur analyse était effectuée dans les centres nationaux, il devient clair qu'il ne sera pas possible de continuer avec un tel modèle. Les financements nécessaires seront obtenus plus facilement si l'argent est investi dans les pays participants. Il s'agit d'un pari audacieux, car, à l'époque, ni les réseaux ni les technologies ne permettent de traiter une telle quantité de données de façon distribuée.

Tisser la toile

Un modèle de calcul distribué est alors construit sous le nom de « MONARC ». Il s'organise de façon hiérarchique avec des centres de calcul de différents niveaux : le « Tier 0 » est représenté par le centre de calcul du CERN, les centres « Tier 1 » sont les grands centres nationaux qui reçoivent une copie de sauvegarde des données brutes des expériences et ont des liaisons privilégiées avec des centres régionaux de niveau 2 ou « Tier 2 » principalement dédiés à l'analyse. En 1998, Ian Foster et Carl Kesselman proposent un modèle informatique qu'ils appellent « la grille ». Il s'agit d'un système distribué se présentant à l'utilisateur de façon transparente comme un seul centre de calcul et de stockage, l'utilisateur n'ayant pas à se soucier de l'endroit où se trouvent ses données et les processeurs qui feront les calculs. Les centres de calcul sont interconnectés par le réseau et partagent une couche logicielle commune, des intergiciels permettant leur interopérabilité. La communauté de la physique des particules incorpore alors cette idée au projet qu'elle avait déjà commencé à élaborer. En 2001, le comité du LHC passe en revue ces propositions et préconise l'adoption du modèle MONARC. Il recommande aussi de passer du fortran utilisé par les expériences du LEP à un langage orienté-objet, le C++. La même année, les états membres du CERN créent la « collaboration LCG » (pour LHC Computing Grid), afin de coordonner l'ensemble du travail nécessaire pour élaborer cette grille depuis les collaborations des expériences jusqu'aux centres de calcul et de données. LCG s'organise et utilise les développements des logiciels et les infrastructures de grille issus des projets européens (DataGrid puis EGEE, EMI et aujourd'hui EGI), des projets nord-européens (NorduGrid) et américain (OSG) et des expériences. Vu l'importance des différents composants internationaux de la grille, LCG est rebaptisé WLCG pour *Worlwide LHC Computing Grid* (figure 3). Les collaborations des quatre grandes expériences LHC et les participants aux projets européens construisent alors les outils qui permettent d'interconnecter les sites, de connaître leur capacité de calcul et de stockage en ligne, de gérer les données de façon distribuée et de décider où envoyer quel ensemble de données et en combien d'exemplaires, d'envoyer les tâches de calculs sur les sites les plus appropriés et qui ont la charge la moins grande, de sécuriser l'ensemble en définissant un système d'authentification solide et de contrôler le tout. La première infrastructure de calcul et de stockage distribuée à l'échelle mondiale est née.

Quand le piège se referme

Au moment du démarrage du LHC en 2008, la grille est fin prête et fonctionne de façon efficace. La prise de données pour la physique avec une quantité de données nominale commence en 2010. Après deux ans à plein régime, les expériences ATLAS et CMS annoncent en 2012 la découverte du boson de Higgs (figure 4) et reconnaissent le rôle essentiel joué par la grille de calcul. Sans elle, cette découverte aurait été impossible, ou du moins pas aussi rapide. Trouver le boson de Higgs relève de l'exploit : le LHC n'en produit qu'un tous les milliards de collisions ! Depuis, les expériences du LHC continuent à accumuler des données pour étudier le mécanisme de Higgs et tenter de répondre aux questions toujours en suspens. La grille de calcul n'est pas

Fig. 3 – Implantation des sites de calcul et de stockage de WLCG en 2022. Le centre de niveau 0 du CERN est marqué par une étoile jaune, les sites de niveau 1 sont en vert et les sites de niveau 2 en bleu. © 2024 Google, INEGI imagerie © 2024 NASA, TerraMetrics

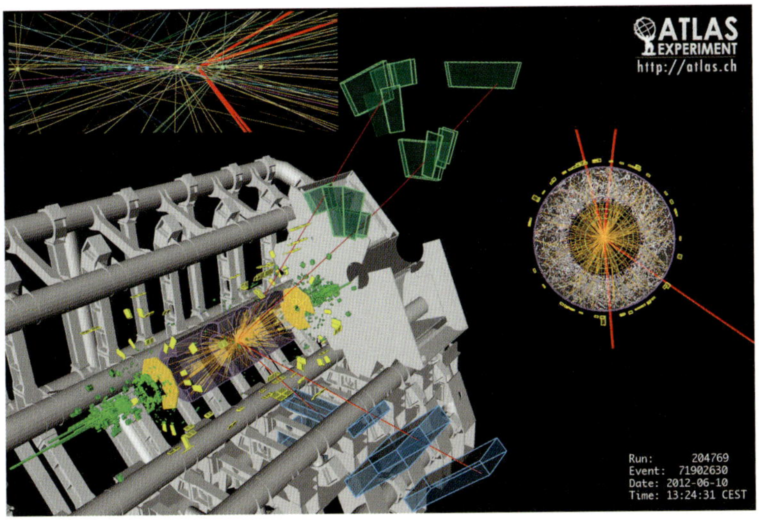

Fig. 4 – **Visualisation d'une collision de protons dans le détecteur ATLAS.** L'encart en haut représente un zoom de la partie centrale et l'encart de droite un plan de coupe du détecteur. Les zones du détecteur touchées par les particules sont représentées par des rectangles de couleur. Chaque ligne montre le passage d'une particule. La collision a probablement produit un boson de Higgs qui s'est désintégré en deux bosons Z, qui se sont chacun désintégrés en deux muons. Les traces des quatre muons sont en rouge. La masse reconstruite de ces quatre muons est de 125,1 GeV/c². ATLAS Experiment © 2012 CERN ■

restée figée : l'efficacité des réseaux internet et leur débit toujours plus grand ont permis de passer du modèle très hiérarchisé des débuts à un modèle en réseau. Les tâches de calcul et les données sont allouées dynamiquement aux sites en fonction des capacités et de la charge des réseaux, du stockage et des capacités de calcul disponibles en temps réel. L'ensemble fonctionne de façon de plus en plus automatisée. En 2022, au démarrage de la troisième phase de prise de données du LHC, la fréquence de collision dans les expériences est toujours de 40 millions par seconde mais le nombre de collisions de protons simultanées moyen a augmenté de 18 à 46. Les détecteurs d'une expérience déversent environ 100 To/s de données, qui sont filtrés par des systèmes électroniques ou informatiques pour envoyer vers le centre du CERN des données à un taux de quelques centaines de Go/s et dépasser le To/s par pic. Avec l'évolution des technologies, certaines expériences sont passées d'un système de filtrage électronique de premier niveau à une ferme GPU (cf. p. 80) qui reconstruit quasiment l'intégralité de la collision et permet une sélection plus intelligente. WLCG est un système unique constitué de 165 sites de calcul et de stockage répartis dans 42 pays reliés par un réseau performant (10-400 Gb/s) et opérant un système complexe de services. L'ensemble dispose d'environ 1,5 million de cœurs CPU utilisés 24 heures sur 24 et 7 jours sur 7 et la quantité de données stockées a dépassé les 1,5 exaoctet, soit 1,5 milliard de milliards d'octets*. La France, avec son Tier1 au CC-IN2P3 et ses Tier2 dans les laboratoires de l'IN2P3 et du CEA, représente plus de 10 % de cet effort mondial.

De nouveaux défis à relever

Le LHC fonctionnera encore plusieurs années, mais la communauté prépare une grande phase d'amélioration du collisionneur et des détecteurs : le LHC à haute luminosité (HL-LHC) qui démarrera à l'horizon 2030. Il permettra d'intensifier le nombre de collisions pour étudier en profondeur le mécanisme de Higgs et comprendre ses conséquences sur notre univers, mettre au défi le modèle standard et tenter de débusquer des particules de matière noire. Plus de collisions et des collisions plus complexes associées à des détecteurs plus précis pour obtenir une meilleure sensibilité des mesures, tout cela représente encore beaucoup plus de données. De nombreux projets de R&D sont d'ores et déjà lancés pour imaginer le traitement des données dans un environnement technologique en forte mutation, des ressources de calcul de plus en plus hétérogènes, tout en tenant compte du défi climatique et en mettant à profit le développement de l'intelligence artificielle déjà largement utilisée à tous les niveaux de traitement des données.

Références bibliographiques

- I. FOSTER et C. KESSELMAN – *The Grid: Blueprint for a New Computing Infrastructure*, Morgan Kaufmann, 1998.
- D. DENEGRI, C. GUYOT, A. HOECKER et L.ROOS – *L'aventure du grand collisionneur LHC. Du big bang au boson de Higgs*, EDP Sciences, 2014.
- C. GROJEAN et L. VACAVANT – *À la recherche du boson de Higgs*, Librio, Flammarion, 2013.
- U. BASSLE (dir) – *Étonnants Infinis*, CNRS éditions, 2022.

5. Les superordinateurs à l'assaut du modèle standard de la physique des particules

Laurent Lellouch

Le « modèle standard » est l'édifice mathématique qui permet de décrire le comportement et les propriétés des particules subatomiques connues, ainsi que trois des quatre interactions fondamentales observées dans l'univers (figure 1) : l'interaction électromagnétique, l'interaction faible et l'interaction nucléaire forte. L'interaction gravitationnelle, qui ne joue pas un rôle actuellement mesurable dans le monde subatomique, en est exclue.

La nécessité de la simulation informatique

Depuis cinquante ans, le modèle standard a été confirmé par des expériences toujours plus précises. Cependant, il ne répond pas à d'importantes énigmes auxquelles les scientifiques sont confrontés. Par exemple, la matière sombre* de l'univers pourrait être composée de particules élémentaires, mais aucune de celles du modèle standard ne convient. D'autre part, l'univers contient plus de matière que d'antimatière*, mais le modèle standard ne permet pas d'expliquer ce déséquilibre. Il n'explique pas non plus pourquoi les neutrinos (figure 1) ont une masse. Et la liste continue. Ainsi, il est très probable que le modèle standard soit une approximation d'une théorie plus fondamentale qui reste à formuler. Pour obtenir les indices nécessaires, il y a plusieurs approches possibles. La première consiste à essayer de produire des particules encore inconnues dans de puissants accélérateurs, tels que dans le Grand collisionneur de hadrons (LHC) du CERN, à Genève. Une seconde approche, plus indirecte, consiste à mesurer des propriétés ou des processus impliquant des particules connues, avec la plus grande précision possible. Les résultats de ces mesures sont ensuite confrontés aux prédictions du modèle standard pour tenter de mettre en évidence un désaccord significatif qui serait un signe, directement exploitable, qu'il lui manque un ingrédient. Cependant, la précision de plusieurs de ces prédictions est limitée par le calcul d'effets de l'interaction forte entre quarks et gluons (figure 1) qui est décrite, dans le modèle standard, par la chromodynamique quantique (QCD). En effet, les équations de la QCD sont d'une très grande complexité et les méthodes usuelles de calcul deviennent caduques. Seules les simulations numériques massivement parallèles sur superordinateurs permettent aujourd'hui de résoudre précisément ces équations.

Les défis de la chromodynamique quantique

Pour résoudre numériquement les équations non linéaires de la QCD, auxquelles il faut ajouter celles de l'électromagnétisme, le théoricien suppose temporairement que l'espace-temps de l'Univers est un réseau régulier de points, avec trois dimensions spatiales et une dimension temporelle. Ces réseaux ont une maille mesurant moins d'un dixième de femtomètre (un millionième de milliardième de mètre, soit 10^{-15} mètres), et une taille seulement quelques fois celle du proton ou du neutron (composants des noyaux des atomes), soit quelques femtomètres. Sur de tels réseaux, les équations de la QCD ne concernent qu'un nombre fini mais grand de variables aléatoires, qui peuvent être traitées par un supercalculateur. Elles sont résolues en prenant des moyennes de quantités à partir desquelles les théoriciens obtiennent les prédictions souhaitées. Ces moyennes sont effectuées sur un ensemble d'échantillon d'excitations quantiques des champs de gluons et de quarks dans le vide, dont un exemple est montré dans la figure 2.

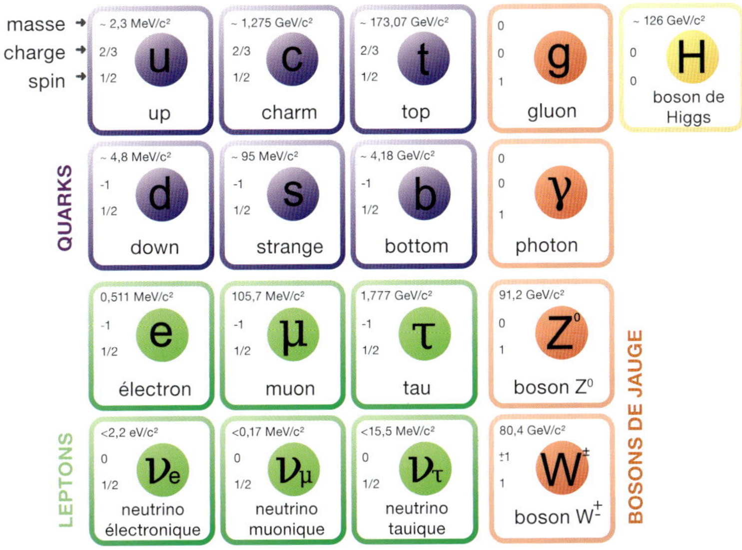

Fig. 1 – **Les particules du modèle standard.** Les trois premières colonnes correspondent aux trois familles de particules de matière. Les particules de la première famille sont celles qui composent la matière dite ordinaire, dont nous et le monde qui nous entoure sont constitués. Les particules des deux autres familles sont des répliques plus massives que celles de la première. Le muon est un « lepton » qui appartient à la seconde famille et qui joue le même rôle que le fait l'électron dans la première. Mais il est 200 fois plus massif et à une durée de vie de seulement 2 microsecondes. Les neutrinos sont également des leptons, mais ils n'ont pas de charge électrique et n'interagissent que via l'interaction faible avec les autres particules. Dans la quatrième colonne on trouve les bosons, dits « de jauge », qui sont les particules qui propagent l'interaction électromagnétique (le photon), l'interaction faible (les bosons W et Z) et l'interaction forte (le gluon). Seuls les quarks (dans les deux rangées violettes) et les gluons subissent l'interaction forte qui est décrite par la composante du modèle standard appelée « chromodynamique quantique » ou « QCD » (l'acronyme anglais). Il y a six sortes de quarks, chacune caractérisée par un nom (up, down, strange, etc.). Les particules élémentaires acquièrent une masse au travers du mécanisme de Brout-Englert-Higgs, qui donne aussi naissance à une autre particule élémentaire, le « boson de Higgs » (seule particule dans la cinquième colonne). Ce boson est la dernière particule du modèle standard dont l'existence a été confirmée, en 2012 au LHC du CERN ■

Ensuite les calculs sont répétés sur des réseaux de plus en plus fins et de plus en plus grands. Puis, le théoricien fait tendre la taille de la maille du réseau vers zéro et le volume de l'Univers vers l'infini. Les résultats obtenus décrivent alors des phénomènes observables dans le monde réel et ne dépendent que de paramètres physiques fondamentaux. Cependant, les défis conceptuels, algorithmiques et numériques associés à cette approche sont énormes. Pour atteindre les précisions requises dans la recherche indirecte, le nombre de variables aléatoires (sur lesquelles il faut effectuer des moyennes) est gigantesque. Par exemple, pour obtenir les résultats décrits ci-dessous, l'équipe de recherche « BMW », répartie entre Budapest, Marseille et Wuppertal (en Allemagne), a réalisé des calculs impliquant jusqu'à environ 20 milliards de variables ! Comme l'interaction forte joue un rôle important en physique des particules et nucléaire, ainsi que dans ses répercussions pour l'astrophysique et la cosmologie, les applications de la QCD sur réseau sont nombreuses. Il y a également plusieurs équipes qui travaillent dans ce domaine en Europe, sur le continent américain, en Asie et en Océanie. En France, les équipes du Centre de physique théorique de Marseille, de l'Institut Denis Poisson de Tours, du Laboratoire Irène Joliot-Curie de Paris, du Laboratoire de physique de Clermont-Ferrand et du Laboratoire de physique subatomique et cosmologie de Grenoble étudient de nombreux sujets, allant de la structure interne du proton et du neutron, à la contribution de l'interaction forte aux processus impliquant un mélange de différents types de quarks (figure 1), en passant par la QCD à température et densité non nulles. Les calculs que ces études impliquent sont indispensables pour interpréter les résultats d'importantes expériences auprès d'accélérateurs tels que le LHC, mais aussi pour comprendre l'histoire de l'univers ou le cœur des étoiles à neutrons*.

Le surprenant magnétisme du muon

Dans un champ magnétique, le muon (figure 1) se comporte comme un minuscule aimant. Or, son aimantation est calculée avec une très grande précision dans le modèle standard. Le calcul prend en compte les effets de particules élémentaires qui se créent et s'annihilent continuellement dans le vide et qui interagissent avec le muon. La contribution de ces effets à la prédiction du modèle standard est appelée « moment magnétique anomal » du muon. Bien que petite, cette anomalie est très intéressante. En effet, des particules élémentaires ou des interactions encore inconnues pourraient apporter une contribution supplémentaire qui modifierait la prédiction du modèle. Ainsi, tout désaccord significatif, entre cette prédiction et une mesure précise de l'anomalie, mènerait à une remise en cause du modèle standard et ouvrirait la voie vers une théorie encore plus fondamentale. Concentrons-nous ici sur le calcul de la contribution « hadronique » à la prédiction théorique de cette anomalie. Elle résulte des effets de quarks et de gluons, décrits par la QCD. L'approche traditionnelle au calcul de la contribution hadronique la plus importante est basée sur l'utilisation ingénieuse d'autres données expérimentales. Une équipe française du CNRS et des universités Paris-Saclay et Paris-Cité en est experte. Pendant près de 20 ans, les prédictions successives de cette approche ont été en conflit avec les résultats d'une mesure faite en 2004. L'enjeu était si important qu'une nouvelle expérience a commencé à être mise en place au Fermilab de Chicago à partir de 2013. De surcroît, pour confirmer ou infirmer les résultats de l'approche traditionnelle à base de données, plusieurs équipes en Europe et aux États-Unis ont choisi d'entreprendre le calcul directement à partir des équations de la QCD, en utilisant l'approche de la QCD sur réseau et les supercalculateurs les plus puissants au monde. Le 7 avril 2021, ont été publiés simultanément les premiers résultats de la mesure de l'anomalie faite au Fermilab et, dans la revue Nature, le résultat d'un calcul en QCD sur réseau réalisé par l'équipe européenne BMW. Il est le seul fait avec une précision suffisante pour avoir un impact sur l'interprétation de la mesure. Alors que l'approche traditionnelle indiquait un désaccord accru entre modèle standard et mesure, le calcul sur réseau prédit un désaccord bien moindre, au prix d'une différence surprenante avec les résultats de l'approche traditionnelle, une différence que les physiciens s'efforcent actuellement de comprendre. Cette situation est illustrée dans la figure 3. Outre le développement de nouvelles méthodes théoriques et de nouveaux algorithmes, le calcul de la collaboration BMW a pris environ sept ans et a nécessité plus d'un milliard d'heures de calcul* sur les superordinateurs du GENCI* français, du GCS* allemand et ceux mis à disposition par le PRACE* européen, avec des capacités de calcul allant jusqu'à des dizaines de milliers de milliards d'opérations par seconde. Le 10 août 2023, le Fermilab de Chicago a publié des résultats de nouvelles mesures, divisant par deux leurs incertitudes, et poussant la dissension avec la prédiction de l'approche traditionnelle à un niveau qui aurait dû indiquer la découverte d'une physique fondamentale encore inconnue. Cependant, la comparaison avec le résultat des calculs de l'équipe européenne BMW, dont une partie est validée maintenant par neuf autres équipes, ne révèle toujours pas de différence significative. De plus, de nouvelles mesures pertinentes pour l'approche traditionnelle suggèrent que sa prédiction pourrait être plus proche de celle des calculs sur réseau que précédemment. Ainsi, la situation actuelle ne permet pas de conclure si la mesure extraordinairement précise de l'aimantation du muon doit ou non inciter les physiciens à revoir leur compréhension de l'infiniment petit.

Et demain ?

D'ici fin 2025, le Fermilab promet une mesure avec une incertitude deux fois plus petite encore que celle actuelle : de l'ordre de

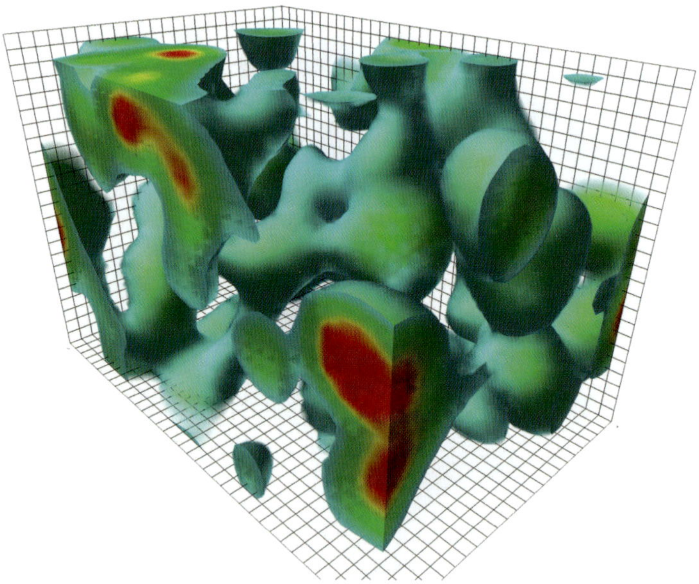

Fig. 2 – **Coupe tridimensionnelle d'un réseau (grille noire) contenant un échantillon d'excitations quantiques du champ de gluons dans le vide.** © Derek Leinweber, Centre for the Subatomic Structure of Matter (CSSM) and Department of Physics, University of Adelaide, 5005 Australia. Copyright © 2003, 2004 ■

0,1 ppm* (figure 3) ! Pour être au rendez-vous, les calculs sur réseau doivent diviser par 4 l'incertitude de leurs résultats, une précision inédite pour ce genre de calculs. Pour atteindre cet objectif, au-delà de nouveaux progrès théoriques, il faudra simuler des réseaux avec plus de cent milliards de variables. Pour cela, les ordinateurs, fraîchement installés ou en cours d'installation dans le cadre d'EuroHPC*, capables de milliards de milliards d'opérations par seconde, ne seront pas de trop. Ces nouveaux calculateurs ont des nœuds accélérés par des cartes graphiques (GPUs) surpuissantes (cf. p. 80). Pour exploiter leurs architectures informatiques hétérogènes, qui ont plusieurs niveaux de parallélisme, les experts de la QCD réseau sont en train d'adapter leurs algorithmes et leurs codes. Au-delà de l'anomalie magnétique du muon, ces nouveaux calculateurs permettront : d'interpréter les résultats d'expériences qui mesurent les propriétés de mélange entre différents types de quarks (figure 1) et qui pourraient révéler une physique fondamentale nouvelle ; de prédire la structure, en quarks et gluons, du proton, nécessaire pour interpréter les futurs résultats du LHC, mais également ceux d'expériences qui vont tenter de mesurer cette structure en trois dimensions ; d'interpréter des détections éventuelles de particules de matière sombre dans de grandes expériences construites au fond de mines profondes ; de prédire de nouvelles formes de matière, telles celles qui pourraient se trouver dans le cœur des étoiles à neutrons, etc. Comme ce fut le cas par le passé, les scientifiques ont de nouveau atteint les limites, en taille et en complexité, des systèmes pouvant être simulés avec les algorithmes développés jusqu'ici. Au-delà de calculateurs de plus en plus puissants, il faudra donc lever ces nouveaux verrous. Parmi les idées actuellement explorées, il y a l'utilisation de l'intelligence artificielle, pour laquelle les architectures de calcul accélérées sont particulièrement bien adaptées. Dans une perspective de plus long terme, les physiciens explorent également la possibilité d'exploiter l'informatique quantique. Du point de vue scientifique, au-delà d'améliorer significativement l'impact des calculs dans les domaines étudiés actuellement, ces changements de paradigme permettent d'envisager de nouvelles applications à des systèmes bien plus complexes, en particulier ceux qui impliquent des noyaux atomiques entiers, composés de très nombreux quarks. De plus en plus, ces noyaux sont utilisés pour tenter de mettre en évidence une physique fondamentale encore inconnue. À plus long terme encore, il serait possible d'envisager une « chimie » nucléaire raffinée permettant, par exemple, un stockage dense de l'énergie et des lasers de très haute énergie.

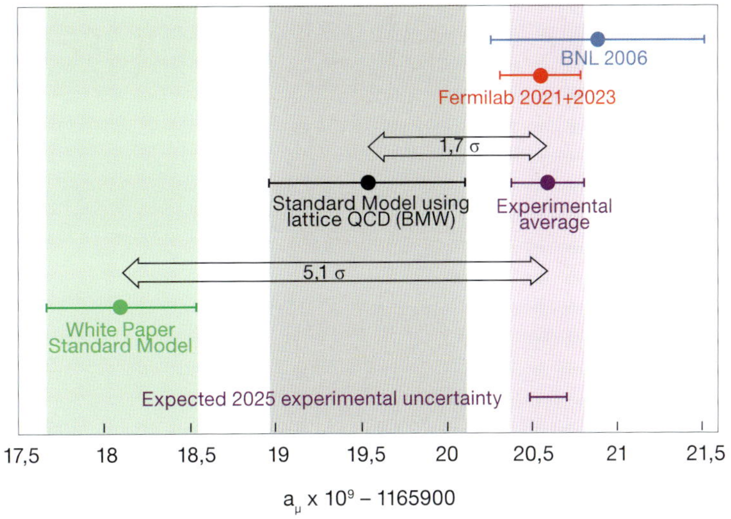

Fig. 3 – Comparaison entre mesures expérimentales et prédictions du modèle standard de l'anomalie magnétique du muon. Le calcul dans l'approche traditionnelle (bande et point verts) donne une valeur significativement plus basse – 5.1 écarts-types – que la valeur moyenne des mesures expérimentales du Laboratoire national de Brookhaven (BNL 2004) et du Fermilab de Chicago (FNAL 2021+2023) (bande et point mauves). Les résultats de ce calcul ont été publiés dans un article de la « Muon g-2 Theory Initiative » en 2020. La différence est réduite, à seulement 1.7 écarts-types, lorsque le résultat du calcul en QCD sur réseau de la contribution hadronique (bande grise et point noir) remplace celui de l'approche traditionnelle. L'incertitude expérimentale attendue en 2025 est illustrée par la barre d'erreur horizontale mauve au bas de la figure ■

Références bibliographiques

- *Le modèle standard*, Élémentaire, 2008.
- L. SACCO – *Clé de la cosmologie, la masse du neutron a été calculée*, Futura Sciences, 2017.
- S. BAILLY – *Le muon ébranle-t-il le modèle standard?* Pour la science, 2021.
- D. LAROUSSERIE – *Le muon, la particule qui agite les physiciens, refait parler de lui*, Le Monde, 2023.

6. Calcul et cryptographie

Louis Goubin

Pour analyser le sens du mot « cryptologie », il est utile de se référer à son étymologie et donc aux mots grecs *kryptos* (caché) et *logos* (discours, traité). La cryptologie est la science du secret : elle s'appuie sur la possibilité de transmettre un message, tout en dissimulant son contenu pour un observateur indiscret.

La *cryptographie* est une discipline dont l'objectif est de concevoir des mécanismes cryptologiques pour garantir certaines propriétés de sécurité pour les messages transmis entre deux entités. Les plus courantes sont la confidentialité (un espion ne peut pas apprendre le contenu du message), l'intégrité (une modification du message peut être détectée) et l'authenticité (le destinataire du message connaît de manière certaine l'émetteur du message). La *cryptanalyse*, elle, consiste à éprouver la solidité des méthodes mises au point par la cryptographie, en essayant de mettre en défaut les propriétés de sécurité attendues. Cela revient souvent à imaginer des scénarios d'attaque et à les appliquer pour mettre à l'épreuve les mécanismes cryptographiques.

Le calcul, à l'origine de la cryptologie moderne

La première utilisation connue de la cryptographie remonte à la Grèce antique. Pendant la guerre du Péloponnèse, les Spartiates utilisaient un bâton en bois, appelé « scytale » (issu du grec *skytalê*, « bâton »), entouré d'une bande de parchemin sur laquelle était inscrit le message dans le sens de la longueur. Une fois le parchemin déroulé, les lettres du message étaient mélangées et le message dénué de sens. Le récepteur devait alors utiliser un bâton identique pour déchiffrer le texte. Ce système dit « de transposition » reposait sur la modification de l'ordre des lettres plutôt que sur les lettres elles-mêmes (figure 1).

Fig. 1 – **Une scytale** ■

Jules César est également connu pour avoir utilisé une forme de chiffrement pour transmettre des messages à ses généraux, grâce à une simple substitution décalant chaque lettre du texte d'un certain nombre de positions dans l'alphabet. C'est le tout premier système à utiliser un paramètre appelé « clé de chiffrement » (ici, le nombre de positions pour le décalage), secrètement partagé par l'expéditeur et le destinataire, qui deviendra une caractéristique essentielle de la cryptographie.

La cryptologie doit aussi beaucoup aux Arabes, à leur étude du Coran, de sa phonétique et de sa syntaxe. Vers 800 après J.-C., Al Kindi est le premier à documenter les méthodes cryptanalytiques, déve-

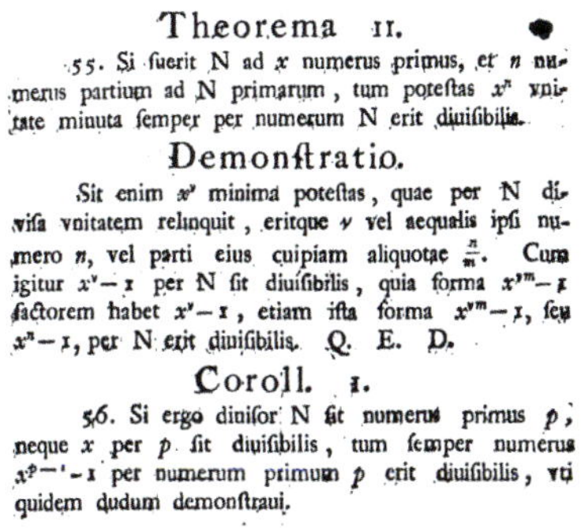
Theorema II.

55. Si fuerit N ad x numerus primus, et n numerus partium ad N primarum, tum poteſtas x^n vnitate minuta ſemper per numerum N erit diuiſibilis.

Demonſtratio.

Sit enim x^ν minima poteſtas, quae per N diuiſa vnitatem relinquit, eritque ν vel aequalis ipſi numero n, vel parti eius cuipiam aliquotae $\frac{n}{m}$. Cum igitur $x^\nu - 1$ per N ſit diuiſibilis, quia forma $x^{\nu m} - 1$ factorem habet $x^\nu - 1$, etiam iſta forma $x^{\nu m} - 1$, ſeu $x^n - 1$, per N erit diuiſibilis. Q. E. D.

Coroll. 1.

56. Si ergo diuiſor N ſit numerus primus p, neque x per p ſit diuiſibilis, tum ſemper numerus $x^{p-1} - 1$ per numerum primum p erit diuiſibilis, vti quidem dudum demonſtraui.

Fig. 2 – Page 102 de l'article « Theoremata arithmetica nova methodo demonstrate » d'Euler (1763) ■

loppant une technique d'analyse de fréquence capable de casser les systèmes de chiffrement par substitution monoalphabétique. Malgré cette découverte, la cryptographie reste rudimentaire, jusqu'au XVIe siècle où le Français Blaise de Vigenère crée un système polyalphabétique : il fonctionne comme le chiffrement de César mais change de clé tout au long du processus, en utilisant une grille composée de 26 alphabets décalés les uns par rapport aux autres (le carré de Vigenère). Il est qualifié à l'époque d'incassable, car il résiste à l'analyse de fréquence. En 1854, Charles Babbage parvient pourtant à le casser avec des techniques utilisant l'arithmétique modulaire*.

En 1883, Auguste Kerckhoffs écrit dans son ouvrage intitulé *La cryptographie militaire* : « Le système doit être matériellement, sinon mathématiquement, indéchiffrable. Il faut qu'il n'exige pas le secret, et qu'il puisse sans inconvénient tomber entre les mains de l'ennemi. » Ce principe marque la naissance de la cryptologie, au sens moderne du terme. D'une part, il définit un cadre dans lequel les algorithmes cryptographiques sont supposés connus de tous, les informations secrètes étant concentrées dans la clé. Longtemps limité à la cryptographie symétrique*, ce principe – poussé à l'extrême – conduira Whitfield Diffie et Martin Hellman à proposer la notion de cryptographie asymétrique*. D'autre part, il préfigure la « théorie de la complexité* », qui aura notamment comme objectif d'identifier des problèmes mathématiques « difficiles », au sens calculatoire du terme. Ce sont les briques de base à partir desquelles les chercheurs s'efforcent de construire de nouveaux cryptosystèmes, tout en tenant compte des contraintes de mémoire ou de temps de calcul propres aux dispositifs mis en jeu.

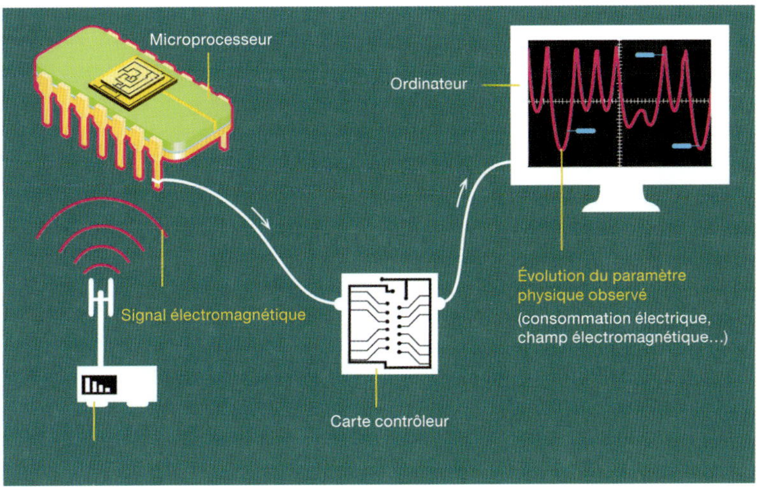

Fig. 3 – Principe d'une attaque par analyse de la consommation électrique ■

Ainsi, de nos jours, les mécanismes cryptographiques sont en général décrits de façon algorithmique et font appel à des notions mathématiques, allant des probabilités à la théorie des nombres, en passant par la combinatoire, les codes correcteurs d'erreurs (cf. p. 57), les réseaux euclidiens, les corps finis, les polynômes multivariés, les courbes elliptiques et hyperelliptiques, la géométrie algébrique, etc.

L'exemple du schéma RSA

L'algorithme RSA – du nom de ses inventeurs Ronald Rivest, Adi Shamir et Leonard Adleman qui le mirent au point en 1977 – est encore actuellement le cryptosystème asymétrique le plus utilisé dans le monde. Il s'appuie sur l'arithmétique modulaire et se retrouve dans un très grand nombre de produits commerciaux liés à la sécurisation des échanges de données sur Internet, à la protection de la confidentialité et de l'authenticité des courriers électroniques, au paiement, etc.

Il faut d'abord choisir l'exposant public e, puis utiliser un générateur de nombres aléatoires pour obtenir deux nombres premiers p et q, tels que e soit premier avec $p\text{-}1$ et avec $q\text{-}1$. En posant $n = p \times q$, la clé publique est alors constituée de e et de n, alors que la clé secrète (ou privée) est composée de p et de q. La fonction qui servira à chiffrer les messages est alors définie par : $f{:}x \to y = x^e \bmod n$, et la fonction qui servira à déchiffrer par : $f^{1}{:}y \to x = y^d \bmod n$, où d est une valeur qui doit rester secrète (l'entier d est calculé à partir de e, p et q, par une méthode appelée « algorithme d'Euclide étendu »).

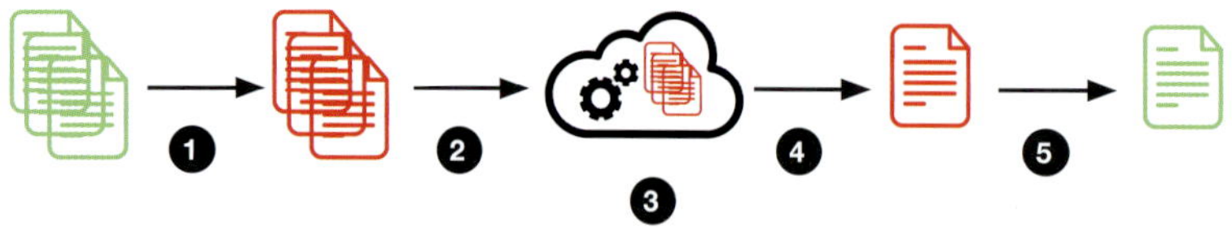

Fig. 4 – **Utilisation du chiffrement complètement homomorphe pour le *cloud computing*. 1.** Les données en clair sont chiffrées avant d'être stockées sur le cloud. **2.** Les données chiffrées sont transférées vers l'espace de calcul sur le cloud. **3.** Les différents traitements sont réalisés sur le cloud sur les données chiffrées. **4.** On récupère depuis le cloud le résultat des traitements sous forme chiffrée. **5.** Le résultat est déchiffré ■

Il est frappant de constater que ces fondements mathématiques remontent au XVIIIe siècle. En témoignent des pages publiées par Leonhard Euler en 1763 (figure 2). Celui-ci aurait-il pu penser à utiliser ces résultats pour définir une façon de chiffrer les courriers militaires ou diplomatiques ? La question est sans doute anachronique, car même s'il avait envisagé – à l'époque – de représenter les messages par des entiers modulo* n, ce « RSA avant l'heure » aurait certainement été trop complexe à utiliser, même pour les « cabinets noirs » dont c'était l'activité quotidienne.

Mais surtout, il fallait l'idée de faire reposer toute la solidité du système de chiffrement sur la difficulté d'un problème mathématique. Or, la notion même de mesure de la complexité d'un calcul était encore très lointaine. La vision moderne a intégré ces questions de complexité, et il est maintenant devenu naturel de considérer que casser la fonction RSA consiste à trouver un moyen de calculer $f^{1}(y)$, sans disposer de l'exposant secret d. La seule stratégie d'attaque connue consiste à retrouver p et q à partir de n, et de nombreux algorithmes spécialisés ont été proposés pour résoudre ce problème de factorisation, sans pour autant le rendre « facile ».

Il est important de prendre conscience des puissances de calcul mises en jeu pour une telle opération. En 2020, pour factoriser un module RSA de 250 chiffres décimaux, il a fallu mobiliser l'équivalent de 2 700 années de calcul d'un cœur de microprocesseur standard, ou encore d'un million d'euros de temps CPU loué sur un service de *cloud* classique. Pour casser la fonction RSA avec les tailles de clés recommandées actuellement (925 chiffres pour le module RSA), il faudrait multiplier ces chiffres par plus de 10^{18} (un milliard de milliards). Néanmoins, l'apparition d'ordinateurs quantiques de taille suffisante pourrait permettre cette factorisation. Se plaçant dans ce scénario, la recherche de substituts aux algorithmes du type RSA – la cryptographie post-quantique – est actuellement très active.

La sécurisation contre les attaques physiques

Dans la conception traditionnelle de la cryptologie, la sécurité est vue de manière abstraite : pour attaquer un cryptosystème, l'attaquant se borne à échanger des messages avec celui-ci, et espère en les utilisant pouvoir mettre en défaut les objectifs visés (confidentialité, intégrité, authenticité…) par différentes techniques de cryptanalyse. Depuis environ 25 ans, dans un modèle de sécurité plus étendu, il faut tenir compte d'attaques dites « physiques ». Ce nouveau concept prend en considération non seulement la sécurité des cryptosystèmes au sens mathématique, mais aussi les aspects liés à la nature physique des calculs.

Dans une attaque passive, l'adversaire se contente d'observer le comportement du dispositif de calcul dans son fonctionnement normal. L'exemple le plus simple est celui du temps d'exécution, qui peut varier en fonction des données d'entrée d'un algorithme cryptographique, ainsi que de la valeur de la clé secrète. En 1999, Paul Carl Kocher, Joshua Jaffe et Benjamin Jun introduisent la notion d'« analyse différentielle de consommation » (ou DPA pour *Differential Power Analysis*). L'idée est d'exploiter les corrélations éventuelles entre les données manipulées par le microprocesseur et les valeurs instantanées de consommation électrique (figure 3). Comme ces corrélations sont souvent très faibles, il faut avoir recours à des méthodes statistiques pour en tirer le maximum d'information. Il est possible de faire de même avec les mesures de rayonnement électromagnétique.

Dans une attaque active, l'opérateur souhaite perturber le fonctionnement du système. Cela suppose une modification de l'environnement physique du dispositif pour le placer dans des conditions anormales de fonctionnement, en agissant par exemple sur l'alimentation, l'horloge, la température ou encore l'environnement électromagnétique. En ce qui concerne les cryptosystèmes, c'est en 1996 que Dan Boneh, Richard A. DeMillo et Richard J. Lipton proposent un nouveau type d'attaque physique sur les cartes à microprocesseur, qu'ils baptisent « cryptanalyse par injection de fautes ». Il était initialement dirigé contre l'algorithme RSA, mais tous les algorithmes cryptographiques se sont avérés potentiellement vulnérables face à ces attaques.

Ces attaques sont particulièrement menaçantes pour les systèmes embarqués tels que les cartes à microprocesseur, contre lesquels l'adversaire peut mobiliser des moyens d'analyse de plus en plus sophistiqués. Elles obligent à intégrer des contre-mesures de plus en plus élaborées dans les implantations d'algorithmes cryptographiques, tant logicielles que matérielles, et leur étude constitue à l'heure actuelle un domaine de recherche très dynamique.

Le chiffrement homomorphe

Le principe de base du *cloud computing* (appelé aussi « informatique en nuage ») est de permettre à des utilisateurs clients de déporter des ressources de calcul en déléguant au service distant le soin d'exécuter en leur nom des procédures sur leurs données privées. Alors que des services commerciaux émergent rapidement à l'échelle globale, ils obligent en général les utilisateurs à faire totalement confiance au service pour assurer la confidentialité de leurs données car bien que la transmission entre un utilisateur et le service opéré puisse s'appuyer sur du chiffrement, la manipulation des données in situ en vue d'un calcul quelconque semble à première vue requérir l'obtention de ces données en clair par le ou les serveurs distants. Depuis 2009, cependant, la découverte d'une technique révolutionnaire de chiffrement dit complètement « homomorphe* » a ouvert la voie à des solutions entièrement nouvelles.

Un cryptosystème complètement homomorphe permet à un utilisateur de chiffrer une donnée x en $E(x)$ de telle sorte que tout tiers, à l'aide d'informations publiques seulement, puisse par une procédure adaptée appliquer une fonction quelconque f et calculer directement $E(f(x))$ sans avoir à déchiffrer $E(x)$. Seul l'utilisateur de départ, qui possède la clé privée pour l'algorithme D de déchiffrement, peut par la suite obtenir le vrai résultat du calcul $D(E(f(x))) = f(x)$ en clair (figure 4). Le tiers (un serveur) n'ayant aucun moyen de connaître la véritable donnée x, il en résulte que l'utilisateur peut lui déléguer toutes sortes de calculs sur des données maintenues sous forme chiffrée. Cette approche, dite « de cryptocalcul », est la seule qui soit à même de garantir pleinement la confidentialité des données même lorsque le service est malveillant ou compromis par une intrusion.

Bien que Ronald L Rivest, Leonard Adleman et Mike Dertouzos aient conjecturé l'existence d'un tel schéma dès 1978, il a fallu attendre 2009 pour que Craig Gentry propose la première solution convaincante. Les cryptosystèmes homomorphes connus à ce jour restent moins efficaces, parfois par plusieurs ordres de grandeur, que les techniques de chiffrement omniprésentes telles que RSA. Par exemple, dans la version de la bibliothèque de calcul HElib C++ publiée en 2018 par IBM, les opérations portant sur les chiffres sont environ 1 million de fois plus lentes que les mêmes opérations réalisées sur les textes en clair correspondants. La recherche scientifique internationale montre cependant un vif intérêt envers le chiffrement homomorphe et les techniques de conception de ces systèmes évoluent très vite, accompagnées d'une diminution rapide de leur coût opératoire. Les cryptosystèmes homomorphes pourraient donc se banaliser progressivement et émerger, à terme, dans des solutions industrielles et des techniques de sécurité standardisées.

Perspectives

Aujourd'hui, la cryptographie post-quantique est un sujet de recherche très actif, avec comme objectif de concevoir de nouveaux cryptosystèmes capables de résister à des attaquants disposant d'ordinateurs quantiques. Par ailleurs, le domaine des attaques physiques reste au cœur de la sécurité des implantations cryptographiques, en particulier sur des systèmes embarqués. Enfin, la cryptographie homomorphe est une direction de recherche très prometteuse dans l'optique de combiner la protection offerte par le chiffrement avec la possibilité d'effectuer des calculs sur les données concernées.

Références bibliographiques

- W. DIFFIE et M. E. HELLMAN – *New Directions in Cryptography*, IEEE Transactions on Information Theory, 1976.
- M. GARDNER – *A New Kind of Cipher that Would Take Millions of Years to Break*, Scientific American, pp. 120-124, août 1977.
- B. HAYES – *Alice and Bob in Cipherspace – A new form of encryption allows you to compute with data you cannot read*, American Scientist, 2012.
- A. KERCKHOFFS – *La cryptographie militaire*, Journal des sciences militaires, 1883.
- S. MANGARD, E. OSWALD et T. POPP – *Power Analysis Attacks - Revealing the Secrets of Smartcards*, Springer-Verlag New York Inc, 2007.

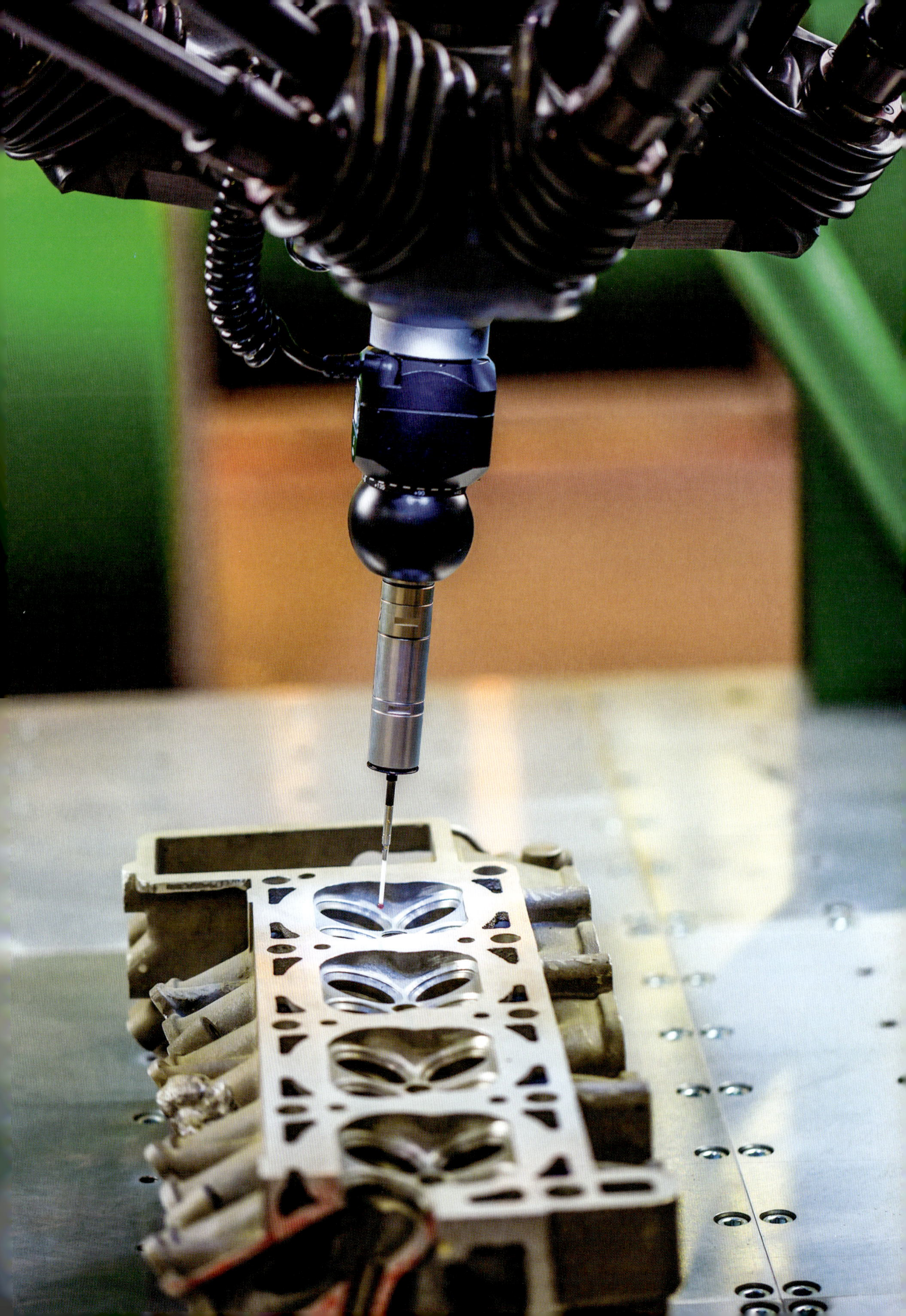

- Huitième partie -

Le calcul au service de l'ingénierie

Page précédente :

Les technologies d'aujourd'hui, couplées à des logiciels performants, permettent de fabriquer et de découper des pièces de métal de manière toujours plus précise. © Andrei Armiagov, Freepik ■

Introduction

Michel Daydé

Le numérique est devenu central dans nos sociétés et le secteur industriel a été parmi le premier à s'en emparer, notamment dans un certain nombre de domaines critiques comme la défense, l'aéronautique et l'espace, la conception de grandes infrastructures et de bâtiments, le nucléaire, la finance…

Il s'agit d'une réelle révolution dans la conception des produits industriels comme évoqué dans le premier article de ce chapitre qui montre l'importance de réaliser le modèle numérique d'un dispositif physique. Ces modèles mathématiques permettent de réduire les coûts de conception ou de tenter des expériences impossibles dans la réalité, comme la simulation d'accidents nucléaires. Aujourd'hui, il ne faut plus que 6 mois pour concevoir un Airbus, alors qu'il fallait avant plusieurs années avec de multiples essais en vol.

Cette révolution se traduit également par l'apparition de nouveaux concepts comme les « jumeaux numériques » – décrits dans le second article – s'appuyant sur les avancés en termes de calcul, d'analyse de données et d'intelligence artificielle. Ils constituent une représentation numérique d'un système réel dont ils sont censés reproduire (voire anticiper) le comportement à partir d'observations réelles et dynamiques.

Le troisième article évoque l'impact majeur de l'industrie du logiciel depuis les années 1960 jusqu'à l'explosion d'Internet et du Web à la fin des années 1990, pour devenir un moteur de croissance économique de nos jours. Il en va de même dans le domaine des industries critiques et des secteurs à risque (aéronautique et espace, nucléaire, défense, finance…) où, comme le montre le quatrième article, l'informatique et le calcul sont devenus indispensables. La vérification et la certification des codes (abordées dans le cinquième article) sont donc devenus des enjeux critiques en lien avec de grandes questions mathématiques, comme l'illustre le sixième article portant sur la preuve, autrement dit sur l'étude rigoureuse, mathématique, du sens d'un programme en vue de le valider.

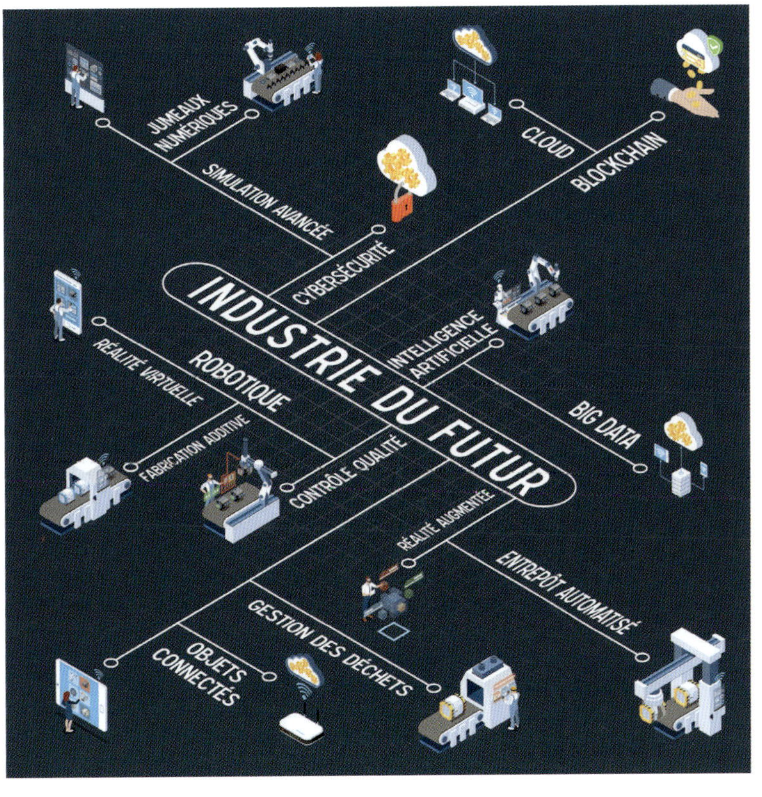

Représentation schématique de l'usine du futur. © Freepik ■

1. Des modèles mathématiques pour simuler des problèmes d'ingénierie

Philippe Helluy

Le calcul scientifique intensif est devenu un outil essentiel de la science et de l'ingénierie. Il permet de réaliser un modèle numérique d'un dispositif physique, qu'il s'agisse d'une voiture, d'un avion, d'une rivière ou même d'un volcan. Ces modèles sont plus faciles à manipuler que les objets réels. Cette approche permet de réduire les coûts de conception ou de tenter des expériences impossibles dans la réalité, comme la simulation d'accidents nucléaires pour comprendre et améliorer la sécurité des centrales (cf. p. 206).

Modéliser pour mieux anticiper

Ce processus suit plusieurs étapes : l'observation d'un phénomène réel ; le choix d'une théorie (physique, économique, écologique, etc.) permettant de l'expliquer ; l'application de cette théorie pour extraire un modèle mathématique, le plus simple possible, représentant cette réalité ; la réalisation d'une approximation de ce modèle par un modèle numérique, qui nécessite souvent le passage d'un modèle mathématique avec un nombre infini de paramètres à un modèle numérique de taille finie ; le lancement des calculs sur ordinateur ; l'évaluation de la qualité des résultats obtenus ; et enfin, l'amélioration du modèle en revenant à la première étape. Cette approche a connu de nombreux succès, qui ont permis d'améliorer les moteurs, les voitures, les avions, les prévisions météorologiques, mais aussi les stratégies de conquête de la Lune. Pour illustrer l'importance de la modélisation, prenons l'exemple d'une famille qui doit préparer des pommes de terre au four. Elle voudrait établir un modèle mathématique de la préparation de ce plat, afin d'en prédire le temps d'exécution. Il y a un espace de travail assez étroit, près de l'évier, sur lequel la famille peut poser, en plus des autres ustensiles, trois pommes de terre en attente d'être épluchées et coupées. Il y a une petite table dans la cuisine sur laquelle ils peuvent poser une dizaine de pommes de terre. Comme c'est souvent le cas en Alsace, les pommes de terre sont stockées au frais dans le noir, à la cave. Il faut descendre un escalier étroit et dangereux pour y accéder. Il est possible de modéliser cette réalité avec trois paramètres : le temps Tc pour aller à la cave, le temps Tb pour prendre des pommes de terre sur la table et le temps Te nécessaire pour prendre une pomme de terre sur le plan de travail, l'éplucher et la découper. Dans l'étape de modélisation, les aspects non pertinents sont toujours éliminés. Cela ne sert à rien de tenir compte de la forme, de la masse des pommes de terre, ou de l'âge du cuisinier. Il faut également faire des hypothèses simplificatrices. Tout le monde sait que certaines pommes de terre s'épluchent plus vite que d'autres, mais cet aspect ne sera pas pris en compte.

Voici des exemples de valeurs expérimentales aux paramètres du modèle : Tc = 180 s (3 minutes pour descendre et remonter de la cave) ; Tb = 10 s (prendre une ou des pommes de terre sur la table) ; et Te = 30 s (éplucher et découper une pomme de terre prise sur le plan de travail). S'il faut 10 pommes de terre pour le plat, voici une formule possible pour le temps de préparation : $T = Tc + 3 \times (Tb + 3\ Te) + Tb + Te = Tc + 4\ Tb + 10\ Te = 520$ secondes. Explications : un membre de la famille va chercher 10 pommes de terre à la cave et les mets sur la table de la cuisine. Puis trois fois de suite, il prend trois pommes de terre sur la table pour les mettre à côté de l'évier sur le plan de travail, et les épluche. Il y a alors 9 pommes de terre épluchées. Il en reste une sur la table, à prendre et à éplucher. Mais à l'issue de ces opérations, il y a finalement encore de la place pour quelques pommes de terre dans le plat. Il faut donc retourner à la cave chercher quatre pommes de terre. Mais au bout de trois pommes de terre épluchées, la famille s'aperçoit que la quatrième est en trop. Il faut aller la remettre à la cave. Grâce au modèle de prévision établi, le temps additionnel causé par ces péripéties peut se calculer et s'anticiper. Il est également possible d'enrichir la simulation en rajoutant plusieurs éplucheurs. Ce modèle est déjà très simple et ne comporte que trois paramètres. Il n'est donc pas nécessaire de le réduire plus pour un calcul sur ordinateur. Après avoir réalisé la recette, les calculs sur ordinateur permettront soit de vérifier que le temps de préparation correspond à peu près à la prévision, soit de corriger le modèle si nécessaire. Ce modèle est une assez bonne représentation de l'architecture récente des ordinateurs. Dans cette analogie, la cuisine représente un CPU* (*Central Processing Unit, microprocesseur*) et sa mémoire. Le processeur est le cuisinier, les données sont les pommes de terre, la mémoire est la cave et le bus de données, l'escalier de la cave. La table et l'espace étroit près de l'évier sont des analogues de la « mémoire cache ». Jusqu'aux années 1970, les ordinateurs séquentiels, avec un seul processeur et un seul type de mémoire, étaient la norme. Dans notre analogie, ces ordinateurs sont représentés par un seul cuisinier. Il n'y a pas de table ni d'espace de travail. Le cuisinier doit faire un aller-retour à la cave avant d'éplucher chaque pomme de terre. L'intérêt de la mémoire cache apparaît clairement : l'espace étroit près de l'évier est un premier niveau de mémoire cache, d'accès très rapide. La table de la cuisine est un cache de niveau deux, avec un peu plus de place, mais d'accès un peu moins rapide. Dans la cave on peut stocker beaucoup de pommes de terre, mais l'accès est long et pénible.

Travailler en parallèle pour gagner en efficacité

Depuis 1970 sont apparues des techniques telles que la mémoire cache, mais aussi le parallélisme, le parallélisme distribué, les processeurs graphiques (GPU*), les circuits logiques programmables (FPGA*), les processeurs tensoriels (TPU*), entre autres. Le parallélisme consiste à mettre plusieurs cuisiniers dans la même cuisine pour l'épluchage des pommes de terre. Dans notre analogie, pour comprendre le parallélisme distribué, il faut imaginer plusieurs familles, avec plusieurs caves et plusieurs cuisines, collaborant à l'épluchage des pommes de terre pour la fête du village. Il faut alors prévoir d'autres mécanismes de communications pour transférer des pommes de terre d'une cave à une autre ou vers la salle communale où a lieu le banquet. Une question importante se pose : supposons que la famille A épluche moins vite que la famille B, cela vaut-il la peine de transférer des pommes de terre de la cave A vers la cave B ? La réponse dépend bien sûr du temps nécessaire au déménagement des pommes de terre. La plupart des supercalculateurs d'aujourd'hui ont des architectures parallèles distribuées. Ce sont aussi souvent des ordinateurs hybrides constitués de CPU et de GPU, et donc de « cuisines » de tailles et de conceptions variées. Dans notre analogie, les CPU correspondent à des cuisines traditionnelles, avec plusieurs cuisiniers. Dans les GPU il y a beaucoup plus de cuisiniers, mais ils sont un peu robotisés et doivent tous faire le même geste en même temps. À tel point que s'il n'y a pas assez de pommes de terre, les cuisiniers en trop font semblant de les éplucher (figure 1) ! Toutes ces évolutions ont révolutionné le calcul scientifique en permettant des performances accrues. En 2023, le plus gros supercalculateur au monde est 12 millions de fois plus rapide que le Cray XMP des années 1980, qui avait la puissance de calcul d'un téléphone portable d'aujourd'hui. Dans le domaine de la production d'énergie, la simulation numérique joue un rôle important, notamment en France, avec la conception du tokamak ITER (réacteur thermonucléaire expérimental international) actuellement en construction à Cadarache. Un tokamak* est un dispositif permettant de réaliser des réactions de fusion thermonucléaire contrôlée. Si ce concept fonctionnait un jour à grande échelle, cela assurerait à l'humanité une énergie inépuisable et non polluante. La figure 2 représente une simulation de la turbulence* d'un plasma* de tokamak réalisée par le CEA au moyen du logiciel GYSELA. Ce calcul permet de prévoir le fonc-

Fig. 1 – Extrait de la bande dessinée *Le 20e de Cavalerie*, Morris et Goscinny, Dupuis, 1969 ■

tionnement du tokamak bien avant l'achèvement de sa construction. Le problème mathématique est un système d'équations aux dérivées partielles* dans un espace gigantesque. GYSELA est conçu pour tourner sur des superordinateurs possédant plusieurs centaines de milliers de processeurs. Il est très difficile d'exploiter de façon optimale ces nouvelles ressources matérielles. Les scientifiques sont en particulier très sensibles à la « scalabilité » de leur algorithme parallèle, c'est-à-dire sa capacité à gérer efficacement un nombre croissant de ressources. L'évolution des techniques de calcul a entraîné des changements dans la manière d'évaluer la complexité algorithmique. Alors qu'auparavant les opérations de calcul (l'épluchage) étaient principalement prises en compte, aujourd'hui les transferts de mémoire sont souvent le facteur limitant. La figure 3 représente une autre simulation numérique : celle du rayonnement d'une antenne Bluetooth. Pour ce calcul, la théorie utilisée est celle de l'électromagnétisme. Le modèle mathématique est constitué des équations de Maxwell*, qui permettent de prédire l'évolution des champs électrique et magnétique dans un objet quelconque, ici un corps humain. C'est un modèle de dimension infinie, car il est impossible, en pratique, de calculer exactement les champs en tout point de l'objet. Pour la numérisation, l'objet est donc partitionné en petites cellules. Pour atteindre une précision suffisante, il faut que ces cellules soient cinq à dix fois plus petites que la longueur d'onde du rayonnement Bluetooth. Leur taille est donc d'un à deux centimètres. Sur chaque cellule, on calcule l'évolution du champ électromagnétique en tenant compte des cellules voisines. Les processeurs sont chargés, ici, non pas de l'épluchage, mais de l'évaluation de la variation des champs à des instants successifs sur les cellules. Pour distribuer le calcul, les cellules sont regroupées dans des sous-domaines. Chaque sous-domaine est associé à un GPU du supercalculateur. À cause des couplages, il faut réaliser des échanges entre les GPU. Ces échanges sont assez lents comparés aux calculs. Il est donc intéressant d'effectuer une partie des calculs pendant les communications, afin de gagner du temps. Par ailleurs, dans chaque

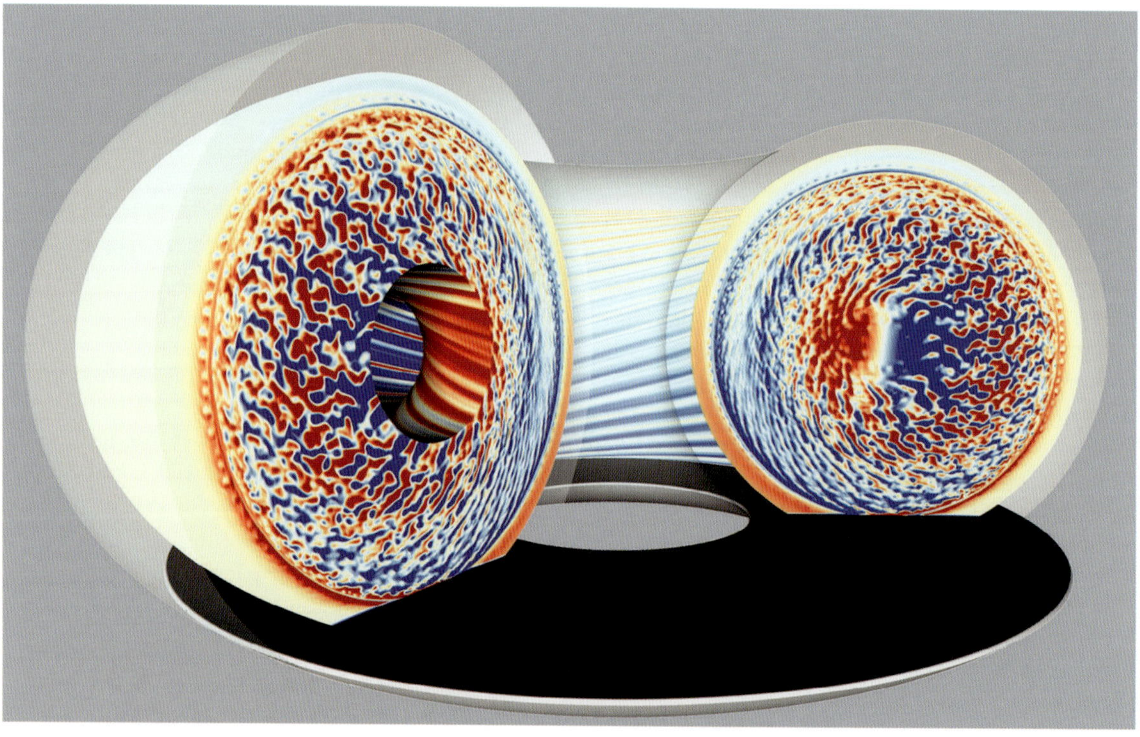

Fig. 2 – **Simulation numérique de la turbulence plasma dans un tokamak. Représentation en couleur des fluctuations du potentiel électrique.** Code couleur : bleu, fluctuation négative ; rouge, fluctuation positive ; jaune, pas de fluctuation. Le plasma d'hydrogène, chauffé à 150 millions de degrés, est maintenu en lévitation, afin de ne pas toucher les parois, dans une chambre en forme de tore grâce à des champs magnétiques intenses. Cette simulation a tourné sur 12 000 cœurs de calcul pendant 30 jours ■

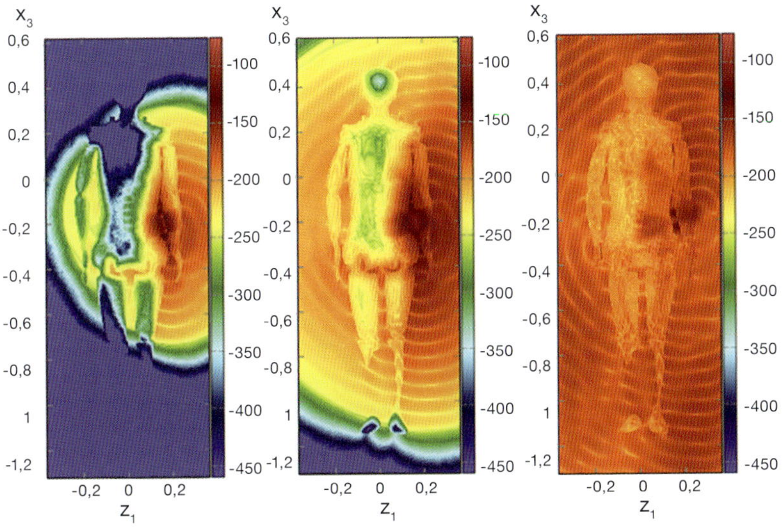

Fig. 3 – **Simulation numérique directe du rayonnement d'une antenne Bluetooth pendant 2 nanosecondes.** Représentation de l'évolution du champ électrique au cours du temps. Les images sont prises aux instants 0,5 ns, 0,9 ns et 1,8 ns. Les axes x_1 et x_3 sont gradués en mètres. Le champ électrique est rapporté au champ imposé par l'antenne avec une échelle en dB. ■

sous-domaine, les données des cellules doivent être organisées dans un certain ordre en mémoire, sinon les petits cuisiniers robotiques du GPU peinent à récupérer leurs pommes de terre, et les calculs sont fortement ralentis. Tout cela est donc fort compliqué à mettre en œuvre. Le risque d'erreurs de programmation est important… C'est pourquoi, aujourd'hui, de plus en plus d'outils logiciels sont capables de distribuer seuls des calculs sur des ordinateurs parallèles, en tenant compte de l'architecture matérielle. C'est le cas par exemple de la bibliothèque PyTorch, utilisée pour l'entraînement des modèles d'intelligence artificielle (IA). Elle permet de coder un algorithme de calcul dans le langage Python, qui est un langage interprété, donc très lent pour les calculs. Mais ce code est ensuite transformé automatiquement par PyTorch dans d'autres langages de programmation plus efficaces pour le parallélisme. Ce mécanisme permet de lancer assez facilement des entraînements d'IA sur des superordinateurs, sans être un spécialiste du calcul parallèle.

Optimiser les temps de calcul pour réduire les coûts

Revenons à la simulation de la figure 3. En 2020, ce calcul réalisé par l'Institut de recherche mathématique avancée de Strasbourg et la société AxesSim sur le supercalculateur Jean Zay (sur 256 GPU) a pris environ une journée. Un des critères importants à prendre en compte pour déterminer le coût du calcul est la taille du « pas de temps », qui est l'écart entre deux instants successifs de la simulation. Pour des raisons de stabilité mathématique, ce pas de temps ne peut pas être plus grand qu'une certaine limite. Grâce à des modifications de l'algorithme de calcul et la découverte d'un nouvel algorithme dit « cinétique* », nous avons été capables d'augmenter d'un facteur 10, puis 100, la taille du pas de temps. Cela permet, en 2023, de réaliser le même calcul en quelques heures, mais sur un ordinateur de taille beaucoup plus modeste. Aujourd'hui, des calculs que les scientifiques pensaient impossibles autrefois sont rendus possibles grâce à l'évolution technologique des ordinateurs. Cependant, leur réalisation est bien plus complexe. Les modèles mathématiques, numériques et les algorithmes doivent être choisis en tenant compte de l'architecture de l'ordinateur. De plus en plus de bibliothèques logicielles permettent de simplifier le travail en s'adaptant automatiquement à l'architecture matérielle. L'ingénierie du logiciel prend aussi une place de plus en plus importante, avec des techniques de tests, de validations et de documentation permettant d'assurer la fiabilité et la qualité des logiciels scientifiques. Enfin, une nouvelle révolution est en marche, celle de l'intelligence artificielle. L'IA est déjà utilisée pour l'assistance à l'écriture et à l'optimisation de code de calcul, mais aussi pour l'amélioration des modèles mathématiques et numériques. Nul doute que les années à venir vont être à la fois passionnantes et mouvementées dans le domaine de la modélisation numérique intensive.

Références bibliographiques

- www.idris.fr/media/jean-zay/grands-challenges/grands-challenges-idris-2020.pdf
- irfm.cea.fr/Phocea/file.php?class=pere&file=Images/Page/677/SenF_4-web_VF.pdf

2. Industrie du futur et jumeaux numériques

François Bodin, Bart Lamiroy et Alain Refloch

Dans l'industrie, l'incorporation de nouvelles technologies est un processus continu. En complément de la simulation numérique, d'autres concepts tels que la maquette numérique, la gestion des données produites, le management du cycle de vie des produits, l'ingénierie des systèmes, le Big Data et l'intelligence artificielle ont été introduits. Ils sont généralement associés à des processus et des méthodologies formalisés et sont souvent instrumentalisés dans des logiciels commerciaux.

Le jumeau numérique est un concept qui a été rendu possible par la maturité atteinte dans la mise en œuvre de ces processus et outils, eux-mêmes rendus possibles par l'augmentation de la puissance de calcul disponible et la capacité de transmettre, stocker et traiter des données massives. Il s'agit d'une représentation numérique d'un système réel dont elle est censée reproduire (voire anticiper) le comportement à partir d'observations réelles et dynamiques. Le jumeau numérique est utilisé à des fins de planification, d'ajustement, de vérification, de contrôle, de diagnostic... Il est issu des problématiques de simulation industrielle, mais s'étend maintenant à un large

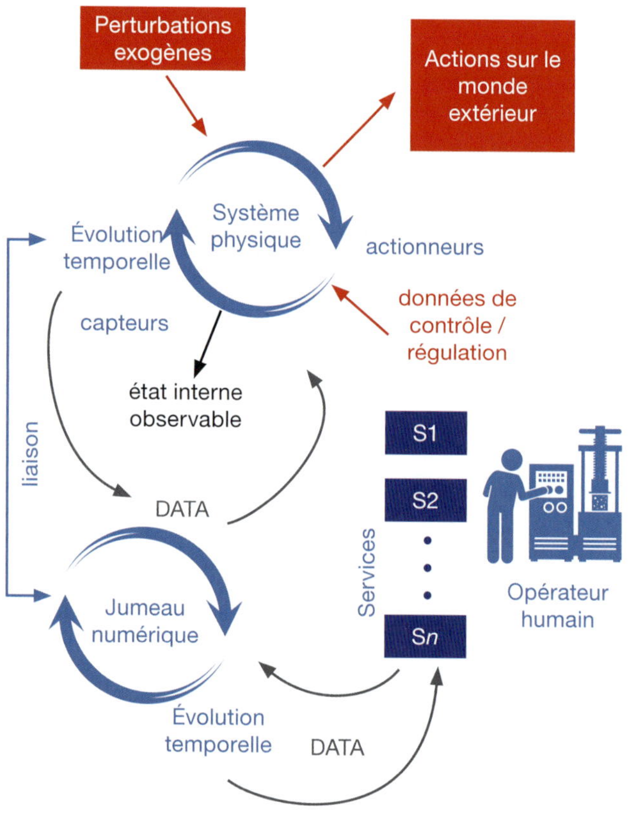

Fig. 1 – **La technologie des jumeaux numériques est composée de deux processus.** Tout d'abord, un système physique qui agit sur le monde extérieur au travers d'actionneurs, et peut en subir des perturbations. Son état interne ou celui de son environnement peut être observé *via* des capteurs. Et ensuite, une représentation numérique de celui-ci, chacun évoluant selon sa propre temporalité (qui peut être synchrone ou non). Ils sont connectés par des liaisons permettant d'échanger des données (lecture de capteurs, envoi de commandes...). Le jumeau numérique offre un ensemble de services (de contrôle, de supervision, de planification...) à des opérateurs humains ■

spectre de systèmes. Si l'aéronautique, l'automobile et l'énergie en restent de grands utilisateurs, il émerge maintenant aussi dans l'urbanisme, la santé et l'écologie.

Principe général d'un jumeau numérique

Un jumeau numérique est une représentation numérique d'une entité physique, qui s'appuie sur cinq éléments (figure 1). Il faut tout d'abord un système physique, c'est-à-dire un équipement, une partie d'un objet, un processus de fabrication ou un procédé d'optimisation de la performance d'un produit. À ce système physique est associé un jumeau, c'est-à-dire une représentation virtuelle de l'espace physique, qui consomme les données produites par celui-ci et lui fait un retour d'information. Ces deux espaces sont ensuite connectés grâce à des liaisons permettant l'échange d'information de façon mono- ou bidirectionnelle. Les caractéristiques de ces liaisons (vitesse, latence, capacité...) dépendent de la nature des phénomènes considérés. Sur ces liaisons circulent des données, qui peuvent être composées d'observations de l'environnement, de l'état interne du système physique ou produites par le jumeau numérique. Enfin, le cinquième et dernier élément concerne les services permettant d'interagir avec l'ensemble en fonction des usages.

La création d'un jumeau numérique (JN) est le fruit d'un travail multi-métiers et multi-technologies, qui nécessite une cohérence logicielle entre tous les outils qui le constituent, dans une démarche transversale à l'ensemble de ces métiers. En témoigne, par exemple le projet de JN dans le nucléaire, piloté par EDF et qui a mobilisé 186 équivalents temps plein sur quatre ans, et a associé des spécialistes du nucléaire (EDF, Commissariat à l'énergie atomique CEA, Framatome, Corys), de laboratoires de recherche académique et des entreprises aux compétences variées dans l'informatique, le traitement des données et la création d'interfaces.

Prenons l'exemple des jumeaux numériques utilisés dans le contexte aéroportuaire de la logistique et de l'acheminement des bagages. Ils permettent de répondre à deux besoins distincts : l'aide au dimensionnement des infrastructures et le monitoring afin de détecter en temps réel des défaillances, rejouer des scénarios et faire des diagnostics. Ici, le JN modélise de façon fidèle l'ensemble des convoyeurs, aiguillages et autres actionneurs ainsi que les capteurs et logiciels de commande permettant d'acheminer les bagages entre les différentes zones de l'aéroport. Dans sa version « dimensionnement » (figure 2), le JN a servi pour guider les choix des localisations précises d'implantation, de capacité, de vitesse et de puissance des composants (en simulant différents scénarios de flux de voyageurs, de départs et arrivées de vols, etc.). Dans ce cas, les données opérationnelles de simulation sont les données « théoriques » fournies par les constructeurs des composants à installer, combinées avec des données réelles relevées sur site des ouvrages ou autres composants déjà présents. Dans sa version monitoring, le JN intègre un modèle plus précis paramétré par les observations de l'installation en opération et est intégré avec le système d'information qui communique en temps réel les enregistrements et livraisons de bagages ainsi qu'avec l'ensemble des capteurs déployés sur les installations. Il permet de prévenir des opérateurs d'événements inhabituels et de déclencher des opérations correctives. Il enregistre aussi l'ensemble des états des capteurs permettant de rejouer des situations réelles observées pour des besoins d'analyse approfondie.

Considérations technologiques

La mise en œuvre d'un jumeau numérique, dans les cas les plus complexes, nécessite de nombreux éléments dans une approche de type System of Systems : des modélisations mathématiques des différents phénomènes physiques couplées avec des méthodes d'assimilation de données ; des modèles d'intelligence artificielle ; des capteurs permettant de connaître l'état de l'entité physique ; et des capacités de traitement et d'analyse des données. Dans le cas de la modélisation d'un de ses parcs éoliens off-shore, Total Énergies travaille non seulement sur le comportement mécanique des éoliennes, mais également sur l'intégration des problématiques de la houle, des courants marins et des vents, ainsi que sur les effets de traînée des éoliennes les unes sur les autres (figure 3). Le jumeau numérique est toujours défini pour une configuration précise. Dans l'exemple aéroportuaire, il s'agit d'un modèle de système de convoyeurs avec des problématiques de congestion, d'ordonnancement, de latences variables, de régimes transitoires... Pour le parc éolien, le modèle de parc d'éoliennes fait intervenir des modèles continus complexes de mécanique des fluides, de comportement et résistance de matériaux, etc. La mise à jour en temps réel est possible grâce à l'utilisation de capteurs et de moyens de communication. Le jumeau numérique est destiné à répondre à des interrogations telles que la pose de diagnostics en cas de problème, la détection de défaillances ou la planification de périodes de maintenance. Il doit donc être auto-adapté pour réagir au changement d'environnement et de configuration de l'entité physique ; auto-régulé pour que ses capacités restent en ligne avec celles de l'entité physique ; auto-monitoré pour contrôler les paramètres du système physique afin d'être pertinent pour ses cas d'usage ; et enfin capable de s'autodiagnostiquer pour connaître son état de santé au regard de sa capacité à représenter son jumeau physique.

Usages

Dans l'industrie, le principal usage des jumeaux numériques est de permettre une maintenance préventive. L'observation d'un système à travers son jumeau aide à prédire la survenue de pannes ou d'usures de pièces bien avant la manifestation d'un réel défaut de fonctionnement. Ils permettent également de détecter des anomalies de fonctionnement. Dans des systèmes complexes résilients, des défauts ou anomalies peuvent passer inaperçus mais finir par s'accumuler et s'amplifier à terme. Dans le cas des aéroports, il peut s'agir de la saturation non détectée de zones tampon ou de la perte de bagages qui tombent des convoyeurs. Le jumeau peut contribuer à les identifier et permettre d'intervenir à temps. Les jumeaux numériques aident aussi à la simulation de comportements et à la planification. En effet, le coût pour tester le paramétrage correct avant une réelle mise en production peut être exorbitant ou à trop fort risque. Le JN permet de le faire sans mettre en péril le projet physique tout en gagnant du temps grâce à sa capacité d'exécution accélérée. Il est également d'une aide précieuse dans l'analyse des données. Le jumeau numérique est l'outil idéal pour analyser les données : ses liens avec le système physique en font un agrégateur de données facilitant la mise en œuvre d'outils de consolidation des données brutes des capteurs ; sa dimension numérique et « virtuelle » permet également de générer de grandes masses de données simulées conformes à des opérations réelles pour, par exemple, alimenter des algorithmes d'apprentissage. Il permet ainsi d'optimiser le fonctionnement du système physique en amont de la mise en production ou en exploitation, mais également d'anticiper la provenance de défaillances ou de faire du diagnostic. Enfin, grâce à lui, l'opérateur exerce un contrôle sur l'entité physique : soit de façon automatique, soit en combinant le JN avec des environnements de réalité virtuelle ou augmentée et d'interfaces Humain-Machine, ainsi qu'avec des éléments de prise de décision, d'action et de contrôle. Les usages concrets et documentés dans un environnement opérationnel relèvent généralement du secret industriel, et si beaucoup de grands groupes communiquent ouvertement sur leurs investissements dans les jumeaux numériques), les détails et les niveaux de maturité technologique effectifs sont difficiles à obtenir car ils exposeraient des parties de processus et des relations avec des partenaires souvent confidentielles.

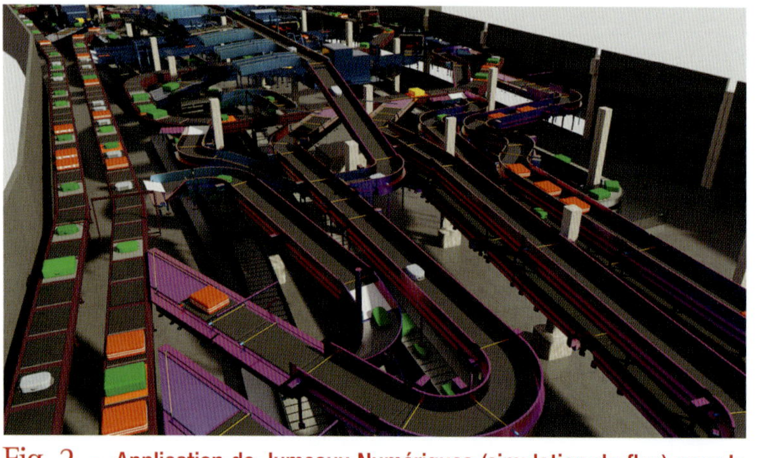

Fig. 2 – **Application de Jumeaux Numériques (simulation de flux) pour la réalisation d'un système de tri de bagages dans un aéroport international. © HUB PERFORMANCE / ALFYMA** ■

Défi des architectures haute performance

Les jumeaux numériques opérationnels sont conçus pour fonctionner dans des conditions économiquement justifiables, et, de fait, sont généralement dimensionnés pour fonctionner avec des ressources de calcul standards et avec des infrastructures de recueil, de communication et de stockage de données habituellement utilisés dans l'industrie. Dans certains cas, comme pour le parc d'éoliennes off-shore, des besoins exceptionnels de recueil de données, de vitesse de traitement ou de capacité de calculs existent. Adresser ces besoins relève généralement de la recherche & développement et des prototypes expérimentaux.

La nature distribuée des données et du traitement est intrinsèque à la problématique des JN : l'entité physique est rarement située dans la même enceinte que les ressources informatiques (donc de son JN), ce qui impose de nombreuses contraintes sur l'accès aux données (débit, latence) et sur leurs chaînes de traitement (souvent réparties sur plusieurs ressources de calcul). Les données issues des capteurs pourront, par exemple, être prétraitées au niveau de l'Edge (c'est-à-dire sur des calculateurs directement associés ou intégrés aux capteurs) ; tandis que les process complexes pourront s'exécuter dans le Cloud ou dans un centre de calcul dédié. Ainsi, l'enjeu majeur, au-delà de l'exploitation en temps réel des grands volumes de données, concerne le dimensionnement, le déploiement et l'interopérabilité des infrastructures nécessaires à leur stockage, transmission et traitement, sur des architectures distribuées et hétérogènes (IoT, Edge, Fog...). À cela il faut ajouter la nécessité d'utilisation d'interfaces de réalité virtuelle ou augmentée pour faciliter les interactions humains-machines avec les JN. Ceci pose de nombreux défis, certains de nature scientifique comme les précédents, d'autres de natures économique et sociétale. Calculer, par exemple, le retour sur investissement d'un jumeau numérique complexe est difficile, compte tenu de l'ampleur des investissements nécessaires et de la multitude de disciplines impliquées. La validation d'un JN avant sa mise en production et sa maintenance en cours d'exploitation peuvent être très coûteuses, en particulier lorsqu'il faut tenir compte de la sécurité du système et des réseaux, de la gouvernance des données et de l'efficacité énergétique pour réduire l'impact environnemental. Enfin, de nouveaux défis émergent quant à la propriété intellectuelle du JN ou de ses différents composants. Constitue-t-il une œuvre originale distincte de l'objet physique qu'il représente ou est-il un prolongement technique de cet objet ?

Fig. 3 – Le sillage des éoliennes du parc offshore Horns Rev 1, à 14 km de la côte ouest du Danemark, en 2008. © Christian Steiness, Vattenfall ■

Conclusion

La technologie des jumeaux numériques devrait impacter fortement l'offre industrielle et son volet commercial, car ce n'est plus un produit qui sera vendu, mais un service disponible sur des plateformes Cloud. Cependant, des progrès restent à faire (sur les modèles, la logistique des données, la standardisation...) pour que les JN capturent des entités physiques complexes de façon durable et éthique. De ce point de vue, le sujet reste tout autant un enjeu de recherche académique que de recherche et développement. Il est important de souligner que le terme de « jumeau » lui-même porte à débat dans la mesure où il donne l'impression de viser à reproduire exhaustivement le système physique. Or, son objectif est plutôt de représenter la partie nécessaire à un usage particulier. De même, dans le contexte plus large de l'industrie 4.0 (surveillance et contrôle en temps réel des machines), son rôle n'est pas forcément de mener à une hyper-automatisation, mais, au contraire, de fournir des outils aux opérateurs humains qui restent centraux dans la boucle. L'arrivée des JN dans l'industrie induit, par ce fait, également des mutations humaines profondes dans l'exercice des métiers.

Références bibliographiques

• S. MIHAI *et al.* – *Digital Twins: A Survey on Enabling Technologies, Challenges, Trends and Future Prospects*, IEEE Communications Surveys & Tutorials, vol. 24, n° 4, 2022.

• F. TAO *et al.* – *Digital twin modeling*, Elsevier, Journal of Manufacturing Systems 64, 2022.

• M. BOUZEGHOUB et R. MOSSERI (dir) – *Les Big Data à découvert*, CNRS Éditions, 2017.

• www.science-et-vie.com/article-magazine/villes-connectees-voici-les-premiers-jumeaux-numeriques

3. Chaîne de production ou production à la chaîne : l'impact de l'industrie du logiciel

Xavier Blanc

La fin des années 1950 marque l'essor de l'industrie du logiciel, lorsque les constructeurs d'ordinateurs décident de séparer la vente des machines physiques de celle des logiciels. Les années 1960 à 1990 sont ensuite les témoins de la naissance de cette industrie et de sa croissance rapide. De nouvelles méthodes sont proposées, accompagnées d'outils de production révolutionnaires. En quelques dizaines d'années, l'industrie du logiciel devient l'une des industries les plus importantes. À la fin des années 1990, la vague Internet déferle et provoque un changement de paradigme. Le numérique s'installe alors dans tous les domaines et devient incontournable.

La production des logiciels

Avant de traiter de l'industrie du logiciel et de la production de logiciels, il est important de bien définir le concept de « produit logiciel ». En effet, pour comprendre la manière dont est produit un objet il faut déjà connaître la nature de l'objet à produire. Un produit logiciel est un produit fini dont la vocation est d'être exécuté sur un ordinateur, et ce, dans le but d'être utilisé par ses utilisateurs. Il s'agit d'un objet numérique et immatériel, composé de plusieurs ressources nécessaires à son exécution : code source, code binaire, scripts de déploiement, bases de données, etc. De fait, un produit logiciel est malléable et donc relativement facile à faire évoluer. Il subit de nombreuses modifications alors qu'il est utilisé par ses utilisateurs. Le terme anglais *software* fait d'ailleurs référence à cette nature (*soft*) contrairement aux machines physiques qui, elles, peuvent moins facilement évoluer (*hard*). Lors de la phase de production, l'objectif est de développer toutes les ressources qui constituent les produits logiciels (partie développement), puis de réaliser leur mise en opération sur des ordinateurs afin qu'ils soient utilisables (partie opérationnelle). Avant les années 2000 et l'adoption massive d'Internet, les produits logiciels étaient livrés sur des supports physiques (disquettes ou CDROM). La partie développement du produit logiciel était prépondérante. Il fallait, en effet, garantir un haut niveau de stabilité sous peine de mettre au rebut des milliers ou des millions de supports physiques et de perdre des années de travail. Les utilisateurs qui recevaient les supports physiques devaient installer eux-mêmes les logiciels sur leurs machines pour pouvoir les utiliser. À partir des années 2000, de plus en plus de produits logiciels sont devenus accessibles via Internet, ce qui a modifié drastiquement la partie opérationnelle de leur production. Il a fallu non seulement développer les produits logiciels, mais aussi les installer sur des serveurs et faire en sorte que ces serveurs soient toujours accessibles quel que soit le nombre d'utilisateurs. La charge de la mise en opération est passée de l'utilisateur au producteur. Aujourd'hui, la production de logiciels intègre la partie développement et la partie opérationnelle, pour former le continuum « DevOps » (figure 1).

Chaîne de production et production à la chaîne

La production de logiciels suit les mêmes procédés que ceux d'une chaîne de production industrielle classique, avec trois contributions majeures. La première concerne l'agilité. En effet, depuis l'accéléra-

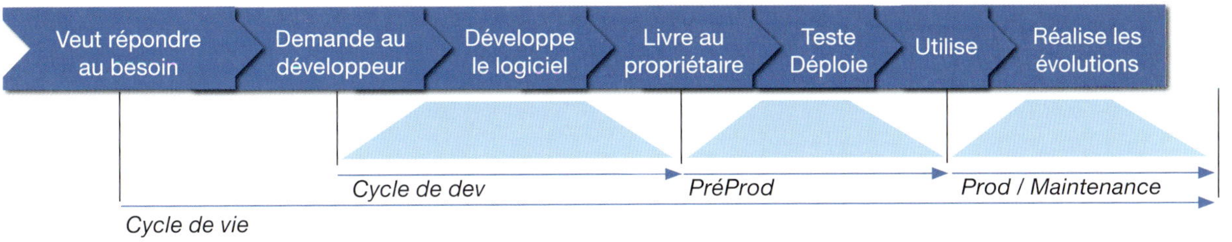

Les étapes de la chaîne de production de logiciel ■

tion portée par Internet, l'industrie du logiciel soutient les changements rapides et fréquents des besoins. L'objectif est de supporter l'adaptation de la production en fonction des attentes des utilisateurs. Les méthodes agiles ont été les premières à incarner cette orientation. La deuxième contribution est la conception modulaire et le couplage faible qui permettent de produire des petits modules relativement indépendants qui peuvent être assemblés et désassemblés très facilement alors même que le logiciel est opérationnel. Ce principe, apparu très tôt dans l'histoire de l'industrie du logiciel, est continuellement renforcé. Enfin, la troisième contribution est celle de la livraison et du déploiement continu. L'industrie du logiciel vise à automatiser les étapes de production afin que les utilisateurs puissent disposer rapidement des logiciels. L'automatisation va même jusqu'au pilotage dynamique des plateformes d'exécution. Ces trois marqueurs illustrent la rupture introduite par l'industrie du logiciel par rapport aux industries préexistantes. En effet, l'objectif n'est pas de produire des produits en masse mais plutôt de livrer instantanément un produit à des masses d'utilisateurs tout en supportant une évolution continue du produit. L'accent est mis sur la rapidité de livraison plutôt que sur la quantité de produits à livrer. Il faut s'adapter à la demande quitte à anticiper et à changer rapidement de cible. Ainsi, les principes du taylorisme (production à la chaîne et organisation du travail) ne sont plus pertinents dans ce contexte. La notion de rendement change de sémantique. Il faut accélérer sans cesse le rythme de la chaîne de production tout en maintenant une qualité nécessaire et ne pas décevoir l'utilisateur. Les quatre métriques phares deviennent la fréquence de déploiement, le délai d'exécution des changements, le temps moyen de récupération et le taux d'échec des changements.

L'impact de l'industrie du logiciel

Il est certainement trop tôt pour faire le bilan complet de l'industrie du logiciel, mais elle a déjà une influence non négligeable sur les autres industries, notamment avec le concept d'« agilité » qui a dépassé le monde du logiciel en se démocratisant. La conception modulaire et le couplage faible sont aussi réemployés dans les domaines tels que l'architecture ou l'électronique qui semblaient pourtant incompatibles. La livraison continue et l'automatisation jusqu'en bout de chaîne commencent à se diffuser avec la robotisation et la configuration adaptative des chaînes. L'accélération est, quant à elle, nécessaire dans toutes les industries. Le revers de la médaille porte sur le coût, qu'il soit matériel ou humain. L'accélération du rythme de la chaîne de production n'échappe pas aux lois de la physique : le système s'échauffe et créé de plus en plus de déchets. Aujourd'hui les chaînes de production tournent en continu et consomment énormément d'énergie alors qu'elles fournissent des évolutions bien souvent mineures. Il est nécessaire de trouver un compromis juste entre accélération et consommation. Le challenge principal réside dans la maîtrise de la chaîne de production sous peine de faire casser tout le système.

Références bibliographiques

- https://manifesteagile.fr
- J. PRINTZ – *Architecture logicielle: Concevoir des applications simples, sûres et adaptables*, Dunod, 2009.
- A. SACQUET et C. ROCHEFOLLE – *Mettre en œuvre DevOps. Comment évoluer vers une DSI agile*, Dunod, 2021.
- Y. CASEAU – *L'approche Lean pour la transformation digitale*, Dunod, 2020.

4. Le numérique au service des industries à risque et des systèmes critiques

Christophe Calvin et Guigone Camus

Aujourd'hui, le numérique a investi tous les domaines de la société. Historiquement, le monde de l'industrie fut l'un des premiers à adhérer à cette révolution technologique et numérique, notamment au profit des secteurs dits « critiques » ou « à risques ». Ceux-ci étant représentés par des activités cruciales du point de vue socio-économique, politique et stratégique : aérospatiale, aéronautique, nucléaire, défense, finance... Outil au service de la réactivité, de l'anticipation et de la prévision, l'informatique s'est très vite rendue indispensable dans ces secteurs. À l'instar du domaine militaire, l'aérospatiale fut également pionnière dans l'utilisation et l'application de l'informatique, et ce dès les prémices de la course à l'espace. Au début des années 1960, les premiers calculs de trajectoires des engins spatiaux de la NASA pour les programmes *Mercury* et la mission *Apollo 11* furent réalisés par trois femmes de l'ombre, surnommées les « calculatrices humaines » de la NASA : les afro-américaines Katherine Johnson, Dorothy Vaughan et Mary Jackson. Elles furent remplacées par un IBM 7090, ordinateur commercialisé dès 1959. Une machine que, finalement, seule Dorothy Vaughan réussit à programmer... Quant à Katherine Johnson, elle fut rappelée pour revoir tous les calculs

Fig. 1 – **Simulation des écoulements à l'intérieur d'un concept de réacteur nucléaire.** Visualisation de la température des fluides caloporteurs. Cette simulation illustre la modélisation des écoulements d'un réacteur nucléaire de quatrième génération en fonctionnement nominal. Le fluide caloporteur (ici du sodium) circule dans le cœur du réacteur de bas vers le haut. Il revient froid en bas et s'échauffe progressivement en traversant le cœur du réacteur, assurant son rôle d'évacuation de la chaleur. Le sodium sort ensuite du cœur à environ 550 °C avant d'être envoyé vers les échangeurs intermédiaires pour être refroidis. Le sodium refroidit revient en fin de cuve, et est réinjecté dans le cœur à l'aide de pompes, bouclant ainsi le circuit. Sur cette figure, le sodium froid est en bleu et plus la couleur tend vers le jaune, plus la température augmente. © CEA ■

automatiques de l'ordinateur voués au lancement du premier vol orbital *Friendship 7*... Cette histoire illustre bien comment l'informatique permet de calculer, automatiquement et rapidement, des solutions à des problèmes complexes dans les domaines prioritaires de la défense ou de la conquête de l'espace, mais qu'elle ne peut se passer de l'intervention humaine pour les étapes de vérification et de validation des résultats et des programmes (cf. p. 216).

La modélisation numérique, processus de mise au point d'un modèle destiné à représenter un phénomène ou un système spécifique, constitue une des applications de l'informatique. À partir d'un modèle fondé sur des séries d'équations, le comportement de tout système peut être simulé. Ainsi, ces modèles numériques s'avèrent-ils très utiles pour anticiper et prédire les réponses d'un système critique à un ensemble de contraintes. Seule l'informatique peut résoudre rapidement l'ensemble de ces équations, au vu du nombre phénoménal de données, de paramètres et d'inconnues qui peuvent être utiles au modèle numérique (plusieurs millions, voire milliards d'inconnues).

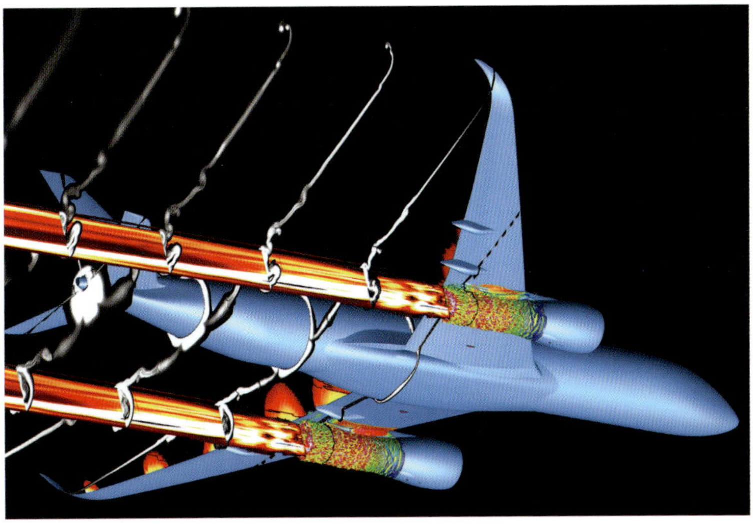

Fig. 2 – **Étude du sillage d'un avion de transport par simulation numérique avancée.** Les outils numériques pour l'évaluation et l'analyse des phénomènes propres à l'aérodynamique externe des configurations d'avions (commerciaux, d'affaires, aviation légère...) de l'ONERA permettent une visualisation de la turbulence engendrée par les réacteurs. Ces simulations permettent l'amélioration des performances aérodynamiques des avions notamment en étudiant les traînées engendrées par la propulsion. Sur cette figure sont représentées la turbulence engendrée par les réacteurs et les lignes de vorticité transverses à l'écoulement principal. © ONERA ■

Modèles et jumeaux numériques

Les jumeaux numériques, basés sur la notion de modèle numérique, sont de plus en plus utilisés (cf. p. 206). Ils servent non seulement à optimiser la conception d'un système mais aussi à le tester virtuellement dans différentes configurations, dont les plus extrêmes, comme les situations accidentelles. Ces tests virtuels permettent à la fois de valider un concept dans des configurations difficiles à tester en réel (comme un accident d'avion) mais aussi de gagner du temps et de l'argent (les crash-tests d'un prototype de voiture peuvent être restreints au seul concept final pour passer les niveaux de certification requis). La figure 1 est un exemple d'utilisation de modèle numérique pour la conception de réacteur nucléaire. Partant de modèles dits « grossiers » , dans le sens où ils ne visent pas systématiquement à reproduire le plus exactement possible la réalité, mais plutôt un équilibre entre le temps d'évaluation du modèle (et donc d'un jeu de paramètres) et sa fidélité, les modèles appliqués à l'industrie critique requièrent une quantité massive de calculs, compte tenu de l'ensemble des paramètres à tester, et proportionnellement aux risques que représenterait leur défaillance.

La complexité des objets réels modélisés est telle qu'il devient impossible de les représenter au travers d'un seul et même modèle numérique. De fait, un modèle de système peut être fragmenté en plusieurs « modèles par parties » indépendants. Dans le domaine de l'aéronautique, il sera nécessaire de créer des jumeaux numériques de certaines parties d'un avion seulement afin de modéliser le comportement d'un seul sous-système tel que le train d'atterrissage. À l'inverse, il sera possible de simuler un objet complet afin de ne tester qu'une seule situation spécifique. Ainsi, par exemple, l'aérodynamique externe et la turbulence engendrée par les réacteurs d'un avion peuvent-elles être modélisées pour travailler à la minimisation de leur impact acoustique (figure 2) ? Outre leur usage prédictif, les jumeaux numériques trouvent une application dans les phases de production et/ou de fonctionnement des systèmes. Ainsi les systèmes dits embarqués, objets numériques autonomes, assimilent des contraintes en temps réels, simulent tout ou partie du système, puis assurent tout ou partie des fonctions de pilotage au bénéfice du transport aérien (pilote automatique), de l'automobile (freinage ABS, systèmes GPS) ou encore de l'énergie (centres de commandes de centrales thermiques nucléaires et classiques). Parallèlement, ces modèles temps réels intègrent une capacité de prédiction, de manière à anticiper des actions et des prises de décisions dans des domaines aussi variés que l'environnement pour anticiper le plus vite possible les conséquences d'une catastrophe (tremblements de terre, tsunamis), ou encore la prédiction de tendances en vue de la validation d'ordres d'achat et de vente sur les marchés boursiers. Avec comme contrainte première la rapidité des prédictions (que ce soit pour les catastrophes ou les marchés), sans sacrifier la véracité. La validation d'un modèle numérique est donc une étape cruciale, notamment en matière d'industrie critique : comment s'assurer que le modèle numérique est fidèle à la réalité et comment quantifier l'écart avec cette réalité ? La validation requiert de comparer les résultats du modèle en question avec des valeurs dites de référence, qui sont obtenues soit grâce à des expérimentations soit via d'autres modèles numériques. Cette comparaison de modèle à modèles requiert l'usage de calculs, en tant que pourvoyeurs de valeurs de référence, qui s'approchent au plus près de la réalité physique, en réduisant au mieux les approximations. Ces simulations numériques dites de référence impliquent soit la résolution précise d'équations à plusieurs millions voire plusieurs milliards d'inconnues, sur des temps de simulation très longs et pour un domaine restreint (méthodes de simulation numérique directe en mécanique des fluides, figure 3), soit l'utilisation de méthodes statistiques de type Monte Carlo* pour obtenir une solution dite convergée, comme en physique des réacteurs. Dans tous les cas ces méthodes nécessitent des puissances et des ressources de calcul considérables, que seuls des supercalculateurs peuvent prendre en charge. Outre la démarche de validation d'un modèle numérique par rapport à des valeurs de référence expérimentales ou calculées, une des complexités de la modélisation tient à la quantification et à la maîtrise des écarts, qui déterminent les degrés d'incertitude d'un modèle et lui confère ainsi son niveau de confiance. Si certains modèles permettent d'intégrer en leur sein cette quantification des écarts, la majorité requiert, après élaboration, d'adopter une approche statistique complémentaire. Cette approche consiste à générer des variations de nombreux paramètres de calcul pour être en mesure de déterminer la sensibilité du résultat ainsi que les incertitudes, en comparaison aux résultats de référence. Cette démarche entraîne la réalisation de plusieurs dizaines voire plusieurs centaines de simulations.

Les tendances actuelles et futures

La modélisation et la simulation numériques occupent une place prépondérante dans les industries critiques et sont déterminantes dans nombre de leurs processus : conception, fonctionnement, sûreté, pilotage, etc. L'utilisation généralisée de ces technologies s'accompagne de besoins croissants en termes de puissances de calcul. Si toutes les industries critiques n'ont pas recours à des supercalculateurs puissants, elles utilisent néanmoins systématiquement des moyens de calcul de haute performance, le HPC, *High Performance Computing* (cf. p. 80). Le HPC est particulièrement pertinent dans le cadre d'études dites exploratoires, qui peuvent nécessiter plusieurs jours de calcul afin de réaliser des simulations extrêmes et difficilement accessibles en production habituelle. Ces calculs servent à évaluer les possibilités et les apports des outils de simulation numérique de pointe qui seront utilisés dans le futur. Un futur toujours plus proche, compte tenu de la rapidité de l'évolution des puissances de calcul, dont les performances permettent parfois, en quelques années, de passer d'une simulation nécessitant du HPC à une simulation réalisable sur un ordinateur de bureau.

Parallèlement à l'usage systématique de la simulation dans les industries critiques, les deux champs de la science des données et de l'intelligence artificielle (IA), se sont considérablement développés depuis une dizaine d'années. L'adoption de ces outils, de même que leur évolution et leur extension, avancent à un rythme encore plus rapide que celui du développement de l'utilisation de la simulation numérique. Cela tient à la très grande quantité de données produites par les différents systèmes industriels ou par les instruments de surveillance des installations. Par ailleurs, l'exploitation par des IA de ces données est bien plus accessible que la mise en place d'outils de simulation numérique performants et fiables. Ces usages des données ouvrent de nouveaux champs dans l'utilisation du numérique appliqué aux industries critiques, telle la maintenance préventive. Cependant pour que ces nouveaux outils entrent pleinement en production, une gestion rigoureuse des données (leur qualité, leur pérennité) s'impose, de même que

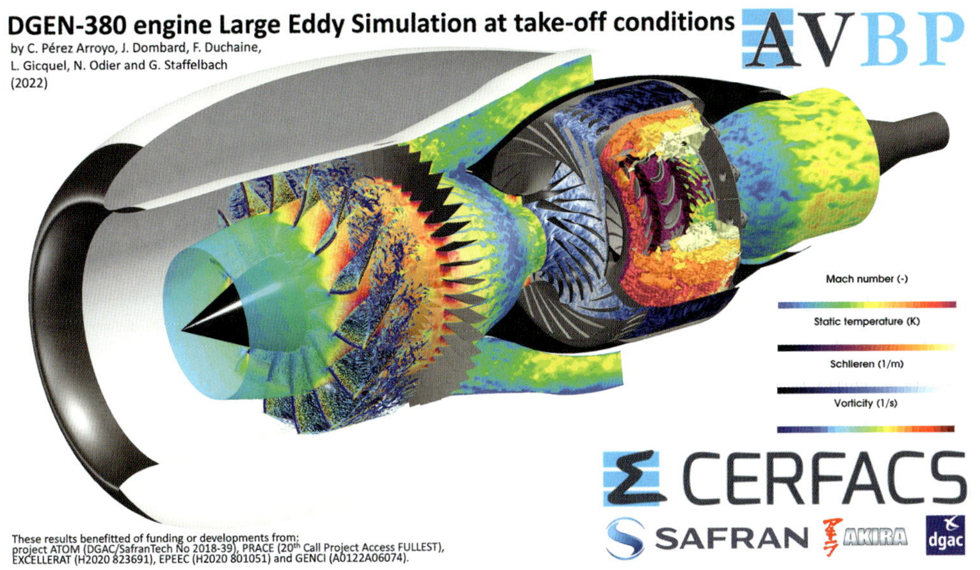

Fig. 3 – **Contours instantanés du DGEN-380 LES illustrant le nombre de Mach dans la région avant, les gradients de densité dans le compresseur, les fluctuations de pression dans le carter (enveloppe de protection du moteur) et la température dans la chambre de combustion.** Les 360 degrés azimutaux du ventilateur, du compresseur radial et de la chambre de combustion avec plus de 2,1 milliards de mailles sont inclus. La simulation intégrée a été comparée au cycle thermodynamique théorique, ce qui a donné des résultats avec une différence de 2 %. En outre, cette simulation a été validée par rapport à la simulation LES des composants individuels, avec une différence inférieure à 1 %. © Cerfacs ■

s'imposent des processus de « certification » permettant la validation des outils d'IA afin d'accroître la confiance en leurs utilisations. S'impose également une relation de plus en plus étroite entre données (souvent issues de capteurs au plus proches des systèmes physiques) et capacités de stockage et de traitement de données, et outils de simulation numérique. Dans le domaine des industries critiques, les données doivent rester accessibles à tout moment, tout en étant préservées de la malveillance et des dommages. On parle désormais de « Continuum Digital » entre source et traitement de cette donnée, avec le développement et le déploiement d'outils logiciels permettant de gérer, de manière sécurisée et efficace entre les différentes infrastructures matérielles et réseaux informatiques, ces flots de données et flux de traitement (« *From Edge to Cloud* », cf. p. 84).

Conclusion

Le numérique n'aura mis que quelques décennies pour s'imposer dans le fonctionnement de toutes les infrastructures qui soutiennent et protègent nos sociétés modernes et en particulier dans le domaine des industries critiques. Les modèles numériques atteignent parfois une telle perfection en termes d'anticipation des possibles, qu'ils semblent absorber toutes les dimensions du réel et du virtuel et réduire l'espace et le temps en un flux ininterrompu de données et de calculs. Nourries par l'intelligence artificielle, ces évolutions représentent un progrès technologique qui paraît dépasser l'esprit humain. Toutefois, elles ne sont pas dépourvues de limites. Modèle numérique ou intelligence artificielle ne sont que les produits de l'intelligence humaine et ne font que reproduire une vision de la réalité. L'expertise humaine reste indispensable dans la vérification de ces modèles numériques pour les industries critiques.

Références bibliographiques

- S. MIHAI *et al.* – *Digital Twins: A Survey on Enabling Technologies, Challenges, Trends and Future Prospects*, IEEE Communications Surveys & Tutorials, vol. 24, n° 4, 2022.
- F. TAO *et al.* – *Digital twin modeling*, Elsevier, Journal of Manufacturing Systems 64, 2022.
- M. BOUZEGHOUB et R. MOSSERI (dir) – *Les Big Data à découvert*, CNRS Éditions, 2017.
- www.science-et-vie.com/article-magazine/villes-connectees-voici-les-premiers-jumeaux-numeriques

5. Déboguage, vérification et certification de code

David Monniaux

Tous les utilisateurs d'outils informatiques ont déjà eu affaire à des « bugs » : des dysfonctionnements plus ou moins graves, souvent agaçants, parfois avec des conséquences importantes (vol de données, interception de communications, pertes d'engins spatiaux...). Nous avons pris l'habitude d'en parler comme d'une fatalité, mais ils sont liés à de profondes questions scientifiques.

Fig. 1 – Explosion du vol inaugural de la fusée Ariane 5, en raison d'un bug informatique. © Agence spatiale européenne ■

La difficulté à spécifier ses attentes

En général, un utilisateur range dans la catégorie des « bugs » tout ce que son appareil informatique fait d'incorrect. S'il est bien sûr indésirable qu'une machine se fige, qu'un traitement de textes affiche un message sibyllin et se ferme en perdant le document en cours, ou que Windows produise un écran bleu rempli de signes cabalistiques, il n'est parfois pas évident de définir ce qui est correct ou incorrect.

Le logiciel doit répondre à des besoins humains souvent mal définis et parfois contradictoires. Ainsi, dans une version préliminaire

Fig. 2 – Des ordinateurs se cachent dans des appareils ménagers, des automobiles… ou des panneaux publicitaires. Ici, l'ordinateur de commande de l'affichage est en train de redémarrer. © David Monniaux. ■

des textes gouvernant ParcourSup (plateforme d'admission aux études post-Bac), ce système devait accorder la priorité aux boursiers et aux bacheliers locaux ; mais on ne précisait pas comment départager ces deux cas. Lorsque des règles imprécises ou contradictoires sont appliquées par des humains, ceux-ci peuvent se reporter à leur jugement personnel, à leur hiérarchie, voire aux tribunaux ; mais la machine a besoin de précision. Des exigences trop laxistes peuvent laisser passer des comportements indésirables (« Vous n'aviez jamais dit qu'il fallait que le logiciel interdise de réserver un train à une date déjà passée ! »), tandis que des exigences trop strictes peuvent être impossibles à réaliser. Il existe même des logiciels, comme *Stimulus*, destinés à chercher des bugs dans des spécifications, donc bien en amont du code.

Une fois que le donneur d'ordres a déterminé ce qu'il voulait faire faire à l'ordinateur (par exemple, trier des données), le concepteur du logiciel doit réfléchir à comment le faire. Ainsi, il existe quantité de procédés de calcul, ou « algorithmes »*, pour trier des données, mais ils ont des performances différentes et sont plus ou moins adaptés à chaque situation (quantités de données, mémoire disponible…). Il faut donc réaliser une analyse du problème, puis traduire le fruit de cette analyse en un programme, c'est-à-dire des instructions qu'un ordinateur peut exécuter. Là encore, ces activités peuvent donner lieu à des erreurs, et donc à des bugs. La première ligne de défense consiste à mettre en œuvre une conception claire, une programmation rigoureuse, une relecture sérieuse et des bonnes pratiques. Mais souvent, cela ne suffit pas. Un logiciel* qui ne fonctionne jamais est un cas facile, car l'utilisateur s'en aperçoit immédiatement. Mais, dans la majorité des cas, le bug survient seulement dans certaines circonstances : quand quelque chose se produit à un moment bien précis, quand le logiciel est utilisé avec telle nouvelle ou ancienne version d'un autre logiciel, plus généralement quand telle éventualité non prise en compte au moment de l'analyse ou de la programmation s'avère en fait possible. Isoler les circonstances dans desquelles le bug survient est souvent difficile, tant il y a de facteurs ; le risque étant que les développeurs du logiciel répondent « chez moi, ça marche ». Situation plus préoccupante : les bugs peuvent poser des problèmes de sécurité* informatique. En effet, une faille dans un logiciel peut être exploitée avec adresse à des fins d'intrusion, de vol de données, ou d'exigences de rançon… Les individus malintentionnés peuvent pour cela exploiter des failles très spécifiques et improbables en usage normal.

Une approche classique : le test

Pour éviter que les bugs ne surviennent « en production », c'est-à-dire une fois le système informatique en fonctionnement, une approche classique est de le tester. Le développeur réalise des tests unitaires (il vérifie que de petites portions de logiciels font bien ce qu'il attend d'elles) et des tests d'intégration (sur des portions plus vastes), vérifiant qu'un nombre d'unités logicielles dépendantes fonctionnent bien ensemble. Il peut aussi utiliser des outils d'intégration continue, avec des batteries de tests lancés automatiquement en cas de modification du logiciel.

Bien tester est difficile. Rédiger des cas de tests représentatifs est fastidieux et ingrat pour les développeurs, de sorte qu'ils ont souvent tendance à s'y consacrer *a minima*. Des outils de génération de tests, plus ou moins « intelligents », ou

```
int tampon[10];

void copier(int *t) {
  for(int i=0; i<=10; i++) tampon[i]=t[i];
}
```

Fig. 3 – **Le programme suivant contient une erreur de programmation élémentaire, mais qui peut passer inaperçue pendant longtemps et créer par la suite des problèmes mystérieux** ■

encore des outils de mesure de couverture de tests (pour vérifier que tous les morceaux du programme ont été couverts), peuvent aider. Plus important : même si tous les tests passent, cela ne démontre pas qu'il n'existe aucun autre cas où il y aurait dysfonctionnement.

Pour démontrer qu'un théorème est vrai dans tous les cas, un mathématicien produit une démonstration. L'ordinateur, lui, exécute des calculs bien définis mathématiquement (des additions, des mouvements de données...). Des informaticiens tels qu'Alan Turing* ont donc très tôt pensé à démontrer mathématiquement que des programmes se comportaient correctement, puis ils ont développé des formalismes mathématiques spécifiquement adaptés (logique de Hoare*, etc.). Ces démonstrations étant très fastidieuses, ils ont songé d'une part à les automatiser totalement ou partiellement (*model-checking*, analyse statique par interprétation abstraite, etc.), d'autre part à pallier les erreurs humaines de raisonnement en faisant relire et valider la démonstration mathématique par une machine (preuve assistée par ordinateur, avec des outils tels que Coq ou Lean).

Les méthodes formelles sont des applications du raisonnement mathématique au bon fonctionnement des systèmes informatiques. Celles-ci sont encore peu développées en dehors d'usages à très haut niveau de sûreté* (systèmes de pilotage de métros, de trains et d'aiguillages, centrales nucléaires...), en raison de leur coût, de la haute qualification des recrutements nécessaires et de problèmes de passage à l'échelle, mais se répandent. Ainsi l'outil *Astrée*, développé à l'École normale supérieure, a été créé pour des applications à haut niveau de sûreté (commandes de vol informatisées d'avions), mais a ensuite trouvé des clients dans des industries moins exigeantes (automobile...). Des méthodes semi-formelles, moins rigoureuses, plus automatisées et à moindre coût d'entrée pour les utilisateurs ont été développées, notamment pour répondre aux besoins des grands acteurs du domaine (analyseur *Infer*, de Facebook/Meta, ou projet SAGE de Microsoft).

Dans les domaines à haut niveau de sûreté, comme l'avionique (figure 4), il est crucial de se méfier de tout et les ingénieurs procèdent donc à des vérifications fastidieuses et coûteuses. Même si le programme tel que rédigé par les développeurs est correct, sa traduction dans le langage machine, effectuée par un logiciel spécialisé appelé « compilateur », peut être incorrecte. *CompCert* – développé par Xavier Leroy, professeur au Collège de France, et Sandrine Blazy, médaille d'argent 2023 du CNRS – est le seul compilateur utilisable industriellement muni d'une preuve mathématique de correction.

Des problèmes en lien avec de grandes questions mathématiques

Pourrait-on automatiser entièrement la recherche de bugs, ou la démonstration mathématique de leur absence ? Cette question est bien plus profonde qu'il n'y paraît, car elle touche à des problèmes fondamentaux en mathématiques, notamment ce résultat de Turing : il n'existe pas d'algorithme qui puisse répondre à une question aussi simple que « ce programme va-t-il finir par produire un résultat ou va-t-il continuer à calculer pendant un temps infini ? ». Il faut cependant rappeler que ce résultat a été démontré sur un modèle théorique de ce que pourrait être le calcul automatisé, à une époque où les ordinateurs n'existaient pas ! Le « théorème de Rice » généralise ce résultat : quelle que soit la spécification considérée, il n'existe pas de façon automatique et fiable de déterminer si un programme la respecte. Ces résultats de théorie de la calculabilité sont liés à des considérations plus générales de logique mathématique, relatives à la possibilité de décider de la vérité de théorèmes mathématiques.

Même dans les cas où des approches automatiques sont possibles (espace mémoire ou temps d'exécution des programmes restreints), se pose la question de leur

Fig. 4 – **Depuis les années 1980, les avions de ligne sont pilotés via des commandes de vol électriques, informatisées.** Leur fiabilité fait l'objet de précautions poussées. © Joao Carlos Medau ■

des humains et non des robots, nous entraînons des intelligences artificielles à savoir reconnaître des feux de circulation, des motocyclettes, ou d'autres objets. La question de la correction de ces systèmes porte ainsi sur la couverture de la base d'entraînement (est-elle représentative ?), sur sa qualité (contient-elle beaucoup de mauvaises réponses ?), sur les critères retenus par le processus d'apprentissage et sur leur robustesse (est-ce qu'un changement de détail minime peut produire une décision incorrecte ?).

coût. La théorie de la complexité algorithmique tente de séparer les problèmes en classes de difficulté croissante, et, malheureusement, la plupart des problèmes intéressants en matière d'analyse de programme appartiennent à des classes difficiles. Les recherches portent d'une part sur la possibilité de séparer ces classes de difficulté (la conjecture dite « P vs NP » est considérée comme un des grands problèmes mathématiques du millénaire), et d'autre part sur des approches algorithmiques pragmatiques, efficaces sur de nombreux problèmes pratiques, même si elles échouent dans le cas général à produire un résultat en temps acceptable.

Et l'intelligence artificielle ?

Dans l'approche classique de l'algorithmique, c'est-à-dire de la conception et de l'analyse des algorithmes, le développeur part d'une définition mathématiquement précise de ce qu'il veut faire. Parfois, il y a des subtilités : ainsi « classer une liste par ordre alphabétique » ne précise pas cette notion en présence d'espaces, de caractères accentués (faut-il classer Dupre avant ou après Du Pré ou Dupré ?). Toutefois, ces questions réglées, le problème est bien défini. Or, nous désirons souvent résoudre des problèmes mal définis. Certains ont voulu appliquer des algorithmes à la recherche de potentiels terroristes ; mais qui peut définir mathématiquement cette notion de « potentiel terroriste » ? En outre, même si nous reconnaissons facilement un chat d'un chien, nous peinerions à fournir une définition mathématique distinguant leurs photographies.

Pour répondre à ces problématiques, les chercheurs ont souvent recours à des techniques d'intelligence artificielle, notamment issues de l'« apprentissage profond », qui tentent de produire une règle générale à partir d'exemples pour lesquels les humains ont donné la bonne réponse. Ainsi, quand, pour accéder à un service en ligne, nous répondons à des « captchas » censés prouver que nous sommes

Conclusion

Les problèmes informatiques ne se réduisent pas simplement à des problèmes de programmation : ils se nichent souvent dans une mauvaise compréhension du problème à résoudre, une mauvaise documentation, des interactions non maîtrisées avec d'autres logiciels ou des composants physiques, voire une interface utilisateur peu intuitive. Les méthodes issues d'approches mathématiques du logiciel ont leur rôle à jouer, mais aussi leurs limites (coût, manque de flexibilité). Le développement de langages de programmation avec moins de chausse-trappes que les langages historiques (par exemple, Rust qui commence à remplacer le langage C) permet d'éviter certaines catégories de bugs. L'intelligence artificielle apporte des solutions (assistance à la rédaction de programmes), mais pose d'autres problèmes (imitation de l'existant, y compris dans ses erreurs). Nous sommes donc loin d'avoir épuisé la question !

Références bibliographiques

- X. LEROY – *Sciences du logiciel*, Cours au Collège de France.
- A. TURING – *Checking a large routine*, 1949.

6. Démontrer c'est programmer : l'ordinateur au service de la preuve mathématique

Assia Mahboubi

Plusieurs millénaires de mathématiques ont tissé un entrelacement complexe de techniques et de constructions extrêmement variées. Les mathématiques contemporaines ont atteint une telle sophistication que le processus traditionnel d'évaluation par les pairs, qui régit la construction du corpus de connaissances mathématiques, atteint aujourd'hui ses limites. Pour répondre à cet enjeu, la communauté mathématique s'est récemment tournée vers un domaine de l'informatique, celui des méthodes formelles, qui étudie les garanties formelles de bon comportement qu'il est possible d'apporter à un programme informatique.

Des preuves de théorèmes aux preuves de programmes

Assurer qu'un programme informatique se comporte comme prévu est un problème notoirement difficile, même dans des cas en apparence très simples. En effet, de nombreuses subtilités peuvent venir perturber le flot intuitif du calcul, et les petites erreurs de programmation peuvent avoir des effets de grande échelle. Les victimes de la machine de radiothérapie Therac-25 en 1985, le crash de la fusée Ariane 5 en 1996 et le piratage du site des impôts canadiens en 2014 sont autant d'exemples dramatiques de comportements indésirables avérés de programmes, en dépit d'importants enjeux financiers ou humains. La maîtrise de ce risque repose sur l'étude rigoureuse et mathématique du « sens d'un programme », c'est-à-dire sur la spécification et sur l'analyse de son comportement. Pour s'assurer que, sous certaines hypothèses sur ses entrées (par exemple, qu'un tableau ne contient que des entiers), la sortie d'un programme vérifie une certaine propriété (par exemple, que ce même tableau a été trié par ordre croissant), il est possible de tester le programme. Mais c'est la preuve d'un théorème, assurant que les hypothèses sur les entrées garantissent les propriétés désirées sur la sortie, qui apportera le plus haut niveau de garantie sur la fiabilité du programme. La preuve de programme a ainsi connu un essor considérable au cours des quinze dernières années, portée par les problématiques de confiance dans les systèmes cyber-physiques, la sécurité des données, etc. La recherche académique française, en pointe sur ce sujet, nourrit de nombreux partenariats avec des acteurs variés comme le CEA, le constructeur d'avions Airbus ou la société de cybersécurité PQShield.

Les assistants de preuve

La théorie des langages de programmation permet de concevoir des outils d'analyse des programmes ainsi que de nouveaux langages de programmation qui facilitent la mise en œuvre des méthodes formelles. Ce domaine repose sur des travaux fondamentaux qui utilisent des concepts mathématiques pour étudier les propriétés du calcul. Une confluence féconde entre théorie de la démonstration, une branche de la logique, et théorie des langages de programmation constitue la pierre angulaire de l'étude et de la

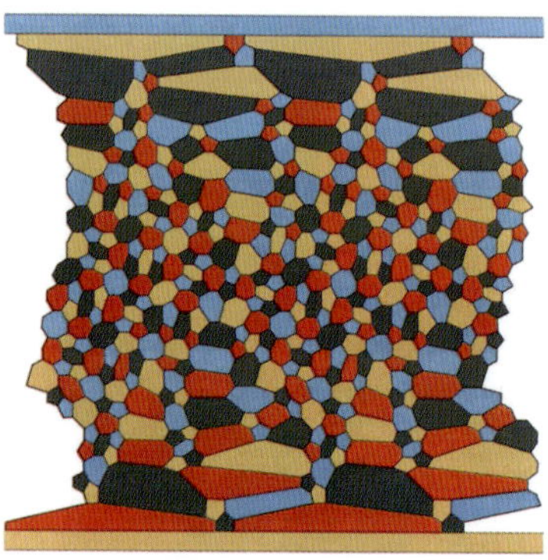

Fig. 1 – Illustration du théorème des 4 couleurs. Il suffit de 4 couleurs pour colorer une carte de sorte que deux pays limitrophes aient une couleur différente. D'après K. APPEL et W. HAKEN, 1977 ■

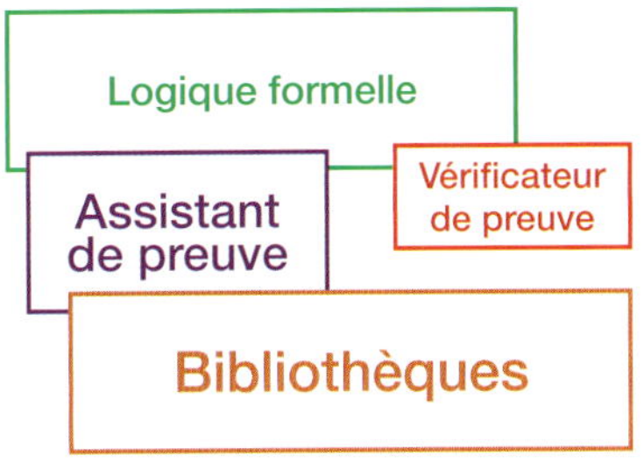

Fig. 2 – **Anatomie d'un assistant de preuve.** Les premiers assistants de preuve sont conçus au milieu des années 1970, et il en existe aujourd'hui de nombreux exemples, comme le logiciel Rocq, (anciennement Coq) développé principalement en France depuis les années 1980. Ils diffèrent principalement par leurs fondements logiques et par leurs domaines d'applications, mais suivent tous essentiellement le schéma ci-dessus ■

conception des langages de programmation modernes. En fait, il existe un lien structurel profond entre démonstration et programmation, appelé « correspondance de Curry-Howard », du nom des deux logiciens qui l'observent les premiers dans les années 1960. Cette correspondance s'incarne en particulier dans des outils informatiques appelés « assistants de preuve » : tout à la fois langages de programmation et formalismes logiques, ces outils permettent aussi bien de programmer que de décrire des propriétés de programmes et de les vérifier. En réalité, la puissance du formalisme sous-jacent aux assistants de preuve permet de représenter tous les objets mathématiques, en lien ou pas avec des preuves de programmes. Ils permettent également d'énoncer les théorèmes qui décrivent les propriétés de ces objets, ainsi que d'en vérifier les preuves. Les logiciels Automath et Mizar sont les pionniers des assistants de preuve, qui émergent au mitan des années 1960. Leurs descendants actuels se nomment Agda, Coq/Rocq, Isabelle ou encore Lean. Ces logiciels, principalement développés par le monde académique, sont des logiciels libres, un modèle essentiel pour des utilisateurs qui recherchent le niveau le plus exigeant de garanties formelles et de confiance.

La puissance de calcul au service de la preuve

Aujourd'hui, l'informatique joue à de nombreux égards un rôle majeur dans la recherche en mathématique, de la découverte à la validation des résultats. En premier lieu, les possibilités d'exploration et de visualisation de phénomènes mathématiques sont démultipliées par l'accès à une puissance de calcul surhumaine. Les retombées de cette révolution sont spectaculaires, et l'invention de la géométrie fractale* est un exemple de domaine mathématique fondamental initié par des expériences sur ordinateur. Mais au-delà de l'expérimentation, la puissance de calcul apportée par l'informatique est également exploitée pour étayer des étapes de preuves de théorèmes importants. Les exemples de preuve par calcul sont de plus en plus nombreux, et ce dans des domaines mathématiques variés. Les preuves récentes de certaines conjectures anciennes et célèbres fournissent des exemples de ce phénomène, comme le théorème des quatre couleurs (figure 1), la preuve de la conjecture de Kepler* ou celle de la conjecture ternaire de Goldbach*. Pour valider les preuves de ces théorèmes, il faut garantir que les données calculées par les programmes qu'elles utilisent ont bien les propriétés mathématiques attendues. Par exemple, la preuve de la conjecture ternaire de Goldbach commence par vérifier au cas par cas que tout nombre impair est somme de trois nombres premiers jusqu'à une borne de l'ordre de 10^{27}, ce qui représente au moins un week-end de calculs parallèles intensifs sur un ordinateur portable moderne, avant de traiter le cas général par des arguments mathématiques décrits sur papier. Seuls des outils informatiques de preuve de programme sont à même de valider complètement une telle étape de preuve.

Conclusion

Au-delà du cas particulier des preuves assistées par ordinateur, les assistants de preuves sont aujourd'hui utilisés pour développer un vaste corpus de bibliothèques numériques de mathématiques, formellement vérifié par ces outils informatiques. Par exemple, le grand projet collaboratif Formalising Fermat, conduit par Kevin Buzzard (Imperial College, Royaume Uni), vise à représenter le vaste ensemble des connaissances convoquées dans la preuve du grand théorème de Fermat. Le défi consiste à combler le fossé entre la langue informelle pratiquée par les chercheurs mathématiciens pour communiquer entre experts et le niveau de détail microscopique requis pour la validation formelle d'une preuve. La littérature mathématique élude de nombreux « détails » inutiles pour les experts du sujet, mais nécessaires aux experts de domaines voisins. Les assistants de preuve fournissent une aide précieuse pour garantir la cohérence d'un édifice mathématique, mais aussi pour découvrir des motifs et des structures moins apparentes dans les formes traditionnelles d'exposition des preuves.

Références bibliographiques

- G. DOWEK – *Les Métamorphoses du Calcul*, Le Pommier, 2007.
- X. LEROY – *Le logiciel, entre l'esprit et la matière*, Leçon inaugurale du Collège de France, OpenEdition Books, 2019.

- Neuvième partie -

Nouvelles approches de calcul

Page précédente :

© **L'ordinateur Qauntum 70 qbit de Google.** Un réfrigérateur orné de câbles micro-ondes refroidit la puce quantique de Google presque jusqu'au zéro absolu. © Rocco Ceselin / Google ■

Introduction

Christian Jutten

Tout au long de l'histoire, le calcul a connu des révolutions qui ont non seulement impacté les sciences, mais aussi la société. Au XVIIe siècle, l'invention des logarithmes a participé à l'essor de l'astronomie, tandis qu'au XIXe siècle, les premières machines à calculer jouèrent un rôle considérable dans la révolution industrielle, le développement des transports et du commerce.

Au XXe siècle, sont apparus les premiers ordinateurs électroniques. D'abord à tubes, puis à transistors, à circuits intégrés et à microprocesseurs, leur évolution a suivi une accélération extraordinaire, provoquée par les progrès exponentiels de la microélectronique. Entre l'ENIAC et les calculateurs actuels, les performances en nombre d'opérations par seconde (flops) ont augmenté de manière exponentielle, tandis que l'énergie dépensée (Watt/flops) ne cessait de diminuer. Ces progrès de la microélectronique ont aussi conduit à une augmentation considérable des capacités des mémoires des ordinateurs, permettant de traiter des problèmes très complexes. Au-delà de ces circuits de base, les périphériques ont aussi profité des progrès de la microélectronique : à partir des années 1990, les mémoires de masse dites SSD (*Solid State Drive*) ont remplacé les disques durs rotatifs, et dès la fin des années 1990 des petites clés USB (*Universal Serial Bus*) ont été fabriquées en masse afin de stoker et transférer facilement des données avec des capacités qui atteignent aujourd'hui plusieurs centaines de Gigaoctets ! Si les plus gros calculateurs ont eu un impact évident sur le développement des sciences, la banalisation des calculateurs personnels, des tablettes, des smartphones, des objets connectés, etc. a profondément marqué notre quotidien et nos habitudes. Cependant, la technologie actuelle à base de circuits intégrés présente des limitations physiques : la taille des transistors et la dissipation thermique rendent son évolution incertaine, ou au moins ralentie.

Aujourd'hui des chercheurs étudient de nouveaux concepts comme le calcul neuromorphique, le calcul quantique ou le calcul moléculaire. Que se cache-t-il derrière ces termes ? Que nous réserve le futur ? Est-ce que nous devons nous attendre à une rupture dans les outils numériques que nous utilisons quotidiennement ? Certaines études déboucheront-elles sur de nouvelles révolutions ? Quels impacts auront-elles sur les progrès scientifiques et sur notre vie quotidienne ?

Dans ce chapitre, les deux premiers articles traitent du calcul quantique. Le premier présente les concepts de base de ce type de calcul. Le second traite de son impact sur la cryptographie, qui joue un rôle essentiel dans la sécurité de tous les objets numériques, de nos données et de notre vie privée.

Les deux articles suivants montrent comment l'ADN, ou plus généralement des molécules, peuvent être utilisées pour calculer ou pour stocker des volumes considérables de données.

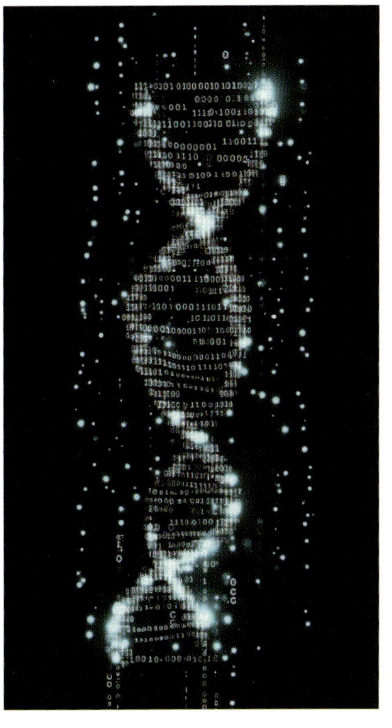

Le stockage de données sur ADN permet de conserver des informations pendant des milliers d'années et d'échapper à l'obsolescence liée à l'évolution des supports. © Freepik ■

1. Les fondements du calcul quantique

Frédéric Magniez

Les ordinateurs, tels que nous les connaissons aujourd'hui, sont l'aboutissement d'une longue évolution de machines automatisées et programmables datant de la Seconde Guerre mondiale. Le calculateur électronique Colossus permit ainsi de déchiffrer les messages secrets allemands, notamment grâce aux travaux d'Alan Turing. Ce mathématicien est aussi connu pour avoir défini, avant la guerre, une notion mathématique de « machine », qui porte aujourd'hui son nom, qui permet de représenter tout calcul mécanique de l'époque jusqu'aux ordinateurs d'aujourd'hui ! Il s'est servi de cette construction pour prouver son fameux théorème d'incomplétude, qui se traduit en informatique par le fait qu'aucun programme ne peut décider automatiquement si l'exécution d'un autre logiciel va s'arrêter un jour ou, au contraire, entrer dans une boucle sans fin. Derrière cette preuve se trouvaient à la fois la définition d'un programme et la construction d'une machine universelle pouvant exécuter ce programme ! Une évidence aujourd'hui, car nos ordinateurs sont des variantes de cette machine universelle, mais une révolution à l'époque. Petit à petit, cette construction théorique s'est transformée en « thèse de Turing », à savoir que tout calcul physiquement réalisable peut être transcrit sur « une machine de Turing », et en particulier une seule de ces machines suffit, pourvu qu'elle soit universelle. Jusqu'au début des années 1980, cette thèse n'est pas remise en question. En effet, aucun modèle de calcul imaginé ni aucun progrès technologique réalisé ne permettent de changer drastiquement la complexité intrinsèque d'un calcul. La « théorie de la complexité » s'est ainsi développée sur un socle solide en classifiant les problèmes à résoudre en fonction de leur difficulté. Certains sont « indécidables », car non traitables par une machine, d'autres sont faisables mais requièrent un temps de calcul exponentiel (en fonction de la taille des données fournies), et enfin, d'autres encore sont réalisables en parallélisant les calculs sur plusieurs machines de Turing communiquant entre elles.

La physique quantique comme changement de paradigme

Depuis les années 1980, les progrès technologiques ont permis de miniaturiser et d'accélérer les processeurs, d'augmenter la taille de la mémoire et de paralléliser les calculs. Certains de ces progrès reposent sur l'exploitation des propriétés quantiques de la matière pour les semiconducteurs, et de la lumière pour les lasers. Ces accélérations ont suivi jusqu'à nos jours la loi de Moore, qui prévoit un doublement de la rapidité des processeurs environ tous les deux ans. Ainsi, tout programme était $2^{10} = 1024$ fois plus rapide au bout de 20 ans sans qu'il ne soit amélioré ! Mais ces accélérations n'en restent pas moins d'un facteur constant, qui d'ailleurs tend à se figer. La difficulté d'un problème reste la même : si le temps d'un programme croît exponentiellement en fonction d'un paramètre donné, il continuera de croître exponentiellement sur une nouvelle machine qui ira 1024 fois plus vite. Certains changements de paradigme ont aussi permis de diminuer le temps de calcul par une augmentation de mémoire ou du nombre de processeurs. Le développement des supercalculateurs et des réseaux d'ordinateurs sur Internet a permis de résoudre des défis informatiques inaccessibles à un simple ordinateur. Cependant, chaque entité demeure une machine de Turing et la quantité de ressources mobilisées (temps, énergie, coût, matières premières...) n'a pas décru, bien au contraire. Au début des années 1980, alors que l'informatique était en plein essor, révolutionnant industrie et sciences, certains scientifiques s'interrogent sur le potentiel d'un ordinateur qui utiliserait toutes les possibilités de la physique quantique en traitant directement l'information à l'état quantique. Il pourrait ainsi utiliser la notion de « parallélisme quantique » afin d'exploiter plusieurs chemins de calcul en parallèle, puis de les combiner habilement. Mais ce nouveau parallélisme est très différent d'un calculateur parallèle qui utilise plusieurs processeurs pour calculer effectivement tous les chemins de calcul avant de les combiner. Ici, il suffit d'un seul processeur quantique dont le parallélisme inhérent ne donne qu'un seul résultat. La question revient donc à trouver comment combiner dans le monde quantique ces chemins de calcul avant de regarder le résultat (encadré).

Un état quantique n'est pas dans un état fixé à l'avance, mais dans une configuration de possibilités, appelée « superposition ». Un peu comme une pièce de monnaie jetée en l'air, dont l'état pile ou face est uniquement déterminé de façon probabiliste avant son observation, une superposition quantique décrit les états possibles comme une onde, ou une vague. Des amplitudes (la hauteur de la vague) sont associées à chaque configuration. Lors de l'observation, l'onde est réduite en une seule configuration, celle qui est observée. À la différence de la pièce, il s'agit d'amplitudes et non de probabilités, qui peuvent être négatives ou positives (selon que la vague est dans un creux ou une bosse), et donc s'accumuler ou se compenser. Dans un calcul quantique, il est possible d'annuler les mauvais chemins de calcul afin de ne garder que les bons. Cette annulation des amplitudes est utilisée afin de supprimer le bruit ambiant dans certains casques audio. Elle est aussi mise en évidence dans l'expérience des fentes de Young, qui consiste à faire interférer deux faisceaux lumineux issus d'une même source passant par deux fentes très petites. Chaque onde lumineuse se conduit alors comme une vague qui rencontre l'autre vague sur un écran. Lorsque deux vagues sont dans la même direction, elles s'amplifient, sinon elles se compensent (figure 1). Il est aussi possible de reproduire cette expérience avec deux oscillations mécaniques à la surface d'un plan d'eau (figure 2).

Les débuts de l'informatique quantique

L'information quantique permet de mettre en évidence des principes de la physique quantique, notamment lorsqu'elle est appliquée à plusieurs particules. Citons en deux fondamentaux : (1) l'état d'une particule n'est pas fixé avant d'être observé, (2) deux particules liées le restent même si elles sont ensuite éloignées à des années-lumière l'une de l'autre. Ces principes ont très tôt dérangé une partie de la communauté physicienne, Albert Einstein y compris, car l'information quantique semblait contraire aux autres principes fondamentaux de la physique, et en particulier au « principe de localité » selon lequel deux particules suffisamment éloignées entre elles peuvent chacune être considérée indépendamment de l'autre. En effet, la manipulation d'une des deux particules ne peut pas influencer l'autre instantanément. L'information, comme la conséquence de toute action, est limitée par la vitesse de la lumière. Albert Einstein, Boris Podolsky et Nathan Rosen élaborent en 1935 une expérience par la pensée, « le paradoxe EPR* » (de leurs trois initiales), afin de révéler une contradiction majeure dans la mécanique. John Bell transforme en 1964 cette expérience en propriété mesurable à travers les inégalités de Bell : si le principe de localité tel qu'énoncé ci-dessus est valide, les résultats statistiques de cette expérience ne peuvent pas dépasser un seuil théorique. Or, une série d'expériences, notamment dirigées par le prix Nobel de physique Alain Aspect entre 1980 et 1982, ont réussi à dépasser ce seuil, montrant que finalement c'était bien les principes de la physique quantique qui prévalaient. Il ne restait plus qu'à exploiter cette possibilité offerte par l'information quantique. En 1985, David Deutsch construit (au sens mathématique) une « machine de Turing quantique » universelle et exhibe les premiers éléments de supériorité calculatoire, mais pour des tâches très artificielles, voire inutiles. Le premier algorithme est en effet capable de décider si une fonction à deux entrées/sorties est constante ou non en ne l'évaluant qu'une seule fois, au lieu de deux dans un monde classique. En 1984, Charles Bennett et Gilles Brassard proposent un premier protocole de chiffrement quantique (le BB84) dont la sécurité repose sur les lois de la physique quantique et non sur la difficulté d'un problème mathématique (cf. p. 230). Entre-temps, Richard Feynman inaugure en 1981 la première édition de la conférence *Physics of Computation* avec un exposé intitulé *Simulating Physics with Computers*. Alors que l'objectif de cette conférence était de recueillir les dernières avancées en termes de simulation de phénomènes physiques par ordinateur, Richard Feynman s'empresse d'exposer sa vision pessimiste du cas des phénomènes quantiques. D'après lui, Il ne sera jamais possible de les simuler, car les ressources nécessaires croîtront toujours exponentiellement avec la taille du système à simuler, que

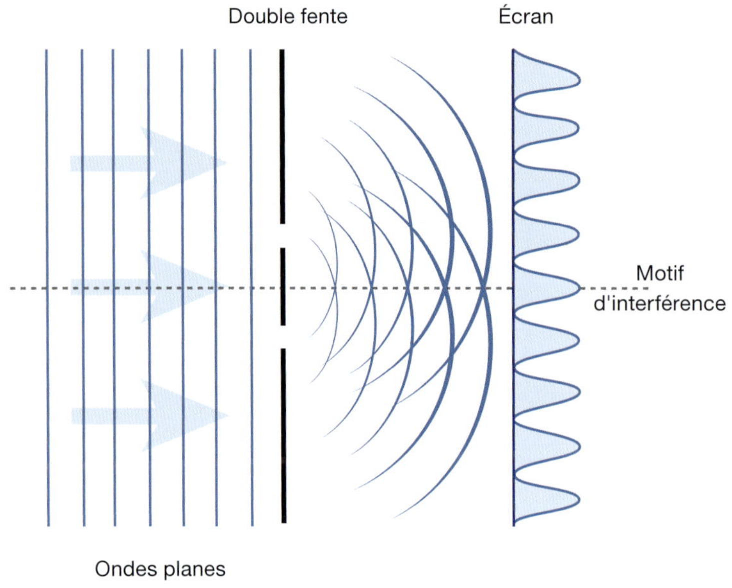

Fig. 1 – Expérience des fentes de Young ■

ce soit par le nombre de paramètres qui le définissent ou leurs valeurs. Feynman propose comme solution de construire un « ordinateur à mémoire quantique », qui pourrait manipuler de l'information quantique.

En 1992, Richard Jozsa démultiplie avec Deutsch l'avantage produit par l'algorithme que ce dernier a découvert en 1985. Avec un nombre quelconque d'entrées et de sorties, le résultat devient plus spectaculaire, mais toujours sans utilité apparente. Puis, en 1993, le paradoxe EPR est poussé à son apogée par la découverte d'un protocole de « téléportation quantique* ». La même année, Ethan Bernstein et Umesh Vazirani élaborent théoriquement une machine de Turing quantique universelle et démontrent l'avantage exponentiel du calcul quantique grâce à la transformée de Fourier, quasi instantanée pour une telle machine. À partir de cette date, il n'y a plus aucun doute dans la communauté : une révolution est en marche. Deux défis sont alors clairement identifiés : trouver un problème concret pour lequel l'avantage de l'ordinateur quantique est spectaculaire par son ampleur et son utilité ; et étudier la faisabilité d'une telle machine.

Les grandes avancées dans le domaine quantique

En 1994, Peter Shor développe un algorithme mettant à mal la sécurité de la plupart des protocoles de chiffrement à clé publique*. Ces protocoles ont une sécurité qui repose sur la difficulté supposée de la factorisation d'un nombre, c'est-à-dire transformer un nombre tel que 8 633 en un produit 89 x 97. Ce problème est actuellement intraitable par nos ordinateurs lorsque les nombres à factoriser ont plusieurs centaines de chiffres. En mécanique quantique, ce même problème devient facile ! Puis, le même Shor montre l'existence de codes correcteurs d'erreurs quantiques en 1995, permettant en théorie de protéger une mémoire quantique de grande taille des interférences et erreurs qui sont beaucoup plus fréquentes sur les composants quantiques. Quelques années plus tard, en 1998, ce concept est étendu au calcul qui est maintenant tolérant aux fautes. Ces concepts existent aussi en informatique classique, et sont principalement utilisés pour rendre les communications robustes aux erreurs de transmission. Ils étaient indispensables en quantique, y compris pour le calcul, à cause de la grande instabilité qui y règne. En 1996, Seth Lloyd répond à la question de Feynman : il existe bien un algorithme quantique efficace simulant l'évolution d'un système quantique quelconque. La même année, l'algorithme mis au point par Lov Grover fournit une accélération systématique, mais moins spectaculaire, à une multitude d'algorithmes classiques existants. Simple de compréhension et d'utilisation, c'est toujours une des principales primitives des algorithmes découverts actuellement, notamment pour les algorithmes d'aide à la décision. Puis, l'apprentissage machine*, et plus largement l'intelligence artificielle, se trouvent aussi accélérés par le calcul quantique, stimulant de nouvelles applications, mais aussi une nouvelle façon de concevoir des algorithmes quantiques. En 2009, Aram Harrow, Avinatan Hassidim et Seth Lloyd inventent l'algorithme « HHL », qui utilise à la fois la transformée de Fourier quantique de Shor et l'algorithme de simulation quantique de Lloyd. Son utilité mettra quelques années à être démontrée, mais aujourd'hui la plupart des systèmes de recommandations pour des applications telles que la vidéo à la demande s'en inspirent. Nombre de progrès et de résolutions de conjecture en informatique, mathématiques et physique sont réalisés grâce aux algorithmes « *quantum inspired** ». Véritable menace de la cryptographie moderne, l'algorithme de Shor est pris très au sérieux par les agences de standardisation. Une communauté se fédère pour développer une nouvelle cryptographie dite « post-quantique » qui doit résister aux capacités de déchiffrement d'un potentiel ordinateur quantique tout en étant déployable sur nos ordinateurs et dispositifs électroniques actuels. N'oublions pas qu'en 1984, le protocole BB84 fournissait déjà une alternative à cette attaque, mais en utilisant une technologie quantique. Ainsi une autre communauté se développe, dédiée à la cryptographie quantique qui apporte une solution basée sur l'information quantique et dont la faisabilité technologique semble à portée de main, mais qui nécessite une nouvelle infrastructure. À cet effet, un satellite dédié aux communications quantiques est déployé en 2016 par la Chine, et des projets d'envergures reposant sur le déploiement de fibre optique sont initiés, notamment en Europe.

Vers la construction d'un ordinateur quantique ?

En théorie, aucun obstacle n'existe pour concevoir un ordinateur quantique, mais les avancées technologiques nécessaires semblent bien plus hypothétiques que pour la cryptographie quantique. En effet, seuls quelques états quantiques sont nécessaires pour créer un protocole quantique de communication sécurisé, alors que pour réaliser un calcul quantique il faut que toute la mémoire de l'ordinateur soit dans un état quantique. Néanmoins, les progrès technologiques arrivent et, en 2019, Google annonce avoir atteint un avantage quantique, c'est-à-dire avoir réalisé un circuit quantique programmable fournissant des résultats *a priori* impossibles à reproduire en moins de quelques milliers d'années sur le plus puissant des ordinateurs actuels ! Hélas ce circuit et plus largement les actuelles technologies NISQ* (*noisy intermediate scale quantum*) ne permettent pas de programmer les algorithmes quantiques découverts jusqu'ici. Pire, cette prouesse technologique est jusqu'ici sans utilité apparente : les résultats produits par ce circuit ne résolvaient aucun problème concret. Une nouvelle algorithmique expérimentale se développe afin d'utiliser les machines NISQ existantes pour faire de nouvelles découvertes, comme la simulation quantique de molécules. De premiers essais sont réalisés avec succès pour des molécules simples. En France, après le développement de programmes de recherche et développement pour la découverte de nouveaux logiciels quantiques dans de grands groupes industriels tels que Atos, EDF, Total et Thalès, des startups ont émergé aussi, dont Veriqloud (2017), QCWare France (2019), Qubit Pharmaceuticals (2020), et pour la cryptographie post-quantique Cryptonext Security (2019). Du côté des technologies en lien avec le calcul quantique, des startups nationales émergent aussi telles que Quandela (2017), Pasqal (2019), Alice & Bob (2020) et Welinq (2022). Un plan français de stratégie nationale sur les technologies quantiques lancé en 2021, prévoit le développement d'une plateforme de calcul quantique qui permettra à l'écosystème français et européen de développer une nouvelle algorithmique expérimentale à la hauteur des groupes tels que Google et IBM.

Fig. 2 – **Oscillations mécaniques à la surface d'un plan d'eau.** © Science Photo Library ■

Références bibliographiques

- F. MAGNIEZ – *Algorithmes quantiques : quand la physique quantique défie la thèse de Church-Turing*, Collège de France, Fayard, 2021.
- J. PRESKILL – *Quantum computing 40 years later*, arXiv, 2021.
- P. SHOR – *The Early Days of Quantum Computation*, arXiv, 2022.
- R. DE WOLF – *Quantum Computing: Lecture Notes*, arXiv, 2019.
- IBM Quantum Learning – https://learning.quantum.ibm.com.

2. La cryptographie quantique

Eleni Diamanti et Philippe Grangier

Au début des années 1960, la mise en réseau des systèmes d'information a marqué le début d'une nouvelle ère de communication et de traitement de l'information, avec la création d'Internet. Aujourd'hui, une quantité de données vertigineuse est collectée, transférée et stockée dans des réseaux à l'échelle globale. Cette tendance est encore amplifiée par des nouvelles technologies particulièrement intensives en utilisation des données telles que l'Internet des Objets (cf. p. 88), la *blockchain*, ou l'intelligence artificielle. Le fonctionnement quotidien des industries, des administrations mais aussi la vie des individus nécessitent la transmission à travers ces réseaux de secrets commerciaux ou nationaux, ainsi que de données personnelles de santé ou financières. La sécurisation de ces données sensibles face à des menaces contre leur confidentialité à long terme représente ainsi un enjeu majeur pour notre société (cf. p. 254). La défense nationale, les infrastructures critiques, les institutions financières font partie des secteurs les plus concernés. L'utilisation en cybersécurité de techniques cryptographiques permettant de chiffrer les données pour protéger leur confidentialité, ou garantir leur authenticité, est donc un sujet d'une grande importance stratégique, qui attire l'attention des gouvernements, des industriels et des chercheurs.

Répondre aux nouvelles formes d'attaque

La cryptographie moderne fournit des outils fondamentaux, basés sur les mathématiques et la théorie de la complexité algorithmique, qui permettent la sécurisation des données. En particulier, la cryptographie asymétrique* (ou « à clé publique ») permet actuellement des communications sécurisées sur Internet. Elle se base cependant sur des hypothèses calculatoires, comme la difficulté de factorisation des grands nombres pour le chiffrement RSA ; elle est donc de façon inhérente vulnérable aux futures avancées matérielles et algorithmiques. En particulier, la mise au point d'un ordinateur quantique permettrait de casser le chiffrage RSA, ou d'autres protocoles similaires. Cette menace est plausible à moyen et long terme grâce aux progrès dans ce domaine, il devient donc crucial de faire évoluer nos pratiques cryptographiques. Pour répondre à ce besoin, la recherche autour de nouveaux algorithmes résistant aux attaques par ordinateur quantique (regroupés sous le nom de « cryptographie post-quantique ») est en cours, avec des résultats prometteurs mais encore non finalisés. Les premiers algorithmes pour le chiffrement et les signatures numériques sont soumis pour validation à l'Institut national des normes et de la technologie américain (*National Institute of Standards and Technology*) et leur mise en œuvre pratique pourrait suivre rapidement. Cependant, la sécurité de tels algorithmes reste calculatoire et ne peut pas être garantie pour toujours. Une approche radicalement différente vient alors de la physique quantique, qui permet de compléter et de renforcer cette boîte à outils cryptographique mathématique par des méthodes basées sur les lois bien établies de la mécanique quantique, garantissant une sécurité dans la transmission des données en principe parfaitement inviolable, et ce, indépendamment de la puissance de calcul de l'adversaire.

La communication quantique

La cryptographie quantique appartient au domaine de la communication quantique, défini au sens large comme l'art de transférer l'information quantique* entre des points distants. Il constitue l'un des principaux piliers applicatifs des technologies quantiques et exploite les notions fondamentales d'intrication et de non-localité* mises en lumière par les expériences d'Alain Aspect au début des années 1980, reconfirmées plus récemment, et finalement récompensées par le Prix Nobel 2022. Ces expériences ont profondément transformé notre compréhension des phénomènes fondamentaux et ont ouvert la voie à l'ère du domaine de l'information quantique, notamment avec la proposition des protocoles de cryptographie quantique qui en ont découlé. En communication quantique, l'information est transportée par des photons* à l'aide de fibres optiques ou de liaisons en espace libre (y compris par satellite) comme canaux de communication. Contrairement à la communication optique classique, où l'information peut être amplifiée pour étendre la portée de communication sans limitation, la communication quantique est soumise aux lois de la physique quantique, qui ne permettent pas de cloner les états quantiques* transférés, ou de les amplifier sans introduire de bruit qui détruit les corrélations sous-jacentes. Cela signifie que la portée est inévitablement limitée par la perte subie par la lumière dans les fibres optiques. Pour l'étendre, des répéteurs quantiques doivent être utilisés ; ces dispositifs exploitent le phénomène de téléportation quantique*, et utilisent des mémoires quantiques* comme outil de synchronisation (figure 1). Ces technologies ne sont pas encore suffisamment mûres pour être déployées dans des infrastructures réseau réelles. En utilisant des ressources disponibles aujourd'hui, la communication longue distance repose sur l'existence de nœuds dits « de confiance » et correspond essentiellement à des liaisons point-à-point connectées. Il est alors

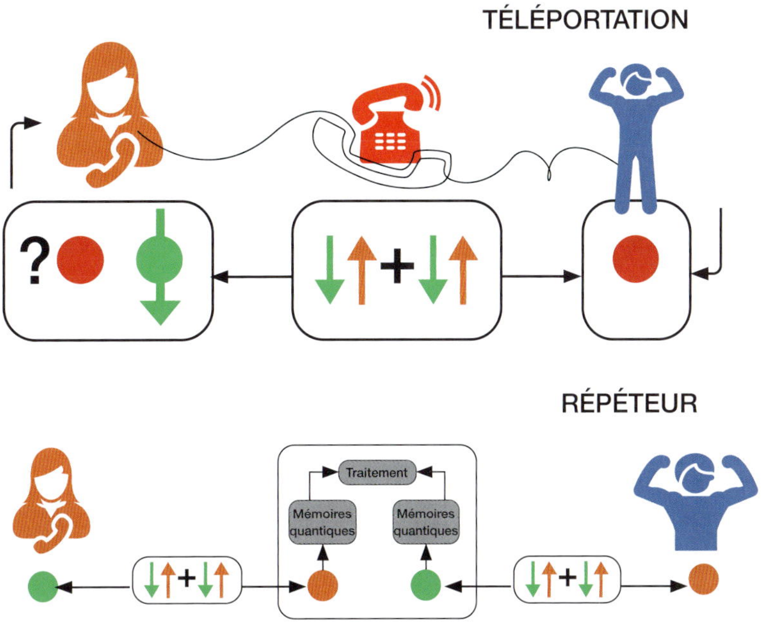

Fig. 1 – **Téléportation quantique et répéteur quantique.** Pour téléporter un qubit (disque rouge) sans dévoiler son état, Alice utilise une paire de photons intriqués : elle reçoit le photon vert, et envoie le photon orange à Bob. En faisant une mesure conjointe sur ses deux qubits (rouge et vert), appelée mesure de Bell, elle obtient deux bits d'information, 00, 01, 10 ou 11. Elle envoie alors ce résultat à Bob par un canal classique (téléphone !), et Bob peut alors reconstituer l'état du qubit rouge sur le qubit orange qu'il a reçu. Un répéteur quantique utilise la téléportation de manière répétée en faisant intervenir des mémoires quantiques et des mesures intermédiaires, pour finalement transmettre un qubit d'Alice à Bob sans jamais dévoiler son état lors des étapes intermédiaires ■

utile de considérer les réseaux de communication quantique comme un effort progressif, où l'intégration des technologies de plus en plus avancées ouvre la voie à des applications de plus en plus complexes, avec l'objectif à long terme de la mise en place d'une infrastructure de communication quantique mondiale semblable à une architecture Internet. Cela permettra, par exemple, l'accès à distance de façon privée et vérifiée à un ordinateur quantique* ou l'interconnexion des systèmes quantiques tels que des capteurs ou des ordinateurs. Aujourd'hui, l'application la plus importante d'un tel réseau est le protocole phare du domaine de la cryptographie quantique, à savoir la distribution quantique de clés (*Quantum Key Distribution* ou QKD).

Le chiffrement quantique des données

Le protocole de QKD offre un puissant changement de paradigme en matière de cybersécurité. Il représente la seule méthode d'établissement de clé pour une cryptographie symétrique* (ou « à clé privée ») offrant une sécurité absolue à long terme au sens de la théorie de l'information. Il n'est ainsi pas possible pour un adversaire d'avoir accès à une clé transmise par les signaux quantiques envoyés dans un processus de QKD, par suite du théorème de non-clonage quantique* . Les deux parties qui communiquent, communément appelées Alice et

Bob, échangent un grand nombre de signaux par un canal physique, et des informations supplémentaires envoyées sur un canal classique public mais authentifié. Ils suivent ainsi un protocole qui aboutit à la génération d'une chaîne de bits (la clé) secrète. Le principe général de la QKD est présenté sur la figure 2, et un exemple de protocole sur la figure 3. Les tentatives d'attaque conduiront à une réduction de la taille de la clé obtenue, mais pas à une réduction de sa sécurité. En pratique, la performance est évaluée par la distance à laquelle les clés secrètes peuvent être échangées et par le nombre de bits de clé secrète générés par seconde. Le but ultime est de fournir une sécurité contre les attaques les plus générales autorisées par les lois de la physique, tout en obtenant un taux et une distance de communication compatibles avec les applications envisagées. Les clés de chiffrement produites par la QKD peuvent être utilisées dans un schéma de chiffrement symétrique comme le protocole AES (*Advanced Encryption Standard*), qui est beaucoup plus résistant que RSA à une attaque par ordinateur quantique. Elles peuvent être aussi combinées avec la méthode de chiffrement symétrique de masque jetable (en anglais *One Time Pad*) afin d'obtenir une sécurité absolue. Dans les deux cas, le taux de génération de clé obtenu par QKD pour un scénario d'application typique est crucial. Des taux plus élevés permettent une mise à jour plus fréquente de clés de chiffrement dans le cas du protocole AES, et une augmentation proportionnelle de la bande passante de communication dans le cas du chiffrement à masque jetable. La combinaison de la QKD avec la cryptographie post-quantique* pour assurer en particulier l'authentification du canal public, sera également intéressante pour les cas d'usage pratiques.

Des progrès technologiques nécessaires

La mise en œuvre des réseaux quantiques et le développement de la cryptographie quantique nécessitent de relever de nombreux défis technologiques : sources de photons intriqués, détecteurs de photons uniques, mémoires quantiques, etc. Des progrès significatifs ont permis des implémentations marquantes ces dernières années – comme le déploiement d'un réseau à grande échelle intégrant des liaisons satellites en Chine, ou les premières briques d'un répéteur quantique dans des laboratoires de recherche et la démonstration des cas d'usage pratiques de la QKD (par exemple pour le transfert des dossiers médicaux sensibles). Cependant, une utilisation généralisée requiert de monter encore en maturité et en performances, et un aspect clé est l'intégration sous toutes ses formes. Premièrement, le développement de composants et de systèmes miniaturisés et économes en ressources sera fondamental pour leur évolutivité. Cela repose sur le développement de l'intégration photonique, qui pourra révolutionner les technologies quantiques, à l'instar de circuits électroniques intégrés, aujourd'hui omniprésents dans tous les systèmes informatiques. Ensuite, l'intégration réseau implique des objectifs allant de la garantie de la compatibilité des systèmes quantiques avec les techniques et infrastructures classiques, la recherche d'un compromis sécurité-coût plus favorable pour les réseaux de nœuds de confiance et la conception d'architectures réseau optimales et flexibles avec les interfaces nécessaires pour l'acheminement de l'information quantique. Des techniques de multiplexage seront également importantes pour augmenter les taux de communication, pour qu'ils deviennent compatibles avec les besoins pratiques. Enfin, bien que la sécurité d'un protocole de cryptographie quantique puisse être prouvée rigoureusement, sa mise en œuvre réelle contient souvent des imperfections qui peuvent ne pas être prises en compte dans la

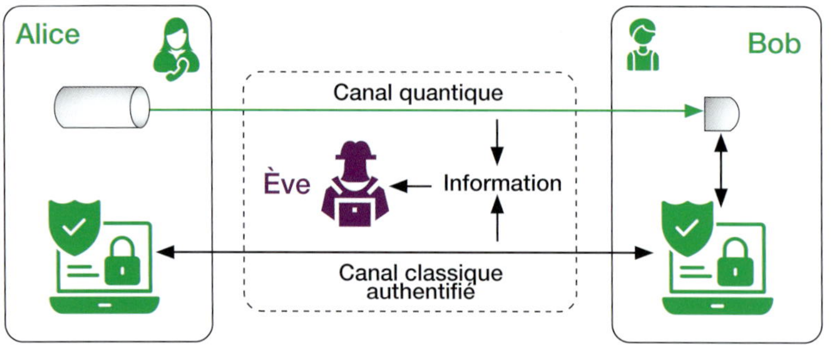

Fig. 2 – **La distribution quantique de clés permet à un transmetteur, Alice, et un récepteur, Bob, d'échanger une clé secrète, en utilisant deux canaux de communication : un canal utilisé pour la transmission des signaux quantiques et un canal public mais authentifié utilisé pour l'échange d'informations entre les deux interlocuteurs.** Si un espion potentiel, Ève, tente d'obtenir de l'information sur l'état des objets quantiques ceci induira inévitablement, grâce aux lois de la mécanique quantique, des erreurs dans la corrélation des données partagées par Alice et Bob. Celles-ci seront relevées pendant la phase de communication. *Photoniques*, 2018 ■

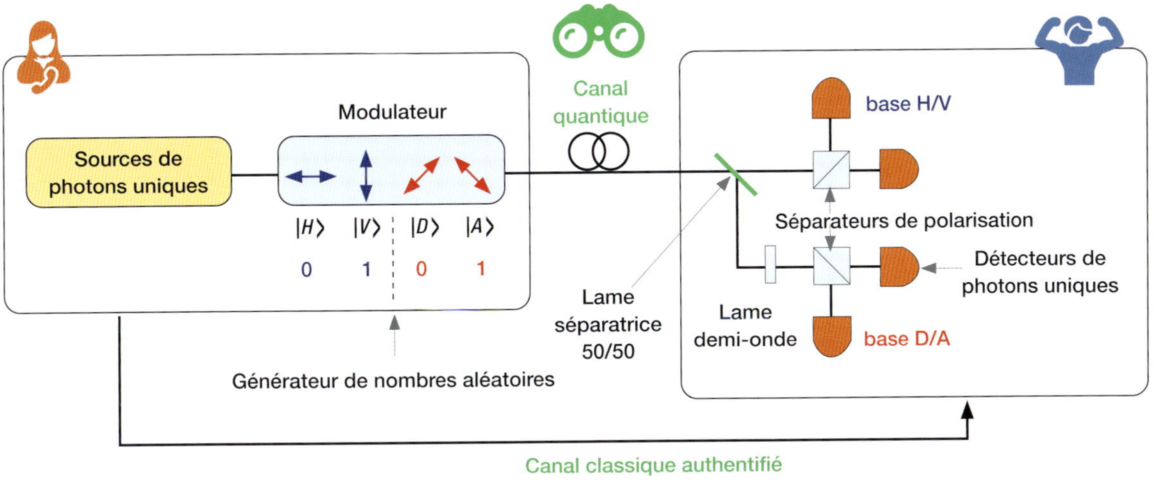

Fig. 3 – **Protocole BB84.** Dans ce protocole proposé par Bennett et Brassard en 1984 (d'où le sigle BB84), Alice envoie à Bob des photons polarisés aléatoirement suivant une des quatre directions représentées par les flèches rouges et bleues. Bob détecte chaque photon, et informe Alice s'il a été détecté dans la base H/V (bleue) ou D/A (rouge). Alice indique alors à Bob si la base de détection correspond à celle de l'envoi ; si c'est le cas ils récupèrent un bit d'information, 0 ou 1, sinon ils rejettent le résultat. L'espion Ève ne connaît pas la base utilisée quand le photon passe, et toute tentative d'interception de sa part produira des erreurs qui seront détectées par Alice et Bob. Tant que ce taux d'erreurs n'est pas trop élevé (ce qui interromprait la communication), Alice et Bob peuvent traiter tous les bits qu'ils ont reçus en échangeant un grand nombre de photons, pour obtenir une clé sans erreur et parfaitement sûre, c'est-à-dire inconnue d'Ève ■

preuve de sécurité correspondante. En exploitant des telles imperfections, des attaques diverses ont été proposées, ciblant la source ou les détecteurs. Certaines d'entre elles ont même démontré leur efficacité pour des systèmes commerciaux. Plus globalement, la question de la confiance aux utilisateurs, systèmes et nœuds d'un réseau quantique est au cœur de son utilisation pour une large gamme de cas d'usage. Un défi important dans ce contexte est de minimiser le plus possible les hypothèses nécessaires, permettant ainsi de certifier les processus dans le cas de présence de parties malhonnêtes. Cela permet de bénéficier au maximum de l'avantage intrinsèque en sécurité offerte par les technologies de la cryptographie quantique mais impose de fortes contraintes sur la performance. Il sera important d'explorer les compromis nécessaires et l'applicabilité des solutions envisagées, notamment pour la QKD.

Conclusion

Afin de lever les barrières décrites ci-dessus dans le domaine de la communication et de la cryptographie quantique, un effort concerté sera nécessaire entre la communication optique classique, l'ingénierie système et réseau, la photonique intégrée, la sécurité matérielle, la cryptographie classique et, bien sûr, les technologies quantiques. Ainsi il sera possible d'avancer vers de nouveaux systèmes intégrés, flexibles, offrant des garanties de sécurité maximale et faisant partie de réseaux de communication à l'échelle globale. Avec des avancées en cours sur la certification et la standardisation de la cryptographie quantique, ceci permettra leur utilisation pour la sécurisation des transactions dans la vie courante. Les développements des prochaines années seront certainement des étapes cruciales vers l'Internet quantique du futur.

Références bibliographiques

- E. DIAMANTI, H. KWONG-LO, B. QI et Z. YUAN – *Practical challenges in quantum key distribution*, N.P.J. Quantum Information 2, 16025, 2016.
- S. WEHNER, D. ELKOUSS et R. HANSON – *Quantum Internet: a Vision for the Road Ahead*, Science 362:6412, 2018.
- A. ASPECT – *Closing the Door on Einstein and Bohr's Quantum Debate*, Physics 8, 2015.
- P. GRANGIER – *L'information quantique : des sciences aux technologies*, Conférence à l'Académie des Sciences, 2018.
- E. DIAMANTI – Communications sûres dans un monde quantique, Colloque de rentrée du Collège de France *Déchiffrement(s) : des hiéroglyphes à l'ADN*, 2022.

3. Stockage d'information sur ADN

Dominique Lavenier et Marc Antonini

L'explosion des données est l'un des plus grands défis de l'évolution numérique. Depuis 2010, d'après l'IDC (*International Data Corporation*), la production de données croit d'environ 23 % chaque année, conduisant, au niveau mondial, à un volume de 180 zettaoctets (180 × 10^{21} octets) d'ici 2025 (figure 1), l'équivalent de 18 milliards de disques durs de 10 téraoctets. La demande de stockage augmente au même rythme, mais peine à répondre aux besoins avec les technologies actuelles (disques durs, disques SSD, bandes magnétiques) qui ont une durée de vie limitée à 10 ou 20 ans et qui doivent être fréquemment remplacés pour garantir la fiabilité des données. C'est un processus coûteux en termes d'argent, de matières premières et d'énergie, d'autant plus que 80 % des données sont rarement consultées (données « froides »), mais méritent d'être archivées à long terme pour la mémoire de l'humanité (photographies, films, code informatique, connaissances scientifiques, etc.). Dans ce contexte, l'ADN est un support de stockage prometteur pour conserver l'information sur le long terme, en raison de son faible encombrement et de sa longévité. La molécule d'ADN est, en effet, un polymère extrêmement compact. Un gramme d'ADN peut théoriquement encoder une information représentant plus de 200 pétaoctets (200 × 10^{15} octets, ou 200 000 disques durs). De plus, conservée dans de bonnes conditions, à l'abri de l'humidité et à température ambiante, sa durée de vie dépasse plusieurs siècles. En plus de ces deux grandes propriétés, l'ADN connaît une certaine pérennité technologique : tant que l'humanité existera, il y aura toujours des lecteurs d'ADN qui évolueront vers des appareils plus rapides, plus fiables et moins onéreux. Enfin, le CT0 (*Total Cost of Ownership*, ou coût total de possession) est également un critère important : une fois que les molécules d'ADN sont créées, contrairement aux technologies actuelles, il n'est plus nécessaire de régénérer périodiquement le support contenant l'information.

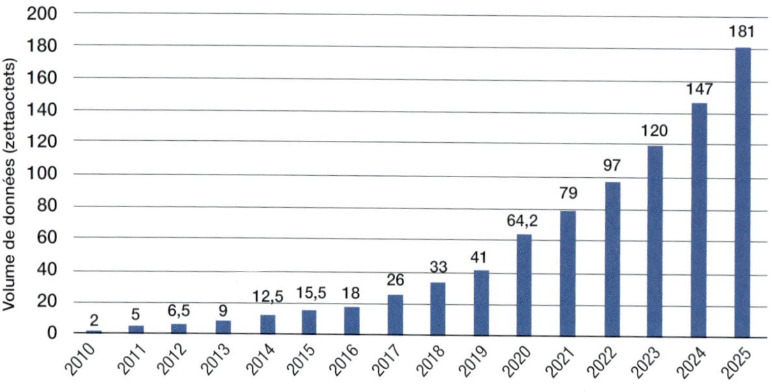

Fig. 1 – **Volume de données créées et répliquées au niveau mondial depuis 2010.** Statista 2024 ■

Principe du stockage

Dans ce qui suit, les molécules d'ADN sont utilisées comme de simples polymères*, indépendamment de toute finalité biologique. Il n'est pas nécessaire de les insérer dans un organisme vivant pour effectuer des opérations de lecture/écriture, de duplication ou autres. Les polymères d'ADN sont simplement utilisés comme supports d'information permettant la liaison de 4 nucléotides* représentés par les quatre lettres A, C, G et T (Adénine, Cytosine, Guanine, Thymine). Le stockage de l'information sur l'ADN consiste donc à assembler des chaînes de nucléotides dont la séquence, qui repose sur un alphabet à 4 caractères, reflète l'information stockée. Schématiquement, le processus

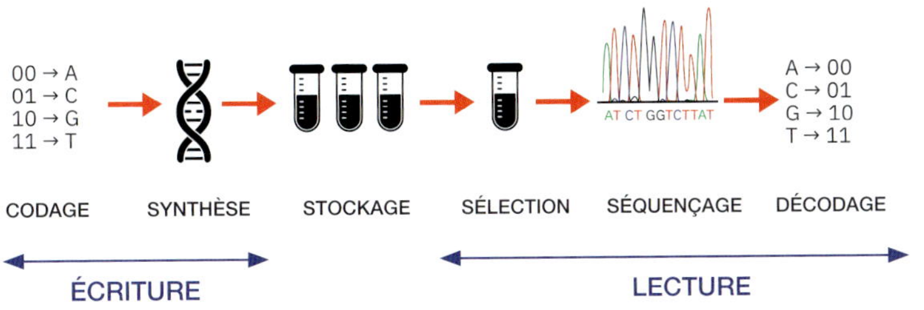

Fig. 2 – **Principe du stockage d'information sur ADN.** Le processus d'écriture et de lecture de l'ADN est divisé en six étapes : les deux premières étapes correspondent à l'écriture des données et les trois dernières étapes correspondent à la lecture. (1) L'étape de codage transforme les textes binaires des documents en une suite de séquences ACGT ; (2) la synthèse transforme ces séquences en molécules d'ADN ; (3) ces molécules sont stockées dans des conteneurs étanches ; (4) l'étape de sélection identifie les molécules correspondant au document à lire ; (5) le séquençage transcrit les molécules d'ADN en séquences ACGT ; (6) le décodage restitue le texte binaire original ■

d'écriture et de lecture de l'ADN est divisé en six étapes, comme le montre la figure 2. Les deux premières étapes correspondent à l'écriture des données. Les trois dernières étapes correspondent à la lecture. Lors du codage, les documents binaires d'entrée (texte, image, musique, vidéo, etc.) sont, pour des raisons techniques, découpés et traduits en plusieurs séquences ACGT. Puis chaque séquence ACGT est synthétisée en un grand nombre de molécules d'ADN. Celles-ci sont ensuite encapsulées dans de petits conteneurs dans une atmosphère contrôlée adaptée au stockage à long terme. Pour la lecture, une sélection se fait dans un conteneur qui contient des millions de documents différents. Les molécules d'ADN sont retraduites en séquences ACGT à l'aide d'appareils, appelés séquenceurs, actuellement utilisés pour l'analyse des données génomiques. Enfin, les séquences ACGT générées par l'étape précédente sont d'abord corrigées avant d'être réorganisées pour reconstruire le document original. La lecture est destructive : les molécules d'ADN qui sont extraites du conteneur sont consommées pendant le séquençage. Pour conserver l'information, il faut auparavant dupliquer les molécules d'ADN, ce qui se fait aisément par des processus biotechnologiques standards.

Synthèse et séquençage

La synthèse* et le séquençage* sont les deux étapes fondamentales du stockage d'information sur ADN. L'évolution des technologies sous-jacentes permet aujourd'hui de mettre en place, ou du moins de prototyper, des systèmes de stockage pérennes et à haute densité. Néanmoins, de nombreuses limitations, inhérentes à ces technologies, existent et elles ont des répercussions très significatives sur l'ensemble de la chaîne. La synthèse de l'ADN est probablement la partie la plus critique du pipeline. C'est un processus long et onéreux. Les synthétiseurs construisent des oligonucléotides* (ADN simple brin) de manière séquentielle, en ajoutant l'un après l'autre les nucléotides qui constituent la molécule finale. L'adjonction d'un nucléotide peut prendre plusieurs dizaines de secondes. Le débit en écriture est donc très lent. Une autre limitation importante est la taille des oligonucléotides générés par les synthétiseurs d'ADN : de 100 à 300 nucléotides maximum. Au-delà de cette taille, les taux d'erreurs deviennent trop élevés. L'impact sur le codage et l'organisation de l'information est immédiat : dans la plupart des cas, un fichier binaire ne pourra pas être stocké sur une seule molécule, mais devra être fragmenté en plusieurs entités avec pour conséquences l'absorption d'une partie de la molécule pour coder des informations indispensables à la reconstitution du fichier original (métadonnées). Les solutions pour lever partiellement ces contraintes, sont la miniaturisation et la parallélisation des processus de synthèse. L'industrie des semi-conducteurs, via les MEMS* (*Micro Electro Mechanical Systems*), est très active sur ce domaine et permet sur une surface réduite de synthétiser simultanément plusieurs centaines de milliers d'oligonucléotides différents, permettant de réduire drastiquement les coûts de synthèse. Le séquençage, quant à lui, bénéficie des évolutions rapides liées à l'analyse des génomes depuis deux décennies. Le débit en lecture, comparé au débit en écriture, est supérieur de plusieurs ordres de grandeur. Il existe deux grandes technologies qui diffèrent par la taille des séquences qui peuvent être lues. L'une, dite « de seconde génération », ne peut lire que des courts fragments de taille comprise entre 100 à 300 nucléotides, mais avec des taux d'erreurs très faibles, inférieurs à 0,1 %. Par opposition, l'autre, dite « de troisième génération », lit des fragments beaucoup plus grands dont la taille varie de 10^4 à 10^5, mais avec des taux d'erreurs plus importants (entre 1 % et 5 %). Dans un cas comme dans l'autre, les erreurs sont de trois types : substitution, un caractère est remplacé par un autre ; délétion, un caractère est perdu ; et insertion, un caractère est ajouté. Le séquençage présente un caractère aléatoire. Seule, une fraction des molécules présentées au séquenceur est lue. Les molécules sont sélectionnées au hasard. Ainsi, pour lire un document encodé par exemple sur N molécules, il faudra en séquencer beaucoup plus pour être sûr de récupérer chaque molécule au moins une fois (rappelons que les N molécules du document sont présentes en de multiples exemplaires).

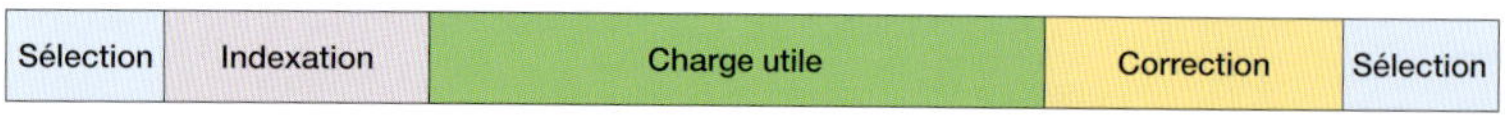

Fig. 3 – Exemple de codage d'information sur une molécule d'ADN. La partie verte représente l'information utile d'une partie du document. La partie rouge (indexation) est une information permettant de restructurer le document qui est fragmenté en plusieurs molécules. La partie jaune (correction) correspond à une information redondante pour détecter et corriger les erreurs de synthèse, de stockage ou de séquençage. Les extrémités bleues sont rajoutées pour sélectionner le document. Ce sont de courtes séquences (en général de taille 20 nucléotides) qui identifient le document et qui jouent un rôle actif dans la sélection des molécules relatives à ce document ■

Codage de l'information

L'étape de codage prend en entrée un fichier binaire et produit un ensemble de séquences ACGT. Le passage d'une séquence binaire à une séquence quaternaire n'est pas immédiat et dépend d'un ensemble de contraintes. Le codage doit prendre en compte la taille des oligonucléotides de la technologie de synthèse et les erreurs de synthèse, de séquençage, et celles dues au stockage. Il dépend aussi de la composition des molécules (taux de GC*). Pour des raisons de stabilités thermodynamiques, le nombre de caractères A et T doit être sensiblement identique au nombre de caractères G et C ; en pratique le taux de GC doit être compris entre 45 et 55 %. Durant cette étape, il faut aussi veiller à éviter la présence de suites de caractères identiques : les synthétiseurs, comme les séquenceurs, font beaucoup d'erreurs sur ces zones de texte. Enfin, certains mots ne doivent pas être présents car utilisés pour des opérations biotechnologiques comme la PCR*, par exemple. Le codage de l'information s'effectue généralement en deux temps. Le « codage source » prend d'abord en compte la nature des données et cherche à compresser les documents de manière optimale. Dans le contexte du stockage d'information sur ADN, cette partie est essentielle pour réduire à la fois les temps et les coûts de synthèse. Le « codage canal » ajoute de la redondance *via* des codes correcteur d'erreur appropriés. La présence d'erreurs de type insertion ou délétion, habituellement non prises en compte dans les systèmes actuels, demande la conception de nouveaux codes correcteur d'erreur. Le résultat de la chaîne de codage est un ensemble de courtes molécules structurées en plusieurs champs comme le montre l'exemple de la figure 3.

Le futur

Le stockage d'information sur ADN n'en est qu'à ses prémices. Il vise dans un premier temps les « données froides », plus particulièrement celles qui ont de la valeur et qu'il faut sauvegarder sur un temps long. Mais le déploiement de cette technologie dépend beaucoup des progrès de synthèse de l'ADN. À l'heure actuelle, le processus d'écriture est beaucoup trop lent et onéreux pour être économiquement viable dans une perspective de stockage à grande échelle. Cependant, le projet Américain MIST (*Molecular Information Storage*) indique dans sa feuille de route l'objectif d'un coût de synthèse de 1 dollar par gigaoctet en 2024 et de 1 dollar par téraoctet à l'horizon 2030. Cet objectif se base sur la miniaturisation de MEMS capables de synthétiser 10^8 oligonucléotides de taille 500 en 2024 et 10^{12} oligonucléotides de taille 1 000 en 2030 sur le même circuit. Si cet objectif est atteint, le stockage d'information sur ADN deviendra une vraie alternative concurrentielle par rapport aux modes de stockage actuels. Pour pallier les contraintes de la synthèse, et proposer des solutions à plus court terme, d'autres approches sont explorées, notamment pour l'étape d'écriture. L'une d'elles repose sur la construction de longues molécules d'ADN à partir de briques de base déjà synthétisées. Celles-ci sont produites une fois pour toutes et régénérées périodiquement à bas coût pour constituer une bibliothèque à partir de laquelle sont réalisés des assemblages par concaténation de ces petites molécules. L'expertise biotech se déplace ici sur la manière de constituer rapidement ces longues molécules de quelques milliers de nucléotides. Un usage industriel passe aussi nécessairement par le développement de MEMS capables de produire simultanément des millions de molécules de ce type. Les avantages de cette solution, par rapport à la production à façon d'oligonucléotides, sont un coût de synthèse quasi nul, une meilleure stabilité (ADN double brin), une indexation réduite (documents moins fragmentés) et une exploitation avantageuse des séquenceurs de troisième génération.

Références bibliographiques

• Académie des technologies – *Archiver les mégadonnées au-delà de 2040 : la piste de l'ADN. ADN : lire, écrire, stocker l'information*, rapport de l'académie des technologies, octobre 2020.

• A. DORICCHI *et al.* – *Emerging Approaches to DNA Data Storage: Challenges and Prospects*, ACS Nano, 2022.

4. Le calcul moléculaire : l'avenir du traitement d'informations ?

Anthony Genot

Est-il possible de réaliser des calculs avec des molécules ? Cette question peut sembler tout droit sortie de la science-fiction, étant donné la prédominance écrasante du calcul électronique dans notre vie quotidienne. Cependant, nous sommes la preuve vivante que le calcul moléculaire est bel et bien possible. Les êtres humains sont constitués de trillions de cellules, et chacune de ces cellules lit et traite en permanence des instructions écrites dans une structure moléculaire, notre ADN*. Notre génome peut être considéré comme un vaste livre de recettes qui dicte le déroulement des processus biologiques (cf. p. 182).

Décrypter la recette

Pourrions-nous un jour reproduire, ou du moins émuler, la finesse de ces calculs biologiques ? Cette question revêt non seulement une importance fondamentale, mais aussi des implications pratiques significatives. Si nous pouvions reproduire et contrôler le processus de développement d'un organe, nous pourrions régénérer des organes chez des patients souffrant de maladies chroniques ou ayant subi un accident. Malheureusement, sur le plan pratique, bien que des progrès remarquables aient été accomplis, l'ingénierie moléculaire* est encore loin de rivaliser avec les prouesses de la nature. Cependant, d'importants progrès ont été réalisés au niveau fondamental. En utilisant l'ADN comme molécule de base pour le calcul, des avancées significatives ont été accomplies au cours des trois dernières décennies. Par rapport à d'autres briques moléculaires pour le calcul (comme les protéines* ou les petites molécules), l'ADN apporte des avantages non négligeables grâce à plus de six décennies de recherche sur ses processus biologiques, physiques et chimiques. Aujourd'hui, les chimistes et les ingénieurs peuvent synthétiser en parallèle des millions de brins d'ADN de moins de 200 lettres, et séquencer ces brins d'ADN grâce aux avancées du séquençage sur le génome humain. L'un des atouts principaux de l'ADN est son auto-assemblage : quand deux brins complémentaires se trouvent en solution, ils s'apparient pour former une double hélice. C'est la fameuse règle de Watson-Crick qui dicte que l'adénine A s'apparie avec la thymine T, et la cytosine C avec la guanine G. Cet appariement est très bien compris et prédit par des algorithmes rapides. Les bases azotées de l'ADN (A, T, C et G) sont des briques de base qui permettent de construire et de programmer des protéines à l'échelle du nanomètre. Cet auto-assemblage est la base du calcul moléculaire. Par exemple, il est possible de programmer facilement une porte AND qui prend en entrée deux brins X et Y et qui produit un autre brin Z. La combinaison de ces portes AND avec des portes OR et NOT peut permettre de construire des circuits booléens, qui sont à la base des calculs effectués par nos ordinateurs actuels (figure 1).

Dompter la puissance de calcul moléculaire

L'essence du calcul moléculaire réside dans son parallélisme massif. Une solution de 10 microlitres de brins d'ADN contient de l'ordre de plusieurs trilliards de brins d'ADN. Ces brins s'auto-assemblent sur une échelle de temps de l'ordre de la centaine de millisecondes, ce qui se traduit par des trilliards d'interactions moléculaires par seconde (de l'ordre du téraflop/s en calcul informatique). L'enjeu consiste à dompter cette puissance de calcul pour l'exploiter et réaliser des calculs utiles et non-triviaux. La genèse du calcul moléculaire avec ADN est généralement associée à Leonard Adleman, l'un des trois informaticiens à l'origine du chiffrement RSA* (nommé par les initiales de ses trois inventeurs), qui constitue l'architecture de sécurité d'Internet (cf. p. 194). En 1994, Leonard Adleman eut l'idée d'utiliser l'assemblage massivement parallèle et combinatoire de brins d'ADN pour résoudre un problème de calcul non trivial, celui du « voyageur de commerce ». Ce problème classique d'optimisation consiste à trouver un chemin qui passe une fois et une seule par un certain nombre de villes et revient à la ville de départ. Leonard Adleman imagina une approche novatrice en utilisant des brins d'ADN pour représenter les villes et leurs connexions respectives. Les « brins villes » représentent les villes à visiter (comme Paris ou Tokyo) et les « brins routes » représentent les connexions entre ces villes (comme Paris→Tokyo). Lorsque Adleman mélangea les brins villes et les brins routes, il s'aperçut que tous ces brins s'assemblaient pour former des brins plus longs, représentant chacun un trajet possible. Adleman sélectionna parmi tous ces trajets seulement ceux qui passaient par toutes les villes, et qui commençaient et finissaient par la même ville. Il choisit également les brins en dessous d'une certaine taille, pour s'assurer que les villes n'étaient pas visitées deux fois. Il réussit ainsi à résoudre de manière moléculaire le problème du voyageur de commerce.

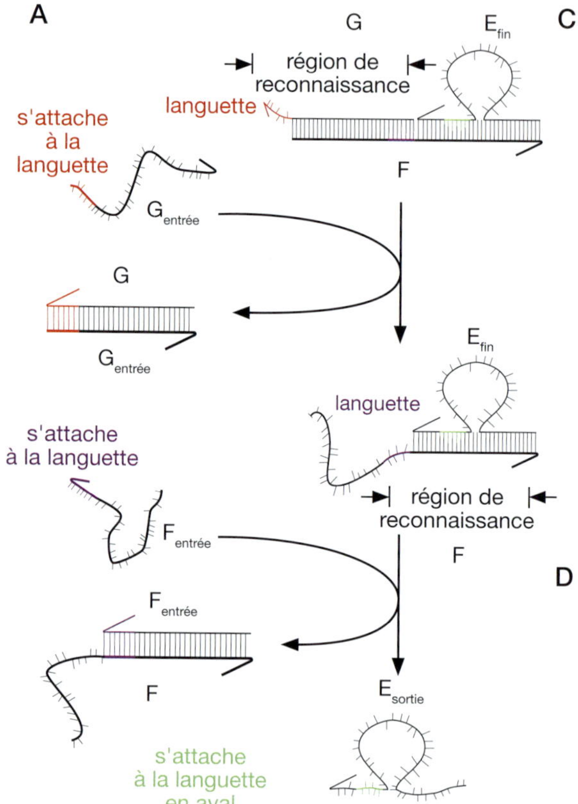

B

	RÉACTANTS	PRODUITS
1	EFG, aucune entrée	EFG, aucune entrée
2	EFG, $F_{entrée}$	EFG, $F_{entrée}$
3	EFG, $G_{entrée}$	EF + $GG_{entrée}$
4	EFG, $F_{entrée}$ + $G_{entrée}$	E + $FF_{entrée}$ + $GG_{entrée}$

Fig. 1 – **Porte AND à base d'ADN.** La porte est le complexe F qui consiste en une structure d'ADN. Lorsque le brin d'entrée $G_{entrée}$ est présent, il déplace un premier brin de la porte, ce qui expose un nouveau domaine (la languette). Si l'autre brin d'entrée $F_{entrée}$ est présent, il peut déplacer le brin E_{fin}, qui peut à son tour servir de brin d'entrée pour d'autre réaction. Cette porte moléculaire effectue donc un calcul booléen équivalent à une porte AND, ne relâchant son produit qu'en présence de ses brins d'entrée. Figure adaptée de Seelig *et al.*, Science, 2006 ■

Résoudre des problèmes simples

Dans les décennies qui ont suivi, la communauté du calcul par ADN a cherché à résoudre des problèmes computationnellement plus simples, mais avec des applications pratiques immédiates, comme le diagnostic moléculaire (obtention d'informations suite au prélèvement biologique d'un patient). Dix ans après la démonstration d'Adleman, Georg Seelig et ses collègues de Caltech ont montré comment implémenter avec des molécules les briques de bases des circuits logiques : portes « AND » et « OR », transduction, digitalisation, amplification et *reporting* des signaux moléculaires. En France, les équipes du CNRS sont à la pointe dans le calcul moléculaire avec une approche développée en 2008 par Yannick Rondelez. En collaboration avec Teruo Fujii, à Tokyo, ils lancent ensemble un ambitieux programme de recherche en calcul moléculaire, au sein du laboratoire LIMMS (*Laboratory of Integrated Micro Mechatronics*). Ils sont les premiers à proposer de combiner ADN et enzymes*, alors qu'historiquement la communauté avait eu tendance à ignorer les enzymes en raison de leur complexité supposée. Les enzymes sont des protéines qui catalysent les réactions chimiques dans les cellules, augmentant ainsi la vitesse de ces réactions sans être consommées pendant. En tant qu'outil de calcul, elles peuvent manipuler des molécules d'ADN de manière précise et permettre la réalisation de processus computationnels complexes à l'échelle moléculaire. Or, la nature regorge d'enzymes capables de traiter l'ADN, pour couper, copier ou coller des séquences d'ADN données. Grâce à des milliards d'années d'évolution, ces enzymes sont souvent plus rapides et efficaces pour travailler sur l'ADN que les processus purement à base d'ADN. Par ailleurs, les deux chercheurs ont manipulé et étudié les systèmes moléculaires dans des puces microfluidiques, ce qui leur a permis de réduire les volumes, d'accélérer certaines réactions et d'augmenter les débits de plusieurs ordres de grandeurs. Ce haut débit est crucial en calcul moléculaire, qui, par essence, est combinatoire et peut demander de tester des centaines ou des milliers de conditions. Depuis, l'équipe du LIMMS est parvenue à encapsuler des centaines de programme à ADN dans des gouttes d'eau de quelques dizaines de micron. Des puces microfluidiques fabriquent une émulsion, sorte de mayonnaise qui contient des millions de gouttes d'eau en suspension dans de l'huile. Chaque goutte fait moins d'un milliardième de litre et contient tous les réactifs pour effectuer un calcul moléculaire. L'équipe du LIMMS a ainsi pu démultiplier la quantité d'expériences pouvant être accomplies (figure 2).

Faire des diagnostics et stocker l'information

Déployer des programmes moléculaires à base d'ADN ou d'ARN dans des cellules pour résoudre des problèmes médicaux est encore un rêve lointain (malgré les avancées réalisées dans le domaine des vaccins à ARN). En attendant, la communauté du calcul à ADN se concentre sur deux applications atteignables à court ou moyen termes : le diagnostic moléculaire et le stockage d'informations sur ADN (cf. p. 234). La réaction en chaîne par polymérase (ou PCR), développée au début des années 1980 et très utilisée pendant la pandémie de Covid19, peut être vue comme le premier des programmes moléculaires pour le diagnostic. À chaque cycle, la PCR double la quantité d'un brin d'ADN donné, calculant ainsi une fonction exponentielle sur sa concentration d'entrée. Cette dépendance exponentielle du nombre de brins en sortie est essentielle pour le diagnostic, car elle explique la très forte sensibilité de la PCR, qui peut détecter un brin unique d'un génome d'un pathogène dans un échantillon de patient. Les chercheurs envisagent également des fonctions plus complexes, comme des réseaux de neurones moléculaires* qui effectueraient directement un diagnostic en se basant sur le profil de concentrations d'un grand nombre de biomarqueurs.

Conclusion

L'ADN apporte une solution élégante au stockage d'informations. Il s'agit du format ultime en termes de densité, car il n'utilise qu'une dizaine d'atomes par bit d'information, des millions de fois moins dense que les bandes magnétiques. Depuis une décennie, la recherche et les investissements se sont accélérés pour faire du stockage d'informations sur ADN une réalité. Les États-Unis ont ouvert la voie avec le programme MIST (*Molecular Information Storage*) lancé en 2018. En 2022, la France a suivi avec

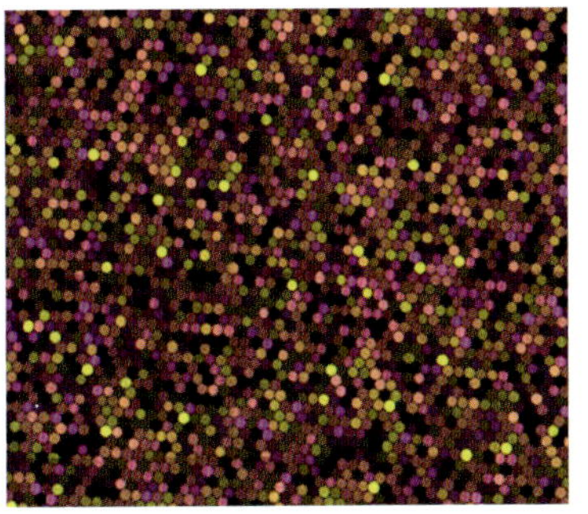

Fig. 2 – Exemple de tableau de gouttes d'eau dispersées dans une solution d'huile. Chaque goutte contient un programme moléculaire différent, ce qui permet de réaliser des milliers de calculs en parallèle ■

le « PEPR MoleculArxiv », qui vise à fédérer les forces du CNRS sur le spectre scientifique et technologique du stockage d'informations sur ADN. Dans ce cadre, le calcul moléculaire sera amené à jouer un rôle crucial pour organiser la recherche et la récupération d'informations dans des bases de données à ADN. En effet, quand celles-ci atteindront des échelles gigantesques (exaoctet ou plus), il ne sera plus efficace de faire des allers-retours entre le monde moléculaire et le monde électronique pour chercher des informations. Cette limitation n'est pas propre aux bases de données à ADN, mais touche toutes les bases de données massives. Elle est due à l'architecture des ordinateurs, qui sépare calcul et stockage – créant le fameux « goulot de Von Neumann* » lorsque la quantité de données explose (voir ZERTAL). Pour dépasser ces limitations, nous aurons donc besoin d'un programme moléculaire pour directement accéder aux données moléculaires sans aller-retour avec le monde électronique.

Références bibliographiques

- N. SCHABANEL – *Des molécules qui calculent*, In S. BLANC, M. BOUZEGHOUB et M. KNOOP – *L'interdisciplinarité. Voyages au-delà des disiciplines*, CNRS Éditions, 2023.
- A. J. GENOT *et al.* – *High-Resolution Mapping of Bifurcations in Nonlinear Biochemical Circuits*, Nature chemistry 8, 2016.

5. L'arithmétique des grands nombres

Karim Belabas

L'arithmétique des ordinateurs s'intéresse à la représentation des nombres et au calcul en machine des fonctions mathématiques. A priori les opérations arithmétiques élémentaires (addition, multiplication) ne posent aucun problème à tout un chacun tant que les nombres ne sont pas très grands (quelques chiffres) et que le temps de réponse exigé n'est pas élevé (à l'échelle des besoins de calcul de la vie quotidienne). Avec les ordinateurs, il est possible de représenter des grands nombres avec le principe de virgule flottante* et d'obtenir des temps de calcul à l'échelle électronique. Mais cette approche est limitée en raison de la taille limitée des registres contenant ces nombres (64 bits par exemple). En effet, dans certains programmes cryptographiques ou certains calculs sur l'univers comportant des milliards de milliards de galaxies, il peut être utile de manipuler des nombres constitués de plusieurs milliers ou centaines de milliers de chiffres. En extrapolant, on peut imaginer un modèle de calcul des grands nombres comportant plusieurs millions de chiffres. Se pose alors le coût théorique de ces opérations, en supposant des tailles mémoires adéquates (cf. p. 234) .

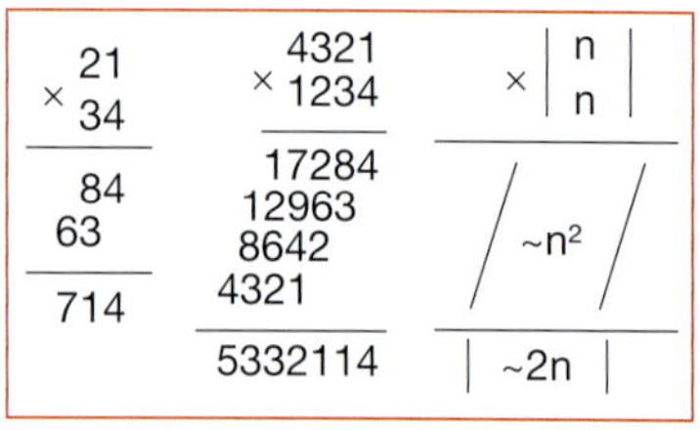

Fig. 1 – Une multiplication à n = 2 puis à n = 4 chiffres ■

Les algorithmes basiques d'arithmétique

Commençons par des nombres entiers, représentés par une suite de chiffres. Tant qu'il y a peu de chiffres, des méthodes naïves sont acceptables, comme compter sur ses doigts. Cependant, plus le nombre de chiffres grandit, plus la méthode de calcul doit être efficace. Il est en effet très difficile de multiplier deux grands nombres écrits en chiffres romains (représentation inadaptée), ou sur ses doigts (problème de mémoire). Avec la représentation ordinaire des entiers en base 10 et les algorithmes de l'école primaire, l'addition s'effectue chiffre par chiffre, avec une retenue éventuelle, et le coût d'obtention de chaque nouveau chiffre du résultat est constant. Ainsi, pour additionner deux nombres à n chiffres, le temps de calcul sera proportionnel à n ; de même que le temps d'affichage du résultat ou le temps de lecture des chiffres en entrée. En revanche, pour une multiplication, ce temps sera proportionnel à n^2. En effet, en posant le calcul, il faudra multiplier chacun des n chiffres du premier nombre par les n chiffres du second, soit n^2 chiffres au total (figure 1). La division de l'école primaire se traite de même, avec un temps également proportionnel à n^2. Pour décrire les coûts du calcul sur des problèmes de tailles croissantes, les informaticiens parlent de « complexité algorithmique » (cf. p. 101). La « complexité » décrit la quantité de ressources nécessaires (par exemple le temps de calcul) pour mener l'opération à terme : c'est une fonction de la « taille » du problème posé, ici le nombre de chiffres des nombres à multiplier.

La problématique des grands nombres

Les additions, multiplications et divisions sur des entiers de n chiffres sont considérées comme faciles, car elles s'effectuent en temps borné par une puissance de n. Doubler le nombre de chiffres aura donc pour effet de multiplier le temps de calcul par une constante : 2 pour une addition et 4 pour les deux autres opérations. Mais même un temps de calcul en n^2 peut être trop important pour certaines applications, si la taille n est trop grande. Et pourtant, il est très utile de pouvoir multiplier de très grands entiers. L'application la plus visible est la cryptologie, utilisée dans les communications chiffrées sur Internet ou les transactions bancaires en ligne, où un grand nombre de multiplications est réalisé sur des nombres de plusieurs centaines, voire milliers de chiffres. Plus la sécurité est importante, plus ces nombres doivent être gros. D'autres applications utilisent des millions, voire des milliards de chiffres, car il est possible de coder plusieurs opérations indépendantes en une seule, opérant sur un plus grand nombre de chiffres (figure 2). S'il y a beaucoup d'opérations à réaliser, les nombres deviennent vite très grands !

21 | 000 | 4321 × 34 | 000 | 1234 = 714 | 0172828 | 5332114

Fig. 2 – **Opération montrant comment retrouver le résultat des deux multiplications de la figure 1 en en effectuant une seule.** On place suffisamment de 0 pour séparer les nombres à multiplier. Une partie des chiffres du résultat unique donne les deux résultats voulus et on ignore les chiffres parasites médians ■

Améliorer l'algorithme de multiplication

L'algorithme de l'école primaire travaille chiffre par chiffre. Les algorithmes de calcul sur les grands nombres les découpent en blocs de chiffres et remplacent des multiplications élémentaires par des additions, moins complexes. Dans la figure 2, les blocs font 2 chiffres. En utilisant $43 \times 12 = 516$ et $21 \times 34 = 714$, l'opérateur peut obtenir : $(43 \times 100 + 21)(12 \times 100 + 34) = 516 \times 10\,000 + (43 \times 34 + 21 \times 12) \times 100 + 714$. S'il utilise $43 \times 34 = 1462$ et $21 \times 12 = 252$, l'addition finale est facile mais il doit passer par 4 multiplications de blocs de 2 chiffres, ce qui multiplie le travail par 4 ! En revanche, il peut utiliser l'identité suivante : $(43 \times 34 + 21 \times 12) = (43 + 21) \times (12 + 34) - 43 \times 34 - 21 \times 12$, pour ne faire que 3 multiplications de blocs au lieu de 4. Des additions ont été ajoutées, mais l'opération reste rentable si les nombres sont assez gros pour rendre le coût des additions supplémentaires négligeable devant le reste. Doubler le nombre de chiffres ne multiplie alors plus le temps de calcul que d'un facteur 3. Un algorithme plus efficace, proposé par Arnold Schönhage et Volker Strassen en 1971 a une complexité de $n.log(n).log(log(n))$, où log désigne la fonction logarithme* (cf. p. 48) : il utilise un outil d'analyse : la transformée de Fourier*, une manière élégante d'effectuer des opérations simultanément sur un grand nombre de données Ce même outil est utilisé massivement pour le codage/décodage audio numérique, quand on écoute un MP3 ou un flux audio en *streaming* ! En 2021, Joris van der Hoeven et David Harvey ont mis au point l'algorithme de multiplication le plus efficace à ce jour, en gagnant le facteur $\log(\log(n))$. Mais cet algorithme ne deviendrait plus rapide que pour des entiers tellement grands qu'il est impossible de les stocker dans un ordinateur., Cela vient du fait que la fonction loglog est désespérément lente : pour $n = 10^{18}$ (un milliard de milliards !), $\log(\log(n))$ est plus petit que 4 !

Faut-il fixer le nombre de chiffres ?

Dans beaucoup d'applications, il n'est pas nécessaire d'avoir une grande précision sur les calculs et il est aussi possible de limiter arbitrairement le nombre de chiffres n en passant aux nombres flottants. Les calculs sur les nombres réels sont approchés en fixant un nombre de chiffres significatifs (la « précision du calcul »). Mais cela s'effectue au prix d'erreurs d'arrondis, qui rendent la validité d'une suite de calculs difficile à estimer. Il est cependant possible de remplacer un nombre réel par un intervalle qui le contient : c'est le principe de l'« arithmétique d'intervalle ». Chaque nouveau calcul donne un nouvel intervalle, a priori plus grand, qui contient le vrai résultat : c'est une manière d'obtenir un majorant et un minorant rigoureux d'une quantité définie par un calcul compliqué.

Conclusion

Nous disposons d'un arsenal d'algorithmes interdépendants pour calculer, chacun ayant son domaine d'optimalité que nous pouvons estimer par leur complexité. La multiplication est particulièrement importante, car elle est un ingrédient qui apparaît partout, et il est frappant qu'il soit encore possible d'améliorer cette opération connue depuis des milliers d'années. Les ordinateurs ont rendu utiles et praticables des calculs sur des nombres gigantesques ; et plus le nombre est grand, plus l'amélioration produite par un bon algorithme est sensible. Mais pour les tout petits nombres, c'est souvent l'algorithme le plus naïf qui est le plus efficace !

Références bibliographiques

- K. BETTAYEB – *La multiplication réinventée*, CNRS Le Journal, 2019.
- N. REVOL – *Introduction à l'arithmétique par intervalles*, Rapport de recherche, INRIA, 2001.
- V. LEFÈVRE et P. ZIMMERMANN – *Arithmétique flottante*, Rapport de recherche, INRIA, 2004.

- Dixième partie -

Enjeux et impacts sociétaux

Page précédente et p. 245 :

Introduction

Mokrane Bouzeghoub

Comme l'ont montré plusieurs articles des chapitres précédents, le calcul, la puissance des ordinateurs et leur mise en œuvre au travers de méthodes algorithmiques très complexes ont conduit à des innovations technologiques majeures. Elles-mêmes ont permis des avancées et des découvertes scientifiques dans de nombreux domaines, tels que les sciences de l'Univers et la physique des particules, les sciences biologiques et la médecine, la chimie des matériaux et l'ingénierie, l'économie numérique et les loisirs, la culture et l'éducation personnalisée... Ces innovations et ces découvertes ne sont pas secondaires, elles ont façonné la société en modifiant de manière profonde ses canaux de communication et ses relations sociales, en dématérialisant la monnaie et les transactions commerciales, en virtualisant les ressources pédagogiques et les bibliothèques du savoir, en créant de nouveaux métiers basés sur l'exploitation intensive des données, et en assurant, par délégation, la prise de décision dans des domaines régaliens aussi importants que la sécurité, la justice et la délibération dans les politiques publiques.

Comme toutes les innovations de rupture – telles que l'agriculture, l'écriture et l'imprimerie – celles liées à l'informatique n'ont pas manqué de générer leurs controverses et un débat intense dans la société. L'omniprésence de ces technologies dans tous les espaces de vie peut avoir des conséquences néfastes sur la santé mentale et physique des individus. Dans le monde du travail, l'automatisation des modes de production et des processus décisionnels ont tendance à soumettre les personnels à des exigences de performance très élevées, ce qui se traduit par l'anxiété, le stress et l'épuisement. La surabondance d'informations (infobésité) rend difficile la hiérarchisation des tâches et la gestion du temps. Chez les jeunes, l'addiction aux réseaux sociaux et aux jeux en réseau est mise en accusation par de nombreux parents, médecins et sociologues. De plus, la collecte et l'analyse des données via les smartphones et les objets connectés rendent leurs détenteurs vulnérables au piratage, au harcèlement et à la prédation financière ou sexuelle. La cybercriminalité ne touche pas que les individus, elle s'attaque aussi aux entreprises et à toutes les organisations sociales. Elle n'est pas que le fait de groupes malveillants, elle est aussi une arme envisagée au sein même des états. Enfin, les calculs réalisés au sein des algorithmes sont souvent opaques et il est difficile de vérifier leur conformité aux lois et aux règles éthiques. Un nouveau concept de discrimination algorithmique a émergé : certaines applications perpétuent les travers séculaires de la société en assignant les femmes et certains groupes sociaux à des métiers particuliers ou à des préférences stéréotypées.

Le premier article de ce chapitre traite d'un sujet souvent occulté, la contribution des femmes au calcul et à la science informatique, ainsi que leur rôle historique majeur dans de nombreux projets scientifiques comme la recherche spatiale par exemple. Ce chapitre aborde aussi, avec le second article, le problème de la consommation d'énergie par les infrastructures de calcul et les centres de données, suivi par un article sur les scénarios de risques urbains et leur contrôle grâce aux modèles de calcul. Les deux derniers articles traitent de la sécurité et de la protection de la vie privée, deux thèmes suscitant un débat permanent dans un monde numérique complexe.

1. Le calcul, une histoire de femmes

Christine Solnon

Avant d'être associé aux ordinateurs, le mot anglais « *computer* » désignait les personnes en charge de faire des calculs mathématiques, utilisant souvent pour cela des machines mécaniques. Cette tâche plutôt fastidieuse était majoritairement accomplie par des femmes, notamment à partir de la Première Guerre mondiale du fait du départ de nombreux hommes pour le front. Ainsi, selon la sociologue américaine Jennifer Light, environ deux cents femmes étaient embauchées par l'armée américaine pour effectuer les calculs balistiques pendant la Seconde Guerre mondiale. C'est donc assez naturellement que six de ces femmes (Kathleen Antonelli, Jean Bartik, Betty Holberton, Marlyn Meltzer, Frances Spence et Ruth Teitelbaum) ont écrit, de 1945 à 1955, les programmes destinés à être exécutés par l'ENIAC (cf. p. 68), premier ordinateur électronique, conçu par deux hommes (John Eckert et John Mauchly).

Un métier historiquement féminin

Un siècle auparavant, en 1842, c'était déjà une femme, Ada Lovelace, qui avait écrit le premier programme destiné à être exécuté par la machine analytique conçue par le mathématicien anglais Charles Babbage. Si cette machine n'a jamais fonctionné, Ada Lovelace avait pleinement appréhendé la notion de complexité algorithmique, un enjeu essentiel de la programmation qu'elle avait exprimé de la façon suivante : « *Dans quasiment tout calcul, une grande variété d'arrangements pour l'enchaînement des processus est possible* [...]. *Un objectif essentiel est de choisir l'arrangement qui tendra à réduire le plus le temps nécessaire pour terminer le calcul.* »

Ainsi, la programmation a d'abord été une activité majoritairement dévolue aux femmes, car souvent perçue comme un travail de bureau proche de la dactylographie. Selon l'historien et sociologue des sciences américain Nathan Ensmeger, à la fin des années 1960, de 30 % à 50 % des programmeurs étaient des femmes. En 1967, le magazine féminin américain Cosmopolitan explique, dans un article intitulé « *The Computer Girls* », qu'il y a déjà 20 000 programmeuses aux États-Unis, et que ce métier offre de nombreuses opportunités pour les femmes. L'informaticienne américaine Grace Hopper y témoigne de la façon suivante sur sa profession : « *La programmation est comme l'organisation d'un dîner : vous devez tout planifier de sorte qu'il soit prêt à l'heure prévue. Programmer demande de la patience et de la minutie. Les femmes sont naturellement douées pour la programmation informatique.* ». Si l'analogie avec une tâche domestique est révélatrice de la répartition des tâches au sein du foyer à cette époque, il n'en reste pas moins que l'informatique a été un domaine technique exceptionnellement ouvert aux femmes dans ses débuts. Bien sûr, de nombreuses femmes étaient affectées à des tâches de bas niveau, comme la perforation des cartes utilisées pour mémoriser les données, mais certaines ont eu des contributions remarquables. Par exemple, Grace Hopper a conçu en 1951 le premier compilateur, capable de traduire automatiquement un programme défini dans un langage mathématique en un code exécutable par un ordinateur. L'informaticienne américaine Margaret Hamilton, en charge de l'équipe de développement du logiciel embarqué du programme Apollo, a permis d'éviter de très sérieux problèmes lors de l'alunissage d'Apollo 11 en prévoyant la possibilité pour l'ordinateur de bord de se concentrer sur les tâches les plus prioritaires en cas de surcharge de travail. Alice Recoque a été une pionnière de l'informatique en France. Elle a notamment participé à la fin des années 1950 à la conception d'ordinateurs français et a dirigé dans les années 1980 la mission « intelligence artificielle » du groupe Bull. Frances Allen a été la première femme à recevoir le prix Turing (l'équivalent du prix Nobel en informatique), en 2006, pour ses contributions majeures dans le domaine de l'optimisation du code généré par les compilateurs.

Déclin contemporain

Si le pourcentage de femmes poursuivant des études en informatique a régulièrement augmenté jusqu'en 1984, atteignant par exemple 37 % aux États-Unis et faisant de l'informatique la discipline d'ingénierie la plus féminisée, ce pourcentage a ensuite constamment diminué jusqu'au début des années 2000, où il s'est stabilisé à moins de 20 %, aux États-Unis comme en France. Paradoxalement, la part de femmes dans les autres disciplines scientifiques tend à augmenter sur cette même période. Isabelle Collet, chercheuse française en sciences de l'éducation, explique cette singularité par l'arrivée des micro-ordinateurs dans les foyers au début des années 1980, contribuant à l'émergence de l'image du *geek* plus attiré par les jeux vidéo et les technologies numériques que par les relations sociales. Cette image, combinée au fait que l'informatique devient alors prestigieuse et symbole de pouvoir, a attiré de nombreux hommes. Selon Nathan Ensmeger, elle a été en partie forgée par les tests psychologiques utilisés à la fin des années 1960 par les entreprises souhaitant sélectionner des personnes pour suivre des formations internes à l'informatique : ces tests mettaient en avant des stéréotypes masculins tels que « *aimer jouer aux échecs* » ou encore « *le fait de préférer travailler avec des objets plutôt qu'avec des personnes* ». À quoi ressemblerait notre monde si, au lieu de dessiner un portrait de geek technophile et asocial, ces tests avaient mis en avant des qualités telles que la créativité, l'écoute, ou encore le sens de l'organisation, qui sont fondamentales pour développer de bonnes applications informatiques ?

Les conséquences de la faible présence des femmes dans les métiers du numérique sont loin d'être anecdotiques. D'un point de vue économique, l'informatique faisant partie des secteurs en forte tension pour lesquels les entreprises peinent à recruter, il est dommageable de se priver de la moitié de la population. Sur le plan social, les métiers du numérique sont généralement bien payés, ce qui devrait pouvoir bénéficier aux femmes autant qu'aux hommes. Mais l'enjeu le plus important se situe au niveau de la société, car le numérique la change en profondeur. Le fait que les femmes soient quasiment absentes des équipes de développement introduit des biais de genre qui posent question. Il est temps d'agir pour déconstruire les stéréotypes, en mettant en avant les grandes figures féminines qui ont fait l'histoire de l'informatique, et en faisant mieux connaître les métiers du numérique très différents de l'image du *geek* véhiculée par les médias.

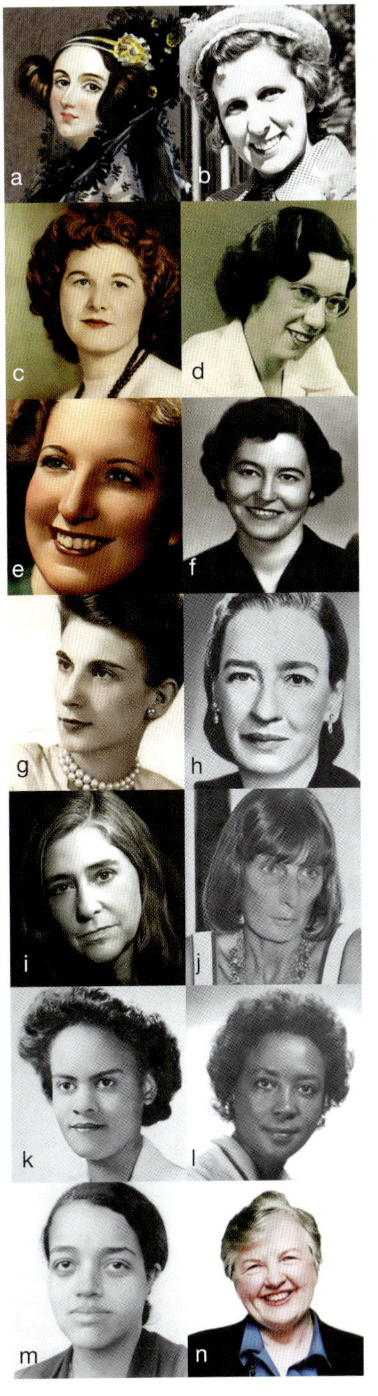

Quatorze femmes qui ont compté dans l'histoire du calcul mathématique en informatique. a) Ada Lovelace. b) Kathleen Antonelli. c) Jean Bartik. d) Betty Holberton. e) Marlyn Meltzer. f) Frances Spence. g) Ruth Teitelbaum. h) Grace Hopper. i) Margaret Hamilton. j) Alice Recoque. k) Evelyn Boyd Granville. l) Annie Easley. m) Dorothy Vaughan. n) Frances Allen ■

Références bibliographiques

• J. LIGHT – *When Computers were Women*, Technology and Culture, vol. 40, 1999.
• N. ESMENGER – *The Computer Boys Take Over*, MIT press, 2010.
• I. COLLET – *L'informatique a-t-elle un sexe ? Hackers, mythes et réalités*, L'Harmattan, 2006.

2. Consommation électrique et efficacité énergétique des infrastructures de calcul

Anne-Cécile Orgerie

La performance d'un ordinateur s'exprime en flops, c'est-à-dire en nombre d'opérations en virgule flottante effectuées par seconde. Ce type d'opération s'appuie sur une représentation particulière des nombres (sous forme de mantisse* et d'exposant*) qui permet d'effectuer des calculs efficaces sur de très grands ou très petits nombres. L'architecture matérielle de ces opérations est plus complexe que l'architecture d'opérations similaires sur de simples entiers et requiert plus de transistors.

La performance a été considérablement améliorée au cours des générations successives d'ordinateurs. En 1946, l'Eniac (*Electronic Numerical Integrator And Computer*), premier ordinateur entièrement électronique, était capable de réaliser 5 000 additions en 1 seconde et environ 200 multiplications en 1 seconde. Ces opérations n'utilisaient pas des nombres en virgule flottante. En 2023, Frontier, le supercalculateur le plus puissant du monde, est capable d'effectuer $1{,}194 \times 10^{18}$ flops. Ainsi, en moins de 80 ans, les performances ont été améliorées de 15 ordres de grandeur !

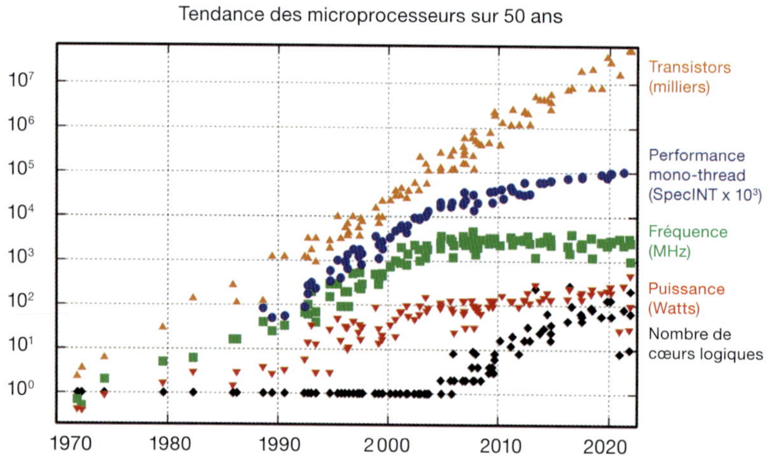

Évolution de l'efficacité énergétique des microprocesseurs qui constituent les unités de calcul des ordinateurs, de 1970 à 2020. La performance mono-thread (sans exploiter le parallélisme des ordinateurs) est calculée en utilisant l'application SpecINT fournie par la Standard Performance Evaluation Corporation (SPEC). D'après Rupp, 2021, https://github.com/karlrupp ■

Les environnements logiciels

L'Eniac était initialement programmé par les *Eniac six*, six femmes programmeuses qui devaient notamment exécuter des calculs balistiques commandés par l'armée américaine. Les langages de programmation n'existaient pas encore, elles disposaient uniquement de schémas décrivant les composants électriques de l'Eniac. Elles devaient câbler ces composants pour effectuer les calculs, la reprogrammation (donc le recâblage) pouvant prendre jusqu'à deux jours. L'apparition des langages de programmation a considérablement accéléré la reprogrammation d'un ordinateur. Cependant, cette évolution n'est pas entièrement axée sur la performance, comme énoncé par la loi empirique de Wirth, stipulant que les programmes informatiques ralentissent plus vite que le matériel n'accélère. En effet, la rapidité d'implémentation est souvent privilégiée à l'optimisation des performances. Ainsi, les gains d'efficacité matérielle bruts sont en partie gommés par les implémentations logicielles.

L'amélioration de l'efficacité énergétique

De 1946 à 2023, les puissances électriques n'ont augmenté que de deux ordres de grandeur. En effet, l'Eniac consommait 150 kilowatts, tandis que Frontier consomme 22,7 mégawatts. L'efficacité énergétique (en flops par watt) traduit ce phénomène : les améliorations technologiques ont simultanément bénéficié à la performance et à la consommation énergétique. L'amélioration des performances a suivi la loi empirique de Moore, qui prédit, depuis la fin des années 1960, un doublement du nombre de transistors par microprocesseur tous les 2 ans. En parallèle, l'amélioration de l'efficacité énergétique a suivi, des années 1950 aux années 2000, la loi empirique de Koomey : l'énergie nécessaire pour effectuer une quantité donnée d'opérations est divisée par deux tous les 1,57 an. Ces lois empiriques sont des tendances observées, elles possèdent des limitations connues, notamment une durée de validité limitée, et ne constituent donc pas des prédictions fiables. Plusieurs mécanismes ont permis l'amélioration de l'efficacité énergétique. De 1970 à 2006, cette amélioration a exploité l'augmentation de la fréquence des processeurs (figure 1) : calculer plus d'opérations par seconde. Cependant, au-delà des 3,5 gigahertz, des problèmes de dissipation thermique apparaissent, menaçant l'intégrité physique du processeur et la fiabilité d'exécution des opérations. À partir de 2006, l'efficacité s'est appuyée sur l'augmentation du nombre de cœurs de calcul par processeur : il s'agit alors d'augmenter le nombre d'opérations qui s'exécutent en parallèle sur un même processeur (multicœurs). Cependant, pour une exécution efficace des applications parallèles, les cœurs doivent être physiquement proches afin que les transferts de données impactent peu les performances. Ceci devient de plus en plus complexe avec l'augmentation du nombre de cœurs, y compris en les disposant en 3 dimensions. Dans le même temps, la finesse de gravure des processeurs s'est accrue pour atteindre 2 à 3 nanomètres au début des années 2020. Mais là encore, les limites de dissipation thermique se rapprochent dangereusement. En effet, pour chaque processeur, il est possible de calculer son « enveloppe thermique* », qui représente la puissance maximale en Watts qu'il peut dissiper. En cas de dépassement de cette puissance, le matériel peut être endommagé de façon irréversible.

L'augmentation de la consommation énergétique

L'amélioration de l'efficacité énergétique ne garantit pas une réduction de la consommation énergétique des ordinateurs. Au contraire, il s'agit plutôt d'un effet rebond. Ainsi, Frontier consomme autant de puissance qu'environ 42 500 foyers français (d'après les estimations d'Engie en 2022). L'Eniac consommait quant à lui il y a 80 ans autant que 270 foyers français actuels. Et depuis l'Eniac (alors seul ordinateur électronique), le nombre d'infrastructures de calcul et d'ordinateurs a très fortement crû. Un rapport conjoint ADEME-ARCEP paru en 2022 indique que la part du numérique dans la consommation électrique française a atteint 11 % en 2020, soit 52 térawatts/heure (TWh). Ce rapport prévoit pour 2050 une augmentation de 79 % par rapport à 2020. Cette croissance n'est pas compatible avec notre engagement à réduire nos émissions de gaz à effet de serre. En effet, pour se conformer aux accords de Paris de 2015, le numérique devrait, dans son ensemble, au niveau mondial, réduire ses propres émissions de gaz à effet de serre de 42 % d'ici 2030 par rapport à 2020 et de 91 % d'ici 2050. Les infrastructures de calcul semblent immatérielles et invisibles pour les utilisateurs qui accèdent depuis de nombreux équipements informatiques à la multitude de services numériques rendus disponibles grâce à Internet. Leur consommation énergétique est cependant préoccupante et génère des impacts environnementaux conséquents : émissions de gaz à effet de serre, utilisation de ressources (métaux, eau, terres rares), pollutions, etc. Les améliorations considérables en matière d'efficacité énergétique ont été systématiquement contrebalancées par des effets rebond notamment dus à l'explosion du nombre d'objets connectés. Cette tendance n'est pas soutenable.

Références bibliographiques

- D. HARTREE – *The ENIAC, an electronic calculating machine*, Nature, 1946.
- K. KLEIMAN – *Proving Ground: The Untold Story of the Six Women Who Programmed the World's First Modern Computer*, 2022.
- ADEME-ARCEP – *Évaluation de l'impact environnemental du numérique en France et analyse prospective*, Rapport, 2022.
- The GREEN500 list, https://www.top500.org/lists/green500, 2023.

3. Les mots de passe à bout de souffle

Gildas Avoine et Diane Leblanc-Albarel

En 1972, le chercheur américain James Anderson, pionnier de la sécurité informatique, affirmait que choisir un mot de passe de sept caractères constitués de lettres minuscules est suffisant, car il faudrait trois mois à un attaquant pour avoir une chance sur 1 000 de le casser par une recherche exhaustive. Aujourd'hui, avec l'évolution phénoménale des capacités de calcul, cette recommandation prête à sourire.

Fonctionnement des mots de passe

La méthode d'authentification par mot de passe la plus triviale consiste à enregistrer les mots de passe des utilisateurs dans le système* informatique, qu'il s'agisse d'un équipement personnel ou d'un serveur. Lors de l'authentification, le mot de passe présenté est alors comparé au mot de passe de référence de l'utilisateur enregistré dans le système. L'inconvénient de cette approche – qui existait bien avant l'avènement de l'informatique – est que le mot de passe est connu de l'administrateur et, surtout, qu'une fuite des données* révèle directement tous les mots de passe du système, qui sont peut-être aussi utilisés par ailleurs. L'idée de ne plus enregistrer les mots de passe en entier mais leur version hachée est vraisemblablement apparue dans les années 1970. Un « haché » est le résultat d'une « fonction de hachage* », c'est-à-dire une fonction h qui a la propriété d'être à sens unique : étant donné une valeur x, il est facile de calculer $h(x)=y$, mais étant donné y, il est impossible en pratique de retrouver x tel que $y=h(x)$. Ainsi, ce n'est pas le mot de passe x qui est enregistré dans le système, mais sa valeur hachée y. Pour s'authentifier, l'utilisateur fournit le mot de passe x, puis le système calcule $h(x)$ et vérifie que le résultat est bien égal à la valeur y enregistrée. Une fuite de données révèle les hachés des mots de passe, mais pas les mots de passe eux-mêmes. Il y a cependant des moyens de « casser » ces mots de passe. En effet, la fonction de hachage h est impossible à inverser en pratique, mais rien n'empêche de tester des valeurs x jusqu'à trouver celle qui produit effectivement y : c'est la technique usuelle pour retrouver un mot de passe x lorsque l'on connaît $h(x)$. Le cassage de mots de passe consiste donc en général à récupérer un fichier de hachés de mots de passe et à tester tous les mots de passe possibles un par un. Le temps moyen pris par cette « recherche exhaustive » dépend des capacités de calcul allouées au cassage (figure 1).

Années de l'attaque	Temps pour casser le mot de passe
1970-1980	Plusieurs milliers d'années
1980-1990	Quelques années
1990-2000	Quelques mois
2000-2010	Quelques jours
2010-2020	Quelques heures
2023	Quelques minutes (en utilisant plusieurs GPU en parallèle)

Fig. 1 – Estimation du temps de cassage pour un mot de passe alphanumérique de 8 caractères ■

Taille de l'ensemble dans lequel est choisi le mot de passe	Robustesse du mot de passe
Inférieur à 2^{64}	Très faible
Entre 2^{64} et 2^{80}	Faible
Entre 2^{80} et 2^{100}	Moyen
Supérieur à 2^{100}	Fort

Fig. 2 – Robustesse d'un mot de passe selon l'ANSSI (en 2023) ■

Cependant, cette attaque ne peut fonctionner que sur de petits espaces. Au-delà, la recherche ne peut plus être exhaustive et doit se limiter à des sous-espaces connus pour abriter de nombreux mots de passe. C'est le cas des mots issus de dictionnaires linguistiques, de dictionnaires de noms propres, etc. L'attaque par dictionnaire consiste donc à tester chaque mot du dictionnaire. Depuis de nombreuses années déjà, les casseurs* de mots de passe intègrent aussi des règles pour faire varier des mots du d ictionnaire, par exemple si « password » est dans le dictionnaire, alors le casseur testera également « Password », « Password1 », « drowssap », « Pa$$word », etc.

En 2003, Philippe Oechslin, chercheur à l'École Polytechnique Fédérale de Lausanne, se lance dans le cassage de mots de passe Windows, qui fonctionnaient sur une technique appelée « LM Hash », connue pour son niveau de sécurité assez faible. En particulier, il suffisait de casser tous les mots de passe de 0 à 7 caractères pour obtenir directement tous ceux de 0 à 14 caractères. Une fois prises en compte les erreurs de conception de l'authentification de Windows, les 2^{83} mots de passe alphanumériques possibles se ramenaient à 2^{37} cas à traiter. Pour casser ces mots de passe, Oechslin se base sur l'article de Martin Hellman sur les « compromis temps-mémoire cryptanalytiques », paru en 1980. La technique consiste à effectuer une fois pour toutes des précalculs* et de stocker les résultats dans des tables prenant M unités de mémoire. Ces tables sont ensuite utilisées pour l'attaque proprement dite. Oechslin parvient ainsi à casser 99,9 % des mots de passe alphanumériques en stockant des précalculs sur deux CD-ROM (soit 1,4 Go). Il obtient un temps d'attaque moyen de 13,6 secondes au lieu des 54 heures nécessaires pour une recherche exhaustive avec le même matériel. Plus généralement, cette technique de compromis temps-mémoire cryptanalytique permet de trouver un mot de passe (ou problème équivalent) en un temps T tel que $T = N^2/M^2$, où N est la taille de l'espace traité et M la mémoire allouée au stockage des précalculs.

Capacités de calcul et robustesse

Les capacités de calcul pour le cassage de mots de passe sont à mettre en regard de l'objectif visé. Par exemple, l'administrateur d'un système aura besoin de tester sa résistance en tentant de casser les mots de passe des utilisateurs. S'il utilise un serveur à 128 cœurs* pendant plusieurs semaines ou un cluster* de quelques milliers de nœuds* pendant quelques heures, il pourra parcourir des espaces de taille de l'ordre de 2^{50}. Cependant, la tendance dans le domaine du cassage n'est plus d'augmenter la parallélisation* ou la distribution* des calculs sur des processeurs CPU* (*Central Processing Unit*), mais d'utiliser des processeurs graphiques GPU* (*Graphics Processing Unit*) (cf. p. 80). Ainsi, l'exécution d'une fonction de hachage est 1 000 à 10 000 fois plus rapide sur un GPU que sur un CPU.

Quant aux cybercriminels, leurs limites sont beaucoup plus difficiles à évaluer. Il en est de même pour un cyberattaquant étatique. Il y a vingt ans, le seuil de faisabilité était placé à 2^{80}, c'est-à-dire que l'on considérait qu'aucun attaquant ne pouvait réaliser 2^{80} opérations cryptographiques. Mais aujourd'hui, ce seuil n'offre plus une marge de sécurité suffisante et il est recommandé de viser une sécurité d'au moins 2^{128}. La robustesse d'un mot de passe est, intuitivement, la difficulté à laquelle une personne devra faire face pour le casser. Un mot de passe robuste doit donc être choisi aléatoirement dans un grand ensemble de mots de passe possibles. L'Agence nationale de la sécurité des systèmes d'information définit quatre niveaux de robustesse (figure 2). Un mot de passe aléatoire, construit à partir d'un alphabet constitué de lettres, de chiffres et de 8 caractères spéciaux, devra contenir au moins 17 caractères (comme : BsDRg3, q18*4, s3k) pour être considéré comme fort selon l'ANSSI* (figure 3), et il sera considéré comme très faible si sa taille est inférieure ou égale à 10 caractères (comme : BsDRg3, q1). Si le mot de passe ne comportait que des lettres minuscules, il lui en faudrait 22 ($26^{22} > 2^{100}$) pour être considéré

Nombre de caractères		Nombre de mots de passe possibles	[$\log_2$]
	1	70	6
	2	4900	12
	3	343000	18
	4	24010000	24
1 sec (GPU)	5	1680700000	30
	6	117649000000	36
	7	8235430000000	42
	8	576480100000000	49
	9	40353607000000000	55
Très faible	10	2824752490000000000	61
	11	197732674300000000000	67
	12	13841287201000000000000	73
	13	968890140700000000000000	79
	14	67822307284900000000000000	85
	15	4747561509943000000000000000	91
	16	332329305696010000000000000000	98
Fort	17	23263051398720700000000000000000	104
	18	1628413597910449000000000000000000	110

Fig. 3 – Nombre de mots de passe possibles pour un alphabet de 70 caractères ■

comme fort. Pour faciliter la mémorisation des mots de passe, une technique de plus en plus recommandée consiste à utiliser des phrases de passe, c'est-à-dire des suites de mots choisis aléatoirement dans un dictionnaire. Si le dictionnaire comporte par exemple 60 000 mots, il suffit alors de mémoriser une suite de sept mots pour obtenir un mot de passe fort ($60\,000^7 > 2^{100}$). Le caractère aléatoire est évidemment fondamental, car le registre linguistique quotidien d'un humain se limite généralement à quelques centaines de mots.

Attaques modernes

La recherche exhaustive n'est plus le cœur des casseurs de mots de passe modernes. L'avancée des connaissances a permis de développer des stratégies beaucoup plus efficaces pour tester les mots de passe selon leur probabilité d'apparition. Ainsi, alors que le temps de génération du mot de passe à tester à chaque itération est négligeable avec la recherche exhaustive, il faut distinguer avec les nouveaux casseurs, le temps nécessaire à la génération du mot de passe à tester du temps nécessaire au test proprement dit. En effet, le temps de génération, qui repose sur des masques, des chaînes de Markov ou de l'apprentissage automatique* n'est plus du tout négligeable par rapport au temps du test, qui consiste en une opération de hachage. Les casseurs doivent donc prendre le temps de bien choisir les mots à tester. D'une part, les mots de passe des utilisateurs sont de plus en plus forts, d'autre part, les fonctions de hachage conçues pour l'authentification* par mots de passe sont volontairement ralenties (par exemple, PBKDF2*) pour limiter les attaques. Certaines d'entre elles sont même spécifiquement lentes sur GPU (par exemple, Argon2*).

Dans l'arsenal des attaquants, l'« attaque par masque » est couramment utilisée, en particulier quand une première attaque par dictionnaire n'a pas fonctionné. Contrairement à la recherche exhaustive, l'attaque par masque se concentre sur les tendances prédictibles des utilisateurs. Le grand nombre de bases de mots de passe qui a fuité a en effet permis d'analyser les habitudes des utilisateurs et de constater que la plupart d'entre eux utilisent des mots de passe qui suivent des motifs particuliers, par exemple, une lettre majuscule au début, suivie de lettres minuscules et se terminant souvent par des chiffres ou des caractères spéciaux. Ces motifs sont utilisés pour construire des « masques » qui permettent de réduire l'espace de recherche* des casseurs de mots de passe. Les chaînes de Markov, quant à elles, sont un concept mathématique qui sert à modéliser la probabilité de transition d'un état à un autre. Elles sont utilisées pour générer les mots de passe les plus probables. Par exemple, le chiffre « 1 » ou le chiffre « 2 » est plus susceptible d'être suivi par un autre chiffre que par une lettre car il est fréquemment utilisé comme premier chiffre dans une date de naissance. De même, une majuscule a plus de chances d'être suivie d'une minuscule que d'une autre majuscule. Ces tendances, observées dans des bases de mots de passe qui ont fuité, peuvent être utilisées pour créer des chaînes de Markov qui génèrent des mots de passe probables (figure 4).

De manière similaire aux approches précédentes, les casseurs de mots de passe utilisant de l'apprentissage automatique, par exemple PCFG* (*Probabilistic context-free grammar*), bénéficient de bases de mots de passe qui ont fuité, ce qui leur permet d'entraîner leur intelligence artificielle* (IA).

Que ce soit avec des chaînes de Markov ou de l'apprentissage automatique, le temps de génération des mots de passe à tester n'est pas négligeable. Ces approches pour casser les mots de passe sont donc particulièrement pertinentes lorsque la fonction de hachage est lente, car il est alors préférable de passer plus de temps à choisir le mot de passe à tester.

Protections modernes et perspectives

La capacité de calcul des ordinateurs a probablement gagné la bataille face à la capacité à mémoriser des humains. Se souvenir de dizaines, voire de centaines de mots de passe différents de plus de 20 caractères aléatoires est un espoir vain pour la majorité d'entre nous. La sécurité des mots de passe doit donc reposer sur des stratégies alternatives, combinées à une sensibilisation accrue des utilisateurs. L'une de ces stratégies est l'utilisation de l'« authentification multifacteur ». Il existe en effet trois formes d'authentification : « ce que je sais » (mot de passe, code PIN*, etc.), « ce que je possède » (carte à puce*, téléphone, etc.) et « ce que je suis » (empreinte digitale, forme du visage, etc.). Combiner deux de ces approches n'empêche pas le cassage des mots de passe si l'attaquant a accès aux hachés des mots de passe, mais cela offre une solide protection contre les usurpations d'identité.

Les gestionnaires* de mots de passe représentent une autre stratégie pour faire face aux capacités de calcul grandissantes. Ces outils génèrent et stockent des mots de passe aléatoires (avec caractères spéciaux) pour chaque service, réduisant le risque d'une attaque réussie. L'utilisateur ne doit alors que mémoriser le mot de passe

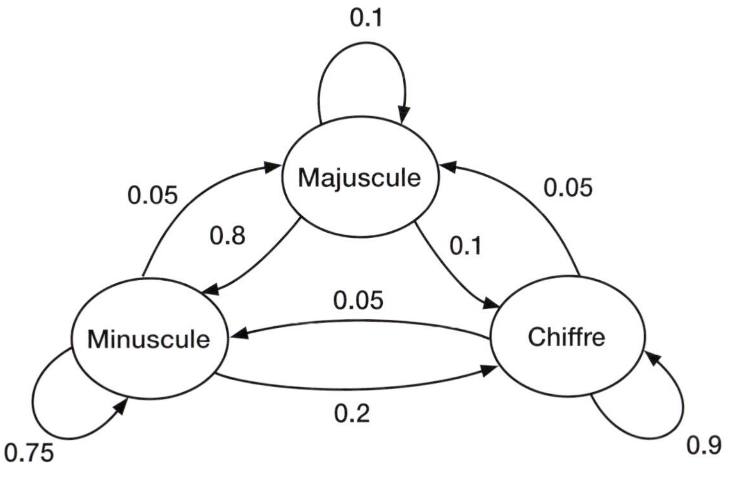

Fig. 4 – **Chaîne de Markov pour la construction de mots de passe.** Supposons qu'un attaquant commence à tester un mot de passe qui débute par une majuscule, il souhaite déterminer quel sera le deuxième caractère du mot de passe à tester. Selon la chaîne de Markov, le deuxième caractère a 80 % de chance d'être une minuscule, 10 % d'être une majuscule, et 10 % d'être un chiffre. Contrairement à une attaque par masque qui serait plus rigide, la chaîne de Markov laisse place à une part d'aléatoire. Dans cet exemple, la chaîne de Markov ne comporte que trois états (« Majuscule », « Minuscule » et « Chiffre »), mais elle peut inclure tous les caractères possibles dans une situation réelle, soit 62 états pour un mot de passe alphanumérique ■

maître* qui donne accès à tous les autres. Ces gestionnaires doivent en revanche être utilisés avec prudence, avec un solide mot de passe maître et en prenant en compte le contexte d'utilisation (par exemple selon qu'il s'agit d'un usage privé ou professionnel).

Contrairement à l'image moribonde que pouvait avoir la recherche sur les mots de passe par le passé, l'évolution des technologies et des connaissances a redonné un élan à ce domaine, avec de nouvelles techniques de cassage élaborées. Les mots de passe tels que nous les avons connus sont, aujourd'hui, à bout de souffle face à ces techniques. Pour y faire face, les systèmes d'authentification se sont adaptés : la biométrie* s'est imposée, particulièrement sur les téléphones portables, l'utilisation de l'authentification multifacteur s'est généralisée, et les gestionnaires de mots de passe ont fait leur apparition. Toutefois, avec l'utilisation de ces outils, de nouveaux défis et des attaques inédites ont émergé.

Références bibliographiques

- J. P. ANDERSON – *Information Security in a Multi-User Computer Environment*, Advances in Computers, Elsevier, 1972.
- Cybermalveillance.gouv.fr – *Les mots de passe*, Fiche pratique, 2019.
- ANSSI – *Recommandations relatives à l'authentification multifacteur et aux mots de passe*, 2021.
- J. BOURDET – *Ordinateur : les promesses de l'aube quantique*, 2021.

4. Techniques de calcul renforçant la vie privée : un enjeu dans l'ère de la société de surveillance

Nicolas Anciaux et Benjamin Nguyen

Dans le contexte actuel du capitalisme de surveillance, tel que défini par Shoshana Zuboff dans son livre *L'Âge du Capitalisme de Surveillance*, les données personnelles sont devenues une ressource hautement convoitée par les grandes entreprises et les entités institutionnelles. Simultanément, l'intérêt croissant pour l'intelligence artificielle (IA), dont l'efficacité dépend en grande partie du volume de données disponibles, accroît colossalement le volume de collecte de données personnelles. Cette surcollecte qui en résulte soulève des inquiétudes en matière de respect de la vie privée.

Pour répondre à cela, les autorités de régulation européennes ont instauré un cadre juridique au cœur duquel réside le Règlement Général sur la Protection des Données (RGPD), qui définit des concepts clés à respecter lors des traitements sur données personnelles, comme la présence explicite d'une finalité légitime pour le traitement, le consentement éclairé (qui doit nécessairement être obtenu auprès de l'individu concerné pour la finalité visée), la minimisation des données (une quantité minimale de données personnelles vis-à-vis de la finalité visée doit être collectée) ou encore la portabilité des données (les individus peuvent récupérer les données personnelles collectées les concernant). Bien que ces concepts semblent simples, leur mise en œuvre pratique lors du calcul, au-delà de simples injonctions juridiques est complexe pour les développeurs de solutions techniques, et constitue un frein majeur à leur adoption concrète (figure 1).

Nouveau dilemme entre surveillance et respect de la vie privée

La surveillance (et la collecte correspondante de données personnelles) vise à répondre à des objectifs légitimes, mais constitue en même temps un risque potentiel pour d'autres finalités, qui seraient, elles, inacceptables. Par exemple, les éditeurs de jeux en ligne (Fortnite, League of Legends, PUBG...) tracent les actions des joueurs puis exposent via des interfaces de programmation (API*) leurs pseudonymes et leurs performances (figure 2). D'un côté, cela encourage le développement d'applications novatrices liées au jeu et l'animation de communautés de joueurs ; de l'autre, cette exposition peut permettre l'inférence d'informations sensibles (comme les pseudos d'enfants mineurs). De manière similaire, de nouveaux outils destinés à faciliter le télétravail permettent aux employeurs de surveiller l'activité de leurs employés à domicile pendant les heures de travail, mais ces données collectées pourraient également révéler des activités personnelles menées au domicile des employés. Autre exemple, la surveillance numérique exercée par les parents sur leurs enfants à travers des logiciels de contrôle parental peut, là encore, divulguer des détails intimes sur les activités de mineurs.

Face à cette dynamique complexe, le défi consiste à concevoir de nouvelles technologies pour l'amélioration du respect de la vie privée, désignées par l'acronyme « PETs » (de l'anglais *Privacy Enhancing Technologies* ou « Technologie pour l'amélioration de la protection de la vie privée ») afin d'équilibrer les intérêts de l'ensemble des parties prenantes. Ces PETs doivent offrir aux organisations, aux individus concernés (joueurs, télétravailleurs, enfants, etc.), et développeurs d'application le moyen d'implanter

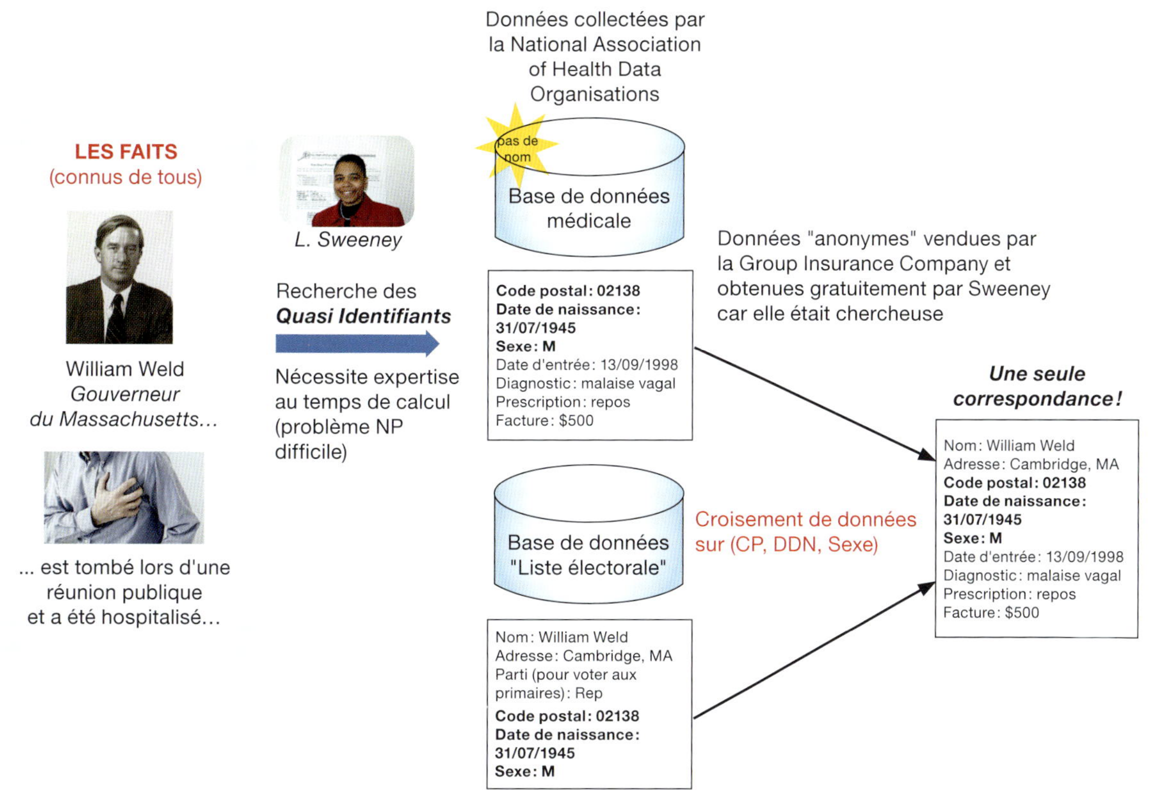

Fig. 1 – L'attaque de réidentification de Sweeney. Adapté de L. SWEENEY – *k-ananymity a model for protecting privacy*, IJUFKBS, 2002 ■

les concepts du RGPD (comme la minimisation des données) afin de limiter la surveillance et contrôler les effets de bord indésirables liés à la surcollecte. C'est une tâche ardue du fait de l'antinomie intrinsèque entre surveillance et respect de la vie privée.

Nouveaux défis scientifiques liés au calcul pour favoriser une adoption concrète de PETs

Les défis de la recherche autour des PETs résident dans la nécessité de modéliser les concepts de vie privée tout en maintenant la finalité visée. Cela requiert deux aspects clés pour une adoption concrète : premièrement, l'« explicabilité » du modèle, permettant aux développeurs de facilement implémenter le concept PET et aux individus concernés de donner leur consentement en toute connaissance de cause. Deuxièmement, il est crucial d'assurer la « confidentialité du calcul » sous-jacent (PEC, *Privacy-Enhancing Computations*) afin de permettre l'adoption du PET et d'éviter tout retour de bâton potentiel dû à un usage incorrect et des vulnérabilités qui pourraient aggraver la surveillance.

Modéliser les propriétés de vie privée souhaitées tout en assurant l'explicabilité du modèle est un problème complexe, car il implique de concilier deux dimensions conflictuelles. D'une part, pour garantir l'explicabilité, les algorithmes intégrés aux PETs doivent être publics, d'autre part, afin d'atteindre un compromis optimal entre respect de la vie privée et utilité, le comportement des PETs doit s'adapter au contenu spécifique des données personnelles de chaque individu, ouvrant ainsi la voie à d'éventuelles vulnérabilités exploitées par des attaquants. Cette complexité découle en partie de la définition ambiguë du concept de vie privée ; en particulier l'absence de définition formelle du principe de minimisation des données qui peut varier selon le contexte (données collectées à des fins d'apprentissage ou d'évaluation de règles logiques pour la prise de décision). Pour résoudre cette problématique, il est impératif de développer de nouveaux modèles qui définissent clairement ces principes dans divers contextes, fournissant ainsi aux développeurs d'applications une compréhension claire de leur implémentation. De plus, ces nouveaux modèles, une fois dotés d'une représentation intelligible, permettront aux individus de mieux appréhender les choix qui leur sont offerts et d'éclairer leur consentement.

Par ailleurs, l'intégration réussie des PETs dans le traitement de données personnelles à grande échelle nécessite non seulement de sécuriser ces données contre tout accès non autorisé, y compris de la part des créateurs et hébergeurs de PETs, mais également de relever des défis complexes liés au calcul. Les PETs opèrent sur d'énormes volumes de données, concernant potentiellement des millions d'individus, et impliquent des traitements complexes, comme la minimisation et l'anonymisation des données, intensifiant ainsi les enjeux de vie privée et de performance. L'implémentation concrète des PETs nécessite donc des solutions de calcul permettant de concilier ce double objectif de sécurité et de performance.

De nombreuses propositions de l'état de l'art portent sur la protection des systèmes de gestion de bases de données (SGBD) protégés par du chiffrement, désormais couramment fourni par la plupart des SGBD commerciaux, tels qu'Oracle et SQL Server. La gestion des clés cryptographiques est essentielle pour sécuriser les données, utilisant souvent une table restreinte ou un fichier chiffré par une clé maîtresse. Il est possible de coupler des modules de sécurité matérielle au SGBD (dits « HSM* » ou *Hardware Security Module*), ce qui offre une manière de protéger les clés « au repos ». Lorsque l'application n'est pas en train de calculer, les serveurs sont protégés contre le vol ou l'exfiltration de données. Toutefois, lors du calcul, les clés et les données restent exposées (en clair) dans la mémoire du SGBD, et sont donc vulnérables aux logiciels malveillants capables d'observer la mémoire des serveurs en cours de fonctionnement.

Aller au-delà en termes de sécurité induit des solutions telles que le chiffrement homomorphe* (cf. p. 194) permettant d'évaluer n'importe quel traitement directement sur les données chiffrées. Des protocoles de « calcul multipartite sécurisé* », reposant sur ce type de technologie, sont applicables aussi en distribué, pour traiter des données confidentielles provenant de nombreux participants. Bien qu'offrant une solution théorique au problème du traitement sécurisé de données, les propositions actuelles occasionnent des surcoûts de performance très importants, liées à la complexité des traitements à réaliser et au nombre élevé des participants au calcul, ce qui les rend le plus souvent impraticables dans le contexte des PETs. En effet, la solution MPC (calcul multipartite sécurisé) la plus connue est basée sur l'utilisation de « *garbled circuits* », qui permettent de transformer un algorithme en circuit logique. Ce circuit peut ensuite être évalué de manière sécurisée, en présence d'adversaires « honnêtes-mais-curieux ». Chaque participant apporte au calcul ses données privées, sans les révéler à l'autre. Il est toujours possible de généraliser à un nombre plus grand de N participants, mais le coût en nombre de communications entre les participants croît quadratiquement avec leur nombre (théorème BMR*, de Beaver, Micali, Rogaway). Des résultats plus récents évaluent le coût à deux messages par porte 'ET' dans le circuit. Les performances du calcul dépendent ainsi également de la complexité du code de l'algorithme. Dans cette

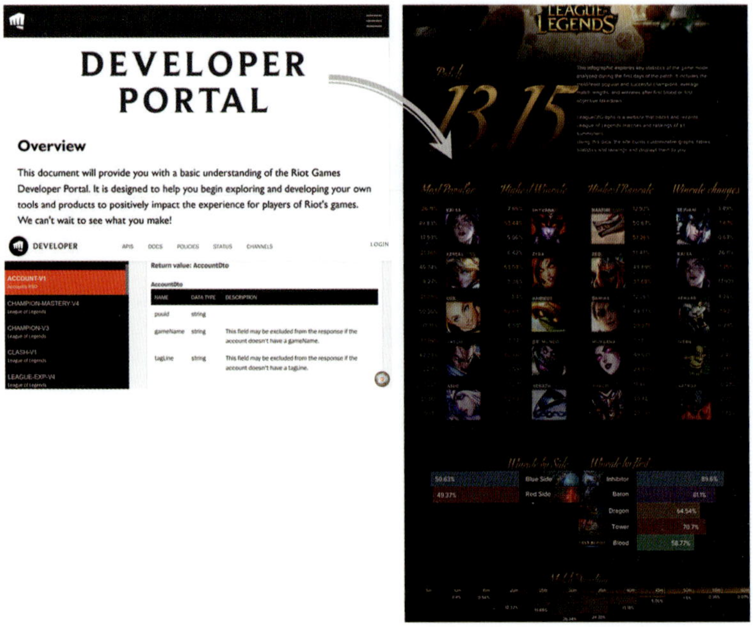

Fig. 2 – Site de la société américaine « Riot Games » qui édite le jeu vidéo League of Legends dédié aux développeurs, qui indique comment accéder à certaines données des joueurs, et leur permet de produire des synthèses et statistiques par exemple lors de l'organisation de tournois en ligne ■

approche, l'algorithme à évaluer est connu de l'ensemble des participants (ce qui est aussi une limite).

Pour surmonter les défis liés à la performance du traitement sécurisé, la dernière décennie a vu l'avènement de nouveaux composants de l'informatique, comme les processeurs dotés d'environnements d'exécution de confiance matériels (par exemple, *Intel SGX Software Guard Extensions*, *ADM SEV Secure Encrypted Virtualization*, *ARM Trustzone*, *Intel TDX Trust Domain Extensions*). Ces environnements créent un espace de traitement des données (enclave) résistant à la manipulation. Il repose sur deux mécanismes fondamentaux : l'isolation, qui préserve la confidentialité des données traitées dans l'enclave vis-à-vis du système d'exploitation ; et l'attestation, qui permet au code du traitement de fournir une preuve cryptographique de son identité, certifiant qu'il fonctionne au sein d'une enclave authentique. Ce double mécanisme garantit à la fois la confidentialité des données en cours d'utilisation et l'intégrité du traitement. Comme pour toute solution de sécurité « matérielle », cette technologie présente certaines limitations techniques, en termes de gestion de la mémoire, de performance et de surcoût lié aux échanges de données entre l'enclave et l'extérieur. Par exemple, en 2015, la première version d'Intel SGX offrait une taille de mémoire limitée à 128 MB. Cette mémoire est utilisée pour stocker le code, les données et la pile d'exécution de l'enclave. Ainsi, si une application nécessite plus de mémoire que ce qui est disponible, elle doit utiliser des mécanismes de pagination*, où les données sont échangées entre l'enclave et la mémoire externe non protégée. Cela peut entraîner des ralentissements significatifs en raison des opérations de chiffrement/déchiffrement et de la vérification de l'intégrité des données échangées. Les applications peuvent également être conçues pour minimiser la nécessité de communication entre l'enclave et la partie non sûre, réduisant ainsi les effets négatifs sur la performance. D'autre part, la sécurité matérielle conduit à d'autres types de contraintes pour pallier certaines attaques. Deux types d'attaques existent sur du matériel sécurisé : celles qui nécessitent une contre-mesure du fabricant (la prochaine version du dispositif intégrera alors cette contre-mesure) et celles qui nécessitent une réponse au niveau du développeur d'application (le code de calcul qui tourne sur le matériel sécurisé doit alors être modifié pour prendre en compte une nouvelle contrainte et éviter l'attaque). La contre-mesure consiste à intégrer des techniques logicielles au sein du code du calcul visant à masquer les motifs d'accès aux données. Ainsi, bien qu'offrant une solution générique plus performante que les solutions cryptographiques comme le MPC, les solutions matérielles ont des contraintes spécifiques à différents niveaux qui influent sur la performance du calcul et la complexité des développements. Permettre aux SGBD d'exploiter ces propriétés de sécurité matérielle et donc prévenir la manipulation en clair de données sensibles à l'extérieur de l'enclave reste encore un défi.

Conclusion

Surveillance, préservation de la vie privée et sécurité des personnes requièrent une convergence harmonieuse entre les avancées de la cybersécurité et les besoins d'innovation technologique en termes de PETs utilisables pour les utilisateurs et permettant d'assurer les principes légaux inscrits dans la réglementation européenne (RGPD). Nous travaillons à la création de processus permettant de faire émerger une nouvelle génération de PETs respectant ces objectifs, intégrant à la fois des techniques d'évaluation explicables et des solutions de calcul sécurisé efficaces sur de grands volumes de données.

Références bibliographiques

• S. ZUBOFF – *The Age of Surveillance Capitalism: The Fight for a Human Future at the New Frontier of Power*, Public Affairs, New York, 2019.

• Journal Officiel de la Commission Européenne – *Règlement (UE) 2016/679 du Parlement européen et du Conseil du 27 avril 2016 relatif à la protection des personnes physiques à l'égard du traitement des données à caractère personnel et à la libre circulation de ces données, et abrogeant la directive 95/46/CE (règlement général sur la protection des données)*, 2016.

• C.PAUL et D. LE MÉTAYER – *Maîtriser l'IA au service de l'action publique : une responsabilité individuelle et collective*, Berger Levrault, Au fil du débat, 2023.

• N. ANCIAUX et B. NGUYEN – *Mathématiques & Informatique. Limiter la collecte des données personnelles : un problème juridique NP-difficile*, Tangente, Hors-série n° 52, 2014.

• N. ANCIAUX, L. BOUGANIM et Y. GUO – *Database Encryption*, In S. JAJODIA, P. SAMARATI et M. YUNG (eds), *Encyclopedia of Cryptography, Security and Privacy*, Springer, 2023.

5. La ville et ses calculs

Gilles Gesquière et Violette Abergel

La ville se développe depuis des siècles en s'appuyant sur des bâtisseurs toujours plus ingénieux. Calculer un angle droit sans équerre avec une corde à 13 nœuds* ou définir des éléments techniques qui permettent de construire un édifice, se fait grâce à une technicité toujours plus importante demandant une maîtrise de la géométrie initiée par Pythagore, Euclide ou Thalès. Construire toujours plus haut, toujours plus vite a amené l'humain à s'outiller. Comment utiliser la puissance de la vapeur pour aider dans la manutention et le levage d'objets ? Comment passer de la règle à calcul à des outils plus appropriés afin de calculer plus vite, plus précisément, et assouvir les ambitions des architectes et urbanistes ? L'expert s'est doté d'outils et fait aujourd'hui appel de façon prégnante au numérique. Il est possible d'enregistrer des phénomènes à l'aide de capteurs, de produire de manière automatique ou assistée des données représentant la ville et les territoires, et même de leur adjoindre des outils de simulation afin de mieux les comprendre et de caractériser leurs possibles évolutions. Ces approches contribuent à l'élaboration de répliques des territoires, appelées « Jumeaux Numériques » (cf. p. 206). La ville se construit et se transforme grâce à ces données et ces outils, et les exemples ne manquent pas.

Prévenir les risques en ville grâce aux calculs

Prenons un premier exemple simple avec les feux tricolores (figure 1). La plupart des feux possèdent leur propre électronique embarquée avec une boucle magnétique composée de capteurs placés dans le sol. Cette boucle détecte l'arrivée de voitures, passe le feu au vert après un temps défini, et maintient cet état tant que des véhicules roulent sur la boucle. Si une seule voiture passe, le feu passe au rouge après quelques secondes. Maintenant, imaginons que nous ayons plusieurs dizaines de carrefours et donc de feux tricolores dans la ville : un programme doit alors proposer des synchronisations tout en tenant compte de paramètres (calcul de distance entre les feux, nombre moyen de voitures selon l'heure, vitesse limite, impact environnemental lié à des voitures se déplaçant au pas...). Bien sûr, l'arrivée d'un bus ou d'un tramway prioritaire doit être pris en compte au même titre qu'une demande de passage d'un piéton. Le problème se complexifie alors très vite et le nombre de paramètres à prendre en compte devient toujours plus important. Pour cette raison, la simple boucle magnétique et les temporisations ont été complétées par des algorithmes qui puisent leurs données dans des images et vidéos (présence ou absence de véhicules, nombre de véhicules...) et dans des capteurs (signal radio indiquant l'arrivée d'un bus, demande de traversée pour un piéton, signalisation sonore au niveau du feu avec l'arrivée d'un piéton mal voyant...). Mais est-ce si simple de détecter la présence de voitures, ou même le

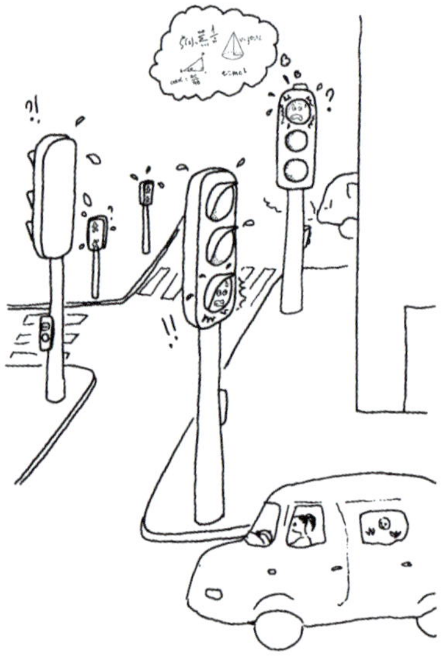

Fig. 1 – Si en apparence le sujet semble simple, la synchronisation des feux tricolores constitue en réalité un problème complexe, coûteux en calculs ■

numéro d'une plaque d'immatriculation appartenant à un conducteur ayant confondu la couleur verte et rouge ? Aujourd'hui, les algorithmes de traitement d'image, assistés par l'intelligence artificielle, apportent les modalités nécessaires pour donner des réponses, mais souvent au prix d'un calcul plus complexe, que l'électronique embarquée initiale ne saura réaliser que partiellement. Le calcul peut se faire grâce à l'*edge computing** (cf. p. 88) en mobilisant un ordinateur à proximité directe ou de façon plus distante dans le *cloud*, univers dématérialisé qui contient les données et les calculs. Un paramètre de l'équation à résoudre est lié au transport de l'information dont une partie du coût découle de l'infrastructure réseau, qui est à contrebalancer par une informatique de proximité. D'autres questions se posent : devons-nous, dans ce cas, transporter une information complète (le flux de voiture) ou les aléas (les images du contrevenant qui vient de confondre les couleurs de feu, ou une éventuelle détection de bouchon ou d'accident) ?

Prenons un deuxième exemple lié aux transports (figure 2). Que se passe-t-il si un métro d'une grande agglomération tombe en panne ? Comment élaborer des scénarios qui permettront, en s'appuyant sur de possibles comportements individuels, d'éviter d'avoir à fermer d'autres lignes ? L'arrêt d'exploitation d'une ligne induit un effet de report vers d'autres modalités engendrant un afflux massif de personnes sur un autre quai qui ne pourra pas en supporter le flux. L'effet domino risque d'être assez immédiat avec une obligation, par sécurité, de fermer cette autre ligne. La simulation apporte, éventuellement en temps différé, des scénarios probables qui permettront de prendre des décisions rapidement et de façon plus éclairée lors d'un évènement ponctuel. Le système est ici dynamique et s'appuie sur des modèles apportant des représentations, souvent imparfaites, de comportements. Ceux-ci permettent de raisonner, afin de mettre en place un panel de mesures qui seront à mobiliser si le problème est avéré. La gestion de ressources critiques comme l'électricité ou même l'eau potable présentent la même complexité et s'appuient sur des calculs permettant d'appréhender les possibles pannes afin d'éviter l'effet domino.

L'apport des modèles et des scénarios

Il est possible de simuler les déplacements d'air en fonction de caractéristiques 3D urbaines et de paramètres tels que la direction et la vitesse du vent. Cet air peut être pollué, et le taux de pollution peut lui-même être calculé par rapport à une simulation du transport, qui est elle-même impactée par d'autres modèles (liés à la densité de trafic en fonction de l'heure, des cycles des feux, de la typologie du parc automobile français...). Le couplage de ces modèles permet d'avoir une idée plus fine de l'impact du vent et des intempéries sur la pollution et peut aider à prévoir d'éventuels pics de pollution. Ainsi, face à des problèmes multifactoriels, la mise en relation de plusieurs calculs peut permettre d'obtenir des résultats plus précis. Par ailleurs, il est aussi important de connaître l'évolution d'une ville dans le temps. L'aménagement des territoires se fait par petites touches successives, chaque intervention reposant généralement sur l'élaboration de plans par un panel d'acteurs. En effet, il est assez rare de partir d'un terrain vierge, à moins de construire une ville en plein désert ou de travailler sur les interstices. L'aménagement prend en général quelques années ou décennies et est donc susceptible d'évoluer progressivement au regard des usages. La ville ne ressemblera donc pas nécessairement aux plans initiaux et elle ne sera pas fidèle aux simulations proposées. Par exemple, un besoin de places de parkings qui devait être considéré dans la rénovation d'une gare sera peut-être finalement revu pour prendre en compte un meilleur accès à des emplacements vélo ou à des véhicules en libre partage, voire à de possibles bornes de recharge électrique. Là encore, les données et les simulations numériques permettent d'appréhender les possibles scénarios et d'éclairer les prises de décision.

Fig. 2 – La panne d'un métro engendre des répercussions sur l'ensemble du réseau, dont l'anticipation est essentielle pour assurer la sécurité des usagers ■

Fig. 3 – **L'élaboration d'un jumeau numérique peut exiger des hypothèses simplificatrices qui ne remettent pour autant pas en cause son utilité** ■

Nourrir les calculs avec les données pour penser la ville

Les modèles et simulations peuvent s'appuyer sur des équations de la physique (par exemple la mécanique des fluides pour un transfert de polluants). Ils peuvent s'appuyer sur des lois statistiques, mais de façon sous-jacente, et des données viennent souvent les nourrir. Les villes, et en particulier les capteurs qui la peuplent aujourd'hui, permettent d'obtenir un grand nombre d'informations qui peuvent être utilisées par ces modèles. L'ère de la « smart city » (ou « ville intelligente ») a permis de produire un nombre toujours plus important de données qui trouvent leur place dans de nombreuses applications. Au-delà de la simple visite virtuelle rendue possible grâce à la mise en place de modèles tridimensionnels, il est possible de mobiliser ces données pour calculer des ombres portées (ombre liée à un bâtiment, au relief, ou à la végétation) ou des taux d'ensoleillements, liés à l'heure et à la saison. Les données peuvent alors servir dans des applications comme pour le calcul de l'emplacement de panneaux solaires sur les toitures en fonction des éléments précédents. Il est aussi possible de réfléchir à des parcours fraîcheur qui permettront de se déplacer dans la ville tout en évitant au maximum de subir la forte chaleur liée à l'ensoleillement. Ainsi, en procédant par « croisement de données », tous ces résultats de calculs permettent d'en générer de nouvelles. Les données permettent aussi d'aborder des sujets importants comme la « maintenance prédictive ». Devoir lancer des travaux en urgence au sein d'une ville est toujours un défi. Pour un réseau d'eau, mobiliser les données comme l'ancienneté des canalisations, leur type, ou encore le recensement de leur état après travaux, peut servir à nourrir des algorithmes reposant sur l'intelligence artificielle qui donneront des préconisations sur les tronçons sur lesquels une maintenance est à réaliser en priorité. Tout cela a bien sûr du sens à partir du moment où les urgences ne sont pas mobilisatrices de la totalité du budget travaux (réparations de grosses fuites, préparation de la voirie avant l'implantation d'un tramway…). Enfin, calculer amène à se poser la question de l'accès aux données : celles-ci sont souvent disponibles de façon libre (données ouvertes*), mais qu'en est-il de leur qualité, de leur fréquence de mise à jour, de leur description par des métadonnées* et notices explicatives ? Une erreur peut apparaître anodine, mais raisonner sur des données fausses peut avoir un impact considérable (comme la fermeture pour travaux d'une voie de circulation pour des services de secours en intervention).

Conclusion

La ville se construit et se transforme. Les experts s'appuient de plus en plus sur des données et calculs retrouvés dans des réplicats plus ou moins proches du monde réel, nommés « Jumeaux numériques ». La production et l'accès aux données, les modalités de calcul et les outils afférents sont toujours plus nombreux et faciles à mobiliser, mais aussi toujours plus consommateurs en temps de calcul. Ne faudrait-il pas réfléchir différemment, en particulier en s'intéressant à l'apport que peuvent avoir ces données et modèles, dans une approche moins techno-centrée ? Faut-il tout calculer ? Est-il possible de raisonner en imposant des hypothèses simplificatrices (figure 3) ou le résultat doit-il toujours être complètement juste ? Enfin, le calcul doit-il toujours être rapide ou, un calcul plus long pourrait-il parfois s'avérer suffisant, évitant ainsi de déporter cette tâche sur un super calculateur ? Le calcul pour la ville est aujourd'hui nécessaire, mais il s'agit d'un objet mouvant qui s'appuie sur des textes et règlements qui évoluent au cours du temps. Simuler par le calcul la ville en 2050 a-t-il vraiment un sens ?

Références bibliographiques

- www.futura-sciences.com/sciences/dossiers/mathematiques-initiation-geometrie-1443/page/2/
- L. DE LUCA et V. ABERGEL – *Vers des biens communs numériques pour construire des cathédrales de données et de connaissances pluridisciplinaires sur le patrimoine européen*, Culture et Recherche, n° 142, Ministère de la Culture 2022.

Vue d'artiste de la ville numérique. © DJaya, Freepik

- Complément -

Des machines à calculer aux processeurs HPC, quelques exemples emblématiques

Page précédente :

Salle accueillant des serveurs informatiques. © molostock, Freepik ■

1. Des bouliers aux microprocesseurs

Christian Jutten

Les humains ont utilisé différents artifices pour les aider à compter et à calculer, comme les cailloux et les jetons, avant d'inventer un grand nombre de machines plus complexes mécaniques puis électroniques. Quelques-unes seulement ont été présentées dans cet ouvrage. Dans la première partie de ce supplément, nous présentons une sélection de machines très populaires comme les bouliers, les machines à crosses et les additionneuses à usage familial. Une seconde partie présente des machines analogiques largement utilisées par les ingénieurs et les physiciens comme la règle à calcul exploitant les graduations logarithmiques ; et le planimètre, un exemple de machine intégrante utilisé pour mesurer des surfaces sur un plan. Dans la troisième partie, nous retraçons l'évolution fulgurante des microprocesseurs qui, en 50 ans, a permis le développement extraordinaire des ordinateurs, tablettes et autres objets connectés.

Fig. 1 – De haut en bas : le boulier chinois (*souanpan*), le boulier japonais (*soroban*) et le boulier russe (*stchoty*) ■

Quelques machines à calculer

Pour dénombrer, les humains ont imaginé des moyens de calculs très simples : entailles sur des bâtons, nœuds sur des ficelles, tables à poussières (pour effacer simplement), cailloux sur des tables, etc. Le terme calcul provient, d'ailleurs, du latin « calculus », qui signifie « caillou ». Et le terme « abacus » utilisé par les Anglais pour désigner le boulier vient du latin « abacus », qui signifie « table à poussières ». Pour simplifier l'utilisation de cailloux, les Romains auraient imaginé (au Iᵉʳ siècle av. J.-C.) un abaque de poche, avec des billes glissant dans des rainures. L'idée de faire coulisser des billes percées le long de tiges est donc l'extension directe de ce « boulier » romain qui, dédié au calcul monétaire, n'était pas décimal. Les bouliers ont été ensuite développés et largement utilisés en orient à partir du XIIᵉ siècle, en particulier en Chine, au Japon et en Russie (figure 1). Les bouliers de ces pays diffèrent par leur organisation et la disposition des billes. Le boulier chinois, le souanpan, comporte 2 quinaires (billes qui valent 5) et 5 unaires (billes qui valent 1) par digit. Le boulier japonais, le soroban, est plus simple : il comporte 1 quinaire et 4 unaires par digit, ce qui est suffisant pour calculer en représentation décimale. Le boulier russe, le stchoty, est assez différent. Chaque rangée comporte 10 billes qui glissent sur des tiges courbes. Les billes centrales (les 5ᵉ et 6ᵉ) sont noires afin de faciliter la lecture et la manipulation. Une des rangées ne comporte que 4 billes, ce qui est utile pour représenter des quarts de roubles dans l'utilisation du boulier pour le calcul monétaire russe.

Le boulier n'est pas vraiment une machine à calculer. L'utilisateur doit savoir additionner, soustraire, multiplier ou diviser des nombres simples pour l'utiliser : comme une table à poussières, c'est plutôt une « feuille de brouillon » permettant d'écrire et de mémoriser les nombres. En Chine, au Japon et en Russie, les bouliers ont été largement utilisés jusqu'au milieu du XXe siècle, avant d'être remplacés par des calculatrices électroniques. Mais leur utilisation subsiste encore dans certains commerces !

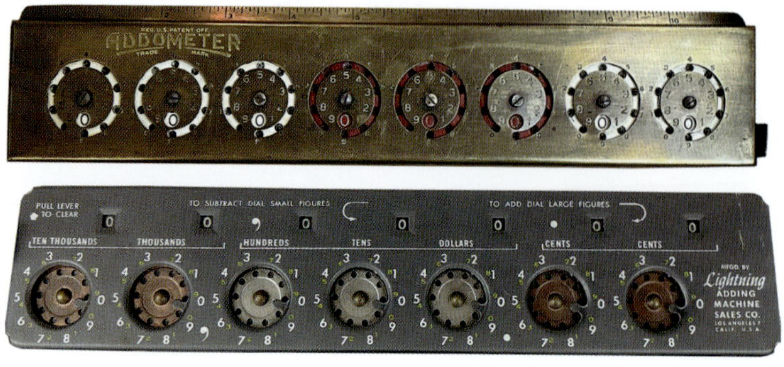

Fig. 2 – **L'Addometer et la Lightning Adding Machine** ■

L'idée de ces machines très simples remonte à l'additionneur de Caze (1720), perfectionné ensuite par Kummer en 1847. Mais, c'est Louis Troncet qui brevette en 1889 le principe des machines à crosses, et propose une présentation qui sera reprise par de nombreux constructeurs, avec de très légères variantes. Ces machines sont voisines de bouliers miniatures, avec des simplifications, notamment pour la manipulation et pour les retenues. La saisie des chiffres se fait très simplement avec un stylet et les chiffres inscrits sont mémorisés mécaniquement : il est possible de bouger la machine sans modifier le nombre affiché, ce qui n'est pas le cas avec un boulier ! Les retenues se font aussi très simplement, en addition comme en soustraction : quand un calcul demande une retenue, il suffit de suivre la crosse avec le stylet pour ajouter ou retrancher 1 sur le digit suivant. Cependant, même si les retenues sont simples à faire, elles ne sont pas automatiques. Ainsi, ces machines permettent de faire facilement des additions et des soustractions, mais elles sont lentes et fastidieuses pour faire des multiplications et des divisions. Lorsque le brevet de Louis Troncet est passé dans le domaine public, des machines similaires ont été fabriquées et vendues en grand nombre sous différentes marques jusque dans les années 1970 : Addiator, Addimax, Produx, Raymond, Ve-Po-Ad, Wizard, etc. Ces machines, très populaires, ont été déclinées sous différentes formes : très petites pour les mettre dans la poche, ou plus grosses sur des supports pour le bureau ou le commerce. Outre le modèle classique pour le calcul décimal, certains constructeurs ont proposé des variantes amusantes : le modèle Addiator Astro permet de calculer facilement heures (ou degrés), minutes et secondes ; l'Hexadat, qui calcule en hexadécimal, a été proposée dans les années 1980 pour faciliter la programmation des microprocesseurs en langage machine ; des machines ont été proposées pour le calcul en unités monétaires anglaises ; d'autres peuvent donner des résultats négatifs, etc.

Les machines à crosses et les bouliers permettent de réaliser facilement des opérations arithmétiques, mais les retenues ne sont pas faites automatiquement. Au XXe siècle, des machines arithmétiques simples, palliant cette lacune et à usage familial, ont été conçues. Certaines de ces machines, comme l'Addometer et la Lightning Adding Machine (figure 2), sont les descendantes de la Pascaline, machine conçue par Pascal en 1642. Ces machines permettent de faire simplement des additions et des soustractions, avec des retenues automatiques. Leur usage pour les multiplications et les divisions reste long et fastidieux, car il faut opérer par additions ou soustractions successives et décalages.

L'utilisation de ces machines est très simple. Par exemple, sur l'Addometer ou la Lightning Adding Machine, l'utilisateur se sert d'un stylet et le mode d'emploi tient en trois courtes phrases. Addition : prendre les grands chiffres et tourner dans le sens des aiguilles d'une montre. Soustraction : prendre les petits chiffres et tourner dans le sens inverse. Pour mettre à zéro : tirer sur le levier de remise à zéro. Le passage des retenues sur les premières machines était réalisé par la force appliquée par l'opérateur grâce au stylet. Ainsi, ajouter 1 à 999 999, qui implique de propager la retenue sur 5 digits successifs, demande un effort important. Ce problème a été résolu par la suite en utilisant des ressorts pour transmettre la retenue d'un digit à l'autre. Ces machines à usage familial, par exemple pour faire les comptes, ont été fabriquées et vendues en très grand nombre. Par exemple, la Lightning Adding Machine a été vendue à plus de 2 millions d'exemplaires aux États-Unis.

Deux machines analogiques : la règle à calcul et le planimètre

L'Écossais John Napier a inventé les logarithmes en 1614. Cette invention a eu un impact très grand dans les sciences et dans le secteur bancaire (cf. p. 48) en proposant des tables numériques permettant de faire des calculs plus rapidement. Peu après, en 1620, le mathématicien anglais Edmund Wingate imagine de

Fig. 3 – Quelques règles à calcul ■

faire glisser deux règles graduées : la règle à calcul est inventée. Quelques années plus tard, en 1630, un autre mathématicien anglais, William Oughtred, invente la règle à calcul circulaire.

Initialement, les règles à calcul permettaient de réaliser rapidement des multiplications et des divisions. En effet, grâce aux graduations logarithmiques, l'addition graphique de deux longueurs de la règle fournissait le produit de deux nombres ; et la soustraction graphique de deux longueurs de la règle fournissait la division de deux nombres. Par la suite, d'autres échelles ont été ajoutées sur les règles permettant le calcul direct du carré et des racines carrées, le calcul de cube et de la racine cubique, le calcul de fonctions trigonométriques, etc. Le principal inconvénient de la règle à calcul est sa précision limitée généralement à 3 chiffres significatifs, en raison de la finesse des graduations. Pour la physique et les sciences de l'ingénieur, cette précision est généralement suffisante, et la règle à calcul a donc été un outil très précieux, grâce à sa simplicité, sa vitesse d'utilisation et sa versatilité. Avant d'être en plastique, les règles à calcul furent d'abord fabriquées en bois recouvert d'un placage en os ou en ivoire sur lequel étaient graduées les échelles. La longueur standard d'une règle était de l'ordre de 30 cm, mais il existait des règles plus grandes et aussi des règles de poche. Si les règles classiques sont droites, il en existe aussi des circulaires qui sont plus compactes, et aussi des cylindriques.

Les règles à calcul ont été largement utilisées jusque dans les années 1970 (figure 3), avant d'être détrônées par les calculatrices électroniques scientifiques. En France, jusqu'en 1979, les règles à calcul et les tables numériques étaient les seuls moyens de calcul autorisés pour le BAC et les concours d'entrée aux grandes écoles !

Les planimètres sont des instruments de calcul mécanique qui ont été imaginés au XIXe siècle pour calculer l'aire d'une surface plane. Ils ont été largement utilisés par les ingénieurs civils, les architectes et les arpenteurs jusque dans les années 1970, avant d'être détrônés par les ordinateurs et des machines électroniques. Ces instruments font partie de la famille plus générale des intégrateurs mécaniques, qui ont été conçus pour calculer mécaniquement la valeur de l'intégrale d'une fonction*, calcul qui intervient dans de nombreux domaines en science et en technique. Les premiers planimètres ont été inventés au début du XIXe siècle, avec, notamment le planimètre à cône d'Oppikofer en 1824. Mais c'est le planimètre polaire, inventé en 1854 par Jakob Amsler, qui a été très largement diffusé en raison de sa simplicité de construction et de sa robustesse. Un planimètre polaire est constitué de deux bras : un bras polaire dont une extrémité est fixe et l'autre s'articule librement avec le bras moteur (figure 4). Le bras moteur comporte une pointe ou une loupe destinée à suivre le contour fermé qui entoure la surface à mesurer. Une roulette intégrante positionnée sur ce bras moteur mesure la surface, à un facteur près qui dépend de la géométrie du planimètre : longueur des bras, position et diamètre de la roulette intégrante, et bien sûr de l'échelle du plan ou de la carte. Cet appareil très simple, mais très astucieux, implémente mécaniquement le théorème de Green-Riemann*. Ces instruments ont été fabriqués en Europe par de nombreuses entreprises, en particulier par Amsler, Haff et Ott en Allemagne, Coradi en Suisse et Morin en France.

Fig. 4 – Planimètre polaire avec zoom sur la roulette intégrante ■

L'évolution extraordinaire des microprocesseurs

Les progrès de la microélectronique ont eu un impact évident dans l'évolution extraordinaire des calculateurs, tablettes, smartphones et autres objets connectés. Le premier ordinateur, l'ENIAC, conçu en 1943 était une machine décimale énorme. Constituée de tubes électroniques et de relais, elle occupait 140 m^2, pesait 30 tonnes et consommait 150 kW. Sa puissance de calcul paraît aujourd'hui bien faible : 0,2 milliseconde (ms) pour faire une addition ou une soustraction, 2 ms pour une multiplication ! La première machine de type von Neuman, l'EDVAC, a été construite en 1946. Elle codait en binaire, mais ses composants de base étaient encore des tubes électroniques. Entre 1950 et 1970, quelques calculateurs ont été construits à partir de transistors, inventés en 1949. Plus petits et consommant moins, ils remplacèrent rapidement les tubes. En 1958, Jack St. Clair Kilby inventa le premier circuit intégré, qui fut breveté par Texas Instruments en 1964, et valut à son auteur le prix Nobel de physique en 2000. Au milieu des années 1960, apparaissent les premiers amplificateurs opérationnels intégrés. Avec ces circuits intégrés, il est possible de réaliser des opérations mathématiques de base : intégration, dérivation, addition, multiplication, etc. Ces circuits permettent ainsi d'implanter électroniquement des équations différentielles, ce qui débouche sur des machines de calcul analogique. En 1971 apparaît le premier microprocesseur de 4 bits, Intel 4004, contenant 2 300 transistors, avec une fréquence d'horloge d'environ 100 kHz. Ce petit circuit de 16 broches mesurait environ 3,8 cm x 2,8 cm, mais il avait une puissance de calcul similaire à l'ENIAC ! Les progrès de la microélectronique, avec en particulier la miniaturisation des transistors et l'augmentation des fréquences d'horloge, ont permis de produire des circuits intégrés de plus en plus puissants. En 1972, l'Intel 8080 est un microprocesseur 8 bits, avec 3500 transistors et une horloge à 200 kHz. En 1975, le Motorola 6800 est un microprocesseur 8 bits, avec 4100 transistors et une horloge à 1 MHz. En 1978, l'Intel 8086 est un microprocesseur 16 bits, avec 29 000 transistors et une horloge à 4,8 MHz. En 1979, le Motorola 68000 est un microprocesseur 16 bits, avec 68000 transistors et une horloge à 2 MHz.

(a) (b) (c)

Fig. 5 – Illustration de l'évolution de microprocesseurs. (a) Le Intel 4004. (b) Le Motorola 68000. (c) L'Intel Core i7 ■

L'évolution s'accélère dans les années suivantes (figure 5), grâce à des procédés de photolithogravure de plus en plus fins qui permettent de graver des transistors de plus en plus petits. Dans les années 1980, la taille d'un transistor MOS était de l'ordre de quelques microns ; en 2023, elle est de l'ordre de la dizaine de nanomètres, c'est-à-dire près de mille fois plus petite ! Ainsi, cette diminution de taille permet d'intégrer en 2023 jusqu'à plusieurs dizaines, voire centaines, de milliards de transistors sur une petite surface de silicium. En 1989, l'Intel 80486 (32 bits) contenait plus d'un million de transistors, et son horloge atteignait les 100 MHz. À partir de 2006, apparaissent des microprocesseurs multicœurs, comme l'Intel Core 2 Duo (64 bits, 290 millions de transistors, horloge à 3,3 GHz). Le milliard de transistors est dépassé en 2010 avec l'Intel Core i7 (64 bits, 6 cœurs, horloge à 3,5 GHz). Aujourd'hui, les processeurs les plus performants contiennent jusqu'à quelques centaines de milliards de transistors, et les constructeurs visent les 1 000 milliards en 2030. Les fréquences d'horloge restent de l'ordre de 5 GHz, mais c'est l'amélioration de l'efficacité des processeurs et des architectures qui permet d'augmenter les performances.

Références bibliographiques

- G. IFRAH – *Histoire universelle des chiffres*, Bouquins, 1994.
- J. MARGOUIN – *Histoire des instruments et machines à calculer*, Hermann, 1994.
- C. JUTTEN – *Machines à calculer mécaniques*, Maison d'initiation et de sensibilisation aux sciences (MISS), https://www.ins2i.cnrs.fr/fr/machines-a-calculer-mecaniques.
- ANCMECA – *Histoire des machines à calculer*, https://ancmeca.org/les-machines-a-calculer/histoire-du-calcul-mecanique.
- D. TOURNÈS – *Les intégrateurs mécaniques*, Pour la Science, n° 333, juillet 2005.
- C. JUTTEN – *Les planimètres*, www.miss-psaclay.universite-paris-saclay.fr/miss/machine-et-calculs

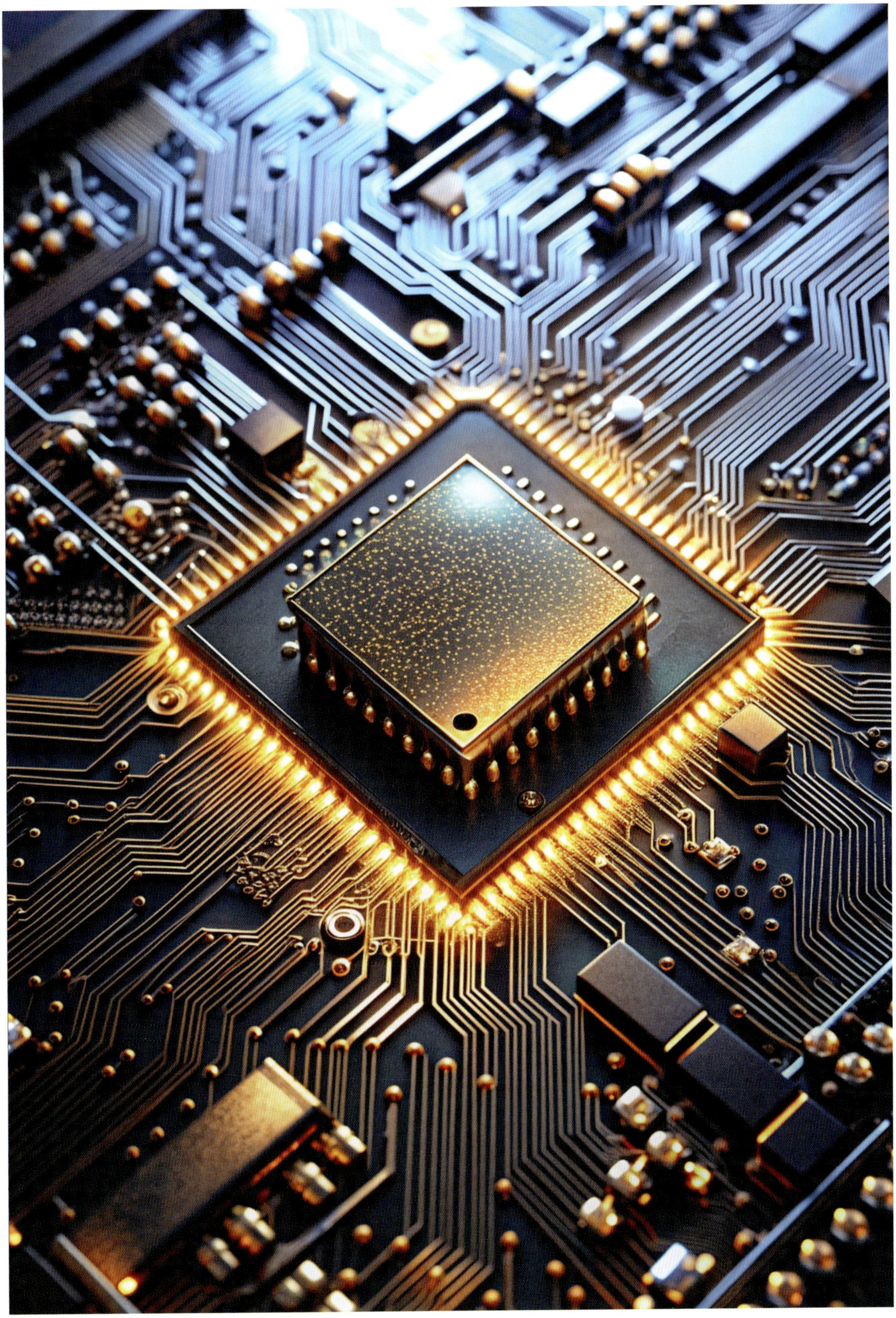

2. Les supercalculateurs

Michel Daydé

1961 : IBM 3070 Stretch (USA)

L'IBM 3070 est le premier ordinateur construit à base de 150 000 transistors produit par IBM (figure 1). Avec une mémoire de 16 kilomots de 64 bits, il a été l'ordinateur de calcul le plus rapide entre 1961 et 1964 avec une performance de 1,2 mégaflops (10^6 flops). Conçu à partir de 1956 au sein d'un projet mené par IBM et le Laboratoire national de Los Alamos, il introduit de multiples innovations, telles que la multiprogrammation, la protection de la mémoire et la notion d'octets.

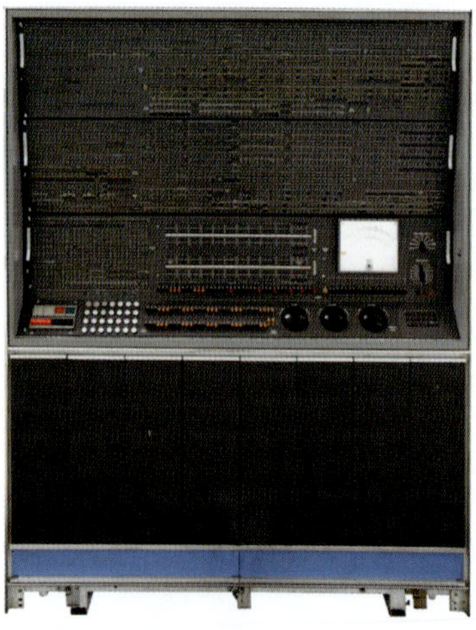

Fig. 1 – IBM 3070 Stretch. © CNAM ■

Fig. 2 – ILLIAC IV. © Steve Jurvetson ■

1975 : ILLIAC IV (USA)

Souvent considéré comme le premier supercalculateur, l'ILLIAC IV développé par Burroughs est un calculateur parallèle conçu aux États-Unis à la fin des années 1960 (figure 2). Il devait posséder 256 unités de calcul flottant autour de 4 CPU capables d'effectuer un milliard d'opérations par seconde. Par suite de coupes budgétaires, un seul quadrant de 64 processeurs d'une puissance de 50 MFlops a été installé en 1972 au NASA Ames Research Center.

1985 : Cray-2 (USA)

Issu du Cray-1 (conçu en 1976 par Seymour Cray), le Cray-2 est le second à dépasser en 1985 la barre du Gigaflops (GFlops) avec une puissance de 1,7 GFlops. Il arrive après la machine russe M-13 fabriquée à Moscou, d'une puissance de 2,4 GFlops. Le Cray-2 possède quatre processeurs vectoriels et le système est immergé dans un liquide de refroidissement (figure 3). Son coût est estimé à 17 millions de dollars. En 2011, l'iPad 2 avait des performances comparables à ce sys-

Fig. 3 – **Cray-2.** © École Polytechnique Fédérale de Lausanne ■

tème, tout comme les PC à base de Pentium 4 à 3 GHz, d'une puissance de calcul de 6 GFlops.

1993 : CM-5 (USA)

L'un des premiers exemples d'architecture massivement parallèle a été la CM-1 Connection Machine initialement conçue par la société US Thinking Machine Corporation pour les applications de l'intelligence artificielle dans les années 1980. Est apparue d'abord la CM-1 en 1985 basée sur 65 536 processeurs traitant un seul bit à la fois et organisés en un tableau sous forme d'hypercube. Les modèles suivants sont allés vers des processeurs plus puissants avec des coprocesseurs de calcul vectoriel sur la CM-2 jusqu'à la CM-5 en 1991 (figure 4) avec jusqu'à 1024 processeurs SPARCs affichant une performance de 131 GFlops, ce qui en a fait la machine de calcul la plus puissante à partir de 1993 pour plusieurs années. Les premières Connection Machines étaient SIMD et se programmaient en LISP une variante du langage LISP utilisé en intelligence artificielle.

1997 : ASCI Red (USA)

Ce supercalculateur a été construit dans le cadre de l'« *Advanced Strategic Computing Initiative* » (ASCI) aux États-Unis, dans les laboratoires Sandia (figure 5). Il contenait 7 264 microprocesseurs Intel Pentium Pro de 200 mégahertz (MHz) et, en 1997, il est le premier à dépasser le téraflops dans le TOP500, avec 1,8 TFlops de puissance maximale (correspondant à la puissance de plus de 7 000 PC équipés de Pentium Pro). La machine est constituée de 104 armoires occupant environ 230 m^2.

Fig. 5 – **ASCI Red.** © US Department of Energy ■

2002 : Earth Simulator (Japon)

Ce calculateur, construit par NEC et consommant environ 3,2 mégawatts (MW), fut le plus puissant sur une longue période entre 2001 et 2004. Il ciblait principalement les applications sur le climat et la sismologie, d'où son nom. Il atteignait 40 TFlops en performance de crête et 36 GFlops dans le TOP500 alors qu'un processeur Intel Pentium 4 de la même période était à environ 3 GFlops, soit un rapport de puissance de plus de 10 000. Cette machine a été révolutionnaire avec le retour des architectures vectorielles à une ère où les calculateurs scalaires devenaient massivement parallèles (figure 6).

Fig. 4 – **CM-5.** © National Cryptologic Museum, Fort Meade, Maryland ■

Fig. 6 – **Earth Simulator.** © www.jamstec.go.jp ■

Fig. 7 – Roadrunner. © IBM ■

2008 : IBM Roadrunner (USA)

Ce calculateur construit par IBM au Los Alamos National Laboratory, a été la première machine à avoir dépassé le pétaflops (PFlops) dans le TOP500 avec 1,04 PFlops (1,456 PFlops en performance de crête). Constitué de 130 000 processeurs Cell d'IBM, ce calculateur scalaire massivement parallèle affiche une consommation d'environ 2,4 MW pour un coût estimé à 100 millions de dollars. La machine occupe 296 armoires pour 560 m² (figure 7). IBM a aussi en parallèle, entre 1999 et 2011, développé 3 générations de calculateurs massivement parallèles, les Blue Gene (de L, P Q), souvent en tête du TOP500, caractérisés par une faible consommation énergétique et à base de processeurs PowerPC. Plusieurs exemplaires de ces machines ont été installés en France dont à l'IDRIS, le Centre National de Calcul du CNRS.

Fig. 8 – K Computer. © wondergressive.com ■

2011 : K Computer (Japon)

Développée à Fujitsu et installé à l'institut RIKEN à Kobe (figure 8), cette machine de plus de 80 000 nœuds de calcul à base de processeurs SPARC64 de Fujitsu est peu gourmande en énergie, car équipée de 705 000 cœurs de 16 GFlops chacun (soit 4 fois la puissance d'un Core i7 860 d'Intel à la même période) dans les 158 976 nœuds de calcul à base de processeurs d'architecture ARM SPARC64 FX de Fujitsu (8 cœurs par processeur). La machine K a atteint plus de 10 PFlops dans le TOP500 pour une puissance de crête de 11 PFlops. Sa consommation est de 12,7 MW pour 867 armoires installées dans une salle de 3 000 m² !

2013 : Tianhe-2A (Chine)

Tianhe-2, successeur de Tianhe-1, installé à Canton à la National University of Defense Technology (NUDT) est constitué de 3 120 000 cœurs localisés dans les 32 000 processeurs Intel Ivy Bridge et les 48 000 Intel Xeon Phi (figure 9). La machine possède 16 000 nœuds chacun avec 2 Intel Ivy Bridge et 3 Intel Xeon Phi pour une consommation de 18 MW. Il a été premier au TOP500 entre 2013 et 2015 et il était environ 80 000 fois plus puissant qu'un PC des années 2010.

2020 : Fugaku (Japon)

Développé par Fujitsu et installé à l'institut RIKEN à Kobe (figure 10), ce calculateur qui succède à la machine K est équipé de

7,6 millions de cœurs dans les 158 976 nœuds de calcul avec un processeur ARMA64 FX de Fujitsu de performance maximale égale à 3 TFlops (et 48 cœurs par processeur). Il a atteint 442 PFlops dans le TOP500 pour une performance de crête de 537 PFlops. Sa consommation énergétique, relativement faible au regard de sa puissance, est de 29,9 MW. La performance de chaque processeur est d'environ 3 TFlops en double précision. Il était encore quatrième du TOP500 en juin 2024. Le coût de son programme de développement est estimé à 1 milliard de dollars Le système est constitué de 432 armoires et réutilise une partie des infrastructures de la machine K. À la même époque, un processeur Pentium G2020T affichait une performance de 34 GFlops, soit une puissance plus de 10 millions de fois inférieure à Fugaku.

Fig. 9 – Tianhe-2. © r/FuturePresent ■

Fig. 10 – Fugaku. © Yoshiyuki Tamai ■

2022 : Frontier (USA)

Installé à Oak Ridge National Laboratory (figure 11), ce sytème HPE qui a été le premier à dépasser l'exascale est depuis 2022 le système le plus puissant au monde avec une puissance de 1,2 EFlops au TOP500, pour une performance de crête de 1,7 exaflops (EFlops). Il possède 8,7 millions de cœurs dans ses 9 408 CPU AMD EPYC de 64 cœurs et 37 632 GPU AMD INSTINCT MI250X. Sa consommation énergétique, assez remarquable, est de 22,7 MW. Son coût est estimé à 600 millions de dollars. Les processeurs sur PC actuels affichent des performances de quelques dizaines de TFlops soit 100 000 fois plus lents que Frontier.

Fig. 11 – Frontier. © OLCF ■

Annexes

Page précédente :

Glossaire

Les mots du glossaire sont signalés par un astérisque dans le texte

ABAQUE. Il s'agit d'un outil de calcul graphique permettant d'obtenir, par simple lecture, à l'aide d'une ou plusieurs courbes, le résultat (valeur approchée) d'un calcul. Par exemple, la courbe représentant la fonction $y = x^2$ permet par simple lecture sur l'axe des ordonnées, d'obtenir le carré d'un nombre x. Elle permet, inversement, d'obtenir la racine carrée d'un nombre y, lue sur l'axe des abscisses.

ACIDES AMINÉS. Briques moléculaires qui constituent les protéines. Il y a 20 acides aminés, communément représentés par des lettres majuscules : A (Alanine), C (Cystéine), D (Acide Aspartique), E (Acide Glutamique), F (Phénylalanine), etc. Chaque acide aminé possède des propriétés biochimiques spécifiques.

ADN (Acide Désoxyribo Nucléique). L'ADN est une molécule présente dans toutes les cellules vivantes. Elle contient l'information génétique qui code pour les caractéristiques héréditaires des organismes. L'ADN se compose de deux brins en forme de double hélice, composés de nucléotides contenant les bases azotées Adénine (A), Thymine (T), Cytosine (C) et Guanine (G).

ADRESSE (mémoire). Une valeur indiquant les coordonnées d'une information dans la mémoire d'un ordinateur. Cette adresse est généralement relative pour le développeur, elle est convertie par le système en adresse réelle lors de l'accès à l'information.

AGENT CONVERSATIONNEL. Programme informatique capable de converser textuellement avec un utilisateur via une boîte de dialogue.

AGENTIVITÉ. Capacité d'une personne ou d'un système à agir de manière autonome et intentionnelle en fonction de motivations propres et d'objectifs.

ALGORITHME. Description d'une suite d'étapes (instructions et opérations) permettant de résoudre un problème, c'est-à-dire d'obtenir un résultat à partir d'éléments fournis en entrée. Par exemple, une recette de cuisine est un algorithme permettant d'obtenir un plat à partir de ses ingrédients.

ALGORITHME DE GALE-SHAPLEY. Conçu en 1962 par David Gale et Lloyd Shapley, cet algorithme résout un problème d'appariement entre étudiants et formations par un algorithme avec acceptation différée, applicable à de nombreux contextes.

ALGORITHMES « QUANTUM INSPIRED ». Il s'agit d'algorithmes non-quantiques, et donc tournant sur nos ordinateurs actuels, mais dont la conception a été inspirée d'algorithmes quantiques conçus pour réaliser exponentiellement plus rapidement des calculs réputés difficiles en classique. Une fois inventés, ces algorithmes quantiques ont apporté de nouvelles idées qui faisaient aussi sens en « classique ». On parle alors de « déquantization » de l'algorithme quantique initial. Le résultat est un nouvel algorithme rapide qui a été découvert grâce à la façon de construire les algorithmes quantiques.

ANISOTROPE. Un milieu est dit anisotrope lorsque la vitesse de propagation des ondes dépend de la direction de propagation. Dans un milieu isotrope, les ondes se propagent en un point donné à la même vitesse dans toutes les directions de l'espace. Les milieux anisotropes les plus simples possèdent une direction privilégiée de propagation (par exemple la verticale).

ANSSI. L'Agence Nationale de la Sécurité des Systèmes d'Information (ANSSI) est un service à compétence nationale faisant autorité en France en matière de sécurité et de défense des systèmes d'information.

ANTHROPIQUE. Les éléments d'origine anthropique désignent des éléments provenant des activités humaines, comme les particules produites par les activités industrielles ou les émissions de gaz à effet de serre provenant de la déforestation ou de la combustion d'énergies fossiles.

ANTIMATIÈRE. Ensemble des antiparticules jumelles des particules de matière ; les particules d'antimatière ne diffèrent des particules de matière que par la valeur de leurs charges quantiques qui sont opposées.

API (*Application Programming Interface*). Ensemble de paramètres ou de services permettant la communication avec une application informatique. Une API est une sorte de protocole d'échange entre deux programmes informatiques (accès aux données, invocation d'un service web, utilisation d'une fonction système...).

APPRENTISSAGE SUPERVISÉ. En intelligence artificielle, l'apprentissage supervisé consiste à régler des paramètres d'un logiciel à partir d'un ensemble d'exemples : on donne pour chacun la réponse attendue. Par exemple, on donnera un ensemble de photographies chacune étiquetée avec le sujet représenté, afin que le logiciel « apprenne » à reconnaître les sujets représentés, y compris et surtout sur des photographies non présentes dans son corpus d'apprentissage. Dans l'apprentissage profond, les paramètres à régler sont ceux d'un réseau de neurones artificiels multicouche ; les « neurones » sont ici des petits éléments de calcul numérique inspirés (avec une certaine distance) du fonctionnement des neurones humains.

APPRENTISSAGE AUTOMATIQUE (*machine learning*). Champ d'étude de l'intelligence artificielle qui vise à donner aux machines la capacité d'« apprendre » à partir de données, via des modèles mathématiques. Plus précisément, il s'agit du procédé par lequel les informations pertinentes sont tirées d'un ensemble de données d'entraînement.

APPRENTISSAGE MACHINE. Désigne tout algorithme qui est capable de classifier automatiquement les données qui lui sont fournies. Certains algorithmes ont une phase d'apprentissage, supervisée (*i. e.* avec une aide extérieure) ou non. À partir de la modélisation mathématique des données reçues, ces algorithmes permettent, par exemple, de traduire un texte, fournir une aide au diagnostic médical, ou encore aider à la reconnaissance d'images.

ARCHITECTURES SCALAIRES PARALLÈLES. Les calculateurs parallèles permettent de traiter plusieurs opérations en parallèle à l'aide de plusieurs processeurs. Le terme scalaire indique des opérations sur des nombres et s'oppose au terme vectoriel où une chaîne de nombres est traitée simultanément.

ARGON2. Fonction de hachage volontairement lente, spécifiquement conçue pour hacher des mots de passe.

ARITHMÉTIQUE MODULAIRE. En mathématiques, l'arithmétique modulaire est un système d'arithmétique pour les nombres entiers, dans lequel on ne raisonne plus directement sur les nombres, mais sur leurs restes respectifs après division euclidienne par un entier n, appelé *module*.

ARITHMOMÈTRE DE THOMAS. C'est une machine à calculer arithmétique inventée en 1820 par Charles-Xavier Thomas, dit Thomas de Colmar. Après plusieurs améliorations, cette machine devenue très fiable a été la première à être fabriquée en série : entre 1850 et 1910, près de 5 000 exemplaires auraient été construits et vendus.

ARN (Acide RiboNucléique). Biomolécule qui permet à l'information génétique de quitter le noyau et sert, via le code génétique, à la synthèse des protéines.

ASSIMILATION D'OBSERVATIONS. Terme générique désignant les méthodes mathématiques permettant d'utiliser les observations d'un système donné afin de corriger l'estimation de l'état de ce système et d'améliorer la prévision numérique de son évolution.

ASTROLABE. Un astrolabe est un instrument astronomique permettant, par l'intermédiaire d'une mécanique élaborée qui reproduit une projection de la voûte céleste, de déterminer la hauteur d'un astre et ainsi de mesurer l'heure d'observation.

AUTHENTIFICATION. Processus de vérification de l'identité d'un utilisateur, d'un dispositif ou d'un système, souvent à l'aide de mots de passe ou d'autres informations confidentielles.

BIAIS. Tendance spontanée à traiter une information, pouvant conduire à des erreurs de raisonnement, souvent de manière inconsciente. En statistiques, le biais est un écart par rapport à la vraie valeur.

BIG DATA. Ensemble d'approches mathématiques et informatiques permettant de traiter des données massives (au point que leur volume ou vitesse de production dépasse la capacité d'un seul ordinateur) pour en extraire des informations utiles.

BIOMÉTRIE. Technologie de sécurité qui utilise les caractéristiques physiques ou comportementales uniques d'un individu pour vérifier son identité (par exemple la forme du visage ou une empreinte digitale).

BLOCKCHAIN. Base de données distribuée où les enregistrements représentent l'historique des transactions monétaires réalisées entre un ensemble d'acteurs humains ou logiciels. La notion de chaîne représente le circuit réalisé par une cryptomonnaie (une monnaie numérique) en passant d'un détenteur à l'autre. D'un point de vue technologique, une blockchain est vue comme un système d'information massivement distribué sur un réseau, sans contrôle centralisé mais protégé par un protocole cryptographique. Bien qu'initialement développé pour les cryptomonnaies, cette technologie peut être utilisée dans tout système transactionnel nécessitant une forte protection sans pour autant avoir recours à une autorité centralisée.

BOSON. Particule de spin entier. Les particules vecteur des interactions (photons, gluons, W, le Z^0) sont des bosons de spin 1, le boson de Higgs est lui un boson de spin 0.

BRUIT SISMIQUE. Signal rémanent enregistré par un capteur sismique en l'absence de source bien identifiée (source contrôlée ou séisme). L'origine de ce bruit peut être l'activité humaine (source anthropique de bruit) ou l'activité océanique/atmosphérique. Dans des régions côtières, par exemple, les vagues sont à l'origine d'une activité sismique rémanente qui peut être enregistrée.

BUG (BOGUE en français). Mot anglais signifiant insecte, punaise, microbe, utilisé en informatique pour nommer un défaut d'un programme informatique qui aboutit à un dysfonctionnement. En 1947, un insecte se serait bloqué dans le calculateur Mark II de l'université Harvard aux États-Unis causant des erreurs. Il semble, cependant, que le terme ait été utilisé bien avant par des ingénieurs.

BUS MÉMOIRE. Système de transmission des données entre les composants d'un ordinateur (ou entre ordinateurs).

CALCUL MULTIPARTITE SÉCURISÉ (SMC ou MPC pour *SecureMultiparty Computation*). Algorithmes distribués permettant de réaliser des opérations avec des garanties formelles de sécurité et de confidentialité.

CALENDRIERJULIEN. Calendrier établi par Jules César en 46 avant notre ère. Il est fondé sur une année de 365 jours avec une année bissextile de 366 jours tous les quatre ans.

CAPTCHA. Question posée par certains sites pour s'assurer que l'utilisateur qui y accède est bien un humain, et non un robot, par exemple pour éviter un afflux de requêtes automatisées. Un captcha peut demander de reconnaître visuellement un texte distordu ou de reconnaître des éléments (feux de circulation, bouche d'incendie, bicyclette...) sur une photographie urbaine. Ce dernier type de captcha sert fort probablement à entraîner des « intelligences artificielles » destinées à piloter des véhicules autonomes, comme auparavant des captchas où l'on demandait aux utilisateurs de reconnaître des textes imprimés scannés servaient à entraîner des systèmes de reconnaissance de caractères destinés à la numérisation de masse. Il s'agit là d'une forme de travail exigé des utilisateurs, que l'on peut soit considérer comme du travail gratuit, soit comme le prix d'accès au service.

CARACTÈRES INNÉS. Caractères issus de nos ascendants (par exemple, la couleur des yeux). Les caractères innés (par opposition aux caractères acquis) sont déterminés dès la naissance de l'individu (mais peuvent s'exprimer plus tard, voire ne jamais s'exprimer, comme les prédispositions à certaines maladies).

CARTE PERFORÉE. Carte standardisée en carton où chaque perforation correspond à une donnée spécifique et qui pouvait être lue par un ordinateur.

CELLULE MÉMOIRE. Emplacement unitaire de mémoire centrale d'un ordinateur (dite mémoire vive) pouvant contenir une valeur binaire. Son accès par un processeur est direct quel que soit son emplacement mais moins rapide qu'un registre mémoire qui est intégré au sein même d'un processeur.

CENTURIE. Unité de mesure de surface utilisée dans les colonies romaines, une centurie est un carré de 20 *actus* (710,40 m) de côté, lui-même divisé en 100 parcelles de 2 *actus* (71,04 m) de côté.

CHAÎNE DE MARKOV MONTE CARLO. Algorithme utilisé en inférence bayésienne permettant de réaliser des tirages aléatoires d'une fonction de probabilité, de telle manière que la distribution des tirages tende (rapidement) vers la fonction de probabilité elle-même.

CHAMP DE DENSITÉ. Ensemble des valeurs de la densité de matière en tout point d'un volume donné (l'ensemble de l'univers en cosmologie).

CHAMP SCALAIRE. Champ quantique associé à une particule scalaire c'est-à-dire de spin 0, le champ de Higgs est un champ scalaire.

CHATBOT. Programme informatique qui simule une conversation humaine.

CHIFFREMENT À CLÉ PUBLIQUE. Le chiffrement à clé publique a été inventé à la fin des années 1970. Il consiste à rendre public le moyen de chiffrer un message, que seul le destinataire pourra déchiffrer. Le chiffrement est paramétré par une donnée publique (*i. e.* connue de tous) appelée clé publique, alors que le déchiffrement est paramétré par une donnée secrète (*i. e.* connue que du destinataire) appelée clé secrète.

CHIFFREMENT HOMOMORPHE (appelé aussi FHE, pour *Hidden Fields Equations*). Technique de chiffrement qui permet à un serveur d'exécuter des opérations mathématiques (comme des additions ou des multiplications) sans avoir besoin de déchiffrer des données, tout en produisant un résultat correct pour la personne capable de déchiffrer les données.

CHIFFREMENT RSA. Le chiffrement RSA est un algorithme de chiffrement asymétrique largement utilisé en cryptographie. Il repose sur la factorisation de grands nombres premiers pour sécuriser les communications en ligne, les transactions financières, et d'autres données sensibles.

CHROMOSOMES. Chez de nombreuses espèces le génome est divisé en plusieurs chromosomes, par exemple 46 chez l'humain (2 chromosomes sexuels et 22 paires de chromosomes quasi-identiques). Le génome des bactéries est en général constitué d'un seul chromosome.

CLIENT-SERVEUR. Modèle de communication où un programme client envoie sur le réseau des requêtes à un programme serveur. Le serveur traite les requêtes et envoie une réponse au client.

CLOUD. L'informatique en nuage désigne à la fois les applications fournies sous forme de services sur Internet et le matériel et les logiciels des centres de données qui fournissent ces services.

CLOUDLETS. Centre de données en nuage à petite échelle, dont la mobilité est améliorée et qui est situé à la périphérie de l'internet. L'objectif principal du cloudlet est de soutenir les applications mobiles interactives et à forte intensité de ressources en fournissant des ressources informatiques puissantes aux appareils mobiles avec un temps de latence réduit.

CLUSTER (grappe). Ensemble de serveurs interconnectés par un réseau à haut débit et fonctionnant ensemble pour former un système unique.

CŒUR (processeur). Unité de calcul d'un processeur (*core* en anglais). Un processeur multicœur peut exécuter plusieurs instructions en parallèle.

COMPILATEUR. Programme informatique permettant l'analyse et l'interprétation d'autres programmes écrits dans des langages évolués (Java, Python, C, ...). C'est le compilateur qui génère le code machine exécuté par un ordinateur. La compilation d'un programme est donc une étape préalable à son déploiement. Une fois mis au point, un programme n'est compilé qu'une seule fois jusqu'à sa prochaine modification.

COMPILATION. Transformation d'un code source lisible par un humain en un fichier binaire exécutable par une machine.

CONJECTURE DE KEPLER. Quelle est la densité maximale d'un empilement de sphères identiques ? En 1611, Johannes Kepler émet la conjecture que l'arrangement optimal est un empilement de plans où chaque sphère repose dans le creux formé par trois sphères adjacentes du plan inférieur. Il existe deux configurations, l'empilement cubique à faces centrées et l'empilement hexagonal, chacun ayant une densité d'environ 74 %. C'est d'ailleurs souvent ainsi que les boulets sont empilés, que les fruits sont empilés sur les étals des marchés, etc.

CONJECTURE TERNAIRE DE GOLDBACH. Formulée en 1742 par Christian Goldbach, elle stipule que tout nombre impair plus grand que 7 est la somme de 3 nombres premiers : $7 = 3 + 2 + 2$; $9 = 5 + 2 + 2$; $11 = 7 + 2 + 2$; $13 = 5 + 5 + 3$; $15 = 11 + 2 + 2$ ... Sa version binaire, qui suggère que tout nombre pair est somme de 2 nombres premiers est à ce jour toujours ouverte.

CONTENEUR ET CONTENEURISATION. Un conteneur est une forme de virtualisation des ressources des systèmes d'exploitation. La conteneurisation consiste à rassembler au sein d'un conteneur les exécutables, le code binaire, les bibliothèques et les fichiers de configuration nécessaires à une application de sorte que l'application peut être transportée, isolée, déployée sur un système, sans trop se soucier des réalités de bas niveau liées au matériel (hardware).

CONTREPOINT (musique). Technique de composition musicale qui consiste à combiner différentes lignes mélodiques de manière indépendante mais harmoniquement cohérente.

CONVECTION (physique). Ensemble des mouvements verticaux, dans l'atmosphère ou l'océan, induits par des variations de la masse volumique des fluides. Ces mouvements et leurs effets doivent être paramétrés quand ils ont lieu à des échelles plus petites que la résolution du modèle.

CONVECTION THERMIQUE. Mouvements causés dans un fluide par des différences de température.

CONVERTISSEUR ANALOGIQUE-NUMÉRIQUE. Dispositif électronique qui convertit un signal analogique continu en un signal numérique discret. Son rôle est de permettre la numérisation des données provenant de sources analogiques telles que des signaux sonores (ou de décoder une représentation numérique en un signal analogique).

CORDE À 13 NŒUDS. Corde comportant 13 nœuds situés à équidistance. Elle était utilisée en Égypte antique comme outil de mesure et permettait aussi de faire des opérations simples comme la mesure d'un angle droit.

COURANTS DE CONVECTION. Courants de matière mis en jeu au sein d'un fluide sous l'effet de la force d'Archimède.

CPU (*Central Processing Unit*). Unité centrale qui exécute des programmes informatiques en organisant les échanges de données entre les différents composants (disque, mémoire, GPU) et qui fait les calculs. Un CPU ou processeur est composé de milliards de transistors.

CRYPTOGRAPHIE ASYMÉTRIQUE. La cryptographie asymétrique (ou cryptographie à clé publique) consiste à rendre publique la clé utilisée par la fonction de chiffrement. La clé de déchiffrement doit, quant à elle, rester secrète afin de pouvoir garantir la confidentialité des messages. Ce modèle rend également possible la notion de signature électronique, qui permet d'assurer l'intégrité et l'authenticité des messages.

CRYPTOGRAPHIE POST-QUANTIQUE. Champ de la cryptographie qui vise à garantir la sécurité des communications par l'utilisation, sur des ordinateurs classiques, de dispositifs de chiffrement de l'information résistant à un attaquant qui disposerait d'un ordinateur quantique capable de déjouer les méthodes de chiffrement classiques.

CRYPTOGRAPHIE SYMÉTRIQUE. Dans la cryptographie

symétrique (ou cryptographie conventionnelle), les clés de chiffrement et de déchiffrement sont identiques. Elles doivent donc toutes deux être gardées secrètes, ce qui fait que l'on parle également ici de cryptographie à clé secrète. Dans ce modèle, il est également possible de garantir l'intégrité des messages, grâce à la notion de MAC (*Message Authentication Code*).

CYCLE DU CARBONE. Ensemble des processus gouvernant les échanges de carbone entre les différents réservoirs de carbone que sont les sols, la biosphère, l'océan et l'atmosphère.

CYCLE DE L'AZOTE. Ensemble des processus gouvernant les échanges d'azote entre les différents réservoirs que sont les sols, la biosphère, l'océan et l'atmosphère. Le cycle de l'azote est fortement lié au cycle du carbone dans la mesure où les écosystèmes échangent les deux éléments avec leur environnement.

DÉBOGAGE. Le débogage est le processus qui consiste à trouver et à corriger les erreurs ou les bogues (*bugs* en anglais) dans le code source d'un logiciel.

DÉRIVÉE TEMPORELLE. Dérivée d'une fonction par rapport à la variable temps.

DÉTERMINISTE (programmation). Se dit d'un programme dont l'exécution se déroule toujours exactement de la même façon lorsqu'on le place dans les mêmes conditions initiales.

DIFFÉRENCE DE POTENTIEL ÉLECTRIQUE. La différence de potentiel électrique entre deux points de l'espace est communément appelée la tension électrique entre ces deux points.

DIGIT. C'est le mot anglais qui signifie chiffre. Un nombre à 3 digits est un nombre à 3 chiffres. Pour un digit décimal, la valeur est un chiffre compris entre 0 et 9. Pour un digit binaire (que l'on appelle BIT, abréviation de BInary uniT), le chiffre vaut 0 ou 1.

DIPÔLE MAGNÉTIQUE. Il caractérise la composante de plus grande échelle du champ magnétique terrestre, qui sépare la surface de la Terre en deux hémisphères de polarité opposée, au sens du signe de la composante verticale du champ géomagnétique. L'axe de symétrie de ces deux hémisphères n'est pas nécessairement confondu avec l'axe de rotation de la Terre, même s'il en est proche.

DISQUE SSD (*Solid State Disk*). Technologie utilisant des circuits intégrés pour stocker les données de manière persistante.

DISQUES ROTATIFS HDD (*Hard Disk Drive*). Technologie utilisant des plateaux magnétiques rotatifs pour stocker les données et des bras mécaniques avec des têtes de lecture/écriture pour y accéder.

DISTANCE DANS UN CODE CORRECTEUR. En général, les mots de code sont un sous-espace d'un plus grand espace de transmissions possibles. La détection d'erreur consiste alors à identifier les transmissions qui sont bien dans le sous-espace des mots de codes. La correction d'erreurs consiste, elle, à identifier un mot de code le plus proche possible d'une transmission erronée et nécessite ainsi une notion de distance entre les mots de codes. Un exemple simple est la « distance de Hamming » qui compte le nombre de bits différents entre deux nombres binaires.

DONNÉES OUVERTES. Les données ouvertes ou *open data* sont des données produites et collectées souvent par des services publics (administrations, collectivités locales…) et mises à disposition sans frais.

DRAM (Mémoire Dynamique). Contrairement aux mémoires statiques, les DRAM stockent l'information temporairement. Elles ont donc besoin d'être rafraîchies régulièrement, par un mécanisme interne, pour conserver l'information. Elles ont l'avantage de consommer peu et d'être extrêmement denses.

DYNAMIQUE MOLÉCULAIRE. Méthode numérique qui permet de résoudre les équations couplées de Newton du mouvement dans l'espace des coordonnées et des vitesses des atomes qui constituent une molécule. Cette méthode emploie notamment un algorithme de résolution des équations couplées qui est souvent l'algorithme de Verlet.

ÉCHANGES RADIATIFS. Ensemble des processus régissant les transferts de rayonnement au sein de l'atmosphère et leurs échanges avec la surface, dans les différentes longueurs d'onde du visible (rayonnement solaire) et de l'infrarouge (rayonnement émis par la Terre, les nuages et les gaz à effet de serre).

ÉCHELLE MUSICALE. Ensemble de notes organisées selon des intervalles spécifiques, qui forment la base de la mélodie (la succession des notes) et de l'harmonie (les accords, ensembles de notes jouées simultanément) d'une composition musicale.

ÉCRITURE CUNÉIFORME. Écriture « en forme de clous/coins » utilisée selon trois systèmes différents (logographique, syllabique, alphabétique) par une douzaine de langues appartenant à des familles linguistiques différentes depuis la fin du IVᵉ millénaire av. J.-C. jusqu'au Iᵉʳ siècle ap. J.-C. sur une vaste zone géographique de la mer Méditerranée au Golfe Persique et de la Mer Noire à l'Égypte.

EDGE COMPUTING. Le principe consiste à traiter les données non loin de l'endroit où elles sont générées (par les capteurs eux-mêmes), ce qui permet le traitement plus rapide de plus grands volumes, produisant en temps réel de meilleurs résultats actionnables.

EFFET DYNAMO. Processus physique aboutissant à la

conversion d'énergie mécanique en énergie électromagnétique.

EFFET FLASH. En radiothérapie ou radiobiologie, l'irradiation avec une très forte dose pendant un temps très court semble épargner les tissus sains : c'est l'effet Flash.

ÉLECTRON. Particule élémentaire de type fermion constitutif des atomes avec les protons et les neutrons. l'électron a une charge électrique négative.

ÉMULATEUR. Logiciel permettant de simuler et de reproduire le comportement d'un système.

ENTRÉE/SORTIE. « Entrées/sorties » (E/S) ou I/O (pour Input/Output) décrit toute opération, tout programme ou tout appareil permettant de transférer des données vers ou depuis un processeur. Les périphériques d'E/S les plus courants sont la mémoire, les imprimantes, les disques durs, les claviers et les souris.

ENVELOPPE THERMIQUE D'UN PROCESSEUR. Puissance maximale en Watts qu'un processeur peut dissiper, elle se calcule grâce aux lois de la thermodynamique et aux caractéristiques physiques du processeur (taille de gravure, nombre de transistors, etc.).

ENZYMES. Les enzymes sont des protéines qui agissent comme des catalyseurs biologiques. Elles accélèrent les réactions chimiques dans les cellules en abaissant l'énergie d'activation nécessaire pour que ces réactions se produisent.

ÉPOQUE DE LA RÉIONISATION. Période dans l'histoire de l'univers. Initialement chaude et ionisée après le Big Bang, la matière se recombine en atomes neutres 400 000 ans après le Big Bang, sous l'effet du refroidissement causé par l'expansion de l'univers. Les petites étoiles et galaxies se forment quelques dizaines de millions d'années après le Big Bang et réionisent progressivement leur environnement immédiat. Ces bulles ionisées grossissent jusqu'à fusionner les unes avec les autres. Les derniers îlots de matière intergalactique neutre disparaissent un milliard d'années après le Big Bang.

ÉQUATION DE L'INDUCTION. Déduite des équations de Maxwell, elle décrit l'évolution du champ magnétique $d\vec{B}/dt$, en fonction de l'écoulement du fluide $\vec{u}$ (pouvant renforcer le champ) et de sa diffusivité magnétique η (atténuant le champ) : $d\vec{B}/dt = \vec{\nabla} \wedge (\vec{u} \wedge \vec{B}) + \eta \nabla^2 \vec{B}$. Le premier terme de droite est un terme d'induction, décrivant l'interaction entre l'écoulement $\vec{u}$ et le champ magnétique $\vec{B}$, qui peut potentiellement permettre la croissance de ce dernier. Le second terme de droite est un terme de diffusion qui lisse et fait décroître le champ magnétique.

ÉQUATIONS AUX DÉRIVÉES PARTIELLES. Traduction en langage mathématique de principes physiques tels que la loi de la gravitation de Newton, ou de phénomènes physiques observés expérimentalement. Cette traduction est fondée sur le calcul différentiel qui permet d'exprimer mathématiquement la variation d'une quantité en fonction d'une autre. Les équations aux dérivées partielles expriment ainsi des lois de dépendance entre les variations en fonction du temps et/ou de l'espace de quantités mesurables.

ÉQUATIONS DE LA THERMODYNAMIQUE. Ces équations s'appuient sur les lois de la thermodynamique, conservation de l'énergie, loi des gaz parfaits pour l'atmosphère et lois sur les changements de phase de l'eau.

ÉQUATIONS DE MAXWELL. Équations qui décrivent l'évolution temporelle du champ électromagnétique en fonction de la distribution de charges et de courants électriques dans l'espace.

ÉQUATIONS DE NAVIER-STOKES. Ces équations décrivent l'évolution de la dynamique des fluides soumis aux forces de pression, à la gravité, ainsi qu'à la force de Coriolis dans le cas d'un fluide tournant, comme c'est le cas pour l'atmosphère et les océans.

ÉQUATION DIOPHANTIENNE. Équation à plusieurs inconnues dont on cherche les solutions parmi les nombres entiers.

ESPACE DE RECHERCHE. Dans les problèmes combinatoires, c'est l'ensemble des solutions ou des options possibles pour résoudre un problème. Par exemple, en sécurité informatique, ça peut être l'ensemble des mots de passes qu'on peut générer ou tester dans l'étendu d'un alphabet.

ESPACE DES PHASES (d'un plasma). Représentation de la distribution des particules d'un plasma en fonction de leur position et de leur vitesse.

ÉTAT QUANTIQUE. Objet mathématique qui permet de calculer, à un instant donné, les probabilités des valeurs que l'on obtiendrait lors de la mesure de n'importe quelle grandeur physique d'un système quantique, ainsi que de déterminer l'état du système à tout instant ultérieur.

ÉTOILE À NEUTRONS. Résidu de l'effondrement d'une étoile suffisamment massive, constitué en majorité par des neutrons (particules neutres qui composent normalement les noyaux des atomes).

EUROHPC. Le European High-Performance Computing Joint Undertaking (EuroHPC JU) est un partenariat public-privé dans le domaine du calcul haute performance, permettant la mise en commun des ressources au niveau de l'Union européenne avec celles des États membres de l'UE participants et des États associés participants aux programmes Horizon Europe et Europe numérique, ainsi que des parties prenantes privées. La Joint Undertaking a pour double objectif le développement d'une infrastructure de supercalcul européenne et le soutien aux activités de recherche et d'innovation.

EXPANSION DE L'UNIVERS. Comportement de la géométrie de l'univers décrit par la théorie de la relativité générale. Deux objets « immobiles » voient leur distance augmenter avec le temps (un photon voyageant à la vitesse de la lumière dans le vide met de plus en plus de temps à voyager du point A au point B). Cette variation de l'échelle des longueurs affecte également les longueurs d'onde. Un photon émis dans l'ultraviolet tôt dans l'histoire de l'univers est observé dans le domaine infrarouge ou millimétrique à l'époque actuelle.

FERMION. Particule de spin demi-entier ; un fermion obéit au principe d'exclusion de Pauli et 2 fermions ne peuvent pas se trouver dans le même état quantique. Les particules de matière, les leptons et les quarks sont des fermions.

FLOPS (*FLoating Point Operations Per Second*). Unité de mesure de la rapidité de calcul d'un système informatique. En français, FLOPS signifie « opérations en virgule flottante par seconde ».

FOG COMPUTING. Infrastructure géo-distribuée de traitement et de stockage de proximité située entre les utilisateurs et leurs objets connectés et un nuage informatique.

FONCTION D'ENCODAGE. Une fonction transformant un message en un code.

FONCTION RÉCURSIVE. Fonction mathématique ou procédure informatique qui fait appel à elle-même pour réaliser des calculs en cascade. Par exemple, pour calculer la somme de n premiers nombres ($1+2+3+4+...+n$), par une procédure notée *Somme(n)*, il faut additionner n à *Somme(n-1)*, rappelant ainsi la fonction *Somme* à chaque étape jusqu'à 1.

FORÇAGE CLIMATIQUE. Modification des conditions aux limites du système climatique, comme la concentration atmosphérique en gaz à effet de serre ou en particules.

FPGA (*Field-Programmable Gate Array*). Ce sont des circuits logiques dont l'architecture peut être modifiée.

FRAMEWORK. Terme anglais désignant un cadre méthodologique ou un cadre de travail guidé ou contrôlé par un ensemble de règles. Par extension, il désigne, en programmation informatique, une suite logicielle pré-intégrée servant de squelette au développement d'une nouvelle application.

FRÉQUENCE D'HORLOGE. Nombre d'impulsions par seconde qui cadence l'activité d'un processeur. Elle s'exprime en Hertz (Hz). Ainsi, un ordinateur à 2 GHz possède une horloge envoyant 2 milliards de battements par seconde.

FUITE DE DONNÉES. Incident dans lequel des informations (des mots de passe, des identifiants ou d'autres informations personnelles) sensibles sont perdues, volées ou utilisées de manière non autorisée.

FUSION THERMONUCLÉAIRE. La fusion est un type de réaction nucléaire au cours de laquelle des atomes se combinent pour créer un nouvel atome. Cette réaction produit une très grande quantité d'énergie. C'est le principe de la bombe H, si la réaction n'est pas contrôlée. Dans un tokamak, la réaction est contrôlée, ce qui permet de récupérer l'énergie créée.

FUZZER. Outil qui sert à tester automatiquement des logiciels en leur présentant des données subtilement altérées à partir de données correctes, afin d'essayer de produire dans ces logiciels des comportements incorrects. Il permet notamment de rechercher certains trous de sécurité. AFL (*American Fuzzy Lop*, du nom d'une race de lapins) est un exemple de *fuzzer*.

GBIF (*Global Biodiversity Information Facility*). Réseau international et infrastructure de données, créé sous forme de consortium par l'OCDE en 2001, dont le but est de fournir à chacun, en tout lieu, un accès libre aux données relatives à la biodiversité (animaux, plantes, champignons, bactéries et archaea).

GCC (*GNU Compiler Collection*). Compilateur *open source* du langage C vers une grande variété de machines.

GCS. Le Gauss Centre for Supercomputing joue en Allemagne un rôle similaire au GENCI en France.

GENCI. Le Grand Équipement National de Calcul Intensif est un opérateur public qui acquiert les ressources nationales de calcul intensif, c'est-à-dire des supercalculateurs et des moyens de stockage, et qui les met à disposition des scientifiques français académiques et industriels afin qu'ils réalisent des travaux de pointe sur les critères de l'excellence scientifique et de la recherche ouverte.

GENERAL GAME PLAYING (GGP). Cette approche correspond à la conception de programmes d'intelligence artificielle qui ne sont pas spécialisés sur un seul jeu. Ces programmes permettent de jouer à plusieurs jeux différents avec succès en se basant sur les règles propres à chaque jeu. Il s'agit d'une étape fondamentale sur la route d'une intelligence artificielle « générale ».

GÉNÉRATEUR PSEUDO-ALÉATOIRE. Algorithme qui génère de manière déterministe une séquence de nombres présentant cependant certaines propriétés du hasard.

GÉODYNAMO. Processus désignant la génération et l'entretien du champ magnétique terrestre par l'écoulement convectif à l'œuvre dans le noyau terrestre.

GÉOMÉTRIE FRACTALE. En 1967, le mathématicien français Benoît Mandelbrot introduit le terme de « géométrie fractale » pour l'étude d'objets géométriques présentant des phénomènes d'auto-similarité à des échelles d'observation de plus en plus petite. Si ces phénomènes sont observables dans la nature, comme sur la surface d'un chou romanesco, ce sont bien des images créées par ordinateurs qui servent de point de départ aux travaux de Mandelbrot, ainsi qu'à leur vulgarisation.

GESTIONNAIRE DE MOTS DE PASSE. Logiciel qui aide à créer, stocker et gérer les mots de passe des utilisateurs pour faciliter leur usage et améliorer leur sécurité.

GOULOT DE VON NEUMANN. Le goulot de Von Neumann, également connu sous le nom de « *bottleneck* de Von Neumann », fait référence à une limitation dans un système informatique qui se produit lorsque l'accès aux données, que ce soit dans la mémoire ou sur des périphériques de stockage, devient ralenti, entraînant ainsi une diminution des performances globales du système.

GPU (*Graphics Processing Unit*). Processeur graphique, en français. Circuit dédié au traitement et à l'affichage des images. Il possède une architecture hautement parallèle lui permettant d'effectuer des opérations de rendu géométrique ou d'anticrénelage des images de manière bien plus efficace que les processeurs classiques. Exclusivement dédiés aux fonctions graphiques à l'origine, ces coprocesseurs se sont également imposés dans le calcul intensif et l'intelligence artificielle.

GRAMMAIRE STOCHASTIQUE. Utilise des probabilités pour décrire la fréquence d'apparition des différentes constructions grammaticales.

GRAPHE (informatique). Ensemble de sommets qui peuvent être liés entre eux par des arêtes, les sommets et arêtes ont des définitions spécifiques à chaque graphe et aux modèles sous-jacents.

GRAPPE (*cluster*). Ensemble de machines homogènes situées sur un même site et reliées par un réseau de communication rapide.

GRAVURE DE SEMI-CONDUCTEURS. Procédure de microfabrication qui est utilisée par exemple pour la fabrication des CPUs. et des GPUs.

GRILLE ICOSAÉDRIQUE. Discrétisation de la sphère qui repose sur un polyèdre à 20 faces triangulaires. La grille est ensuite raffinée sur chacune des faces pour mieux résoudre les équations de Navier-Stokes simplifiées pour les fluides géophysiques. La grille icosaédrique permet de s'affranchir des singularités qui apparaissent aux pôles dans les grilles régulières basées sur la latitude et la longitude.

GRILLE INFORMATIQUE (*grid computing*). Infrastructure virtuelle de calcul, bâtie sur des milliers d'ordinateurs en réseau (serveurs ou ordinateurs personnels), offrant une grande disponibilité de ressources pour distribuer les calculs d'une application, les exécuter en parallèle ou de façon asynchrone.

HACHAGE. Processus par lequel une fonction transforme des données (comme un mot de passe) en une valeur fixe de taille réduite, appelée « haché ». Cette transformation est conçue pour être à sens unique, c'est-à-dire qu'il est impossible en pratique de retrouver les données d'origine à partir du haché.

HADRON. Particule composée de plusieurs quarks en interaction, comme les mésons composés d'un quark et un antiquark et les baryons composés de 3 quarks ; le proton (2 quarks up et un quark down) et le neutron (2 quarks down et un quark up) sont des baryons.

HARDWARE SECURITY MODULE (HSM). Serveur dont le rôle est uniquement de stocker des clés de chiffrement. L'intérêt est que pour pouvoir déchiffrer les données un attaquant doit d'une part se procurer les données sur le serveur d'application et d'autre part réussir à se procurer la clé en s'introduisant dans le HSM. La difficulté de réaliser une attaque est ainsi « doublée ».

HOMOMORPHE. Le chiffrement est dit homomorphe (du grec *ὁμός*/*homós* = semblable et *μορφή*/*morphê* = forme) quand il permet d'effectuer des opérations mathématiques directement sur les données chiffrées sans qu'il soit nécessaire de procéder à un déchiffrement préalable.

IGRF (*International geomagnetic reference field*). Modèle communautaire publié tous les cinq ans. Il fournit la structure globale du champ géomagnétique à une date donnée et une prévision des variations de celui-ci dans les 5 années à venir, avant la publication de la génération suivante du modèle.

INDÉCIDABILITÉ (programmation). Un problème est dit « indécidable » s'il ne peut pas être résolu par un algorithme.

INFÉRENCE (statistique). Méthode statistique ayant pour objectif de déterminer quelles valeurs des paramètres d'un modèle correspondent à une observation donnée. Cette détermination est probabiliste : l'inférence détermine une probabilité pour qu'un jeu de paramètres du modèle soit à l'origine du signal observé.

INFORMATION QUANTIQUE. Champ disciplinaire qui est un développement de la théorie de l'information de Claude Shannon exploitant les propriétés de la mécanique quantique, notamment le principe de superposition ou l'intrication. L'unité qui est utilisée pour quantifier l'information quantique est le qubit, par analogie avec le bit d'information classique.

INFORMATIQUE TEMPS-RÉEL. Domaine de l'informatique qui se concentre sur le traitement de données et la prise de décisions où le délai de traitement doit répondre à des contraintes de temps strictes. Les systèmes temps réel se trouvent dans de nombreux domaines, tels que l'automobile (systèmes de freinage anti-blocage), l'aérospatiale (systèmes de navigation, contrôle de vol), les systèmes médicaux (appareils de surveillance des signes vitaux, robots chirurgicaux), les systèmes de contrôle industriels (automatisation des usines, robots industriels) et bien d'autres.

INGÉNIERIE MOLÉCULAIRE. L'ingénierie moléculaire est une discipline scientifique qui implique la manipulation et la modification des molécules biologiques (telles que l'ADN, les protéines et les enzymes) pour créer de nouveaux produits ou améliorer les processus biologiques.

INSTRUCTION VECTORIELLE. Une instruction vectorielle indique au processeur d'effectuer une même opération (par exemple une addition) en parallèle sur des données différentes. En traitant plusieurs données à la fois, ces instructions permettent donc d'accélérer les calculs s'appliquant sur des tableaux (vecteurs et matrices).

INTÉGRALE D'UNE FONCTION. L'intégrale d'une fonction *f* entre deux points a et b mesure l'aire comprise entre les points *f*(a) à *f*(b) sur la courbe représentant la fonction et les points a et b sur l'axe des abscisses.

INTELLIGENCE ARTIFICIELLE. Procédé logique et automatisé reposant généralement sur un algorithme et en mesure de réaliser des tâches bien définies. Pour le Parlement européen, constitue une intelligence artificielle tout outil utilisé par une machine afin de « reproduire des comportements liés aux humains, tels que le raisonnement, la planification et la créativité ».

INTERACTIONS FONDAMENTALES. Les particules peuvent interagir entre elles, c'est-à-dire avoir des actions réciproques, via des interactions ou des forces. Nous connaissons aujourd'hui 4 interactions fondamentales : l'interaction électromagnétique, dont les effets sont visibles dans les phénomènes électriques ou magnétiques ; l'interaction faible responsable de la désintégration radioactive des atomes ; l'interaction forte qui permet la cohésion des noyaux des atomes ; et, enfin, l'interaction gravitationnelle ou gravitation qui est responsable de l'attraction des objets massifs. Seule cette dernière interaction n'est pas incluse dans le modèle standard de la physique des particules. Dans ce cadre, les interactions sont comprises comme l'échange de particules médiatrices de type boson. Le photon est la particule de l'interaction électromagnétique, les bosons Z et W sont associés à l'interaction faible et les gluons sont associés à l'interaction forte.

INTERFACE TANGIBLE. Type d'interface utilisateur qui utilise une interaction avec des objets physiques manipulables pour contrôler et interagir avec un système informatique ou un dispositif numérique.

INTERGICIEL (*middleware*). Logiciel intermédiaire entre le système d'exploitation d'un ordinateur (qui gère le fonctionnement et les ressources de ce dernier) et les applications de l'utilisateur. Les intergiciels sont vus comme des protocoles de communication entre applications, tournant sur des systèmes informatiques différents, à travers des services génériques d'échange de données via des messages ou des appels de procédures.

INTERNET DES OBJETS (IOT pour *Internet of Things*, en anglais). Objets physiques (ou groupes d'objets) dotés de capteurs, de capacités de traitement, de logiciels et d'autres technologies qui se connectent et échangent des données avec d'autres appareils et systèmes *via* Internet ou d'autres réseaux de communication.

INTERPRÉTEUR. Programme informatique analysant à la volée les instructions d'un autre programme, écrit dans un langage interprétable (comme Python, Lisp…), avant de les exécuter. Contrairement à la compilation qui se fait une fois pour toute en amont de l'exécution, l'interprétation se fait à chaque activation du programme.

INTERVALLES MUSICAUX. Mesure la « distance » entre deux notes du point de vue de leur fréquence (hauteur).

INTRICATION QUANTIQUE ET NON-LOCALITÉ. L'intrication et un phénomène, observé spécifiquement en physique quantique, selon lequel l'état d'un système composé de plusieurs objets quantiques ne peut être décrit que globalement. Lorsque l'intrication concerne des objets quantiques séparés spatialement, elle induit des corrélations entre les résultats de mesures effectuées sur ces objets, qui ne peuvent pas être décrites par un modèle classique local (théorème de Bell).

IONOSPHÈRE. Couche de la haute atmosphère de la Terre qui est partiellement ionisée par la radiation solaire.

IONS. Atomes ou molécules qui ont perdu (ou gagné) des électrons et qui ont donc une charge électrique nette négative (ou positive).

LAC DE DONNÉES (*data lake*). Collection de données brutes en format natif, non structuré, avec schéma en lecture. Alternative au *data warehouse*, typiquement avec Hadoop.

LAMBDA-CALCUL. C'est un modèle de calcul formel, où tout est fonction. Chaque fonction est définie par une ou plusieurs fonctions pouvant être elles-mêmes (fonctions récursives). D'un point de vue théorique, il a la même importance que la machine de Turing. A ce titre, il est à la base de plusieurs langages dits fonctionnels, comme la famille des langages LISP ou Haskell.

LANGAGE MACHINE. C'est le code numérique directement exécutable par le processeur de l'ordinateur. Celui-ci diffère d'un processeur à l'autre : par exemple, un Mac à processeur M1 ou M2, architecture ARM, ne peut pas exécuter directement des programmes écrits pour un Mac plus ancien, architecture Intel : il a besoin d'un système de traduction.

LATENCE RÉSEAU. Temps de transmission d'une information d'une source à une destination.

LENTILLE GRAVITATIONNELLE. Phénomène résultant de la relativité générale. Un système massif (galaxie, amas de galaxies, etc.), en courbant l'espace autour de lui, dévie sur leur passage les rayons lumineux venant d'une source d'arrière-plan. L'image est alors déformée et parfois l'intensité lumineuse reçue par le télescope est amplifiée, d'où le nom de lentille.

LEPTON. Fermion qui n'est pas sensible à l'interaction forte, l'électron est un lepton.

LEXIGRAMME. Combinaison de symboles destinés à représenter des objets ou des notions et ainsi de s'affranchir du langage oral pour communiquer.

LIAISON COVALENTE. Liaison chimique entre deux atomes avec partage d'électrons.

LIGNE NUMÉRIQUE MENTALE. Construction mentale des nombres dans laquelle les humains, souvent inconsciemment, se représentent spontanément des quantités numériques le long d'un axe orienté de gauche à droite.

LOGARITHME BINAIRE. *Log x* désigne la puissance à laquelle il faut élever 2 pour retrouver x. Ainsi $log(8) = 3$, car $8 = 2 . 2 . 2$; de même, $log(1024) = 10$; c'est une fonction lentement croissante. Elle transforme les sommes en produits : $log(xy) = log(x) + log(y)$.

LOGIQUE DE HOARE. Système formel, proposé par C.A.R. Hoare (« Tony Hoare »), basé sur un ensemble de règles servant à raisonner sur les programmes afin de montrer s'ils vérifient ou non une spécification mathématique.

LOI DE WEBER-FECHNER. Relation entre la perception de stimuli sensoriels et leur grandeur physique qui s'applique à quasiment toutes modalités sensorielles, incluant la perception des quantités : $I = k \times log(S)$. I : Intensité perçue du stimulus ; k : une constante dépendante de la modalité sensorielle et S : grandeur physique du stimulus. La perception d'un stimulus (d'une quantité ici) suit donc une loi logarithmique, ce qui implique que : $\Delta I/I = k$, c'est-à-dire que la différence minimale perçue entre deux stimuli (ΔI) dépend directement de l'intensité de ces stimuli. Rapportée à la perception des quantités, cette loi implique que la distance minimale entre deux quantités dépend linéairement de leur magnitude pour être différenciées. C'est donc le ratio entre les quantités à discriminer qui est le prédicteur de notre capacité à les différencier plutôt que leur distance ou leur magnitude prise chacune séparément.

MACHINE LEARNING. L'apprentissage automatique est un champ d'étude de l'intelligence artificielle qui se fonde sur des approches mathématiques et statistiques pour donner aux ordinateurs la capacité d'« apprendre » à partir de données, c'est-à-dire d'améliorer leurs performances à résoudre des tâches sans être explicitement programmés pour chacune. Plus largement, il concerne la conception, l'analyse, l'optimisation, le développement et l'implémentation de telles méthodes.

MAGNÉTOMÈTRE. Instrument qui mesure le champ magnétique.

MAGNÉTOSPHÈRE. Région autour de la Terre où les particules chargées sont influencées par le champ magnétique terrestre.

MAGNITUDE D'UN NOMBRE. Valeur du nombre. Elle est d'autant plus importante qu'on s'éloigne de zéro. Plus un nombre est « grand », plus sa magnitude est élevée.

MANTISSE ET EXPOSANT. Un nombre réel x est représenté en notation scientifique sous la forme : $x = a \times 10^n$ où a est appelé la mantisse et n est appelé l'exposant.

MAQUETTE NUMÉRIQUE. Représentation numérique d'un objet physique reproduisant une partie de ses propriétés mécaniques et visuelles.

MASSIFICATION DU STOCKAGE DE GAZ. Le stockage du CO_2 (dioxyde de carbone) dans les couches argileuses de la croûte superficielle est une des techniques envisagées pour atteindre les engagements climatiques et énergétiques de la communauté. La capacité de stocker l'H_2 (hydrogène) de manière pérenne est également un élément clé pour le déploiement d'infrastructures permettant de l'utiliser comme carburant alternatif neutre en émission de CO_2.

MATIÈRE BARYONIQUE. Matière composée de baryons : il s'agit essentiellement des protons et des neutrons et donc de la matière « ordinaire » possédant une masse. Elle constitue l'une des composantes du contenu de l'univers dans le modèle cosmologique standard avec, par exemple, les radiations ou la matière noire.

MATIÈRE NOIRE (ou MATIÈRE SOMBRE). L'observation des propriétés de plusieurs composants de notre univers (galaxie, amas de galaxie, rayonnement fossile…) a mis en évidence l'existence d'une importante quantité de matière observable à ce jour uniquement par ses effets gravitationnels. Cette matière mystérieuse, appelée « matière noire » ou « matière sombre », ne peut être expliquée par aucune des particules fondamentales connues. Elle représente environ 85 % de la matière de l'univers, ce qui en fait l'un des plus grands mystères scientifiques actuels.

MATRICE CREUSE / PARCIMONIEUSE. Matrice dont une proportion élevée d'éléments se voit affecter la valeur 0.

MEC. *Mobile Edge Computing* ou *Multi-access Edge Computing* est un concept d'architecture de réseau défini par l'ETSI (European Telecommunications Standards Institute) qui consiste à fournir des capacités d'informatiques en nuage et un environnement de services informatiques à la périphérie du réseau cellulaire et, plus généralement, à la périphérie de n'importe quel réseau. L'idée de base du MEC est qu'en exécutant les applications et les tâches de traitement connexes plus près du client cellulaire, l'encombrement du réseau est réduit et les applications sont plus performantes.

MÉCANIQUE DES FLUIDES. Domaine de la physique qui étudie les écoulements des fluides.

MÉMOIRE CACHE. Mémoire de faible capacité proche du cœur de calcul d'un processeur, qui permet de garder en mémoire des données qui seront réutilisées prochainement par le processeur.

MÉMOIRE FLASH. Mémoire non-volatile pouvant être effacée et reprogrammée (réécrite) un certain nombre de fois selon le type de cellules mémoire qui la composent.

MÉMOIRE NON-VOLATILE (NV-RAM). Un type de mémoire pouvant garder les données qui y sont stockées même quand l'alimentation électrique est coupée.

MÉMOIRE QUANTIQUE. Ensemble de qubits physiques qui enregistrent et restituent à la demande un état quantique d'un nombre significatif de qubits, notamment un état intriqué.

MEMS (*Micro-Electro-Mechanical Systems*). Ce sont des dispositifs miniatures qui combinent plusieurs principes physiques. Ils sont constitués d'éléments mécaniques couplés à des circuits électroniques.

MÉTADONNÉE. Caractéristique formelle normalisée et structurée utilisée pour la description et le traitement des contenus des ressources numériques.

MÉTAGÉNOME. Ensemble du matériel génétique contenu dans un biotope donné, toutes espèces mélangées. La métagénomique environnementale analyse ainsi le contenu génétique d'échantillons issus d'environnements complexes (intestin, océan, sols, air, etc.) prélevés dans la nature. Ces analyses révèlent la diversité des espèces de ces milieux, par exemple des bactéries de notre microbiote, ou des virus prélevés dans les milieux marins.

MÉTHODES DE MONTE CARLO. Méthode algorithmique visant à calculer une valeur numérique approchée en utilisant des techniques probabilistes. La simplicité, la flexibilité et l'efficacité pour les problèmes en grande dimension de la méthode en font un outil intéressant, pouvant servir d'alternative ou de référence pour d'autres méthodes numériques.

MICROPROCESSEUR. Processeur qui tient dans un seul circuit intégré.

MODÈLE DE MARKOV. Le modèle de Markov est un moyen mathématique de prédire ce qui pourrait se produire ensuite sur la base de ce qui se passe actuellement.

MODÈLE STANDARD DE LA PHYSIQUE DES PARTICULES. Théorie basée sur la mécanique quantique et la théorie des champs qui décrit l'ensemble des particules élémentaires et leurs interactions hormis la gravitation.

MODULO. Pour un entier n, l'opération modulo associe à un entier a le reste de sa division euclidienne par n, noté $a \ (mod\ n)$. Cela conduit à considérer comme identiques les nombres a, $a+n$, $a+2n$... On dit qu'ils sont *congruents modulo n*.

MONTE CARLO HYBRIDE. Algorithme qui permet d'obtenir une séquence d'échantillons aléatoires selon une distribution de probabilité cible, typiquement difficile à échantillonner directement. Ici, les échantillons sont des agencements possibles des composantes associées aux quarks et gluons sur lesquelles il faut moyenner pour obtenir les quantités physiques pouvant être comparées à des résultats de mesures expérimentales.

MOT DE PASSE MAÎTRE. Un seul mot de passe qui, lorsqu'il est utilisé dans un gestionnaire de mots de passe, permet d'accéder à l'ensemble des mots de passe de l'utilisateur.

MOTEUR D'INFÉRENCE. Mécanisme de résolution de problème basé sur la déduction logique. A chaque étape du raisonnement, on évalue l'état du système qui détermine la ou les règles de déduction à invoquer pour les étapes suivantes. C'est un modèle de calcul utilisé dans les systèmes experts ou les langages logiques comme Prolog.

MPI (*Message Passing Interface*). Interface de programmation d'application standardisée permettant d'échanger des messages entre des nœuds exécutant un programme parallèle.

MUTATIONS. L'ADN mute au cours de l'évolution. Ces mutations peuvent être ponctuelles (remplacement d'un nucléotide par un autre) ou à plus grande échelle (par exemple, duplication d'un gène). Ces mutations peuvent être fixées dans la population, lorsqu'elles présentent un avantage adaptatif. Les mutations sont au cœur de la capacité d'adaptation des êtres vivants. Elles expliquent notamment la grande plasticité des virus, qui mutent très rapidement.

NEUTRINOS. Particules élémentaires sans charge électrique et possédant une masse très faible, émises par exemple lors de l'explosion de supernovae. Comme ils interagissent très peu avec la matière, l'information qu'ils transportent est peu altérée sur leur trajet (contrairement aux photons), ce qui en fait des messagers intéressant pour l'astrophysique. Mais pour les mêmes raisons, ils sont difficiles à détecter.

NFT (*Non-Fungible Tokens*). Un jeton non-fongible est un identifiant électronique unique, enregistré sur une blockchain, qui n'est pas substituable à un autre (au contraire d'une pièce de monnaie ou de cryptomonnaies, totalement interchangeables ou fongibles). Ils sont notamment utilisés pour certifier une propriété ou une authenticité de fichiers électroniques.

NFV (*Network Function Virtualization*). La virtualisation des fonctions de réseau est un concept d'architecture de réseau qui s'appuie sur les technologies de virtualisation pour virtualiser des classes entières de fonctions de nœuds de réseau en blocs de construction qui peuvent se connecter, ou s'enchaîner, pour créer et fournir des services de communication.

NŒUD (réseau). Dans un réseau ou un cluster, un nœud est un point de connexion, qui peut être un dispositif de calcul ou un point de redistribution de l'information.

NOMBRES FLOTTANTS OU REPRÉSENTATION EN VIRGULE FLOTTANTE. Méthode d'écriture de nombres équivalente à la notation scientifique. Un flottant est représenté par un signe, une mantisse (nombre) de longueur fixée (précision) et un exposant. Par exemple, $x = -245 \times 10^{-23}$ est de précision 3, son signe est −1, la mantisse 245 et l'exposant −23. Modifier l'exposant fait « flotter » la position implicite de la virgule. Dans le calcul flottant, chaque opération est suivie d'un arrondi, dont la direction est fixée. Par exemple, la mantisse de $5x$ ne peut pas être $5\times245=1225$ qui aurait un chiffre de trop ; si l'arrondi est fait vers 0, le résultat sera $5x = -122\times 10^{-22}$

NOSQL (*Not Only SQL*). Nouvelle classe de systèmes de gestion de bases de données, avec relâchement des propriétés des systèmes SQL (SQL complet, cohérence forte, indépendance des données) pour plus de scalabilité et performances.

NOYAU GALACTIQUE ACTIF. Au centre de la plupart des galaxies, se trouve un trou noir super massif faisant plusieurs millions de masses solaires. Certains de ces trous noirs deviennent actifs en accumulant de la matière autour d'eux (accrétion). La matière accrétée forme alors un disque qu'on dit d'accrétion, qui dû à l'énorme potentiel gravitationnel du trou noir, atteint des vitesses proches de la vitesse de la lumière, provoquant une très forte émission d'énergie sous forme de photons. On dit alors que la galaxie a un noyau actif car le centre de la galaxie devient tellement brillant que la galaxie autour devient invisible car éblouie par l'émission provenant du centre.

NP (classe de complexité). Ensemble des problèmes dont les algorithmes sont non déterministes (ont plusieurs chemins d'exécution) mais pour lesquels on peut vérifier en un temps polynomial si un chemin d'exécution constitue une réponse pour l'algorithme. Les algorithmes de cette classe sont généralement représentés par des arbres de décision illustrant l'ensemble des chemins possibles depuis la racine qui représente l'étape initiale du programme.

NP-COMPLET. Un problème A de NP est NP-complet si tout autre problème B de NP peut se ramener à A. En d'autres termes, A est parmi les problèmes de NP « les plus difficiles ».

NUAGE INFORMATIQUE (*cloud computing*). Ensemble de ressources virtuelles, gérées par les fournisseurs de nuage, allouées à la demande aux applications clientes.

NUCLÉOTIDES. Ce sont les briques moléculaires qui composent l'ADN et l'ARN. L'ADN est constitué d'adénine (a), de cytosine (c), de guanine (g) et de thymine (t). L'ARN contient de l'uracile (u) à la place de la thymine. L'ADN humain contient environ 3 milliards de nucléotides.

NUMÉROSITÉS. Nombre de choses dans un ensemble ; valeur cardinale d'un ensemble. Nous pouvons utiliser le comptage pour connaître la cardinalité exacte d'un ensemble, mais les humains dès la naissance, et d'autres animaux, peuvent en réaliser une approximation.

OBJET-FRONTIÈRE. Notion développée en sociologie par la chercheuse Susan Leigh Star et d'autres auteurs utilisée pour comprendre les interactions entre différents groupes ou communautés ayant des cadres de référence, des langages et des pratiques distincts, mais qui doivent collaborer ou travailler ensemble.

OCTET (et multiples). L'octet est l'unité de mesure de la taille des objets informatiques, il correspond à 8 unités binaires, autrement dit 8 bits. Les multiples en puissance de 10 suivent la convention habituelle ci-dessous.

Nom	Symbole	Valeur
kilooctet	ko	10^3 octets
mégaoctet	Mo	10^6 octets
gigaoctet	Go	10^9 octets
téraoctet	To	10^{12} octets
pétaoctet	Po	10^{15} octets
exaoctet	Eo	10^{18} octets
zettaoctet	Zo	10^{21} octets

OFFLOADING. Le délestage de calcul est le transfert de tâches de calcul à forte intensité de ressources vers un processeur séparé, tel qu'un accélérateur matériel, ou une plateforme externe, telle qu'un cluster, une grille ou un nuage.

OLIGONUCLÉOTIDES. Les oligonucléotides sont de courts segments d'acides nucléiques (ARN ou ADN) de quelques dizaines de nucléotides. Ils sont généralement obtenus par synthèse chimique, sous forme simple ou double brin.

ONDE GRAVITATIONNELLE. Phénomène prédit par la relativité générale et détecté pour la première fois en 2015. Sous l'effet de l'interaction proche entre deux corps massifs et denses comme des trous noirs, une déformation de l'espace-temps se propage à la vitesse de la lumière en s'éloignant du système.

OPENMP (*Open Multi Processing*). Modèle de programmation parallèle qui initialement ciblait uniquement les architectures à mémoire partagée. Aujourd'hui, il cible aussi les accélérateurs, les systèmes embarqués et les systèmes temps réel.

OPÉRATION MATRICIELLE. Opération sur une matrice. Des exemples sont l'addition matricielle, le produit matriciel et convolution discrète.

ORDINATEUR QUANTIQUE. Dispositif de calcul qui exploite des qubits, des portes quantiques et des algorithmes quantiques. La puissance de calcul d'un ordinateur quantique se mesure notamment par le nombre de qubits qu'il exploite et par le nombre d'opérations quantiques qu'il peut exécuter avant que la dégradation progressive des corrélations ne rende les résultats non significatifs.

ORDONNANCEUR. Logiciel pour placer des tâches de calcul sur les nœuds d'une grappe afin d'améliorer l'utilisation des ressources et la performance globale du système.

ORIGINES PHYLOGÉNÉTIQUES. Histoire évolutive d'une faculté cognitive, qui indique généralement (au moins partiellement) des signatures comportementales et une base neurale communes entre les espèces pour le traitement d'une propriété environnementale donnée, telle que la numérosité.

P VERSUS NP (classe de complexité). Question liée à la complexité informatique, qui peut croître de façon polynomiale (P) avec la taille du problème ou de façon non polynomiale (NP) beaucoup plus rapide (souvent exponentielle).

P (classe de complexité). Ensemble des problèmes ayant un algorithme fonctionnant en temps polynomial, c'est-à-dire effectuant moins de n^k opérations (pour un certain entier k) sur toute entrée de taille n. Un tel algorithme est considéré « efficace ».

PAGINATION (mémoire). La pagination est une technique informatique permettant de gérer l'accès à la mémoire de manière organisée et efficace. La mémoire virtuelle est divisée en « pages » de taille fixe (par exemple 4 kilobits par page) et un algorithme fait correspondre chaque page à un emplacement de mémoire physique via une table de pagination. Dans le cas spécifique d'Intel SGX (*Software Guard Extensions*), la mémoire virtuelle de l'enclave est divisée en pages sécurisées, chiffrées et attestées pour garantir leur intégrité et confidentialité. La table de pagination est appelée EPC (*Enclave Page Cache*). Lorsqu'un programme s'exécute à l'intérieur d'une enclave SGX, l'accès à la mémoire est géré par ce mécanisme de pagination, assurant que les données sensibles restent isolées et protégées contre les accès non autorisés, y compris par le système d'exploitation et d'autres applications.

PAIR-À-PAIR (*peer-to-peer*). Modèle de communication où les machines s'échangent directement les informations via le réseau.

PARADOXE EPR. Ce paradoxe met en contradiction l'intrication quantique, c'est-à-dire le fait que deux particules aient un état quantique dépendant l'une de l'autre, avec le principe de localité. Prenons l'exemple de deux pièces de monnaie identiques reliées par une tige, et présentant donc toujours la même face simultanément. Lorsqu'elles sont lancées en l'air, elles retombent du même côté. Si nous les éloignons très loin avant de les observer, alors l'observateur de la première pièce connaîtra la face visible de la deuxième pièce avant même qu'elle ne soit observée. Il n'y a ici aucune contradiction car l'état existait à l'avance, il était simplement inconnu des observateurs des pièces.

PARALLAXE. Effet du changement de position de l'observateur sur ce qui est observé, notamment en termes d'alignement.

PARALLÉLISATION/DISTRIBUTION DES CALCULS. Technique utilisée pour diviser une tâche complexe en plusieurs sous-tâches plus petites qui peuvent être exécutées simultanément sur plusieurs processeurs ou machines.

PARALLÉLISME. Cela consiste en informatique à utiliser en même temps plusieurs machines ou processeurs qui collaborent pour résoudre un problème.

PAVER. Recouvrir une région du plan par des carreaux de sorte que les couleurs des côtés adjacents soient distinctes.

PBKDF2 (*Password-Based Key Derivation Function 2*). Fonction de hachage volontairement lente, spécifiquement conçue pour hacher des mots de passe.

PCR (*Polymerase Chain Reaction*). C'est une technique permettant d'obtenir, par une succession de réplications in vitro, d'importantes quantités d'un fragment d'ADN spécifique et de longueur définie.

PÉRIHÉLIE. En astronomie, le périhélie est le point, sur la trajectoire d'un objet céleste, le plus proche du soleil. Par exemple, la date du passage de la terre à son périhélie, qui varie légèrement d'une année sur l'autre, est comprise entre le 1er et le 5 janvier.

PHOTONS. Particules élémentaires sans masse transportant l'interaction électromagnétique. En termes simples, ce sont des « grains de lumière » (ou quantum). La mécanique quantique a proposé au début du XXe siècle cette représentation de la lumière en complément indispensable de la description sous forme d'onde pour interpréter certaines expériences.

PIPELINE DE TRAITEMENTS. Enchaînement de procédures de calcul où le résultat d'une procédure est utilisé comme entrée de la procédure suivante.

PLAN DE CONTRÔLE. Dans le domaine du routage, le plan de contrôle est la partie de l'architecture du routeur qui est concernée par l'élaboration de la topologie réseau ou les informations d'une table de routage (éventuellement augmentée) qui définit ce qu'il faut faire avec les paquets entrants.

PLASMA. État de la matière dans lequel les électrons se séparent des atomes. En général, un gaz très chaud devient un plasma.

PLASMA FROID. Plasma dont les ions ont une température très inférieure à celle des électrons. Certains plasmas froids peuvent avoir des électrons à quelque millier des degrés et les ions à température ambiante.

PLASMA INTERSTELLAIRE. Plasma à très faible densité et partiellement ionisé qui remplit les espaces entre les étoiles.

POLYMÈRE. Un polymère est une substance composée de macromolécules et issue de molécules de faible masse moléculaire. L'ADN est un polymère de nucléotides.

POLYSTORE (ou système multistore). Système d'intégration virtuelle de données à partir de sources de données très variées, y compris big data (fichiers distribués, SQL, NoSQL, etc.).

PORTABILITÉ. Caractéristique d'un logiciel qu'on peut déployer sur une multitude de plateformes sans le réécrire mais en adaptant seulement quelques paramètres spécifiques.

POSITRON. Particule d'antimatière jumelle de l'électron, de même masse mais de charge quantique opposée et donc de charge électrique positive.

PPM (*Parties Par Million*). Il s'agit d'une unité de mesure d'incertitudes relatives comme le pourcent. Alors qu'une incertitude relative de 1 % correspond à une incertitude 100 fois plus petite que la quantité qui souffre de cette incertitude, une incertitude de 0,1 ppm est 10 millions de fois plus petite.

PRACE. Le Partnership for Advanced Computing in Europe est une association internationale à but non lucratif qui, jusqu'à récemment, allouait du temps de calcul sur divers supercalculateurs en Europe, sur des bases similaires à GENCI.

PRÉCALCULS. Dans le contexte du cassage de mots de passe, il s'agit de calculer à l'avance des hachés de mots de passe possibles pour accélérer le processus de cassage.

PRIX GORDON BELL. Un des prix les plus importants dans le domaine du calcul à haute performance, attribué chaque année par l'Association for Computing Machinery (US).

PROBLÈME INVERSE. Les problèmes inverses caractérisent les problèmes associés à la reconstruction ou l'identification de paramètres mesurés indirectement. Le chercheur dispose d'une observation, et d'une loi physique reliant le paramètre qu'il cherche à identifier à cette observation. Le problème inverse consiste à prendre le chemin inverse de cette loi physique pour remonter de l'observation vers le paramètre d'intérêt. En imagerie sismique, l'observation est la vibration du sous-sol, le paramètre recherché les propriétés mécaniques du sous-sol, et la loi physique la propagation des ondes dans le sous-sol.

PROCESSEUR. Composant d'un ordinateur qui interprète et exécute des instructions, jouant un rôle central dans le fonctionnement de tout système informatique.

PROCESSUS PHYSIQUE NON-LINÉAIRE. Phénomène physique pour lequel une grandeur caractérisant le comportement n'est pas proportionnelle à au moins l'un des paramètres du système. Un exemple est le battement d'un pendule, dont la périodicité n'est plus proportionnelle à la longueur du pendule quand l'amplitude des oscillations devient grande.

PRODUIT SCALAIRE. Opération qui calcule la somme des produits des composantes de deux vecteurs, qui a donc pour résultat un nombre, aussi appelé le scalaire. Pour des vecteurs de réels, le résultat est un réel. Deux vecteurs sont orthogonaux si leur produit scalaire est nul.

PROFILAGE. Le profilage de code consiste à analyser l'exécution d'un logiciel afin de connaître son comportement à l'exécution.

PROGRAMME LINÉAIRE. Voici un exemple de programme linéaire avec 2 variables x et y. Il s'agit de trouver des valeurs de x et y qui maximisent (ou minimisent) la valeur linéaire $2x-3y$ tout en vérifiant les contraintes linéaires suivantes : $x+y \leq 10$, et $2x-y \geq 5$... En général, on peut avoir de nombreuses contraintes et de nombreuses variables.

PROPRIÉTÉS MÉCANIQUES DU SOUS-SOL. Elles caractérisent le sous-sol du point de vue de la propagation d'ondes élastiques. Il n'existe pas un jeu unique de paramètres. Dans les milieux simples, dits « isotropes », les quantités utilisées en sismologie sont souvent les vitesses de propagation des ondes de compression et de cisaillement (les deux types d'ondes qui se propagent dans un milieu élastique), et la masse par unité de volume (masse volumique). Dans des milieux plus complexes, dits « anisotropes », les vitesses des ondes dépendent de l'orientation, et plus de paramètres sont nécessaires pour décrire le milieu élastique.

PROTÉINES. Elles constituent la machinerie et les matériaux du vivant. Ce sont des séquences d'acides aminés, dont le repliement (ou structure tridimensionnelle) permet d'assurer la fonction biologique. Il existe une multitude de protéines avec des fonctions extrêmement diverses (enzymes, moteurs moléculaires, transmission de signaux, régulation de l'expression des gènes, cytosquelette, etc.).

PUISSANCE DE CRÊTE. Puissance maximale de calcul d'un supercalculateur lorsque toutes ces unités de traitement sont simultanément actives. C'est une borne supérieure de la performance qui ne peut être dépassée et qui ne peut souvent pas être atteinte en pratique.

QUANTITÉ DE MOUVEMENT. Quantité physique égale au produit de la masse d'un corps par sa vitesse.

QUANTITÉ DISCRÈTE ET QUANTITÉ CONTINUE. Une quantité mesurée (par exemple par un capteur) pouvant prendre une infinité de valeurs est dite « continue ». *A contrario*, une quantité « discrète » (par exemple traitée par un ordinateur) ne peut prendre qu'un nombre fini de valeurs. Le caractère discret peut s'appliquer à la mesure de la valeur : on parle alors de quantification, ou bien au temps (ou à l'espace) : on parle alors d'échantillonnage.

QUARK. Lepton sensible à l'interaction forte.

RADIATIONS COSMIQUES. Particules à très haute énergie provenant de l'espace lointain, qui peuvent altérer des bits sur les mémoires des architectures utilisées.

RAFFINEMENT DE MAILLAGE. Technique utilisée dans des simulations numériques sur grille, qui permet de réduire la taille des mailles de la grille pour adapter la résolution au problème simulé.

RAM (*Random Access Memory*). La mémoire vive est la mémoire centrale d'un ordinateur où sont stockées les informations lues à partir des disques externes ou les informations résultant de calculs internes. C'est une mémoire temporaire car son contenu est perdu à l'arrêt d'un programme ou à l'extinction de l'ordinateur. En raison de son accès lent (car située plus loin du processeur de calcul), elle est souvent complétée par une mémoire cache moins importante en taille mais plus rapide.

RAYONS COSMIQUES. Particules chargées (protons, noyaux d'hélium) se déplaçant à grande vitesse (une fraction de la vitesse de la lumière). Ces particules baignent dans la galaxie et rentrent fréquemment dans l'atmosphère de la Terre, où elles provoquent des cascades de désintégration qui peuvent être observées.

RECHERCHE OPÉRATIONNELLE. Ensemble de modèles et algorithmes mathématiques et informatiques visant la résolution optimale ou approchée de problèmes complexes, en particulier pour l'aide à la décision.

REGISTRE MÉMOIRE. Emplacement de mémoire interne à un processeur. L'accès à un registre est plus rapide que l'accès à une cellule de la mémoire centrale. Les données sont transférées des cellules mémoire aux registres avant de faire l'objet de calcul.

RELAIS. Technologie électromécanique qui permet la commutation entre deux états (ouvert-fermé). Elle était la technologie clé pour l'automatisation dans la première moitié du XXe siècle.

RELEVÉ OU SONDAGE (astronomie). Observation systématique d'une région du ciel ayant pour but la mesure de grandeurs statistiques. Un relevé est souvent observé avec différents télescopes et instruments couvrant ainsi un large intervalle de longueurs d'onde.

REPLIEMENT DE SPECTRE. Phénomène associé aux erreurs ou aux distorsions produites lors de l'acquisition d'un signal (par exemple un son) avec une fréquence d'échantillonnage trop faible.

REPRÉSENTATION MENTALE. État mental doté de propriétés sémantiques, dans lequel nous percevons des objets contenant de l'information, par le biais de structures cérébrales, qui représentent une perception, une pensée, une mémoire, ou au cours d'opérations cognitives.

REPRÉSENTATION NUMÉRIQUE SYMBOLIQUE. Tout symbole permettant de transmettre une information sur des quantités numériques exactes (chiffres arabes, mots de nombres…).

REPRÉSENTATION NUMÉRIQUE NON-SYMBOLIQUE. Représentation directe d'une quantité numérique par un ensemble d'objets, dans diverses modalités (ensemble d'objets visuels, ensemble de sons…).

RÉPERTOIRE CONCEPTUEL. Ensemble des concepts, ou représentations mentales avec du contenu sémantique, qu'on utilise pendant des opérations cognitives, comme percevoir, raisonner et mémoriser.

RÉSEAUX DE NEURONES ARTIFICIELS. Ensemble organisé de neurones (unités de calcul élémentaires) interconnectés permettant la résolution de problèmes en intelligence artificielle.

RÉSEAUX DE NEURONES MOLÉCULAIRES. Les réseaux de neurones moléculaires sont des systèmes artificiels inspirés du fonctionnement des réseaux de neurones utilisés en intelligence artificielle.

RÉSEAUX DE NEURONES PROFONDS. Un réseau de neurones est un modèle statistique d'apprentissage automatique complexe composé de neurones artificiels connectés entre eux et organisés en couches, chaque neurone d'une couche étant connecté à tous les neurons de la couche précédente. Un réseau de neurones est dit profond lorsqu'il comporte de nombreuses couches de neurones, parfois plusieurs centaines. Ces modèles sont au cœur de nombreuses applications d'intelligence artificielle.

RESNET. Architecture particulière de réseau de neurones très utilisée et performante pour la classification et la reconnaissance d'objets dans des images.

SAT (abréviation de ***Satisfiabilité***)**.** Problème théorique consistant à décider si une formule booléenne a une solution, c'est-à-dire s'il existe un ensemble de substitutions de ses variables logiques qui la rende vraie. Ce problème fait partie de la classe de complexité NP-Complet.

SCALABILITÉ. Capacité d'un système distribué à maintenir le même niveau de performance face à la montée en charge ou en volumétrie par augmentation proportionnelle de la configuration, typiquement en nombre de nœuds de calcul/stockage.

SCHÉMA CINÉTIQUE. Méthode numérique inventée dans les années 1980 pour résoudre des équations de la physique. Cela consiste à découper l'équation initiale en des équations plus simples et beaucoup plus rapides à résoudre. La méthode Lattice Boltzmann fait partie de cette famille de schémas et est très utilisée aujourd'hui pour optimiser l'aérodynamique des véhicules.

SDN (*Software Defined Network*). Ensemble de technologies réseau ayant comme points communs : un contrôle centralisé des ressources réseau ; une orchestration centralisée ; et une virtualisation des ressources physiques.

SE RAMENER (à un problème A). Un problème B se ramène à A si les instances de B peuvent se récrire (efficacement) comme des instances de A.

SÉLEUCIDE. Renvoie à un royaume qui exista entre 312 et 63 avant notre ère. Couvrant à l'origine les régions de Babylone et de l'Assyrie, il s'étendit ensuite vers l'ouest. Les tablettes astronomiques en cunéiforme les plus récentes datent de cette période.

SÉMANTIQUE DÉNOTATIONNELLE. Cadre mathématique qui vise à définir ce que calcule un programme en associant à chaque expression du programme une fonction mathématique (la dénotation) qui décrit formellement ce que l'expression de programme calcule.

SÉRIES DE FOURIER. Permettent de décomposer une fonction périodique en une somme de fonctions trigonométriques plus simples appelées harmoniques. Cette décomposition facilite son analyse et son utilisation dans diverses applications notamment en traitement du signal, en compression de données, en synthèse sonore, en traitement d'image.

SENS DU NOMBRE. Hypothèse selon laquelle les humains, et certains animaux, ont une capacité biologiquement déterminée qui leur permet de représenter et de manipuler des quantités numériques.

SÉQUENÇAGE ADN. C'est l'opération qui décrypte le contenu des molécules d'ADN et les transcrit en séquences de texte sur l'alphabet A, C, G et T.

SIMD (*Single Instruction, Multiple Data*). Modèle d'architecture matérielle : une instruction unique est émise simultanément vers plusieurs unités de calcul qui travaillent sur des données différentes.

SISMOLOGIE. Étude des séismes, de la structure interne de la Terre globale, de la propagation des ondes élastique à l'intérieur de la Terre, et des risques encourus par les populations par l'activité sismique de la Terre.

SOMMES DE CONTRÔLE (*checksums*). Petit ensemble de données calculé à partir d'un jeu de données initial, permettant de vérifier si les données ont été corrompues.

SPARK (*Scalable Processor Architecture*). Framework de traitement et d'analyse de big data très populaire, en logiciel libre Apache, développé à l'origine à l'université de Berkeley.

SPÉCIFICATION. Définition de ce qu'un logiciel est censé faire. Une spécification peut être en langue naturelle (français, anglais...), entièrement mathématisée, ou à mi-chemin entre les deux. On dit qu'un programme est correct s'il répond à sa spécification.

SPECTRE DE PUISSANCE. Description statistique d'un signal (son, image, etc.) qui quantifie la contribution de différentes composantes dans ce signal. Ces composantes correspondent par exemple à différentes notes pures dans un son, ou à des échelles caractéristiques dans une image.

SPECTRE VIBRATIONNEL. Ensemble de bandes (aussi appelées pics) à une fréquence donnée (abscisse du spectre) et ayant une intensité donnée (ordonnée du spectre). Cette intensité reflète l'efficacité du mouvement d'atomes qui sont impliqués dans la bande. Ces mouvements peuvent être à 2 atomes (on appelle ce mouvement une élongation/contraction d'une liaison covalente), à 3 atomes (ce mouvement est appelé ouverture/fermeture d'un angle entre 2 liaisons covalentes), à 4 atomes (on parle alors de mouvement de torsion).

SPIN. Propriété quantique d'une particule mathématiquement équivalente à un moment angulaire.

SQL (*Structured Query Language*). Langage de requête standard des systèmes de gestion de bases de données relationnelles.

SSD NVME. *Solid State Disk, Non-Volatile Memory express*, technologie permettant l'exploitation de l'accès parallèle interne au SSD.

STRUCTURE CRISTALLOGRAPHIQUE. La disposition tridimensionnelle ordonnée des atomes d'une protéine, déterminée par des techniques de cristallographie, qui permet de localiser les atomes dans l'espace.

SUPERCALCULATEUR. Ordinateur conçu pour obtenir des performances exceptionnelles au regard des performances classiques obtenues à une époque donnée par les ordinateurs de table.

SUPERNOVÆ. Phase ultime dans la vie d'une étoile massive (quelques fois la masse du soleil). L'étoile ayant consommé tout son hydrogène en réactions thermonucléaires au cours de sa vie, « s'éteint » et s'effondre sur elle-même. Il s'ensuit un rebond explosif des couches externes sur le cœur de l'étoile, au cours duquel la supernovæ émet pendant quelques semaines autant d'énergie que toute une galaxie.

SUPPORT D'EXÉCUTION. Couche logicielle intercalée entre le code applicatif et le système d'exploitation facilitant l'utilisation efficace des différents composants d'un ordinateur (mémoire, unités de calcul, cartes réseaux...).

SÛRETÉ DE FONCTIONNEMENT. Propriété d'un système informatisé de ne jamais produire un résultat incorrect. C'est une question liée à celle de la sécurité, où il faut se prémunir d'attaques intentionnelles. Par exemple, un traitement de textes peut être sûr s'il relit correctement les fichiers qu'il produit, mais souffrir de failles de sécurité exploitables en lui fournissant des fichiers subtilement altérés et provoquant chez lui des comportements indésirables.

SURSAUTS RADIO RAPIDES. Signaux radio transitoires de courte durée (1 milliseconde à quelques secondes) détectés pour la première fois en 2007. Leur origine reste incertaine mais pourrait être liée aux magnétars : des étoiles à neutrons (restes de supernovæ) hébergeant un champ magnétique intense.

SYNCHROTRON. Accélérateur de particules dans lequel le champ magnétique augmente de façon synchronisée à l'accélération des particules de telle sorte que les particules circulent sur une orbite de rayon fixé.

SYNTHÈSE ADN. C'est l'opération qui consiste à construire une molécule d'ADN à partir d'une suite d'opérations chimiques et suivant un modèle prédéterminé.

SYNTHÈSE PAR MODULATION DE FRÉQUENCE. Technique de synthèse sonore qui modifie la fréquence d'un signal porteur à l'aide d'un signal modulant. Cette méthode est utilisée pour créer des sons complexes et riches, tels que les sons de cloches ou des instruments à vent.

SYSTÈME BINAIRE. Système de numération en base 2 qui ne possède que deux chiffres (appelés bits) : 0 et 1. Il est utilisé principalement en informatique.

SYSTÈME D'EXPLOITATION. Ensemble des fonctionnalités qui contrôlent un ordinateur et offrent aux développeurs un environnement de développement et d'utilisation masquant les couches techniques. C'est le cas, par exemple, des systèmes Linux, MS-DOS et MacOS qui contrôlent différents ordinateurs portables.

SYSTÈME DE DÉTECTION ACOUSTIQUE DISTRIBUÉE. Système permettant d'utiliser la fibre optique comme capteur sismique. Une impulsion laser est envoyée périodiquement dans la fibre et les scientifiques mesurent l'intensité du signal réfléchi par les impuretés le long de la fibre, la période correspondant au temps de trajet de l'impulsion dans la fibre. Quand la fibre se déforme sous l'action de la déformation du sous-sol, l'intensité du signal réfléchi varie, ce qui permet de mesurer cette déformation (principe de diffraction de Rayleigh).

SYSTÈME DE NUMÉRATION. Les nombres peuvent s'exprimer (de façon orale ou écrite) à l'aide de signes. Dans les cas où les signes forment un système, au sens où leur ensemble satisfait à des principes systématiques, on parle de « système de numération ».

SYSTÈME DE NUMÉRATION POSITIONNEL DÉCIMAL. Renvoie à des systèmes de numération employant 9 ou 10 signes (des signes pour les chiffres de 1 à 9, voire un signe pour 0) et des positions pour écrire tout nombre. Le principe veut que dans une suite comme 123, le 1 signifie « cent » et le 2 « vingt » du fait de leur « position ».

SYSTÈME DE NUMÉRATION POSITIONNEL SEXAGÉSIMAL. Au début du second millénaire, en Mésopotamie, ce système est employé avec 59 chiffres et la position pour exprimer tout nombre. Les notations sont flottantes, à savoir : qu'elles n'indiquent pas l'ordre de grandeur de la quantité correspondante. Le nombre « 1 » peut correspondre à la quantité « un », « soixante » ou « trois mille six cent ».

TABLE DE TIR. Une table de tir était utilisée sur le terrain pour aider à viser le tir. La trajectoire d'un obus est déterminée par un grand nombre de facteurs tels que la densité et la température de l'air, la vitesse du vent, l'élévation du canon, etc. Les tables de tir contenaient les informations nécessaires relatives à ces différents paramètres, qui pouvaient ensuite être utilisées pour orienter correctement le dispositif de tir.

TAUX DE GC (Guanine-Cytosine). C'est le pourcentage de liaisons G-C dans une molécule d'ADN. Une molécule d'ADN est une double hélice ou les nucléotides G et C sont systématiquement appariés, de même que les nucléotides A et T.

TECHNOLOGIE D2D (*Device-to-Device*). Communication directe entre deux utilisateurs mobiles sans passer par la station de base ou le réseau central. La communication D2D n'est généralement pas transparente pour le réseau cellulaire.

TECHNOLOGIES NISQ (*Noisy Intermediate Scale Quantum*). Il s'agit des technologies quantiques actuellement développées, qui permettent de contrôler quelques milliers de bits dans un état quantique, appelés « bits quantiques » ou « qubits ». Ce contrôle permet de réaliser des opérations quantiques élémentaires, qui mises bout à bout forment un circuit quantique. Cette échelle du millier de bits quantiques est déjà une prouesse technologique impressionnante, mais trop petite pour implémenter des codes correcteurs d'erreurs quantiques. Il n'est donc pas possible de réaliser beaucoup d'opérations sinon les erreurs s'accumulent. Il n'est pas clair aujourd'hui si une telle technologie pourra fournir une solution à un problème algorithmique non encore résolu avec nos ordinateurs et supercalculateurs (classiques) actuels. Certains pensent qu'il faudra beaucoup plus de bits quantiques et beaucoup moins d'erreurs pour cela.

TECTONIQUE DES PLAQUES. Cadre cinématique décrivant le mouvement des plaques rigides qui forment l'écorce terrestre.

TÉLÉPORTATION QUANTIQUE. La téléportation quantique est un procédé par lequel une particule peut prendre l'état quantique d'une autre particule sans qu'aucune des deux n'entre en contact, sans connaître la position de la particule cible, sans connaître l'état transmis, et en ne diffusant que de l'information classique. En revanche, la particule porteuse de l'état quantique initial perd son état après l'avoir transmis, ce qui a sans doute motivé le nom de téléportation.

TEMPÉRAMENT (musique). Manière dont les intervalles entre les notes sont ajustés pour permettre un système d'accordage cohérent sur un instrument de musique. Il s'agit d'un compromis nécessaire pour résoudre les problèmes mathématiques liés aux rapports de fréquences des intervalles musicaux.

TEMPS DE CALCUL D'UN ALGORITHME. Nombre d'opérations élémentaires effectuées par l'algorithme en fonction de la taille de l'entrée.

TEMPS RÉEL. Fait référence à une catégorie de systèmes et d'applications informatiques qui doivent répondre à des contraintes temporelles strictes en réagissant aux événements et aux entrées qui leur sont dans un délai prédéfini et souvent très court.

TENSOR PROCESSING UNIT (TPU). Circuit intégré visant à accélérer les calculs nécessaires pour l'entraînement des intelligences artificielles. Initialement développé par Google pour l'apprentissage automatique des réseaux neuronaux, la société NVIDIA a intégré au sein de ses GPUs des Tensor Cores qui connaissent un succès grandissant pour accélérer certains calculs entre matrices et vecteurs.

THÉORÈME BMR (*Bayesian Refinement Measurement*). Ce théorème énonce qu'il existe un protocole cryptographique à N participants, pour lesquels une majorité est honnête, permettant de calculer tout circuit de manière sécurisée. Le protocole utilise un nombre constant de tours et un nombre de communications polynomial dans le nombre de participants.

THÉORÈME DE GREEN-RIEMANN. Théorème de mathématique qui donne la relation entre l'intégrale curviligne le long d'une courbe fermée et l'intégrale double sur la surface intérieure délimitée par la courbe fermée.

THÉORÈME DE LA LIMITE CENTRALE. Théorème mathématique établissant que la somme d'un grand nombre de variables aléatoires indépendantes de distributions quelconques est une variable aléatoire dont la distribution tend vers une distribution gaussienne (ou loi normale).

THÉORÈME DE NON-CLONAGE QUANTIQUE. Impossibilité démontrée de dupliquer un état quantique inconnu, c'est-à-dire de le copier exactement en conservant l'état quantique initial. Le non-clonage quantique n'interdit pas de faire une copie exacte d'un état quantique connu, ni de faire une copie imparfaite d'un état quantique inconnu ; dans ce dernier cas, on parle de clonage optimal.

THÉORIE DE LA COMPLEXITÉ. En informatique théorique et en mathématiques, la théorie de la complexité se concentre sur la classification des problèmes informatiques en fonction de leur utilisation des ressources (temps de calcul, espace mémoire, ...) et sur les relations entre ces classes.

THÉORIE DES ENSEMBLES. Base essentielle pour de nombreuses autres branches des mathématiques, la théorie des ensembles étudie les propriétés, les relations et les opérations entre ensembles compris comme collection d'objets, indépendamment de la nature de ces objets.

THÉORIE DES GROUPES. Étudie en mathématiques les propriétés et les structures des transformations associées à un ensemble muni d'une opération dotée de certaines propriétés générales. Outil fondamental, les groupes sont utilisés pour étudier et résoudre divers problèmes liés aux mouvements dans un espace, la symétrie, la cryptographie, etc.

THÉORIE DES JEUX. Modélise et analyse les interactions stratégiques entre différents acteurs, appelés joueurs, dans des situations où les décisions de chaque joueur dépendent de son intérêt personnel et des choix faits par tous les autres joueurs.

TOP500 (ordinateurs). Le TOP500 fournit la liste des 500 machines les plus performantes au monde avec leurs architectures, mais aussi des statistiques concernant l'origine et l'évolution des équipements. Les performances sont mesurées en nombre d'opérations flottantes par seconde. Les derniers classements du Top500 (à partir de fin 2022) montrent que les superordinateurs peuvent exécuter plus de 10^{18} opérations flottantes par seconde (exascale).

TRANSCRIPTION (biologie). Processus au cours duquel une copie de la séquence d'ADN d'un gène est produite et écrite en ARN. Cette copie associe le A de l'ADN au U de l'ARN, le T au A, le G au C, et le C au G. Par exemple, la séquence d'ADN « ACGT » sera transcrite en la séquence d'ARN « UGCA ».

TRANSCRIPTOME. Ensemble des ARN issus de l'expression d'une partie du génome d'un tissu cellulaire ou d'un type de cellule. La transcriptomique étudie la variation de l'expression des gènes, en fonction des conditions expérimentales (par exemple, cellules cancéreuses soumises à divers traitements) ou environnementales (par exemple, cellules végétales soumises à des stress hydriques).

TRANSFERT RADIATIF. Théorie (et méthodes de calcul associées) décrivant la propagation de la lumière dans un milieu matériel (très diffus dans le cas du milieu interstellaire), et la manière dont la lumière et le milieu interagissent.

TRANSFORMÉE DE FOURIER DISCRÈTE D'ORDRE N. Cette opération mathématique transforme N nombres en une suite de même longueur. Si N est bien choisi, elle se calcule très rapidement, en N log N opérations, de même que l'opération inverse.

TRIGONOMÉTRIE. Discipline mathématique qui étudie les relations entre un arc de cercle et la corde qui le soutient, puis plus tard entre les angles et les côtés d'un triangle.

TROU NOIR. Résidus de l'effondrement d'une étoile très massive, ayant un champ gravitationnel tellement fort qu'il empêche la matière et même la lumière d'en échapper.

TURBULENCE. Mouvements de petite échelle et d'apparence désordonnée qui jouent en rôle dans les transferts d'énergie, de matière et de quantité de mouvement dans les fluides géophysiques que constituent l'atmosphère et l'océan. Les effets de la turbulence doivent être paramétrés quand ils ne sont pas résolus par les équations de base.

UAL (Unité Arithmétique et Logique, ou ALU en anglais). Composante d'un processeur qui réalise les calculs comme les opérations arithmétiques ou logiques.

UNITÉS VECTORIELLES PIPELINÉES. Partie du processeur en charge des opérations flottantes (additions, multiplications…). Le traitement est réalisé via un pipeline ou chaque étage du pipeline correspond à une partie élémentaire de l'opération à réaliser. À chaque cycle, le résultat d'un étage est envoyé à l'étage suivant. Les différents étages peuvent travailler simultanément. Une fois le pipeline rempli, il en sort un résultat par cycle. Pour optimiser son fonctionnement, les instructions (opérations, lecture/écriture mémoire, …) portent sur des vecteurs (traitement de n éléments à la fois).

VALEUR DISCRÈTE. Une variable est dite « discrète » si elle ne peut prendre que certaines valeurs d'un intervalle, par exemple uniquement des valeurs entières. À l'opposé, une variable « continue » peut prendre toutes les valeurs possibles incluses dans l'intervalle désigné.

WAVESHAPING. Technique de transformation sonore, utilisée par exemple dans les pédales de guitare, qui altère la forme d'une onde pour réaliser diverses formes de distorsion et d'effets de saturation.

ZÉRO. Les astronomes babyloniens ont introduit un symbole, vers 200 av. J.-C. leur permettant de marquer une place vide à l'intérieur d'un nombre, comme le « 0 » de 207, mais ce symbole n'était pas utilisé dans les calculs. L'invention du « zéro » utilisé comme un nombre, śūnya « vide », intervient en Inde au ve siècle ap. J.-C.

Contributeurs

Violette ABERGEL. Sciences du patrimoine et numérique, Chargée de recherche CNRS, Laboratoire MAP, Marseille. *violette.abergel@map.cnrs.fr*

Mathieu ACHER. Sciences du logiciel et variabilité, Professeur INSA / Univ Rennes & membre IUF, Laboratoire IRISA, Rennes. *mathieu.acher@irisa.fr*

Jean-Paul AMPUERO. GGéophysicien, Directeur de recherche IRD et Chaire IDEX à Université Côte D'Azur, Laboratoire Géoazur, Valbonne. *ampuero@geoazur.unice.fr*

Nicolas ANCIAUX. Gestion de données personnelles, sécurité et vie privée, Directeur de recherche Inria, Laboratoire DAVID, Université Paris-Saclay, Versailles. *nicolas.anciaux@inria.fr*

Marc ANTONINI. Compression et codage des images, Directeur de recherche CNRS, Laboratoire I3S, Sophia-Antipolis. *marc.antonini@cnrs.fr*

Julien AUBERT. Géophysique, Directeur de recherche CNRS, Institut de physique du globe de Paris, Université Paris Cité, Paris. *aubert@ipgp.fr*

Aurore AVARGUÈS-WEBER. Éthologie cognitive, Chercheuse CNRS, Centre de Recherche sur la Cognition Animale, Toulouse. *aurore.avargues-weber@univ-tlse3.fr*

Gildas AVOINE. Cybersécurité, Professeur INSA, Laboratoire IRISA, Rennes. *gildas.avoine@irisa.fr*

Marc BAADEN. Simulation et visualisation moléculaire, Directeur de recherche CNRS, Laboratoire de Biochimie Théorique, Paris. *marc.baaden@cnrs.fr*

Mourad BAÏOU. Optimisation combinatoire et théorie algorithmique des jeux, Directeur de recherche CNRS, Laboratoire LIMOS, Université Clermont Auvergne, Clermont-Ferrand. *mourad.baiou@cnrs.fr*

Dominique BARTH. Informaticien, Professeur, Université Paris-Saclay - UVSQ Laboratoire DAVID, Versailles. *dominique.barth@uvsq.fr*

Karim BELABAS. Algorithmique des nombres, Professeur, Université de Bordeaux, Institut de Mathématiques de Bordeaux, Talence. *karim.belabas@u-bordeaux.fr*

Anne BENOIT. Algorithmique et ordonnancement pour le calcul à grande échelle, Maîtresse de conférences, ENS Lyon & IUF, Laboratoire de l'Informatique du Parallélisme, Lyon. *anne.benoit@ens-lyon.fr*

Jean-Yves BERTHOU. Informatique, Directeur du centre de recherche Inria, Saclay. *jean-yves.berthou@inria.fr*

Xavier BLANC. Informaticien, Professeur, Université de Bordeaux, Laboratoire LaBRI, Talence. *xavier.blanc@u-bordeaux.fr*

Volker BECKMANN. Chargé de mission EOSC, Ministère de l'Enseignement Supérieur et de la Recherche, Direction Général de la Recherche et de l'Innovation, Paris. *volker.beckmann@recherche.gouv.fr*

Quentin BLETERY. Géophysicien, Directeur de recherche àIRD, Laboratoire Géoazur, Valbonne. *bletery@geoazur.unice.fr*

François BODIN. Calcul de haute performance, Professeur, Chaire "Mobilité dans une ville durable", Université Rennes 1, Laboratoire IRISA, Rennes. *francois.bodin@irisa.fr*

Olivier BOUCHER. Modélisation du climat, Directeur de recherche CNRS, Responsable du Centre de modélisation du Climat de l'IPSL (Institut Pierre Simon Laplace), Paris. *olivier.boucher@ipsl.fr*

Mokrane BOUZEGHOUB. Informaticien, Professeur émérite, Université Paris-Saclay -UVSQ, Laboratoire DAVID, Versailles. *mokrane.bouzeghoub@uvsq.fr*

Romain BROSSIER. Géophysique pour la caractérisation du sous-sol, Maître de conférences, Université Grenoble Alpes, Laboratoire ISTerre, Grenoble.

romain.brossier@univ-grenoble-alpes.fr

Martin BULLYNCK. Histoire des mathématiques et de l'ordinateur, Maître de conférence, Université Paris 8, Laboratoire IDHE, Paris. *maarten.bullynck@univ-paris8.fr*

Christophe CALVIN. Simulation numérique hautes performances, Directeur de recherche CEA, Direction de la Recherche Fondamentale, Saclay. *christophe.calvin@cea.fr*

Guigone CAMUS. Anthropologie des mondes contemporains, Chercheuse indépendante, Paris. *guigonecamus@gmail.com*

Yann CAPDEVILLE. Sismologie numérique et théorique, Directeur de recherche CNRS, Laboratoire LPG, Nantes. *yann.capdeville@univ-nantes.fr*

Christophe CERIN. Cloud et HPC, Professeur, Université Sorbonne-Paris-Nord, Laboratoire LIPN, Villetaneuse. *christophe.cerin@univ-paris13.fr*

Emmanuel CHALJUB. Géophysicien, Physicien des observatoires, OSUG, Laboratoire ISTerre, Université Grenoble-Alpes, Grenoble. *emmanuel.chaljub@univ-grenoble-alpes.fr*

Karine CHEMLA. Histoire des mathématiques, Directrice de Recherche au CNRS, Laboratoire SPHERE, Paris. *chemla@univ-paris-diderot.fr*

Rayan CHIKHI. Bioinformatique, Algorithmes pour les séquences biologiques, Chargé de recherche à l'Institut Pasteur et au CNRS, Paris. *rayan.chikhi@pasteur.fr*

Philippe COUVÉE. Stockage de données haute performance, EVIDEN R&D Distinguished Expert, Grenoble. *philippe.couvee@eviden.com*

Sabine CRÉPÉ-RENAUDIN. Physique des particules, spécialiste du traitement des données massives, Directrice de recherche CNRS, Laboratoire de Physique Subatomique et de Cosmologie de Grenoble. *sabine.crepe-renaudin@cnrs.fr*

Michel DAYDÉ. Professeur émérite, Toulouse INP / Université de Toulouse, Laboratoire IRIT, Toulouse. *dayde@irit.fr*

Maria Dolores DE HEVIA. Développement cognitif et cognition numérique, Chargée de recherche CNRS, Laboratoire INCC, Paris. *dehevialola@gmail.com*

Liesbeth DE MOL. Histoire et épistémologie de l'informatique et de la programmation, Chargée de recherche CNRS, Laboratoire STL, Université de Lille. *liesbeth.de-mol@univ-lille.fr*

Eleni DIAMANTI. Communication et cryptographie quantiques, Directrice de recherche au CNRS, Laboratoire LIP6, Sorbonne Université, Paris. *eleni.diamanti@lip6.fr*

Andrzej DUDA. Réseaux et cybersécurité, Professeur Grenoble INP, Laboratoire LIG, Grenoble. *duda@imag.fr*

Jean-Guillaume DUMAS. Mathématiques appliquées, Professeur Université Grenoble-Alpes, Laboratoire LJK, Grenoble. *jean-guillaume.dumas@univ-grenoble-alpes.fr*

Serge FDIDA. Réseaux et télécommunications, Professeur Sorbonne-Université, Laboratoire LIP6, Paris. *serge.fdida@sorbonne-universite.fr*

Luca FEDELI. Interaction laser-plasma à haute intensité, Chercheur CEA, Laboratoire LIDYL, Gif-sur-Yvette. *luca.fedeli@cea.fr*

Alexandre FOURNIER. Géophysique, Professeur Université Paris-Cité, Institut de physique du globe de Paris. *fournier@ipgp.fr*

Marie-Pierre GAIGEOT. Chimie théorique et computationnelle, Professeure Université Évry et Paris-Saclay, Laboratoire LAMBE, Évry-Courcouronnes. *mgaigeot@univ-evry.fr*

Olivier GASQUEL. Bioinformatique, Évolution, Épidémiologie Moléculaire, Directeur de recherche CNRS, Institut de Systématique, Évolution, Biodiversité (Muséum National d'Histoire Naturelle, Paris), Membre de l'Académie des Sciences, Paris. *olivier.gascuel@mnhn.fr*

Anthony GENOT. Nanobiotechnologie, Chargé de recherche CNRS, IRL2820, CNRS/IIS, Tokyo, Japon. *genot@iis.u-tokyo.ac.jp*

Gilles GESQUIÈRE. Sciences de l'information géographique, Professeur à l'Université Lumière Lyon 2, Laboratoire LIRIS, Co-directeur du PEPR Ville Durable et Bâtiment Innovant, Lyon. *gilles.gesquiere@univ-lyon2.fr*

Jean-Louis GIAVITTO. Langage de programmation, Directeur de recherche CNRS, Laboratoire Sciences et Techniques de la Musique et du Son

(STMS), Paris.
giavitto@ircam.fr

Louis GOUBIN. Langage de programmation, Directeur de recherche CNRS, Laboratoire Sciences et Techniques de la Musique et du Son (STMS), Paris.
louis.goubin@uvsq.fr

Philippe GRANGIER. Optique quantique, technologies et cryptographie quantiques, Directeur de Recherche CNRS, Laboratoire Charles Fabry, Palaiseau.
philippe.grangier@institutoptique.fr

Philippe HELLUY. Modélisation mathématique et calcul scientifique, Professeur Université de Strasbourg, Laboratoire IRMA, Strasbourg.
philippe.helluy@math.unistra.fr

David HILL. Simulations stochastiques parallèles, Professeur Université Clermont Auvergne, Laboratoire LIMOS, Aubière.
david.hill@uca.fr

Marc HUERTAS-COMPANY. Simulations stochastiques parallèles, Professeur Université Clermont Auvergne, Laboratoire LIMOS, Aubière, Paris.
marc.huertas.company@gmail.com

Matthieu HUSSON. Histoire de l'astronomie, Chargé de Recherche CNRS, Laboratoire SYRTE, Observatoire de Paris.
matthieu.husson@obspm.fr

Jean-Marc JÉZÉQUEL. Sciences du logiciel, Professeur IUF & Université de Rennes, Laboratoire IRISA, Rennes.
jezequel@irisa.fr

Matthew JONES. Histoire des sciences, Professeur Princeton University, Department of History, Princeton, États-Unis.
mljones@princeton.edu

Sylvie JOUSSAUME. Modélisation du climat, Directrice de recherche CNRS, Responsable de l'infrastructure nationale CLIMERI-France Institut Pierre Simon Laplace/Laboratoire des Sciences du Climat et de l'Environnement, Saclay.
sylvie.joussaume@lsce.ipsl.fr

Christian JUTTEN. Traitement statistique du signal et des images, Professeur émérite Université Grenoble-Alpes, Laboratoire GIPSA-lab, Grenoble.
christian.jutten@gipsa-lab.fr

Martina KNOOP. Physique quantique expérimentale, Directrice de recherche CNRS, Laboratoire PIIM, Marseille.
martina.knoop@free.fr

Bart LAMIROY. Apprentissage automatique et analyse de documents, Professeur Université de Reims Champagne-Ardenne, Laboratoire CReSTIC UA, Reims.
bart.lamiroy@univ-reims.fr

Pierre-François LAVALLÉE. Calcul numérique haute performance et intelligence artificielle, Ingénieur de Recherche, CNRS, Directeur de l'IDRIS, Orsay.
pierre-francois.lavallee@idris.fr

Dominique LAVENIER. Architecture, Parallélisme et Génomique, Directeur de Recherche CNRS, Laboratoire IRISA, Rennes.
lavenier@irisa.fr

Daniel LEBLANC-ALBAREL. Cybersécurité, Post-Doctorante, KU Leuven, INSA et Université de Rennes, Laboratoire IRISA, Rennes.
diane.leblanc-albarel@kuleuven.be

Laurent LELLOUCH. Physicien des particules élémentaires, Directeur de recherche CNRS, Co-fondateur de la collaboration Budapest-Marseille-Wuppertal, Centre de Physique Théorique, Marseille.
laurent.lellouch@cnrs.fr

Frédéric MAGNIEZ. Algorithmes probabilistes et quantiques, Directeur de recherche CNRS, Université Paris-Cité, laboratoire IRIF, Paris.
frederic.magniez@cnrs.fr

Assia MAHBOUBI. Théorie des types, Fondations des mathématiques, Directrice de Recherche Inria, Laboratoire LS2N, Nantes.
assia.mahboubi@inria.fr

Yannick MALOT. Deep-Learning, Doctorant Université Grenoble Alpes, CEA, Laboratoire LIG, Grenoble.
yannick.malot@cea.fr

Ioana MANOLESCU. Analyse de grands volumes de données hétérogènes, Directrice de recherche Inria et Professeure, Chargée de Cours à l'Ecole Polytechnique, Équipe CEDAR, Saclay.
ioana.manolescu@inria.fr

Claire MATHIEU. Algorithmes, Directrice de recherche CNRS, Laboratoire IRIF, Médaille d'argent du CNRS et membre de l'Académie des Sciences, Paris.
claire.mathieu@irif.fr

Ludovic MÉTIVIER. Mathématiques pour la propagation des ondes et l'imagerie, Directeur de recherche CNRS, Laboratoires ISTerre/LJK, Grenoble.
ludovic.metivier@univ-grenoble-alpes.fr

Cécile MICHEL. Histoire et archéologie du Proche-Orient ancien, Directrice de recherche CNRS, Professeure à l'Université de Hambourg, Laboratoire ArScAn-HAROC, Nanterre.
cecile.michel@cnrs.fr

David MONNIAUX. Informaticien, Directeur de recherche CNRS, Laboratoire Verimag, Grenoble. *david.monniaux@univ-grenoble-alpes.fr*

Michel MOUYSSINAT. Ingénieur en informatique, docteur en mathématiques, Bordeaux. *michel@mouyssinat.com*

Raymond NAMYST. Informatique du calcul haute performance, Professeur Université de Bordeaux, Laboratoire LabrI, Bordeaux. *raymond.namyst@u-bordeaux.fr*

Benjamin NGUYEN. Gestion de données personnelles, sécurité et vie privée, Professeur INSA, Laboratoire d'Informatique Fondamentale d'Orléans, Orléans. *benjamin.nguyen@insa-cvl.fr*

Kim Thang NGUYEN. Algorithmique et Intelligence artificielle distribuée, Professeur Université Grenoble-Alpes, Laboratoire LIG, Grenoble. *kim-thang.nguyen@univ-grenoble-alpes.fr*

Anne-Cécile ORGERIE. Efficacité énergétique des systèmes distribués, Directrice de recherche CNRS, Laboratoire IRISA, Rennes. *anne-cecile.orgerie@irisa.fr*

Sylvain PERIFEL. Complexité algorithmique, Maître de conférences Université Paris-Cité, Laboratoire IRIF, Paris. *sylvain.perifel@irif.fr*

Clément PERNET. Informatique, Professeur Grenoble INP, Laboratoire LJK, Grenoble. *clement.pernet@univ-grenoble-alpes.fr*

Serge PETITON. Algorithmique parallèle, calcul HPC, Professeur Université de Lille, Laboratoire CRIStAL, Lille. *cerge.petiton@univ-lille.fr*

Alain REFLOCH. Chargé de mission Calcul Haute Performance, Responsable de l'axe calcul quantique du laboratoire Qtech de l'ONERA. *alain.refloch@onera.fr*

Yves ROBERT. Algorithmique et ordonnancement pour le calcul à grande échelle, Professeur ENS Lyon, Laboratoire de l'Informatique du Parallélisme, Lyon. *yves.robert@ens-lyon.fr*

David SALAS Y MELIA. Modélisation du climat, Responsable du Groupe de météorologie de grande échelle et climat du Centre National de Recherches Météorologiques (Météo-France et CNRS), Toulouse. *david.salas@meteo.fr*

Nathanaël SCHAEFFER. Géophysique, Chercheur CNRS, Laboratoire ISTerre, Grenoble. *nathanael.schaeffer@univ-grenoble-alpes.fr*

Benoît SEMELIN. Astrophysicien, Observatoire de Professeur Sorbonne Université, Laboratoire LERMA, Paris. *benoit.semelin@observatoiredeparis.psl.eu*

Pierre SENS. Systèmes et algorithmes répartis, Professeur Sorbonne Université, Laboratoire LIP6, Paris. *pierre.sens@lip6.fr*

Christine SOLNON. Informaticienne, Professeur INSA de Lyon, Laboratoire CITI, Lyon. *christine.solnon@insa-lyon.fr*

Fabio STERPONE. Biophysique, simulations multi-échelles, Directeur de recherche CNRS, Laboratoire de Biochimie Théorique, Paris. *fabio.sterpone@ibpc.fr*

Yann STROZECKI. Algorithmique et complexité, Maître de conférences UVSQ, Laboratoire DAVID, Versailles. *yann.strozecki@uvsq.fr*

Antoine TALY. Biophysique et Biochimie Moléculaire, Chercheur CNRS, Laboratoire de Biochimie Théorique, Paris. *taly@ibpc.fr*

Denis TRYSTRAM. Optimisation de ressources distribuées, Professeur Université Grenoble-Alpes, Laboratoire LIG, Grenoble. *denis.trystram@univ-grenoble-alpes.fr*

Patrick VALDURIEZ. Gestion de données distribuées, Directeur de Recherche émérite Inria, Laboratoire LIRMM, Montpellier. *patrick.valduriez@inria.fr*

Arnaud VIAROUGE. Psychologie du développement et cognition numérique, Maître de conférences Université Paris-Cité, Laboratoire LaPsyDé, Paris. *arnaud.viarouge@u-paris.fr*

Henri VINCENTI. Interaction laser-plasma à haute intensité, Directeur de recherche CEA, Laboratoire LIDYL, Gif-sur-Yvette. *henri.vincenti@cea.fr*

Pierre-André WACRENIER. Informatique du calcul haute performance, Maître de conférences Université de Bordeaux, Laboratoire LaBRI, Bordeaux. *pierre-andre.wacrenier@u-bordeaux.fr*

Soraya ZERTAL. Architectures parallèles et systèmes de données, Professeure à l'Université Paris Saclay–UVSQ, Laboratoire Li-PaRAD, Versailles. *soraya.zertal@uvsq.fr*

L'éditeur de cet ouvrage s'engage dans une démarche éco-responsable
en utilisant des papiers issus de forêts gérées durablement
www.cnrseditions.fr

Cet ouvrage est imprimé avec des encres végétales
sur papiers certifiés PEFC, Couché Letsgo Silk 115g/m² pour l'intérieur et
Carte couchée 1 face Performa brillance 240g/m² pour la couverture.

IMPRIM'VERT®

Achevé d'imprimer en janvier 2025 sur les presses de la SEPEC en France
Numéro d'impression : 16836241101
Dépôt légal : janvier 2025

PEFC
10-31-1470
Certifié PEFC
Ce produit est issu de forêts gérées durablement, de sources recyclées et contrôlées
www.pefc-france.org